그린카
마이크로프로세서 응용

이병룡 이정철 전태원

UUP

그린카 마이크로프로세서 응용

2011년 8월 23일 초판 인쇄
2011년 8월 30일 초판 발행

지은이 | 이병룡, 이정철, 전태원
펴낸이 | 이철
펴낸곳 | UUP(울산대학교출판부) 680-749 울산광역시 남구 대학로 93(무거동) 울산대학교 출판부
전화 | (052)259-2488
팩스 | (052)277-3011
홈페이지 | http://uup.ulsan.ac.kr
출판등록 | 제370-1996-000001호(1996.3.13)
₩ 17,000

ISBN 978-89-7868-248-0(93550)

목차

제1장 수의 체계

컴퓨터는 크기와 성능 면에서 매우 다양하지만 공통적으로는 수를 다루는 시스템이라고 할 수 있다. 특히 디지털 컴퓨터는 2진수를 사용하고 있다. 2진수라고 하는 것은 0과 1의 두 개의 숫자를 사용한다는 것이다. 기본적으로 컴퓨터는 전자회로로 구성되어 있으므로 연 결이 된 상태와 연결이 되지 않은 상태, 즉 1과 0으로 표현되는 것이 당연하다고 할 수 있다. 비록 실제 컴퓨터가 2진수 형태로 작동하고 있지만, 컴퓨터와의 통신을 목적으로 여러 가지의 수체계가 이용되고 있다. 2진수 외에 가장 일반적으로 사용되고 수는 10진수와 16진수 등이 있다. 따라서, 우리는 2진수와 16진수, 또는 2진수와 16진수 간의 변환을 잘 이해할 필요가 있다.

1. 2진수(binary number)와 십진수(decimal number)

2진수를 공부하기 전에 인간들이 일상생활에서 사용하는 10진수를 알아보는 것이 2진수를 이해하는데 도움이 된다. 10진수는 우리가 잘 알고 있듯이 10개의 기호(숫자)를 사용하고 있다. 즉, 0부터 9까지의 기호 10개를 이용해서 다양한 숫자를 표현하는 것이다. 예를 들어 1789라는 수를 분해하면 다음과 같다.

$$(1\times1000)+(7\times100)+(8\times10)+9$$

즉, 4자리의 숫자가 있을 때 10진수에서는 10진수에 대한 일반적인 표현은 다음과 같다.

$$a_3 10^3 + a_2 10^2 + a_1 10^1 + a_0 10^0$$

위 표현식에서 $10^3, 10^2, 10^1, 10^0$을 각 자리의 가중치(weight)라고 부른다. 이러한 가중치는 모두 10의 거듭제곱으로 되어있기 때문에 이러한 형태의 수체계를 10진법 또는 십진수라고 한다. 위의 식에서 맨 왼쪽에 위치하는 상수 a_3를 MSD(최상위자리, most significant digit) 이라 부르고, 맨 오른쪽에 위치한 a_0를 LSD(최하위자리, least significant digit)라 부른다. 어떤 숫자를 10진수로 표현할 수 있듯이 2진수로도 표현할 수 있다. 2진수에 대한 일반적인 표현은 다음과 같다.

$$a_3 2^3 + a_2 2^2 + a_1 2^1 + a_0 2^0$$

물론 2진수의 경우에 a_3, a_2, a_1, a_0는 0 혹은 1의 값을 갖게 될 것이다. 예를 들어 1011이라는 2진수를 분해하면 다음과 같이 표현된다.

$$1011_2 = 1 \times 2^3 + 0 \times 2^2 + 1 \times 2^1 + 1 \times 2^0 = 11_{10}$$

그리고 2진수 1011을 10진수로 환산하면 11이 된다는 것을 알 수 있다.

[예제1.1] 2진수 10111_2을 10진수로 변환하라.

$$\begin{aligned} 10111_2 &= 1 \times 2^4 + 0 \times 2^3 + 1 \times 2^2 + 1 \times 2^1 + 1 \times 2^0 \\ &= 16 + 4 + 2 + 1 = 23_{10} \end{aligned}$$

이와 같이 2진수 10111_2를 10진수로 변환하면 23이 된다는 것을 알 수 있다. 다른 예를 하나 더 들어 보자.

[예제1.2] 10110111_2을 10진수로 변환하라.

$$10110111_2 = 1\times 2^7 + 0\times 2^6 + 1\times 2^5 + 1\times 2^4 + 0\times 2^3 + 1\times 2^2 + 1\times 2^1 + 1\times 2^0 = 128 + 32 + 16 + 4 + 2 + 1 = 183_{10}$$

2진수 10110111_2를 10진수로 변환하면 183이 된다는 것을 알 수 있다. 이번에는 10진수를 2진수로 변환하는 방법을 알아보도록 하자. 이 변환에는 2가지 방법이 있다. 첫 번째 방법은 2진수를 10진수로 변환하는 위 방법을 역으로 사용하는 방법이다. 위에서 예를 들었던 10진수 23을 고려해 보자. 23은 다음과 같이 2의 제곱값으로 분할이 될 수 있다.

$$\begin{aligned} 23_{10} &= 16 + 4 + 2 + 1 = 1\times 2^4 + 0\times 2^3 + 1\times 2^2 + 1\times 2^1 + 1\times 2^0 \\ &= 10111_2 \end{aligned}$$

10진수를 2진수로 변환하는 두 번째 방법은 10진수를 계속해서 2로 나누어서 나머지를 조사하는 방법이다. 마찬가지로 십진수 23을 2로 계속해서 나누고 나머지 값을 조사하면 다음과 같다.

$$\frac{23}{2} = 11 \ldots 1$$
$$\frac{11}{2} = 5 \ldots 1$$
$$\frac{5}{2} = 2 \ldots 1$$
$$\frac{2}{2} = 1 \ldots 0$$
$$\frac{1}{2} = 0 \ldots 1$$

위 나눗셈을 분석해 보자. 몫이 0인 가장 아랫부분의 경우 나머지 값은 1이다. 이와 같이 위 방향으로 나머지를 나열하면 다음과 같다.

10111

바로 나머지를 역으로 배열한 값이 해당되는 2진수가 된다는 것을 알 수 있다.

2. 16진수 (hexadecimal number)

16진수는 기본 숫자를 16개 사용한다. 기본 숫자는 0부터 9까지의 10개와 A, B, C, D, E, F의 6개의 알파벳을 합쳐서 16개의 숫자를 만들었다. 아래 표는 16진수와 10진수 그리고 2진수의 관계를 잘 설명하고 있다.

표1.1 | 16진수와 10/2진수와의 비교

16진수	10진수	2진수
0	0	0000
1	1	0001
2	2	0010
3	3	0011
4	4	0100
5	5	0101
6	6	0110
7	7	0111
8	8	1000
9	9	1001
A	10	1010
B	11	1011
C	12	1100
D	13	1101
E	14	1110
F	15	1111

16진수에서 10진수로 변환

16진수를 10진수로 변환하는 방법은 16진수 각 자리수의 숫자에 해당하는 자리수를 16의 승수로 표시하면 된다. 기본적으로 2진수를 10진수로 표시하는 것과 원리적으로는 같다고 볼 수 있다. 다음의 예는 16진수 수를 10진수로 변환한 경우를 보여준다.

[예제1.3] 다음의 16진수를 10진수로 변환하라

$$
\begin{aligned}
256_{16} &= 2 \times 16^2 + 5 \times 16^1 + 6 \times 16^0 \\
&= 512 + 80 + 6 \\
&= 598_{10}
\end{aligned}
$$

$$
\begin{aligned}
2AF_{16} &= 2 \times 16^2 + 10 \times 16^1 + 15 \times 16^0 \\
&= 512 + 160 + 15 \\
&= 687_{10}
\end{aligned}
$$

위의 예에서 16진수 A는 10진수의 개념으로 생각하면 10의 크기에 해당하며, F는 15의 크기에 해당한다.

1) 10진수에서 16진수로 변환

앞의 절에서 우리는 10진수를 2진수로 변환하는 법을 배웠다. 같은 방법으로 10진수를 16진수로 변환하는 것이 가능하다. 즉, 10진수를 16으로 나누고 각각의 경우에 발생되는 나머지를 조사하면 된다. 423_{10}을 16진수로 변환하여 보자. 먼저, 아래와 같이 16으로 나누고 각각의 나머지를 계산하면 다음과 같다.

$$
\begin{aligned}
\frac{423}{16} &= 26...7 \\
\frac{26}{16} &= 1...10 \\
\frac{1}{16} &= 0...1
\end{aligned}
$$

각각의 나머지를 역순으로 살펴보면 1, 10, 7이므로 다음과 같이 변환된다.

$$423_{10} = 1A7_{16}$$

2) 16진수에서 2진수로 변환

16진수는 매우 간단하게 2진수로 변환이 된다. 16진수의 각 숫자는 대응하는 4자리수의 2진수로 표시하면 되기 때문이다. 표1.1을 잘 살펴보고 다음의 예를 보면 쉽게 이해를 할 수 있다.

[예제1.4] 다음의 16진수를 2진수로 변환하라

$$\begin{aligned} 8F3_{16} &= \quad 8 \qquad F \qquad 3 \\ &= 1000 \quad 1111 \quad 0011 \\ &= \quad 100011110011_2 \end{aligned}$$

$$\begin{aligned} BA3_{16} &= \quad B \qquad A \qquad 3 \\ &= 1011 \quad 1101 \quad 0011 \\ &= \quad 101111010011_2 \end{aligned}$$

3) 2진수에서 16진수로 변환

이 변환은 단순히 위의 변환과정의 역순이라고 할 수 있다. 다시 말하면 2진수를 4개씩 묶어서 대응하는 16진수로 바꾸어주면 된다. 다음의 예를 살펴보기 바란다.

[예제1.5] 다음의 2진수를 16진수로 변환하라

$$\begin{aligned} 1110100111_2 &= 11 \quad 1010 \quad 0111 \\ &= 3 \quad A \quad 7 \\ &= \quad 3A7_{16} \end{aligned}$$

$$\begin{aligned} 101011111_2 &= 1 \quad 0101 \quad 1111 \\ &= 1 \quad 5 \quad F \\ &= \quad 15F_{16} \end{aligned}$$

16진수는 디지털시스템에서 많이 사용되고 있다. 2진수에서 16진수, 또는 16진수에서 2진수로의 변환이 다른 경우보다 매우 쉽고, 2진수로 표기하는 것보다 훨씬 간단하게 표현할 수 있기 때문이다. 표현하고자 하는 숫자가 클수록 16진수로 표현하는 것이 시각적인 면이나 공간을 줄일 수 있다는 점에서 더 유용하다고 할 수 있겠다.

3. 코드 (code)

숫자, 글자, 단어 혹은 기타 정보들을 일련의 부호로 표현하는 것을 인코딩(encoding)이라 하며, 이 때 사용되는 일련의 부호들을 코드라고 말한다. 앞에서 10

진수를 대응되는 2진수로 변환하는 것을 배웠다. 당연히 2진수에서는 0과 1의 부호만이 사용되고 있으며, 이 때 사용되는 0과 1의 조합을 10진수를 표현하기 위한 코드가 되는 것이다. 10진수를 대응하는 2진수로 표기하는 것을 일반 2진수(straight binary coding) 라고 한다.

디지털시스템은 내부적인 작업을 위해서는 2진수를 사용하고 있지만, 외부 다시 말하면 사람들은 10진수를 사용하고 있으므로, 상호간의 빈번한 변환이 필요하게 된다. 그러나, 앞에서도 살펴보았지만 10진수와 2진수 사이의 변환은 때로는 복잡하고 귀찮은 일이라 할 수 있다. 따라서 10진수와 2진수 사이의 변환을 보다 쉽게 해 주는 다른 형태의 코드들도 사용되고 있다.

1) BCD (Binary-Coded-Decimal) 코드

10진수의 각 자리의 숫자가 대응하는 2진수의 값으로 표기하는 것을 BCD 코드라고 한다. 10진수는 0과 9사이의 숫자를 사용하며 가장 큰 숫자가 9이고, 9를 표현하는 2진수는 1001이므로 BCD코드는 4 비트로 구성되는 2진수임을 알 수 있다. 일반 2진수와 BCD의 차이점을 예를 들어서 알아보도록 하자.

10진수 24를 일반2진수로 표시하면 다음과 같다.

$$24_{10} = 11000_2$$

반면에 24를 BCD로 표기하면 다음과 같음을 알 수 있다.

$$24_{10} = 0010\,0100_{BCD}$$

이와 같이 10진수의 수를 BCD로 표기하려면 10진수 수의 각 자리값을 4비트의 2진수로 표기하기만 하면 된다. BCD는 십진수의 숫자 0과 9를 4비트로 표현하는 것이기 때문에 9보다 큰 수에 해당하는 2진수인 1010, 1011, 1100, 1101 및 1111 등은 사용되지 않음을 알 수 있다. 표1.2는 10진수/16진수/2진수/BCD를 비교한 표이다.

표1.2 | 10진수/16진수/2진수/BCD의 비교

10진수	16진수	2진수	10진수	BCD
0	0	0000	0	0000
1	1	0001	1	0001
2	2	0010	2	0010
3	3	0011	3	0011
4	4	0100	4	0100
5	5	0101	5	0101
6	6	0110	6	0110
7	7	0111	7	0111
8	8	1000	8	1000
9	9	1001	9	1001
10	A	1010	10	00010000
11	B	1011	11	00010001
12	C	1100	12	00010002
13	D	1101	13	00010003
14	E	1110	14	00010004
15	F	1111	15	00010005

2) ASCII(American Standard Code for Information Interchange) 코드

컴퓨터는 숫자 외에도 알파벳과 같은 글자나 구두점 그리고 여러 가지의 특수문자들도 인식을 해야 하는데, 이러한 목적으로 사용되는 코드를 알파뉴메릭(alphanumeric)코드라고 한다. 알파뉴메릭 코드로 가장 널리 사용되고 있는 것은 바로 ASCII 코드이다. ASCII 코드는 7비트로 구성되어 있는 2진수이다. 따라서 2^7 (=128) 개의 다른 부호들을 표현할 수 있다. 표1.3은 ASCII 코드에서 정의하고 있는 글자의 일부분을 나타내고 있다.

표1.3 | ASCII 코드에서 정의된 글자의 예

글자	ASCII	16진수 표현	글자	ASCII	16진수 표현
A	1000001	41	0	0110000	30
B	1000010	42	1	0110001	31
C	1000011	43	2	0110010	32
.	.	.	.	.	.
.	.	.	.	.	.
Y	1011001	59	8	0111000	38
Z	1011010	5A	9	0111001	39
a	1100001	61	blank	0100000	20
b	1100010	62	+	0101011	2B
c	1100011	63	*	0101010	2A
.	.	.	$	0100100	24
.	.	.	=	0111101	3D
y	1111001	79	(return)	0001101	0D
z	1111010	7A	(line feed)	0001010	0A

ASCII 코드는 컴퓨터와 주변장치 사이의 데이터 통신을 위해서 사용되며, 또한 컴퓨터의 키보드에서 입력된 정보(숫자, 문자)들을 컴퓨터 내부에 저장하기 위한 목적으로도 사용된다.

[예제1.6] 키보드에서 다음과 같은 명령어를 입력하고자 한다.

GOTO 35

이 때 컴퓨터에 저장되는 ASCII코드는 무엇인가?

표1.3을 이용하여 각각의 글자에 대한 ASCII코드를 구하면 다음과 같다.

명령어	G	O	T	O	space	3	5
ASCII 코드	1000111	1001111	1010100	1001111	0100000	0110011	0110101
16진수 표현	47	4F	54	4F	20	33	35

정리해 보면 키보드에서 대문자 G를 입력하면 컴퓨터는 내부적으로는 1000111 (47 Hex)를 저장한다는 것을 알 수 있다. 우리가 키보드의 space 바를 누르면 역시 내부적으로는 0100000 (20 Hex) 값이 저장된다는 것을 알아야 한다.

4. 패리티 (parity)

2진수로 코드화 된 데이터를 한 장치에서 다른 장치로 전송할 때, 데이터 전송의 오류가 발생할 수가 있다. 오늘날의 첨단 모뎀들은 물론 이러한 전송오류가 발생할 확률은 높지 않는다 하더라도 만일을 대비하기 위하여 데이터가 제대로 전송되었는지를 확인하는 것은 매우 중요하다. 데이터 전송 오류를 체크하기 위해 가장 많이 사용되는 방법이 패리티 방법이다.

이 방법에서는 원래의 데이터에 패리티 비트를 추가하는 방법이다. 패리티 비트란 전송하는 데이터 내에 1의 개수를 계산하여 데이터의 좌편에 0 혹은 1이라는 비트를 추가하는 것을 말한다. 일반적으로 패리티 방식은 두가지 방법이 있다.

3) 짝수-패리티 방법(even-parity method)

짝수-패리티 방법에서는 데이터(원래 데이터 및 패리티 비트를 포함한 데이터) 내에 있는 1의 개수가 짝수가 되도록 하는 방법이다. 예를 들면 원래의 데이터 값이 1000011이라고 하자. 이 값은 ASCII 코드에서 43에 해당되므로 대문자 C라는 글자이다. 이 데이터를 짝수-패리티 방법으로 전송하기 위해서는 다음과 같이 최종 데이터가 생성될 것이다.

1000011 (MSB 1은 짝수-패리티 비트임)

결과적으로 새로 생성된 데이터 내에 1의 개수는 4개 즉 짝수가 됨을 알 수 있다. 다른 예를 들어보자. 이번에는 대문자 A라는 글자를 전송하는 경우 해당되는 ASCII 값은 1000001이다 이 경우 생성되는 최종데이터는 다음과 같다.

01000010 (MSB 0은 짝수-패리티 비트임)

4) 홀수-패리티 방법(odd-parity method)

홀수-패리티 방법에서는 데이터(원래 데이터 및 패리티 비트를 포함한 데이터) 내에 있는 1의 개수가 홀수가 되도록 하는 방법이다. 예를 들면 원래의 데이터 값이 1000010이라고 하자. 이 값은 ASCII 코드에서 42에 해당되므로 대문자 B라는 글자이다. 이 데이터를 홀수-패리티 방법으로 전송하기 위해서는 다음과 같이 최종 데이터가 생성될 것이다.

11000010 (MSB 1은 홀수-패리티 비트임)

5. 2진수의 연산

2진수의 연산은 우리가 잘 알고 있는 10진수의 연산과 같은 방법으로 이루어진다. 그러나, 2진수 연산의 어떤 부분은 10진수와 약간 다른 경우도 있다. 2진수의 사칙연산에 대해 알아보도록 하자.

1) 2진수의 덧셈

2진수의 덧셈은 10진수의 덧셈과 정확하게 일치한다고 볼 수 있다. 일반적으로 2진수의 덧셈은 다음과 같은 4 경우로 연산된다.

0 + 0 = 0
1 + 0 = 1
1 + 1 = 0 다음 (왼쪽) 위치에 1을 캐리시킴
1 + 1 + 1 = 1 다음 (왼쪽) 위치에 1을 캐리시킴

[예제1.7] 아래와 같은 2진수의 덧셈을 수행하라.

```
  011(3)        1010(10)
+ 110(6)      + 1111(15)
------        ---------
 1001(9)       11001(25)
```

2) 2진수의 뺄셈

컴퓨터의 연산에서 뺄셈작업은 덧셈작업을 응용하여 수행한다. 일반적으로 2의 보수 (2's complement) 라는 개념을 사용하여 뺄셈작업이 이루어지게 된다. 주어진 2진수에 대해 2의 보수를 구하기 위해서는 2진수의 0은 1로 고치고, 1은 0으로 변경을 한다 (1의 보수라고 한다). 그런 후에 1의 값을 더하면 된다(2의 보수라고 한다).

[예제 1.8] 2진수 10110101 에 대한 2의보수를 구하라

```
2진수     =   10110101
1의 보수 =   01001010
2의 보수 =   01001010
                +        1
           =   01001011
```

따라서, 주어진 2진수에 대한 2의 보수는 01001011로 된다.

어떤 2진수 A에서 다른 2진수 B를 뺄셈하고자 하면 2의 보수 개념을 이용하면 덧셈처럼 계산이 가능하다. 즉, 2진수 A에 B의 2의 보수값을 더하면 된다는 것이다.

[예제 1.9] 다음 2진수의 뺄셈을 계산하시오.

```
  1100
 -1001
 -----
```

먼저 1001에 대한 2의 보수를 구하면 0111이 된다. 그런 후에 다음과 같이 덧셈을 실행하면 된다.

```
  1100
 +0111
 -----
 10011
```

위의 값에서 발생된 캐리값 (최고 왼쪽의 1)은 무시한다. 결론적으로 뺄셈값은 0011이 된다. 계산이 맞는지는 십진수 개념으로 검산을 해 볼 수 있다. 즉, 1100은 십진수로 12에 해당되고, 1001은 십진수로 9에 해당되므로 뺄셈의 결과는 3이 될

것이다. 결과값 0011은 3이므로 계산결과가 맞는 것을 확인할 수 있다.

3) 부호가 있는 수

2진수는 일반적으로 수의 크기만을 나타내는데, 수에 부호를 붙이는 방법은 크게 2가지가 있다.

① 부호와 절대값(true-magnitude)을 사용하는 방법

이 방법은 숫자의 최 왼편에 부호를 나타내는 비트를 추가하는 방법이다. 예를 들어 0110101은 십진수로 53을 나타내다. 그러면 +53과 -53을 어떻게 표현하는 것인가. +53의 경우는 해당하는 2진수의 값 좌측에 0을 추가하고, -53의 경우에는 좌측에 1을 추가한다.

$$+53_{10} = 00110101_2$$

$$-53_{10} = 10110101_2$$

② 2의 보수를 사용하는 방법

이 방법은 음수를 표현할 때 해당하는 수의 2의 보수를 구한 다음에 좌측에 1을 추가한다. 예를 들어 -53을 고려하여 2의 보수를 구하면 1001011이 되고 맨 좌측에 1을 추가하면 음수 -53이 다음과 같이 표현된다.

$$-53_{10} = 11001011_2$$

6. 부호가 있는 수의 덧셈

1) 양의 수의 덧셈:

두 양의 수의 덧셈은 어려움 없이 바로 계산이 된다. 예를 들어 +9와 +5의 계산을 살펴보도록 하자.

```
 +9       01001
+(+5)     00101
──────────
          01110
```

계산결과의 가장 왼쪽 비트의 값 0은 합의 값이 양수라는 것을 의미한다. 계산결과 1110은 십진수로 환산하면 14가 됨을 확인할 수 있다.

2) 양수와 음수의 덧셈:

+9와 -5의 덧셈을 수행해 보자. 먼저 -5를 2의 보수를 시켜서 +9와 더하면 된다.

```
 +9       01001
+(−5)     11011
──────────
         100100
```

계산결과 왼쪽으로 캐리된 값인 1은 무시한다. 그러면, 나머지 수는 00100으로 십진수 개념으로 +4 라는 것을 확인할 수 있다. 이 번에는 -9와 +5의 덧셈을 수행해 보자. 먼저 -9를 2의 보수를 시켜서 +5와 더하면 된다.

```
 −9       10111
+(+5)     00101
──────────
          11100
```

두 수의 합에 대한 부호 값이 1 (가장 왼쪽 비트의 값) 이므로 결과는 음수라는 것을 알 수 있다. 값이 음수라는 것은 2의 보수 형태로 표기되므로 1100은 0100의 2의 보수라는 것을 알 수 있다. 0100은 십진수로 4라는 것을 확인할 수 있다. 결국, 11100은 -4에 해당하는 값임을 알 수 있다.

3) 음수의 덧셈:

```
 −9       10111
+(−5)     11011
──────────
         110010
```

위 경우에서도 캐리되는 1의 값은 무시한다. 그러면 10010에서 가장 왼쪽 비트의 값이 1이므로 결과값은 음수이다. 2의 보수형태인 0010의 원래 값은 1110 (십진수로 14)이므로 110010은 -14임을 알 수 있다.

7. 2의 보수를 이용한 2진수의 뺄셈

2의 보수를 이용한 뺄셈작업도 실제로는 덧셈처럼 계산이 되므로 앞이 계산과정과 크게 다르지 않다. 뺄셈과정은 다음과 같다.

1) 빼는 수(subtrahend)에 대해 2의 보수를 취하고 부호비트도 추가한다. 빼는 수가 양수이면 2의 보수형태에서는 음수로 나타난다. 반면에, 빼는 수가 음수이면, 양수로 표현된다.
2) 빼는 수의 2의 보수를 취한 다음, 앞의 수 (빼지는 수)에 더해주면 된다.

예를 들어 +9에서 +4를 빼어보자.

(빼지는 수) +9 : 01001
(빼는 수) +4 : 00100

여기서 빼는 수에 대해 2의 보수를 구하면 11100이 된다. 이 수를 빼지는 수에 더하면

```
   01001
 + 11100
 ------
(1)00101
```

+4라는 숫자에 2의 보수를 취하면 그 값은 -4가 된다. 따라서, 어떤 수에 +4를 뺀다는것은 어떤 수에 -4를 더한다는 것과 같은 의미임을 기억하기 바란다.

8. 2진수의 곱셈/나눗셈

2진수의 곱셈은 10진수의 곱셈과 같은 방법으로 계산할 수 있다. 각각의 숫자의 곱이 0과 1로 표시되므로 계산과정도 의외로 간단하다고 할 수 있다. 다음의 예를 살펴

보자. 9와 11의 곱셈을 2진수에서 계산하는 방법이다.

```
      1001
      1011
     ----
      1001
     1001
    0000
   1001
   -------
   1100011
```

10진수의 곱셈과 같이 4행의 곱셈을 수행하고 각각의 자리수를 더하면 결과값은 1100011 값이 된다. 이 값을 10진수로 환산하면 99가 됨을 알 수 있다.

2진수의 나눗셈도 10진수의 나눗셈과 같은 방법으로 계산한다. 9에서 3을 나누는 계산을 2진수의 형태로 계산하면 다음과 같다. 결과 값 0011은 십진수로 환산하면 3이 된다.

```
     0011
     ----
  11|1001
     011
     ----
     0011
```

9. 16진수의 연산

16진수는 2진수에 비해 표기하기가 쉽고 또 2진수와는 바로 변환이 되므로 디지털 시스템에서 많이 사용된다는 것을 알고 있다. 먼저 16진수의 덧셈을 알아보자.

```
   47B
  +292
  -----
   70D
```

위 덧셈에서 B에 2를 더하면 즉, B보다 2단계 큰 숫자는 D 이므로 첫 번째 자리는 D가 된다. 2번째 자리에서는 합이 16이 된다. 16이라는 값은 16진수에서 10으로 표기된다. 즉, 자리올림이 발생하고 그 자리는 0을 가지게 된다. 따라서, 마지막 자리는 7이 된다.

다음은 16진수의 뺄셈을 알아보자. 예를 들어 47A-292의 계산을 수행해 보자. 이 경우 빼는 값 292를 2진수로 바꾸고 2진수에 대한 2의 보수값을 구한다음 다시 16진수로 변환하여 47A와 더하는 방법을 사용한다. 다음 과정을 살펴보자.

$$
\begin{array}{ll}
292_{16} = 001010010010 & \\
\quad 110101101110 & \Leftarrow 2\text{의 보수값} \\
\quad D \ \ 6 \ \ E & \Leftarrow 2\text{의 보수값의 16진수 표기} \\
+ 4 \ \ 7 \ \ A & \\
\hline
(1)\ 1 \ \ E \ \ 8 &
\end{array}
$$

따라서, 최종 결과값은 1E8이 된다.

제1장 연습문제

1. 다음의 수에 대한 진법변환을 수행하시오

1) $235_{10} = (\qquad\qquad\qquad\qquad)_2$

2) $896_{10} = (\qquad\qquad\qquad)_{BCD}$

3) $10011011_2 = (\qquad\qquad)_{10}$

4) $110101011101_2 = (\qquad\qquad)_{16}$

5) $100100111000_{BCD} = (\qquad\qquad)_{10}$

6) $965_{10} = (\qquad\qquad\qquad\qquad)_{BCD}$

7) $FEA5_{16} = (\qquad\qquad\qquad\qquad)_2$

2. 2의 보수를 이용하여 다음의 연산을 수행하시오

1)
$$\begin{array}{r} +11 \\ +(+5) \\ \hline \end{array}$$

2)
$$\begin{array}{r} +11 \\ +(-6) \\ \hline \end{array}$$

3)
$$\begin{array}{r} +15 \\ -(+4) \\ \hline \end{array}$$

4)
$$\begin{array}{r} -7 \\ -(-5) \\ \hline \end{array}$$

3. 다음의 16진수를 계산하시오

1)
$$\begin{array}{r} +598_{16} \\ +613_{16} \\ \hline \end{array}$$

2)
$$\begin{array}{r} 848_{16} \\ -5F3_{16} \\ \hline \end{array}$$

4. ASCII 코드에 짝수-패리티 방법을 사용하여 다음과 같은 데이터를 전송하였다.

11010111/11000101/11001100/11000011/11001111/01001101/11000101

전송한 메시지의 내용이 무엇인가?

5. 다음은 옴의 법칙이다

$$I = \frac{V}{R}$$

위 식에 해당하는 ASCII 코드를 작성하라. 그리고 홀수-패리티를 사용하여 데이터를 전송시키는 코드를 작성하시오. 그리고 생성된 코드를 16진수로도 표현하시오.

제2장 디지털 회로

디지털시스템이나 디지털컴퓨터의 내부회로는 기본적으로 전압신호에 의해 동작하도록 되어 있다. 디지털회로에 사용되는 전압신호는 0V와 5V의 2가지만 존재한다. 이 전압은 논리적으로 2진수의 0과 1에 해당된다. 여기서 0V와 5V는 대표성을 갖는 전압이며, 실제 TTL소자를 사용하는 회로에서는 0V에서 0.8V 사이의 전압은 논리적으로 0 혹은 낮은 상태, 2V에서 5V 사이의 전압은 논리적으로 1 혹은 높은 상태로 인식된다.

1. 논리 게이트

논리 게이트(Logic gate)는 두 개 또는 그 이상의 입력된 값을 받아서 현재 입력의 논리 레벨에 의해서 결정되는 하나의 출력인 논리 레벨을 만들어내는 디지털 회로이다. 대표적인 게이트를 살펴보면 다음과 같다.

1) OR 게이트

OR 게이트는 논리 기호는 그림 2.1와 같은 형태로 나타낸다.

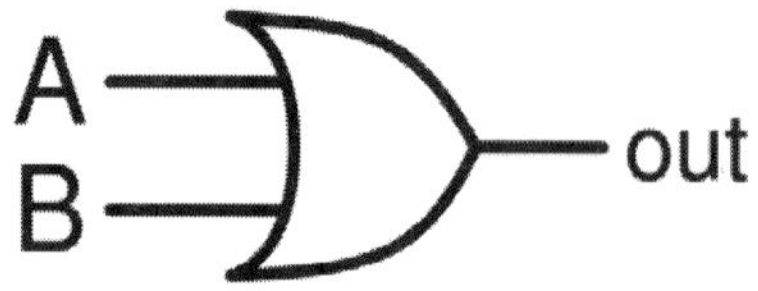

그림 2.1 | 기본적인 OR Gate 기호

OR 게이트의 논리표는 아래와 같다. 표에서 보는 바와 같이 두 개의 입력중에서 적어도 한 개가 1 일 경우 출력이 1 이 된다.

표 2.1 | OR 게이트의 논리표

입력		출력 out=A OR B
A	B	
0	0	0
1	0	1
0	1	1
1	1	1

OR 게이트의 전기적인 스위치 개념도는 아래 그림 2.2과 같다. 즉, OR 게이트는 전기적으로는 병렬스위치와 같은 효과를 가진다. 양쪽 회로에서 어느 한 쪽의 회로가 연결이 되면 회로는 정상적으로 연결이 된다.

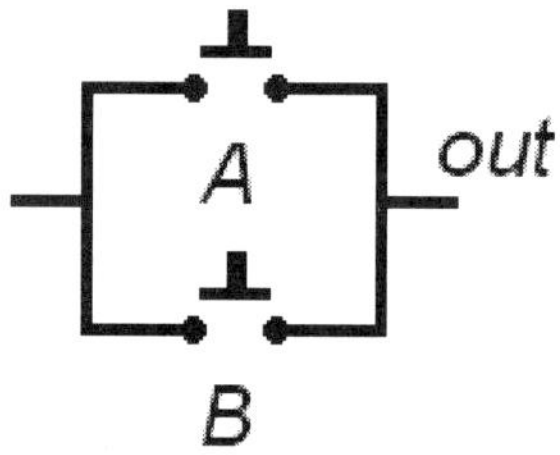

그림 2.2 | OR 게이트의 전기회로적 표현

일반적으로 디지털회로에서 OR 게이트는 입력이 2개 혹은 그 이상을 갖을 수도 있다. 예를 들어 그림 2.3와 같이 OR 게이트의 입력이 3개일 경우를 고려했을 때 진리표는 표 2.2와 같이 구성됨을 알 수 있다.

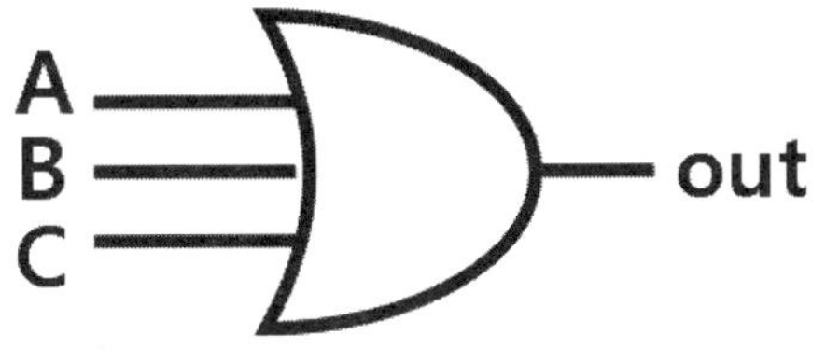

그림 2.3 | 3개의 입력을 가는 OR 게이트

표 2.2 | 3개의 입력을 갖는 OR 게이트의 논리표

입력			출력 out=A+B+C
A	B	C	
0	0	0	0
0	0	0	0
0	1	0	1
0	1	1	1
1	0	0	1
1	0	1	1
1	1	0	1
1	1	1	1

2) AND 게이트

AND 게이트의 논리 심볼은 그림2.4 에 보는 바와 같다. AND 게이트의 출력은 두 입력의 AND 곱 연산과 같다. 즉, 출력값을 out이라고 하면 out=AB 형태로 출력을 표현할 수 있다.

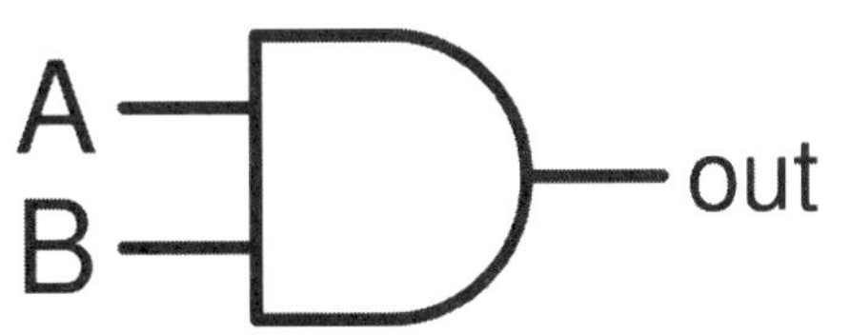

그림 2.4 | AND Gate의 논리기호

AND 게이트의 논리표(truth table)는 아래와 같다. 표에서 보는 바와 같이 두 개의 입력이 모두 1 일 때만 출력이 1 이 되며, 그 외 경우는 출력이 0으로 된다.

표 2.3 | AND 게이트의 논리표

입력		출력=A AND B
A	B	
0	0	0
1	0	0
0	1	0
1	1	1

AND 게이트의 원리를 전기적인 스위치 개념도로 표현한다면 아래 그림2.5과 같이 구성될 수 있다.

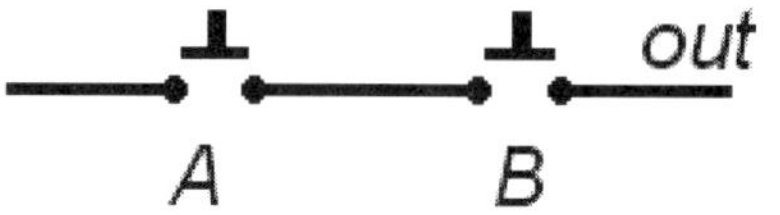

그림 2.5 | AND 게이트의 전기적인 스위치 개념도

그리고, AND 게이트는 입력이 2개 이상인 경우도 같은 원리로 설명할 수 있다. 예를 들어 입력이 3개이고 출력이 한 개인 AND 게이트를 고려한다면 아래 표 2.4와 같은 결과를 얻을 수 있다.

표 2.4 | 3개의 입력을 갖는 AND 게이트의 논리표

입력			출력 X=ABC
A	B	C	
0	0	0	0
0	0	0	0
0	1	0	0
0	1	1	0
1	0	0	0
1	0	1	0
1	1	0	0
1	1	1	1

3) NOT 게이트

아래 그림은 NOT 게이트의 기호이다. 다른 게이트와는 달리 입력과 출력이 각

각 1개이다.

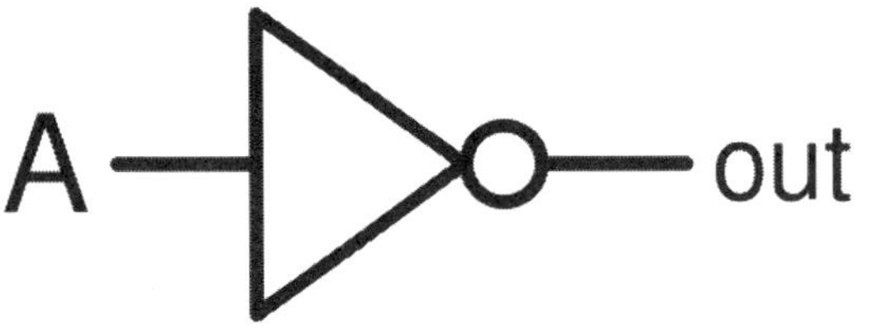

그림 2.6 | NOT 게이트의 심볼

NOT 게이트의 논리표는 아래와 같다. 표에서 보는 바와 같이 출력은 입력값의 반대가 된다. 즉, 입력이 0이면 출력은 1이 되고, 입력이 1이면 출력은 0이 된다. NOT 게이트는 인버터(inverter)라고도 불린다. 그림 2.6에서 조그만 원이 있는데 이 조그만 원은 입력신호를 거꾸로 해 준다는 의미로 붙여져 있다. 디지털회로에서 이 조그만 원의 의미를 점차 익숙하게 될 것이다. 아래 표는 NOT 게이트의 논리표이다.

표 2.5 | NOT 게이트의 논리표

입력	출력
A	NOT A
0	1
1	0

NOT 게이트의 전기적인 스위치 개념도는 그림 2.7과 같다. 즉, 상시닫힘(normal close, B 접점)과 같은 역할을 한다.

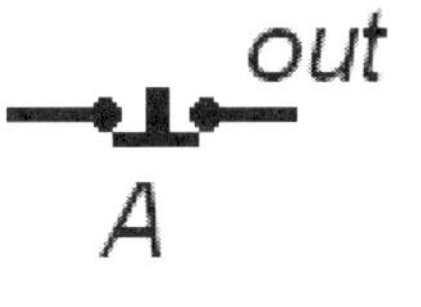

그림 2.7 | NOT 게이트의 전기회로적 표현

4) NAND 게이트

아래그림은 NAND 게이트의 심볼이다. 외형적으로 볼 때 AND 게이트의 우단에 조그만 링을 가진 형태이다.

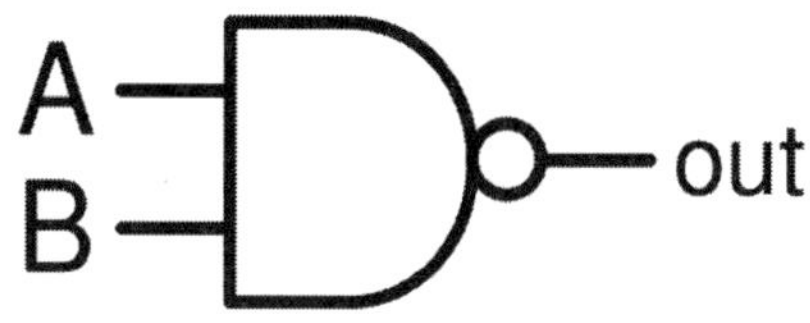

그림 2.8 | NAND 게이트의 심볼

NAND 게이트의 논리표는 아래와 같다. 표에서 보는 바와 같이 AND 게이트의 결과와 정반대의 결과를 나타낸다.

표 2.6 | NAND 게이트의논리표

입력		출력
A	B	A NAND B
0	0	1
1	0	1
0	1	1
1	1	0

NAND 게이트의 전기적인 스위치 개념도는 아래 그림과 같다.

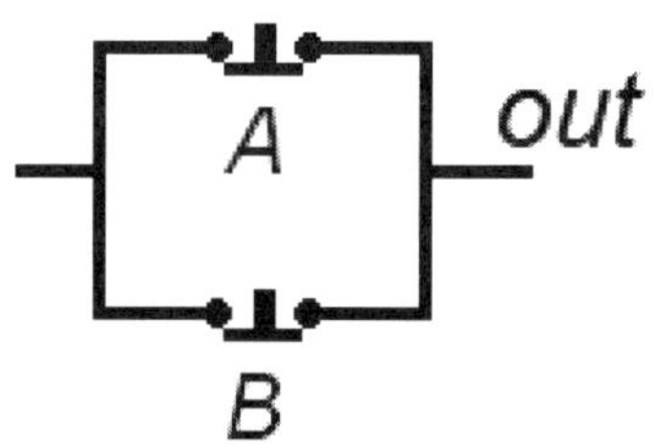

그림 2.9 | NAND 게이트의 전기적인 스위치 개념도

5) NOR 게이트

아래그림은 NOR 게이트의 심볼이다. 외형적으로 볼 때 OR 게이트의 우단에 조그만 링을 가진 형태이다.

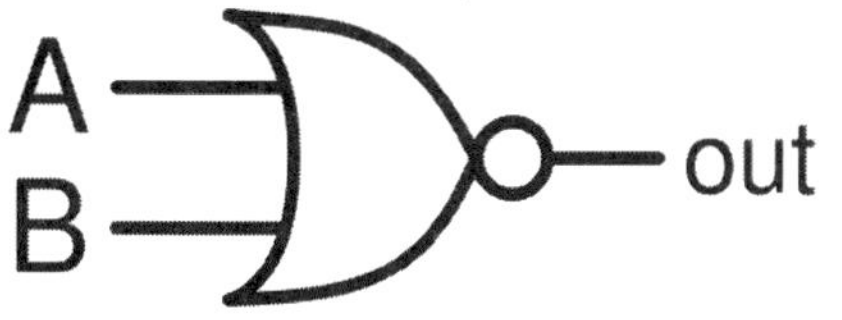

그림 2.10 | NOR 게이트의 심볼

NOR 게이트의 논리표는 아래와 같다. 표에서 보는 바와 같이 OR 게이트의 결과와 정반대의 결과를 나타낸다.

표 2.7 | NOR 게이트의논리표

입력		출력
A	B	A NOR B
0	0	1
1	0	0
0	1	0
1	1	0

NOR 게이트의 전기적인 스위치 개념도는 아래 그림과 같다.

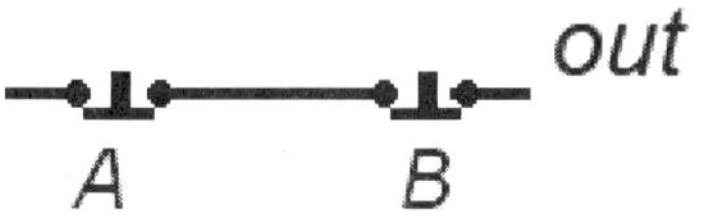

그림 2.11 | NOR 게이트의 전기적인 스위치 개념도

아래 그림 2.12는 TTL 계열 7400 NAND 칩의 내부기능도 및 실제 외관사진을 보여주고 있다. 이 칩은 14개의 접속핀을 가지고 있다. 7번 핀은 GND에 접지하고 14번 핀에는 5V14공급하면 4개의 NAND 게이트14정상적으로 작동할 수 있다. 예14들어 아래 그림의 1번 핀과 2번핀에 모두 5V (V 적으로 1)14연결하면 3번핀은 0V14출력하게 되는 것이다. 따라서 7400 NAND 칩은 4개의 NAND 게이트를 가지고 있는 셈이다.

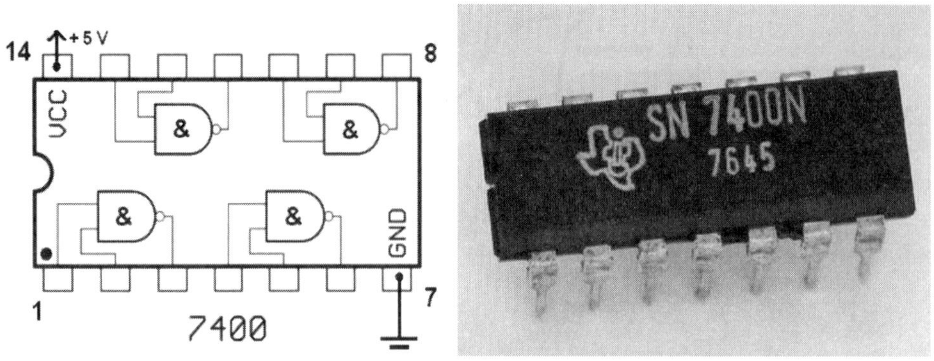

그림 2.12 | TTL 7400 NAND 칩의 내부 기능도 및 외관 사진

일반적으로 많이 사용되고 있는 논리 게이트는 CMOS와 TTL의 두가지 계열이 있다. TTL은 트랜지스터-트랜지스터 논리(transistor-transistor logic)의 줄임말이며, CMOS는 상보형 MOS(complementary metal oxide semiconductor)의 줄임말이다. 전압레벨은 입력과 출력에서 논리적으로 Low(0) 와 High(1)로 정의되는데, 소자의 계열에 따라 다르므로 이 두 계열의 소자를 섞어 사용할 때는 주의를 하여야 한다. TTL 디지털입력에서는 논리0 (논리 Low)는 0.8V보다 적은 값으로 정의되고, 논리1 (논리 High)은 2V보다 큰 값으로 정의된다. TTL소자의 디지털출력은 보통 Low가 0에서 0.5V 사이이고 High는 2.7V에서 5V 사이이다. 논리 0과 논리 1 상태 사이의 입력전압 0.8V에서 2.0V는 입력상태가 정의되지 않는 사각지대(dead zone)이다. CMOS 디지털입력에서 논리 0 (논리 Low)은 1.5V보다 적은 값으로 정의되고, 논리1 (논리 High)은 3.5V보다 큰 값으로 정의된다. CMOS소자의 디지털출력은 보통 Low가 0에서 0.05V 사이이고 High가 4.95V에서 5V 사이이다. 따라서, 논리 0과 논리 1 상태 사이의 입력전압 1.5V에서 3.5V는 입력상태가 정의되지 않는 사각지대(dead zone)이다.

각 논리게이트는 고유한 숫자로 표시된다. 대표적인 게이트를 아래의 표에 나타내었다.

표 2.8 | CMOS와 TTL 계열의 대표적인 게이트의 고유번호

CMOS	TTL	Function
4001	7402	Quad two-input NOR gate
4011	7400	Quad two-input NAND gate
4049	7404	Hex NOT gate (inverting buffer)
4070	7486	Quad two-Input XOR gate
4071	7432	Quad two-input OR gate
4077	74266	Quad two-input XNOR gate
4081	7408	Quad two-input AND gate

2. 부울대수

부울 대수(Boolean Algebra)는 부울(Boole,1854)이 De Morgan의 논리적 사고와 수학의 관계성을 한 원리로 묶어 놓은 것으로 '0'과 '1' 그리고 이들과의 관계를 표현하는 연산자로 구성되며, 오늘날 일반적으로 사용되는 부울 대수는 논리 대수라는 말에서부터 시작된다.

표 2.9 | 부울 대수의 기본적 관계

(1)	$X + 0 = X$	(2)	$X \cdot 0 = 0$
(3)	$X + 1 = 1$	(4)	$X \cdot 1 = X$
(5)	$X + X = X$	(6)	$X \cdot X = X$
(7)	$X + X' = 1$	(8)	$X \cdot X' = 0$
(9)	$X+Y = Y+X$	(10)	$XY = YX$
(11)	$X+(Y+Z) = (X+Y)+Z$	(12)	$X(YZ) = (XY)Z$
(13)	$X(Y+Z) = XY+XZ$	(14)	$X+YZ = (X+Y)(X+Z)$
(15)	$(X+Y)' = X'Y'$	(16)	$(XY)' = X'+Y'$
(17)	$(X')' = X$		

부울 대수의 목적은 0또는 1의 이진수를 사용하여 디지털 회로의 해석과 설계

를 쉽게 하는 데 있다. 또 부울 대수식의 응용 예를 살펴보면 부울 변수 사이의 진리표 관계를 대수 형식으로 표시할 수 있고 논리도의 입출력 관계를 대수 형식으로 표시가능하고, 같은 기능을 갖는 더 간단한 회로의 발견을 도모할 수 있다.

여기서 수식의 보수화란 드모르간(De Morgan)의 정리 이용한 것으로서 수식에서 모든 OR 연산은 AND로, AND 연산은 OR로 바꾸어 주고 각 변수를 보수화 하는 것을 의미한다.

예) F= AB+C'D'+B'D --> F'= (A'+B')(C+D)(B+D')

드모르간(De Morgan)의 정리를 이용한 연산의 변화는 다음과 같다.

$$\overline{(x+y)} = \overline{x} \bullet \overline{y}$$

위의 식을 도식적으로 설명하면 다음의 그림과 같이 표현된다.

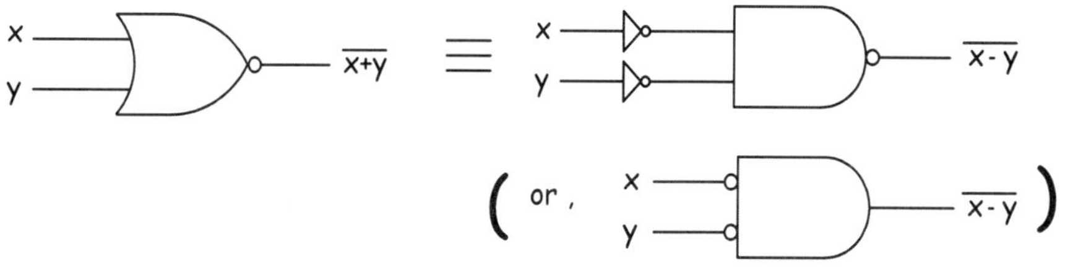

또한, 드모르간(De Morgan)의 정리는 아래의 관계도 포함하고 있다.

$$\overline{(x \bullet y)} = \overline{x} + \overline{y}$$

위의 식을 도식적으로 설명하면 다음의 그림과 같이 표현된다.

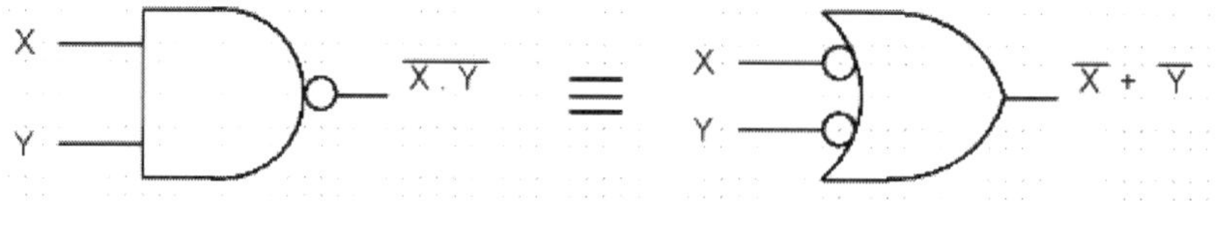

[예제2.1] 아래의 회로에서 LED를 켜기 위한 입력조건을 결정하시오

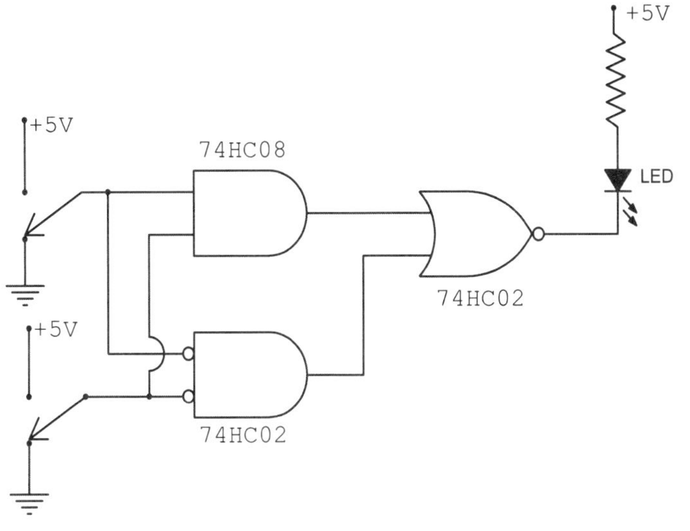

[풀이]

위의 회로에서 모양은 서로 다르지만 74HC02라는 이름을 갖고 있는 소자를 볼 수 있다. 드모르간의 법칙을 사용하면 두 개의 소자가 기능적으로 서로 같음을 알 수 있다. 드모르간의 법칙을 이용하면 다음의 식이 만족된다.

$$\overline{x} \cdot \overline{y} = \overline{x+y}$$

위 식을 이용하여 소자의 회로를 구성하면 다음과 같다.

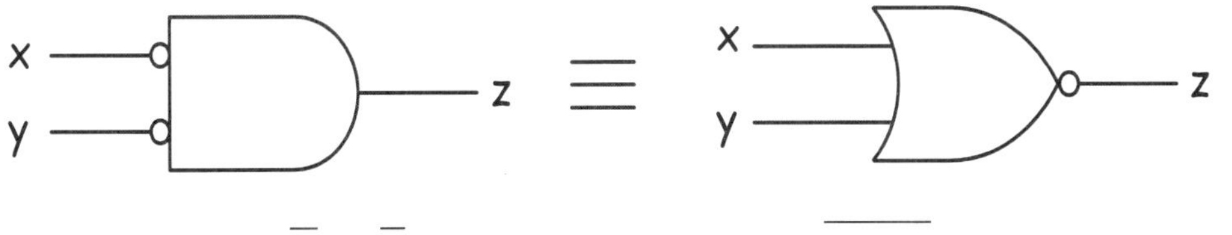

$$\overline{x} \cdot \overline{y} = z \qquad \overline{x+y} = z$$

즉, 두 소자는 모두 NOR 게이트라는 것을 알 수 있다. 이제 주어진 회로에서 4개의 입력조건에 따라 LED의 결과를 알아보면 다음과 같다. 편의상 회로 좌측의 스위치를 위로부터 A 및 B 라고 놓고 결과를 알아보자.

[Case 1] A=0, B=0

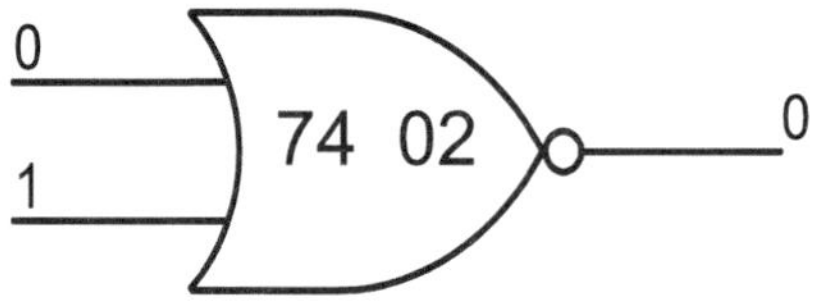

스위치 A=0, B=0 이면 최고 우측에 있는 74HC02 소자의 입구에 0과 1이 걸리게 되고 NOR Gate의 특성상 출력값은 0으로 된다. 따라서, LED 양단에 전압차가 발생하고 전류가 흘러서 LED는 작동(ON) 되게 된다. 같은 방법으로 다음의 경우를 고려할 수 있다.

[Case 2] A=0, B=1

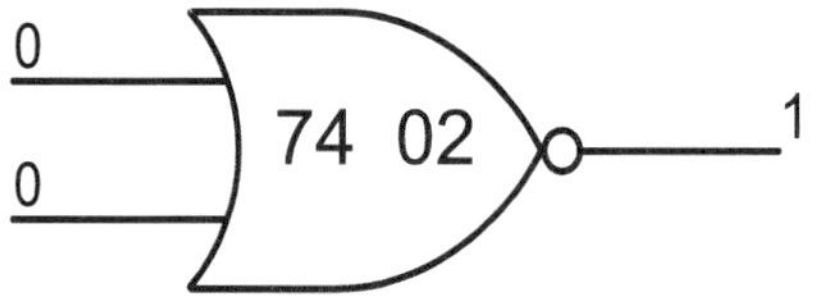

이 경우 최고 우측에 있는 74HC02 소자의 입구에 0과 0이 걸리게 되고 NOR Gate의 특성상 출력값은 1로 된다. 따라서, LED 양단에 전압차가 발생하지 않으므로 LED를 통과하는 전류의 발생이 없다. 따라서, LED는 소등(OFF) 된다.

[Case 3] A=1, B=0

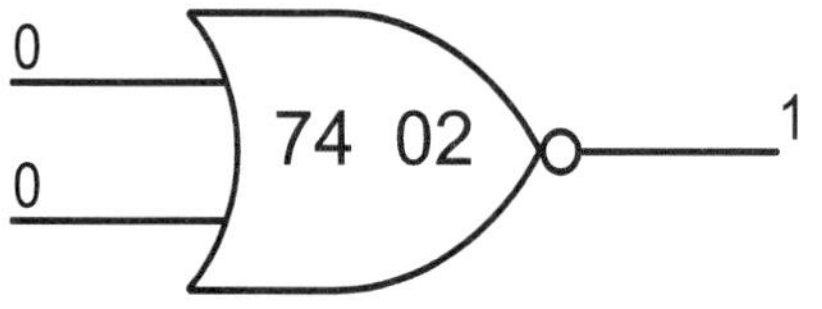

이 경우 최고 우측에 있는 74HC02 소자의 입구에 0과 0이 걸리게 되고 NOR Gate의 특성상 출력값은 1로 된다. 따라서, LED 양단에 전압차가 발생하지 않으므로 LED를 통과하는 전류의 발생이 없다. 따라서, LED는 소등(OFF) 된다.

[Case 4] A=1, B=1

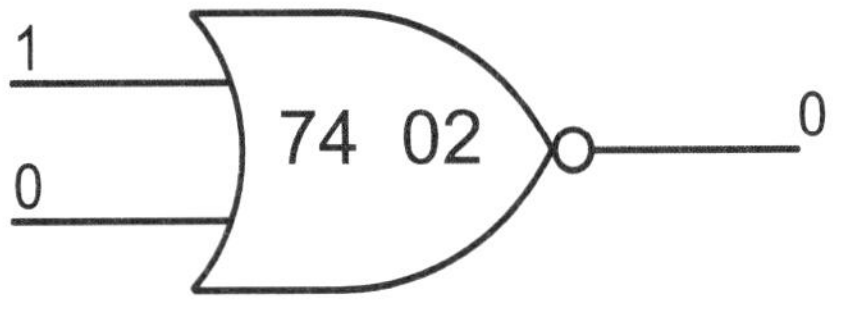

이 경우 최고 우측에 있는 74HC02 소자의 입구에 0과 1이 걸리게 되고 NOR Gate의 특성상 출력값은 0으로 된다. 따라서, LED 양단에 전압차가 발생하고 전류가 흘러서 LED는 작동(ON) 되게 된다. 결론적으로 LED를 ON 시키는 경우는 경우1과 경우4 일 때이다.

[예제 2.2] 4개의 입력신호 A, B, C. D를 이용하여 다음의 출력결과(X)를 만들어는 회로를 구성하라.

$$X = AB + CD$$

[풀이] 디지털회로에서 위의 결과를 만들어 내는 방법은 여러 가지가 있을 수 있다. 먼저 가장 간단한 방법부터 알아보도록 하자.

① **직접구성법**(Straight forward method)

이 방법은 주어진 회로를 순서적으로 구성하는, 가장 쉽게 회로를 구성할 수 있는 방법이다.

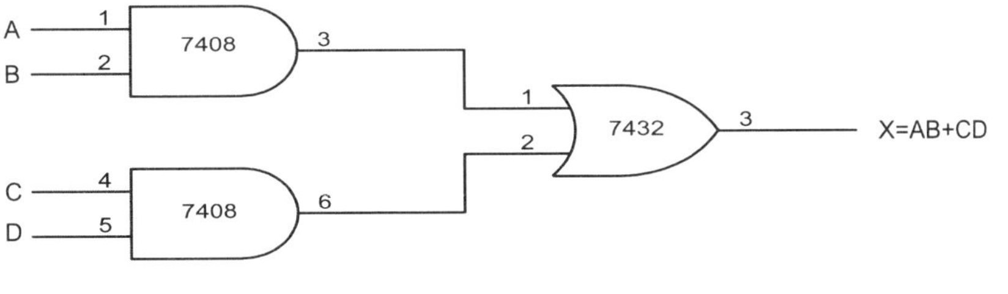

결과적으로 본다면 이 방법은 2개의 AND 게이트와 1개의 OR 게이트를 사용해야 한다. 다시 말하면 TTL 계열의 7408 칩 1개와 7432 칩 1개를 사용하면 위 회로를 구성할 수 있다는 것이다.

② **NAND 소자만을 이용해서 결선한 방법**

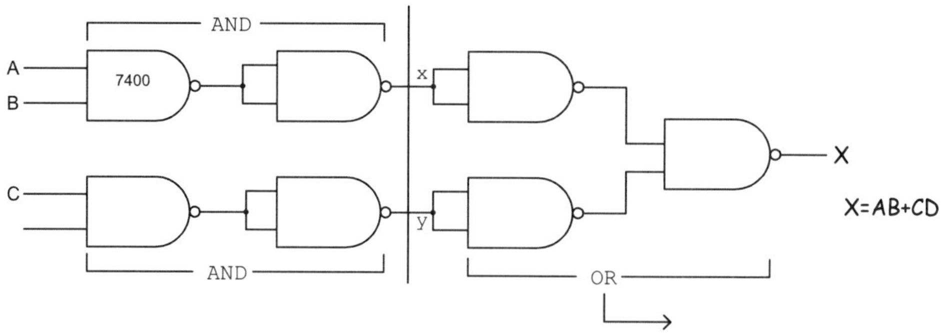

요구회로 X=AB+CD를 위와 같이 NAND 게이트만 사용해서 구성할 수도 있다. 물론 이 경우는 디지털회로에 대한 지식과 드모르간 정리를 적용하면 이래가 될 것이다. 우선, 회로의 중간부분의 출력값을 각각 x, y로 표현하였다. 그려면, x, y와 우축의 회로는 다음과 같은 식으로 정리될 수 있다.

$$\overline{(\overline{xx})(\overline{yy})} = \overline{\overline{xx}} + \overline{\overline{yy}}$$

$$= xx + yy = x + y$$

한편, 위의 회로에서 중간지점의 x는 다음 식과 같이 표현된다.

$$x = \overline{(\overline{AB})(\overline{AB})} = AB + AB = AB$$

마찬가지로 y값도 같은 방법으로 다음과 같이 구할 수 있다.

$$y = CD$$

x, y 를 이용하여 회로를 계속 전개하면

$$\overline{(\overline{xx})(\overline{yy})} = \overline{\overline{xx}} + \overline{\overline{yy}} = xx + yy = x + y$$

그러므로 $X = AB + CD$ 가 성립한다.

③ **위의 b) 회로를 간단히 한 회로**

위 회로의 중간부분에는 NAND 게이트가 NAND 게이트로 연결되어 있으므로 노리적인 변화없이 상쇄가 가능하다. 따라서, 다음과 같이 간단한 회로로 단순화 될 수 있다.

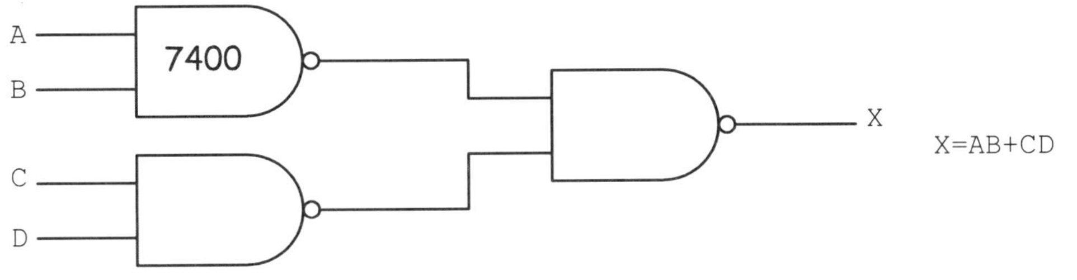

결론적으로, 회로 a)와 회로 c)는 같은 회로이지만 c) 경우는 NAND 게이트만 사용한 회로가 된다. 일반적으로 NAND 게이트 칩인 74LS00에는 4개의 NAND 게이트가 있으므로 위의 회로는 1개의 NAND Gate 칩으로 구성할 수 있다는 것이 장점이다. 하지만 꽤 복잡한 논리과정을 필요로 하는 것을 알 수 있다.

3. 플립플롭 (Flip-Flop)

논리 게이트는 입력의 현재 논리상태에 따라서 출력되는 값을 만들어낸다. 어떠한 복잡한 디지털 시스템도 입력의 전 상태에 따라 출력을 만들어내는, 다시 말해서 기억기능을 가지는 회로를 필요로 하게 된다. 이 기억 기능을 가지는 회로로서 가장 많이 쓰이는 것이 플립플롭(FF)이다.

플립플롭은 두개의 출력을 갖는 논리 회로이고 이 출력들은 서로 반대이며, 그림 1-13에 이들 출력을 Q와 $\overline{Q}$로 나타내었다. Q출력은 평상의 플립플롭출력이라 하고 $\overline{Q}$는 반전된 플립플롭의 출력이라 한다. 플립플롭이 High(1) 상태 또는 Low(2) 상태에 있다고 말할 때 이는 Q출력에서의 조건이며, 이 때 물론 $\overline{Q}$출력은 언제나 Q와 반대이다.

플립플롭에는 2개의 가능한 동작 상태가 있는데 그것은 (1) Q=0, $\overline{Q}$=1 과 (2) Q=1, $\overline{Q}$=0 인 상태이다. 플립플롭은 하나 또는 그 이상의 입력을 가지며, 이는 플립플롭이 이러한 두 상태로 사이를 오갈 수 있도록 제어하는데 사용된다. 한번 입력신호가 플립플롭을 주어진 상태로 있게 하면 플립플롭은 입력신호가 없어진 후까지도 그 상태로 머물게 되며, 이것이 바로 플립플롭의 기억기능인 것이다.

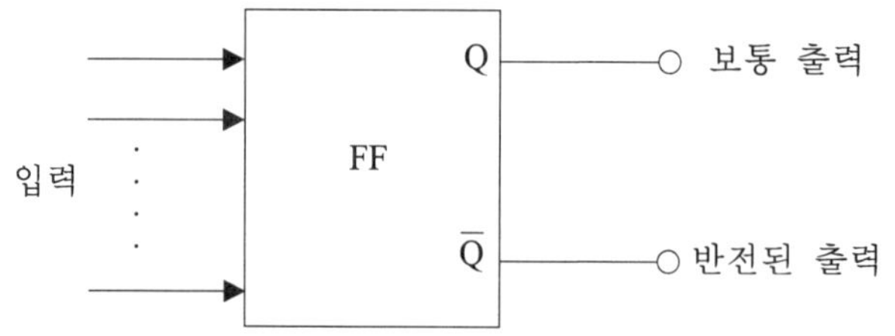

그림 2.13 | 일반적인 플립플롭 기호

1) SR-플립플롭

대표적인 플립플롭으로 귀환회로가 하나이므로 2개의 안정상태가 있고 그 동작은 논리식으로 기술할 수 있다. 입력으로는 S입력(Set 입력)과 C입력(Clear 입력)을 가진다. S입력을 주면 내부 상태가 세트 상태(출력이 1이 되는 상태)로 되며 S입력이 제거된 뒤에도 그 상태가 유지된다. 또한 C입력을 주면 출력이 0이 되는 리셋 상태가 되며 새로운 입력이 주어질 때까지 그 상태를 그대로 유지한다. S입력과 C입력이 동시에 들어가면 즉, S=R=0 인 경우는 출력 모두 1이 되므로 불허(not allowed)하게 된다.

NAND 게이트를 사용한 경우의 플립플롭은 아래의 그림과 같이 2가지의 초기상태를 유지할 수 있다. 2가지 경우에 플립플롭의 동작을 분석해 보기로 한다.

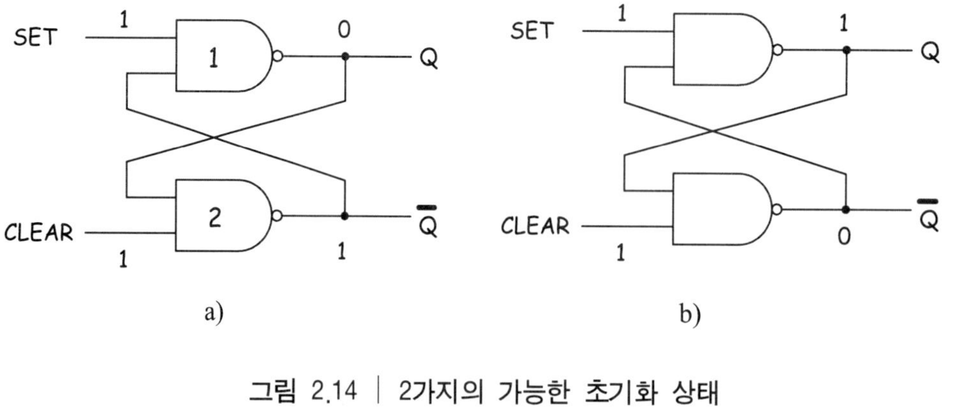

그림 2.14 | 2가지의 가능한 초기화 상태

먼저 Set 단자에 Low 신호를 인가해 주고 두 경우에 대한 출력결과를 비교해 보자.

a)경우

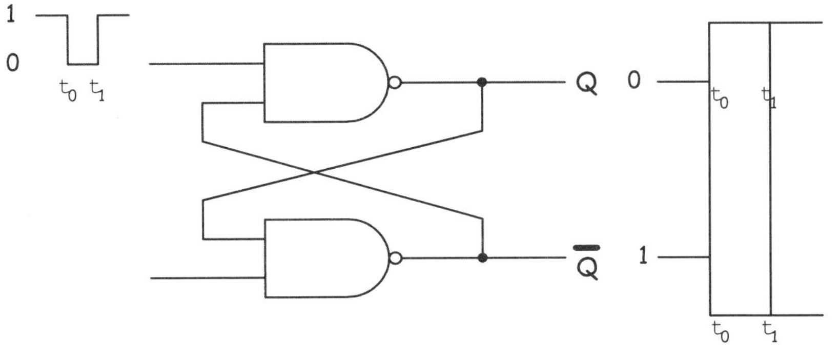

초기에 SET=1, CLEAR=1인 상태이고 시간이 t0 일 때 SET=0 로 만들면 출력값은 Q=1, $\overline{Q}$ =0 로 된다.

b) 경우

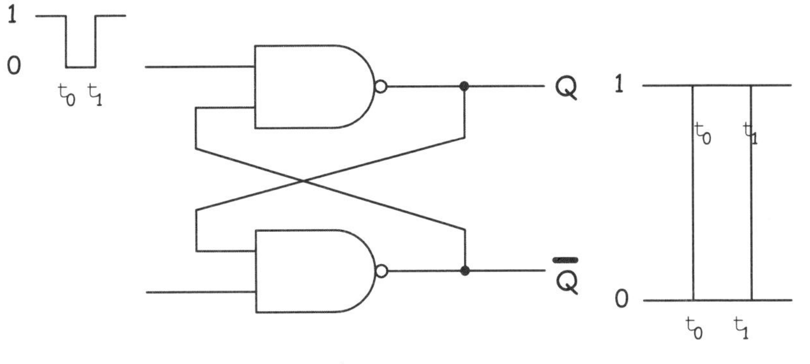

그림 | 2.15 Set 상태

마찬가지로, 초기에 SET=1, CLEAR=1인 상태이고 시간이 t0 일 때 SET=0 로 만들면 출력값은 a)경우와 같이 Q=1, $\overline{Q}$ =0 로 된다. 즉, 플립플롭의 입력단자에 SET=0 을 가해주게 되면 플립플롭의 초기상태에 무관하게 출력은Q=1, $\overline{Q}$ =0로 된다. 그러므로, 이런상태를 세트상태(set state)라고 한다.

SET에 Low pulse를 인가	**---->**	$Q=1$	**∴ Set state라 부름**
(Q가 전에 어떤 상태 든지 간에)		$\overline{Q}=0$	

다음은 Clear 단자에 Low 신호를 인가해 주고 두 경우에 대한 출력결과를 비교해 보자.

a) **경우**

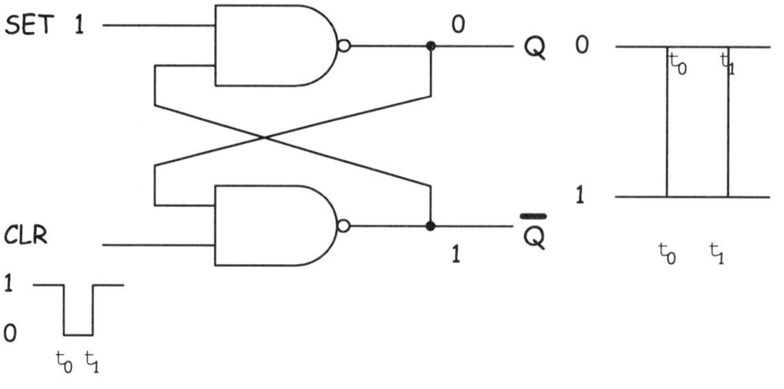

초기에 SET=1, CLEAR=1인 상태이고 시간이 t0 일 때 CLEAR=0 로 만들면 출력값은 Q=0, $\overline{Q}$ =1 로 된다.

b) **경우**

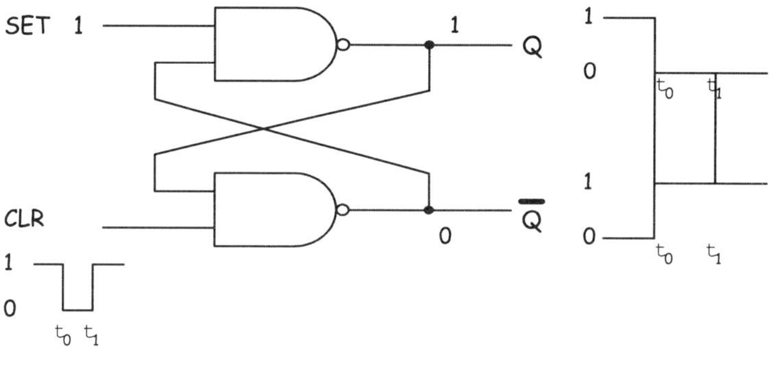

그림 2.16 | Clear **상태**

마찬가지로, 초기에 SET=1, CLEAR=1인 상태이고 시간이 t0 일 때 CLEAR=0 로 만들면 출력값은 a)경우와 같이 Q=0, $\overline{Q}$ =1 로 된다. 즉, 플립플롭의 입력단자에 CLEAR=0 을 가해주게 되면 플립플롭의 초기상태에 무관하게 출력은 Q=0, $\overline{Q}$ =1 로 된다. 그러므로, 이런상태를 리세트상태(reset state)라고 한다.

CLEAR에 Low pulse를 인가 ---->	$Q=0$	∴ Reset state라 부름
(Q가 전에 어떤 상태 든지 간에)	$\overline{Q}=1$	

결론적으로, NAND 게이트를 사용해서 만든 플립플롭은 아래와 같은 논리결과를 갖게 된다.

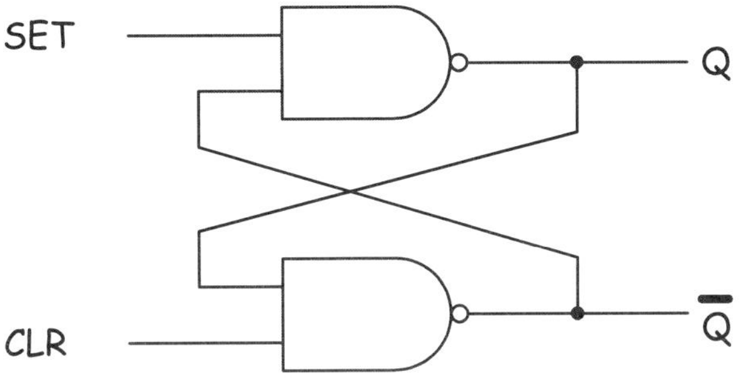

SET	CLR	OUTPUT
1	1	No Change (전의 상태를 유지)
0	1	Q=1
1	0	Q=0
0	0	Invald ($Q=\overline{Q}=1$)

그림 2.17 | NAND 플립플롭의 논리상태

플립플롭은 다양한 소자로 구성할 수 있는데, NAND 플립플롭 대신에 NOR 게이트를 사용해서 플립플롭을 구성하게 되면 NOR 플립플롭의 논리상태는 NAND 플립플롭의 논리상태와 다르게 된다. 그림1-18은 NOR 게이트를 사용해서 구성한 S-R 타입의 플립플롭이고, 그림 2.19는 심볼을 나타내고 있다.

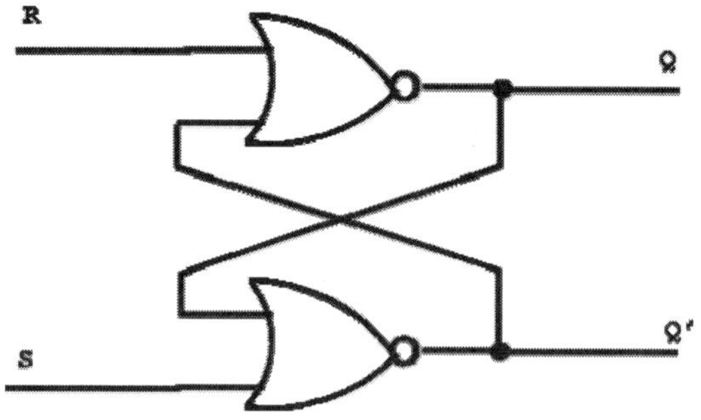

그림 2.18 | SR 형의 플립플롭의 회로 다이어그램

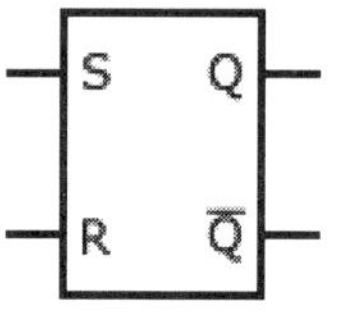

그림 2.19 | SR 형의 플립플롭의 심볼

표 2.10 | SR 형의 플립플롭의 논리표

S	R	Q_{old}	Q
0	0	X	No change
0	1	X	0
1	0	X	1
1	1		Invalid

아래의 경우는 클럭이 있는 경우의 SR 형의 플립플롭을 나타내고 있다.

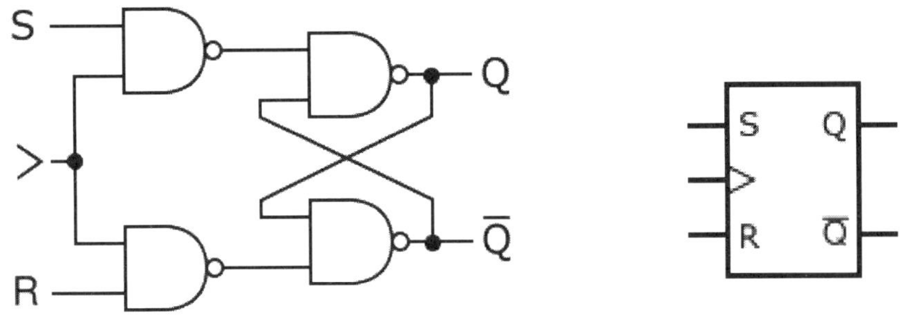

a) b)

그림 2.20 클럭 SR-플립플롭
a) 내부회로도 b) 심볼

[예 2.3] NAND 게이트용 플립플롭을 사용하여 기계적인 스위치의 잡음을 제거하는 회로를 구성해 보자.

아래의 그림은 기계적 스위치의 개폐에 발생되는 잡음을 보유주고 있다. 그림에서 스위치를 1에서 2의 상태로 옮기면 일시적으로 출력신호가 흔들리는 이른바 채터링(chattering) 현상이 발생하게 된다.

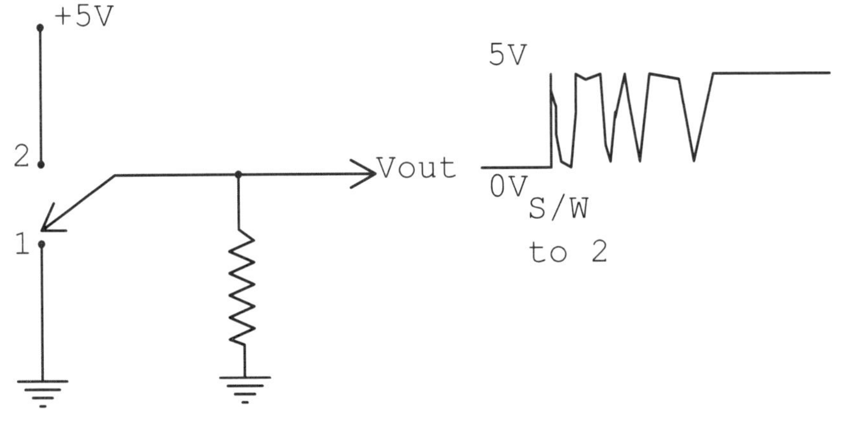

그림 2.21 | 기계식 스위치의 개폐잡음

아래의 회로는 NAND 플립플롭을 이용하여 기계적스위치에서 발생할 수 있는 채터링현상(잡음)을 효과적으로 제거할 수 있음을 보여주고 있다.

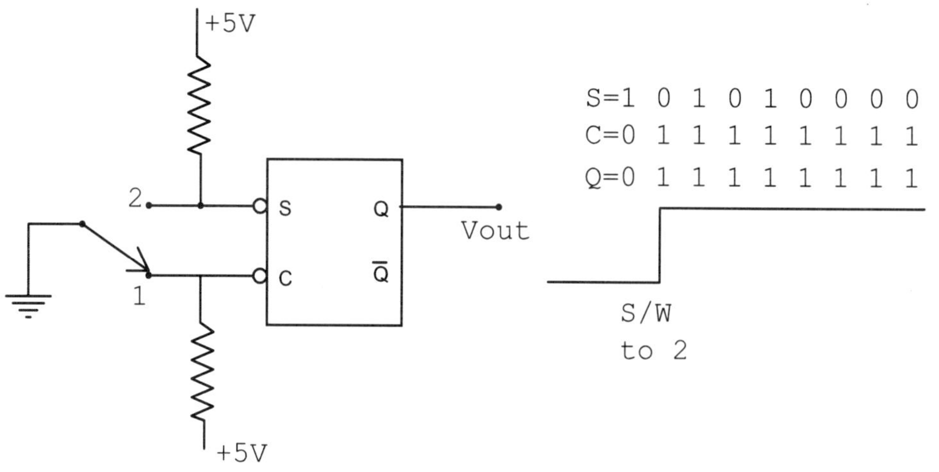

그림 2.22 | NAND 플립플롭을 이용한 잡음제거

그림 2.22에서 플립플롭의 초기값은 S=1, C=0 이다. 스위치가 1에서 2의 위치로 바뀌면 기계적 스위치의 특성상 S 단자에는 0과 1이 반복되는 채터링현상이 발생하게 된다. 하지만, 플립플롭의 다른 단자인 C는 항상 0의 값을 유지하므로 결국 출력값 Q는 항상 1의 값으로 유지하게 된다. 다시 말해서 잡음이 사라진 깨끗한 출력 파형을 얻을 수 있게 된다.

일반적으로 잡음을 제거하기 위하여 슈미트회로(schmitt circuit)를 많이 사용하고 있다. 슈미트회로는 노이즈를 포함한 펄스나 상승(rising)이 늦은 펄스의 파형을 정형하며 상승이 예민하지 않는 펄스로 변환하는 작용을 지니고 있으며 다음과 같은 특징이 있다.

(1) 그림2.23과 같이 노이즈를 포함한 전압신호가 입력되더라도 입력전압이 VT+를 초과할 때까지는 반전하지 않는다.

(2) 그리고, 입력전압이 VT-보다 떨어진 후에 드디어 원래상태로 복귀한다.

그림 2.23에서 보는 바와 같이 슈미트회로는 상위 스레쉬홀드전압 (threshold voltage) VT+와 하위 스레쉬홀드전압 VT-인 2개의 임계전압을 가지고 있다. 이 차이를 히스테리시스(hysteresis)라 부르며, 이 성질이 노이즈를 포함한 신호, 상승이 늦은 전압을 파형정형하는 역할을 하고 있다.

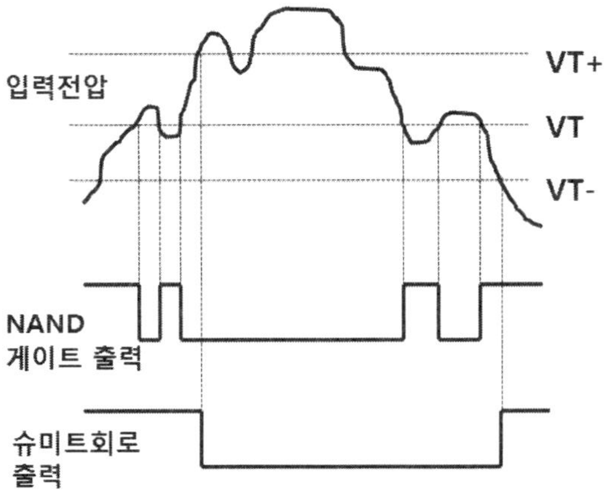

그림 2.23 | 슈미트회로의 동작 예

슈미트동작을 하는 IC로서는 2회로 4입력 NAND 게이트인 SN7413, 6회로 인버터의 SN7414, 4회로 2입력 NAND 게이트의 SN74132 등이 있으며 모두 VT+=1.7V, VT-=0.9V 의 값을 갖는다.

[예 2.4] NOR 게이트용 플립플롭을 사용하여 경보장치 회로를 구성해 보자.

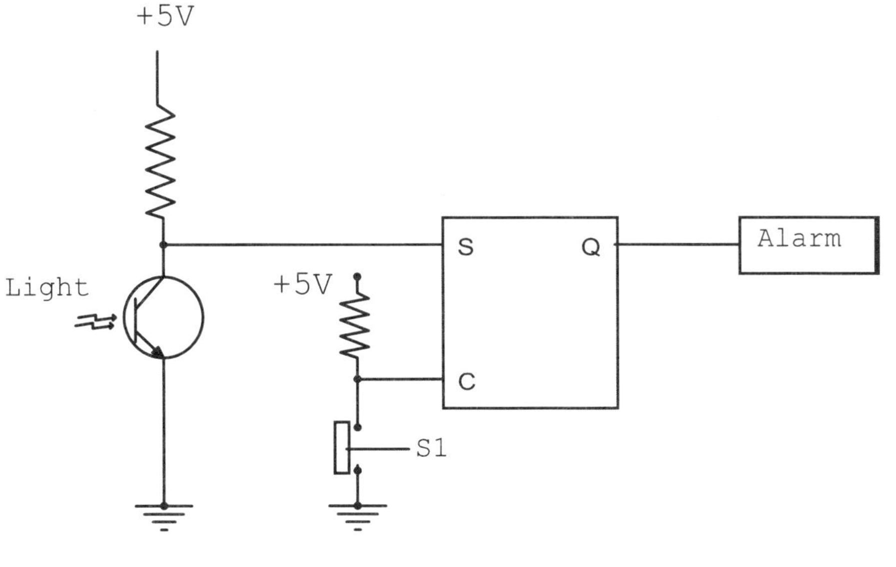

그림 2.23 | NOR 플립플롭을 이용한 경보기 회로

위의 회로는 포토트랜지스터에 통과하는 빛의 유무를 이용하여 경보기를 작동하는 회로를 나타낸다. 각 경우에 대한 경보기의 상태는 다음과 같다.

Light ON	:	S=0 C=0	∴ NO change
Light OFF	:	S=1 C=0	∴ Q=1 ⇒ Alarm Works!!
Light ON (again)	:	S=0 C=0	∴ Q=1 ⇒ Alarm will remain!!
S1 Pushed	:	S=0 C=1	∴ Q=0 ⇒ Alarm down!!

만약 외부의 침입자가 빛(Light)을 가로질러 통과하게 되면, 일시적으로 빛이 차단되게 된다. 그 결과 플립플롭의 입력단자는 S=1 상태로 된고, 출력값 Q=1 로 되어 경보기(alarm)이 작동하게 된다. 설사 침입자가 자리를 피하여 빛이 다시 통과 (즉, S=0) 하더라도 C=0 이므로 플립플롭은 이전의 상태를 유지하며 경보기는 계속 울려서 침입자를 괴롭게 만들 것이다. 경보기를 해제하려면 S1을 누르면 된다.

클럭이 있는 경우 clocked-SR 형식과 edge-triggered-SR 형식으로 구분이 된다. clocked-SR 형식에서는 클럭이 1인상태에서 입력(R,S)에 의해 출력이 변화한다. 반면에, 클럭이 0인 상태에서는 출력은 입력 (S,R) 값에 영향을 받지 않는다. edge-triggered-SR 형식의 플립플롭은 클럭의 상승엣지(혹은 하강엣지)에서 입력(R,S)에 의해 출력이 변화한다. 아래 그림은 edge-triggered-SR 형식의 플립플롭에 대한 심볼 및 논리표를 나타내고 있다.

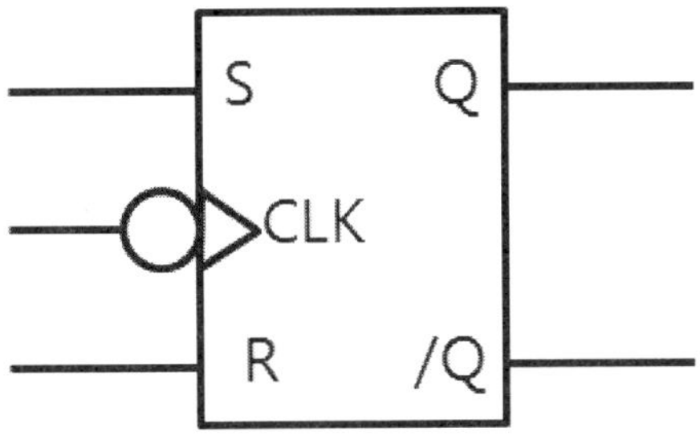

입력			출력
S	**R**	**CLK**	**Q**
0	0	하강에지	이전값 유지
1	0	하강에지	1
0	1	하강에지	0
1	1	하강에지	금지

그림 2.24 | Clocked-SR 형의 플립플롭 (NOR 게이트 이용)의 심볼 및 논리표

2) Clocked D-플립플롭

D-플립플롭은 하나의 입력만 가지는 장점이 있다. CLK가 상승엣지 일 때 출력 Q는 D입력을 따르게 되고 CLK이 하강엣지 일 때 Q는 마지막 값을 저장하게 되며, D입력은 출력에 더 이상 영향을 미치지 않는다. 그림 2.25는 Clocked D-플립플롭의 심볼 및 논리표이다.

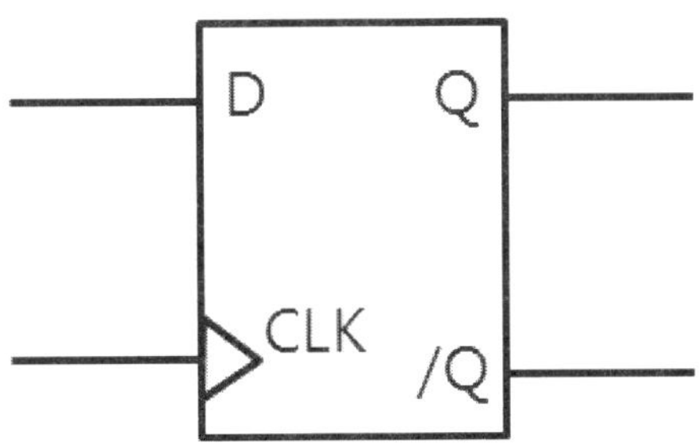

입력		출력
D	**CLK**	**Q**
0	하강에지	0
1	하강에지	1

그림 2.25 | D-플립플롭 심볼 및 논리표

3) JK-플립플롭

JK-플립플롭은 RS-플립플롭에서 부정 상태를 없애고 일정한 값을 출력하도록 개량한 것이다. 입력 J와 K는 입력 S와 R과 마찬가지로 플립플롭을 세트하고 클리어(clear)시킨다(J는 세트에, K는 클리어에 대응된다. J=K=1이면 플립플롭은 한 클럭 펄스 뒤에는 현재 상태의 보수(toggle)를 취한다. 즉 Q(t)=1 이고 Q(t+1)=0 이 되고 Q(t)=0 이면 Q(t+1)=1 이 된다.

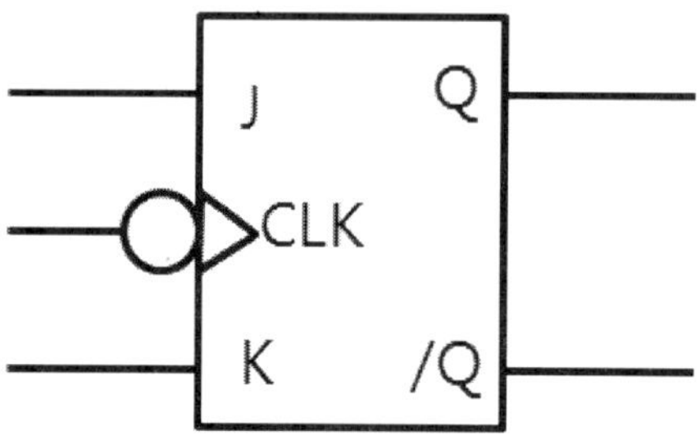

입력			출력
J	K	CLK	Q
0	0	하강에지	이전값 유지
1	0	하강에지	1
0	1	하강에지	0
1	1	하강에지	토글

그림 2.26 | JK-플립플롭 심볼 및 진리표

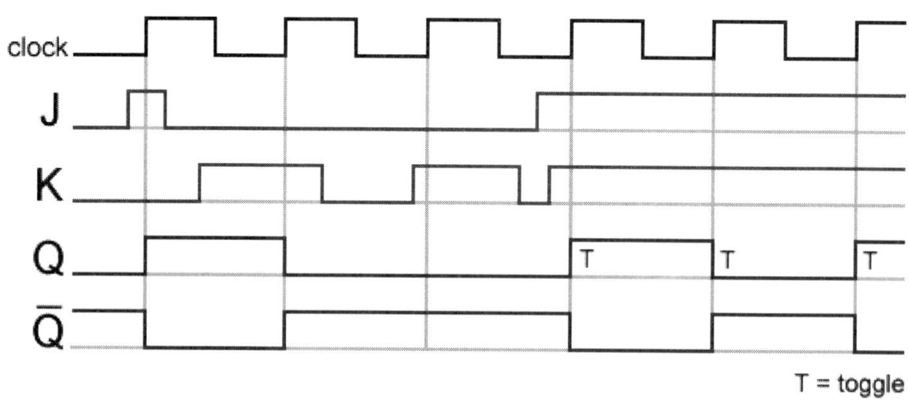

그림 2.27 | JK-플립플롭의 타이밍 예

아래 그림 2.28의 회로는 JK-플립플롭 3개를 직렬로 구성한 예이다. 결과적으로 각 플립플롭의 출력파형의 주파수가 2배로 감소하는 것을 알 수 있다. 여기에 사용된 플립플롭은 클락의 하강에지에서 작동하는 경우이다

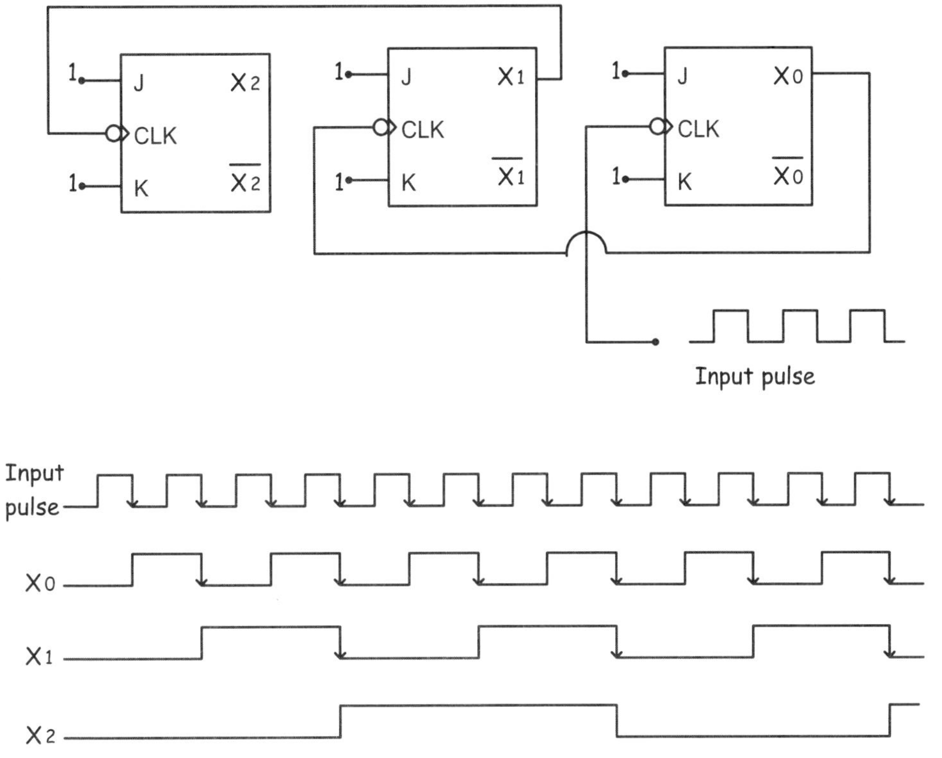

그림 2.28 | JK-플립플롭의 응용 예

4) D 래치

D 래치는 EN 신호가 Low일 경우는 이전값을 유지하고 EN 신호가 High 구간에서 D의 값이 그대로 출력단자 Q로 전달이 된다. 아래 그림 2.29는 D 래치의 심볼 및 논리표를 나타내고 있다.

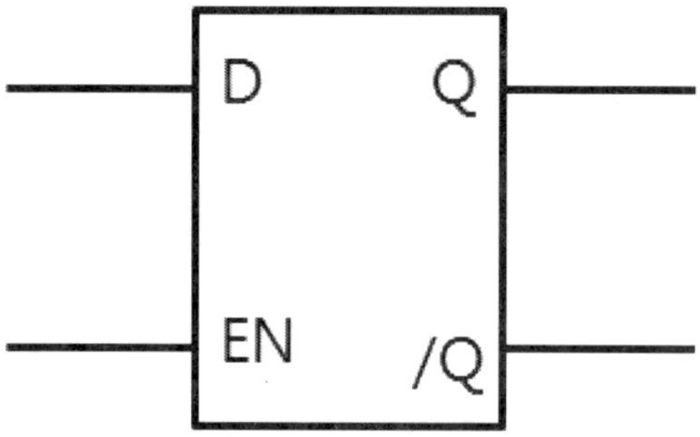

입력		출력
EN	**D**	**Q**
0	X	이전값 유지
1	0	0
1	1	1

그림 2.29 |D 래치의 심볼 및 논리표

4. 디코더와 인코더- 디코더(decoder)

디지털 컴퓨터에서 이진 코드는 명령어(instruction), 수치 데이터, 메모리 주소, 제어명령 등과 같은 여러 종류의 정보를 나타내는데 사용된다. n비트를 포함하는 코드 그룹은 2^n가지의 조합을 가질 수 있으며, 이들은 각기 다른 종류의 정보를 나타내게 된다. 어떤 논리회로는 논리 입력으로서 n비트를 필요로 하고 출력으로서 최대 2^n가지 중 하나의 적절한 출력을 발생하게 되는데 이 회로를 디코더(decoder)라 한다.

또 n개의 입력과 $m(m \le 2^n)$개의 출력을 갖는 디코더를 n×m 디코더 또는 n대m 디코더라 한다.

일반적으로 보수화된 형태로 출력을 만드는 것이 더 경제적이기 때문에 NAND 게이트로 디코더를 구성한다. 또한 2개 이상의 디코더를 동일한 Enable 입력에 연결하여 한 개의 큰 디코더를 구성할 수 있다. 즉 네 개의 4×16 디코더를 이용하여 16×64 디코더를 구성할 수 있다.

디지털회로를 구성할 때 가장 많이 사용되고 있는 디코더는 3x8 디코더인데 칩의 이름은 TTL 계열의 74LS138이다. 다른 일반적인 TTL 칩과 마찬가지로 74LS138을 정상적으로 작동하기 위해서는 외부에서 그라운드(GND)와 디지털전원

(Vcc, 즉 5V)을 인가해 주어야 한다. 또한, 이 칩은 3개의 제어신호 G1, G2A, G2B를 갖고 있다. 이 때 제어신호 G1에는 5V를, G2A와 G2B에는 그라운드신호를 연결해 주어야 한다. 그러면, 74LS138칩은 정상적으로 진리표에 의거하여 동작하게 된다. 동작의 한 예를 들어보면, 입력단자를 C=0, B=0, A=0 신호를 인가하면 8개의 출력신호 중에서 Y0 신호만 LOW(0)이 되고 나머지 출력단자는 모두 HIGH(1)로 정렬됨을 알 수 있다. 마찬가지로 C=1, B=1, A=1 신호를 인가하면 8개의 출력신호 중에서 Y7 신호만 LOW(0)이 되고 나머지 출력단자는 모두 HIGH(1)로 정렬됨을 알 수 있다.

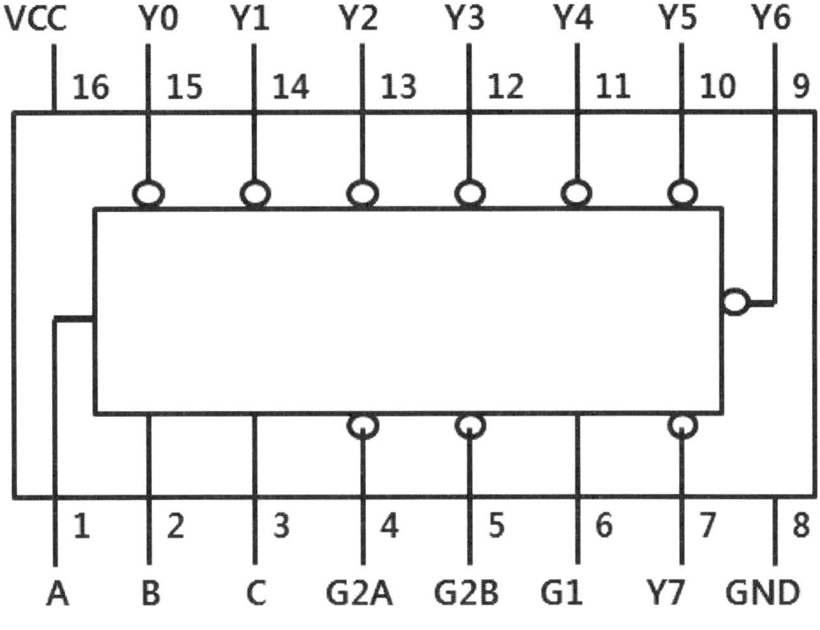

그림 2.30 | 74LS138 디코더의 핀 기능

입력			출력							
C	B	A	Y7	Y6	Y5	Y4	Y3	Y2	Y1	Y0
0	0	0	1	1	1	1	1	1	1	0
0	0	1	1	1	1	1	1	1	0	1
0	1	0	1	1	1	1	1	0	1	1
0	1	1	1	1	1	1	0	1	1	1
1	0	0	1	1	1	0	1	1	1	1
1	0	1	1	1	0	1	1	1	1	1
1	1	0	1	0	1	1	1	1	1	1
1	1	1	0	1	1	1	1	1	1	1

그림 2.31 | 74LS138 디코더의 핀 기능 및 진리표

[예제2.5] 다음 회로에서 74LS138의 $\overline{Y_7}$에 연결되어 있는 LED를 자동하고자 한다. 74LS138의 입력신호와 제어신호를 결정하라.

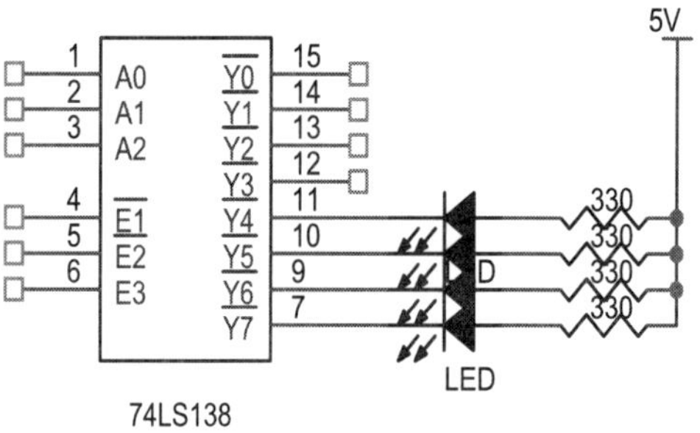

그림 2.32 | 74LS138 디코더를 이용한 LED 작동회로

74LS138의 제어입력신호를 $\overline{E_1}=0, \overline{E_2}=0, E_3=1$로 설정하여 활성화 한 후에 $A_2=1, A_1=1, A_0=1$과 같이 입력신호를 공급하면 $\overline{Y_7}$단자에만 LOW 값이 걸리게 되고 나머지 단자 ($\overline{Y_0}$,..., $\overline{Y_6}$)에는 HIGH값이 걸리게 된다. 따라서, $\overline{Y_7}$에 연결되어 있는 LED만 전류흐름이 가능해져 그 LED만 작동하게 된다.

- **인코더**(encoder)

디코더는 입력 코드를 받아서 하나의 대응하는 출력을 동작시키도록 하고 인코더란 이와 반대의 동작을 수행한다. 즉, 주어진 입력에 대응하는 이진 출력 코드를 만들어 낸다. 일반적으로 사용되는 IC인코더를 그림 2.33에 보였으며, 이는 여

덟 개의 active-low 입력이 있고 보통 높은 상태를 유지하게 된다. 입력 중 하나가 0으로 구동될 때 입력에 상응하는 이진 출력코드가 출력되게 된다. 예로서 입력 $\overline{I_3}=0$ 일 때 출력은 $CBA=011$이 되고, 이는 십진수 3의 등가 이진수이다. $\overline{I_6}=0$일 경우는 $CBA=110$으로 출력된다.

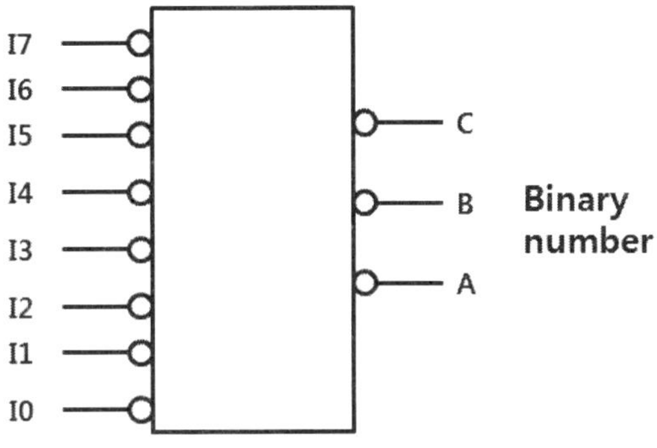

그림 2.33 | 일반적으로 사용되는 IC인코더

입력								출력		
Y7	**Y6**	**Y5**	**Y4**	**Y3**	**Y2**	**Y1**	**Y0**	**C**	**B**	**A**
1	1	1	1	1	1	1	0	0	0	0
1	1	1	1	1	1	0	1	0	0	1
1	1	1	1	1	0	1	1	0	1	0
1	1	1	1	0	1	1	1	0	1	1
1	1	1	0	1	1	1	1	1	0	0
1	1	0	1	1	1	1	1	1	0	1
1	0	1	1	1	1	1	1	1	1	0
0	1	1	1	1	1	1	1	1	1	1

표 2.12 | 8대 3진 인코더에 대한 진리표

5, 멀티플렉서(Multiplexer)

멀티플렉스란 그림2.34와 같이 입력되는 몇 개의 입력신호 중에서 한 개의 신호를 선택하여 출력회로에 접속해 주는 작용을 하는 것으로 이른바 로터리 스위치와 같은 동작을 하는 회로이다.

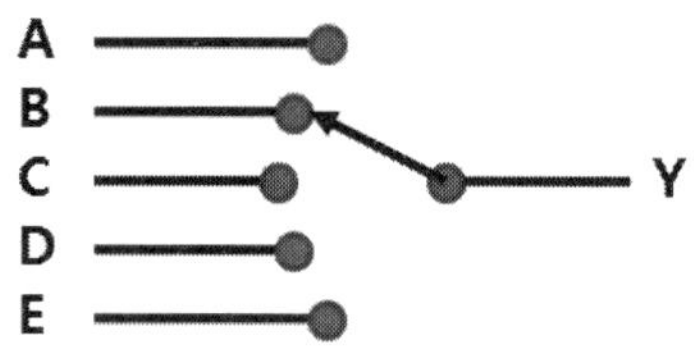

그림 2.34 | 멀티플렉스의 역할

어느 입력신호를 선택할 것인가는 선택입력 신호에 의해 결정된다. 그림 2.35는 4x1 멀티플렉스인데, 선택입력 S_0, S_1의 4개조합을 이용하여 입력신호인 I_o, I_1, I_2, I_3 중에서 1개의 입력신호를 선택하여 출력하게 된다. 그림2.35의 함수표를 참고하기 바란다.

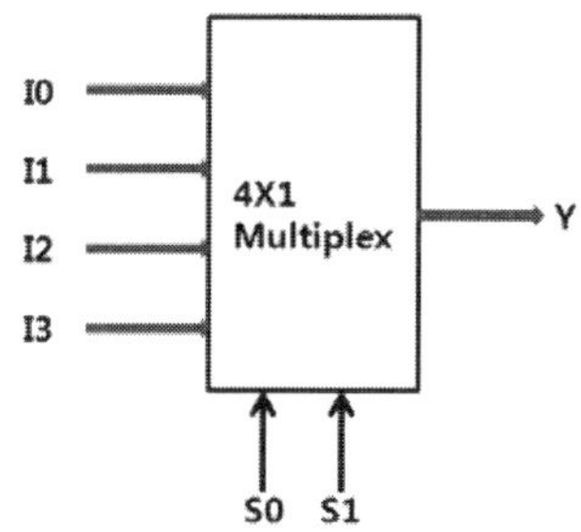

Select		Output
S0	**S1**	**Y**
0	0	I0
0	1	I1
1	0	I2
1	1	I3

그림 2.35 | 4×1 멀티플렉서와 함수표

6. 레지스터

n비트 레지스터는 n비트의 2진 정보를 저장하기 위해 n개의 플립플롭과 데이터 처리를 위한 조합회로로 구성한다.

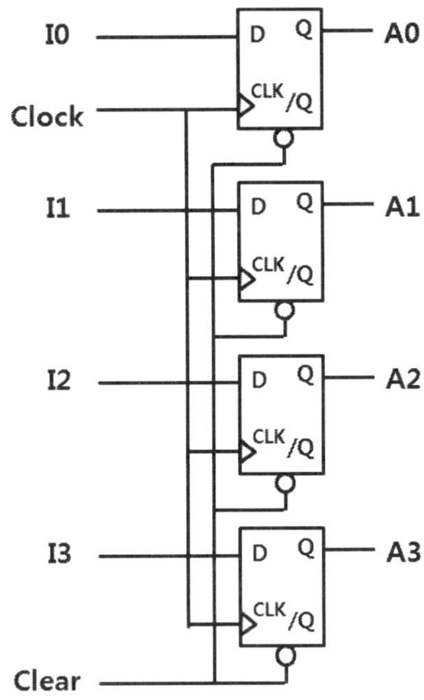

그림2.36 | 4비트 레지스터

공통의 클럭 입력으로 4개의 D플립플롭을 동시에 상승 펄스로 데이터를 레지스터에 저장하고 클리어 입력의 값이 0이 될 경우 레지스터의 출력을 0으로 한다. 클럭 신호를 차단하므로 레지스터의 내용이 변경되지 않도록 할 수 있다.

대부분의 디지털 시스템들은 주 클럭 발생기(master clock generator)가 있어서 지속적으로 모든 레지스터와 플립플롭에 클럭 펄스를 제공한다. 따라서 특정한 레지스터에 지정된 클록 펄스만이 영향을 줄 수 있도록 하는 제어신호가 필요하게 되었고 병렬 로드를 가진 레지스터를 만들게 되었다. 병렬 로드를 가진 레지스터는 로드 제어 입력으로 클록 펄스의 작용여부를 결정하고 로드 제어 신호가 1인 경우에 4개의 입력이 클럭 상승 변이에서 레지스터로 전달된다. 또 로드 제어신호가 0일 때는 입력은 차단되고 플립플롭의 D입력은 자신의 출력에 연결할 수 있다.

7. 시프트 레지스터

시프트 레지스터(shift register)란 레지스터의 2진 정보를 단방향 또는 양방향으로 이동시킬 수 있는 레지스터로 각 플립플롭들은 각각의 입력과 출력이 연쇄적으로 연결되고 공통의 클럭 펄스가 다음 상태로의 이동을 제어할 수 있다.

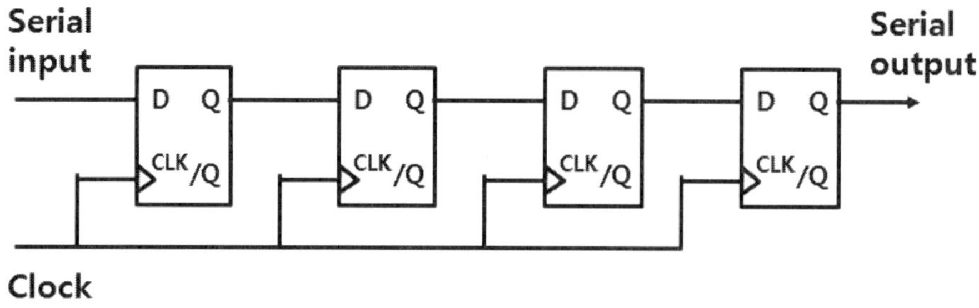

그림 2.37 | 4비트 시프트 레지스터

8. 이진 카운터

2진 카운터(binary counter)란 입력 펄스에 따라 미리 정해진 순서대로 상태의 변이가 진행되는 레지스터로서 입력 펄스의 시간 간격은 일정, 혹은 임의적이고, 어떤 사건의 발생 횟수를 세거나, 동작 순서를 제어하는 타이밍 신호를 만드는 데 사용된다. 이진카운터는 일반적으로 비동기식 카운터(asynchronous counter)와 동기식카운터(synchronous counter)로 구분된다. 아래 그림2.38은 4개의 J-K 플립플롭으로 구성된 4비트 비동기 2진 카운터를 나타내고 있다.

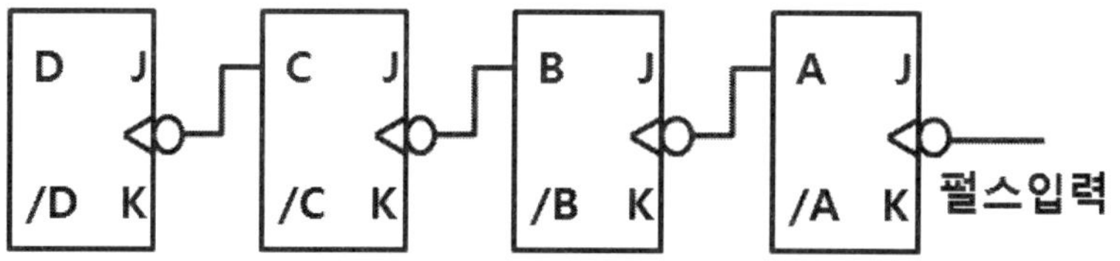

그림 2.38 | 4비트 비동기 2진 카운터

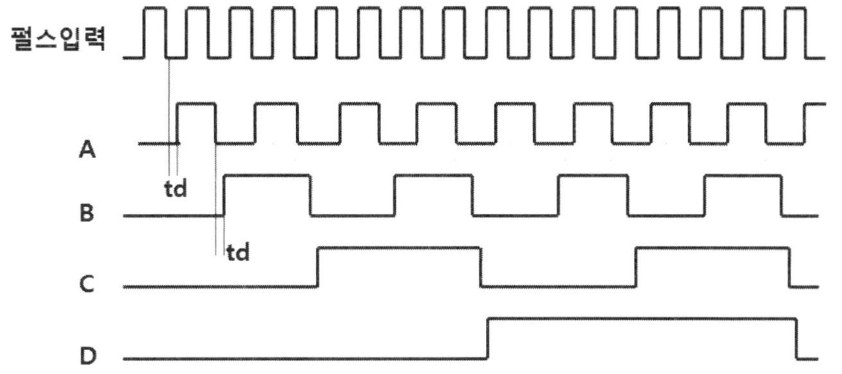

그림 2.39 | 4비트 비동기 2진 카운터의 출력파형

그림2.39에서 보는바와 같이 카운터의 일반적으로 분주기능을 가지고 있다. 즉, 펄스입력이 4개 들어갔을 때, A의 출력 펄스는 2개, B의 출력펄스는 1개로 되어 있다. 이와 같이 매 단마다 입력펄스가 1/2로 감소되고 있다. 이러한 성질을 이용하면 펄스의 주파수를 2의 배수로 감소할 수 있게 된다. 이것을 카운터의 분주기능이라고 한다. 일반적으로 비동기식 카운터는 출력값에 시간지연이 생긴다는 점이다. 예를들어 펄스입력의 하강엣지에서 출력A는 t_d만큼의 시간지연이 발생하고, 또 출력B는 출력A의 하강에지보다 t_d만큼의 시간지연이 발생하게 된다. 따라서, 비동기식 카운터는 고속의 카운팅작업을 하는데 제약이 따른다.

[예제2-6] 1MHz의 수정발진자가 있다. 이 출력을 분주하여 500Hz의 새로운 주파수를 만들려고 한다. 플립플롭은 적어도 몇 개가 필요한가?

1MHz의 주파수를 500Hz로 감소시키기 위해서는 $10^6/500 = 2000$ 이므로 2000분의 1로 감소를 해야한다. $2^{11} \geq 2000$ 이므로 11개의 플립플롭이 필요하게 된다.

아래 그림은 비동기식 카운터 IC (4비트용 BCD 카운터)인 7490의 외관, 결선방법을 보여주고 있다.

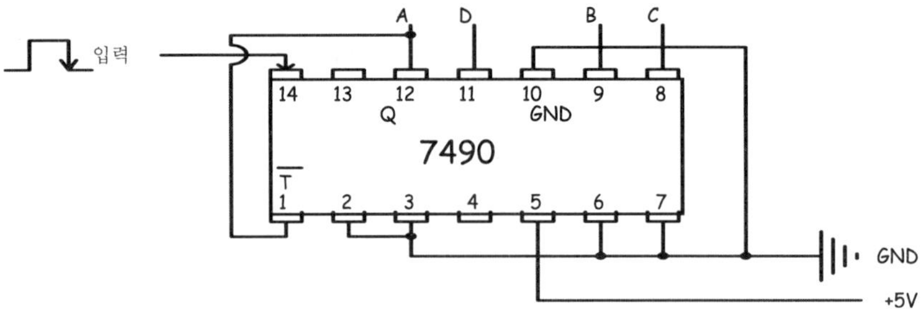

그림 2.40 | 4비트 BCD 카운터결선 및 논리표

아래의 표는 외부에서 입력되는 펄스에 대한 카운터의 출력변화를 보여주고 있다.

계수	D	C	B	A
0	0	0	0	0
1	0	0	0	1
2	0	0	1	0
3	0	0	1	1
4	0	1	0	0
5	0	1	0	1
6	0	1	1	0
7	0	1	1	1
8	1	0	0	0
9	1	0	0	1

아래 그림은 BCD 카운터를 2개 사용하여 2자리 수를 카운터 할 수 있는 카운터 응용회로이다.

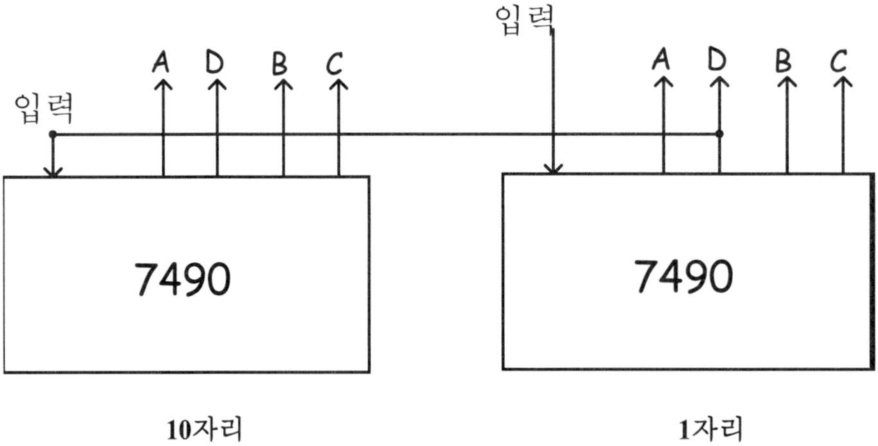

그림 2.41 | 4비트 BCD 카운터를 이용한 2자리수 카운팅

아래의 표는 외부에서 입력되는 펄스에 대한 카운터의 출력변화를 보여주고 있다.

D	C	B	A
0	0	0	0
0	0	0	0
0	0	0	0
0	0	0	0
0	0	0	0
0	0	0	0
0	0	0	0
0	0	0	0
0	0	0	0
0	0	0	0
0	0	0	1
0	0	0	1

D	C	B	A
0	0	0	0
0	0	0	1
0	0	1	0
0	0	1	1
0	1	0	0
0	1	0	1
0	1	1	0
0	1	1	1
1	0	0	0
1	0	0	1
0	0	0	0
0	0	0	1

앞에서 설명한 비동기식 카운터에서는 앞단의 플립플롭의 출력변화가 후단의 플립플롭에 전달되는 카운터 방식이기 때문에 단 수의 증가에 따라 최종단 플립플롭에 시간지연이 많이 발생한다는 단점이 있었다. 이러한 결점을 개선하기 위해 고안된 것이 동기식 카운터이다. 동기식 카운터에서는 모든 플립플롭의 클락단자를 공통으로 접속하고 클락을 가하여 모든 플립플롭을 동시에 변화시키는 형태이다.

그림 2.42의 2진 카운터는 보수화 기능이 있는 T 또는 JK-플립플롭을 이용한 회로로서 n개의 플립플롭을 가진 2진 카운터로 0에서 2^{n-1}까지 카운트할 수 있는 동기식 카운터이다.

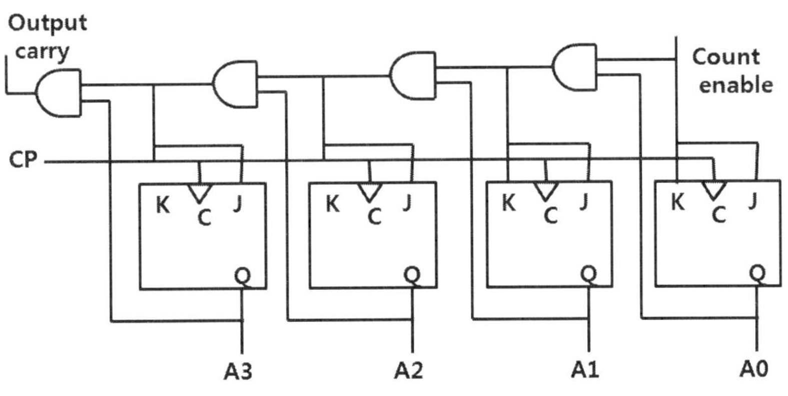

그림 2.42 | 4비트 동기식 2진 카운터

9. 메모리 장치

메모리 장치란 정보의 입출력 기능을 가진 저장요소들의 집합으로서 워드(word) 단위로 정보를 저장한다. 워드는 컴퓨터에서 사용되는 정보나 데이터의 가장 기본 단위이며 워드를 구성하는 비트의 수는 컴퓨터에 따라 서로 다르고 그 범위는 보통 4비트부터 36비트 정도이며 하나의 메모리 장치는 주어진 수의 워드를 가진다.

메모리의 내부구조는 일련의 레지스터로 구성된다고 생각하는 것이 편리하다. 각 레지스터는 하나의 워드를 저장하고 있으며, 각 레지스터의 길이란 워드 당 비트의 수이다. 레지스터의 수는 메모리에 기억될 수 있는 워드의 수이고 이러한 일반적인 표현은 각 m 비트를 갖는 n개의 워드를 저장하는 메모리(n×m메모리)로서 나타낸다.

임의접근메모리(random-access memory, RAM)는 워드의 위치에 관계없이 접근절차나 접근시간이 동일하고 외부와의 통신은 데이터 입출력 라인, 주소라인 및 전송방향을 결정하는 제어라인을 통해 성립한다.

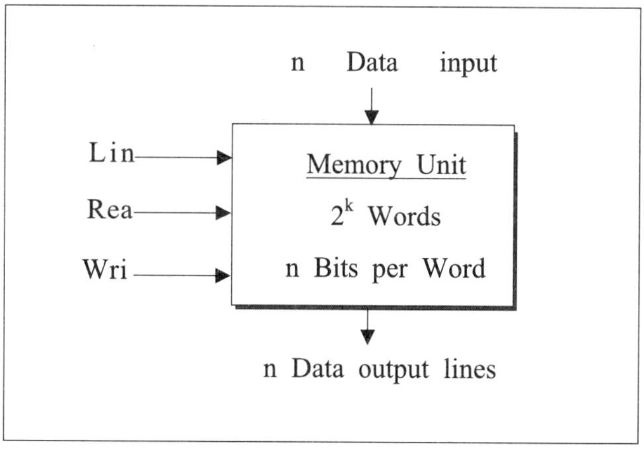

그림 2.43 | 임의접근메모리(RAM)의 블록도

일반적으로 k개의 주소라인, n개의 입력과 출력, 2개의 제어 입력(Read, Write)은 데이터의 전송 방향을 지정한다. 메모리에 저장하는 과정은 먼저 주소입력 라인에 원하는 워드의 2진 주소값을 지정하고 입력 데이터 라인에 저장될 데이터 비트들을 로드하여 제어 입력 중 쓰기(write)입력을 활성화하면 된다. 메모리에서 읽는 과정은 주소입력 라인에 원하는 워드의 2진 주소값 로드하여 제어 입력 중 읽기(read)입력을 활성화하면 된다.

임의접근 메모리(random-access memory, RAM)는 달리 읽기전용 메모리(read-only memory;ROM)에서는 저장된 데이터는 하드웨어 수명이 다할 때까지 불변하고 읽기 동작만 가능하다. 또한 전원이 끊겨도 저장된 정보는 불변한다

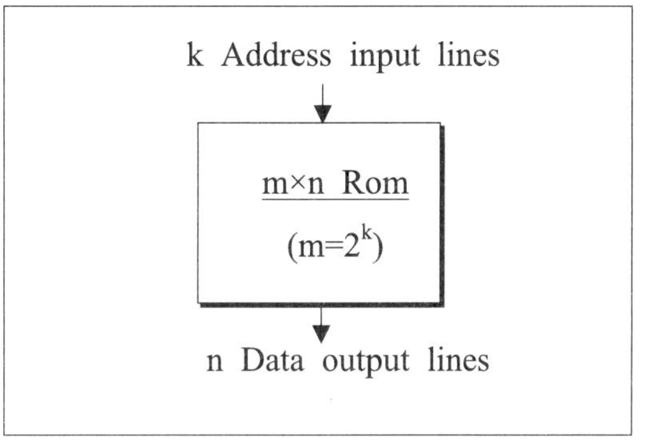

그림 2.44 | 읽기전용 메모리(ROM)의 블록도

일반적으로 읽기전용 메모리(m×n ROM)는 k개의 주소입력이 가능하며 칩 선택(chip select) 입력을 사용하여 용량 확장을 할 수 있다.

ROM의 용도는 고정된 프로그램이나 불변의 상수의 저장 메모리, 마이크로프로그램 제어장치(microprogram control unit)의 제어 메모리로 사용한다. ROM의 종류는 정보를 저장하는 방법을 통해 분류하며 다음과 같다.

1) **마스크 프로그래밍**(mask programming) **방식**
- 반도체 제조공정의 마지막 단계에서 마스킹하는 방법을 통해 제작
- 많은 비용이 들기 때문에 대량 생산에 적합

2) **PROM(programmable ROM)**
- 사용자에 의해 프로그램을 통해 정보를 저장
- 적은 양의 ROM 제작에 사용

3) **EPROM(erasable PROM)**
- 자외선에 의한 소거 가능

4) **EEPROM(electrically erasable PROM)**
- 전기적으로 소거 가능

제2장 연습문제

1. AND게이트와 OR게이트를 이용하여 $E = AB + BCD$의 논리회로를 만들어라

2. AND게이트, OR게이트 및 인버터(NOT 게이트)를 이용하여 $D = A + \overline{B}C$ 의 논리회로를 만들어라.

3. 아래 회로에서 출력신호 DRIVE 를

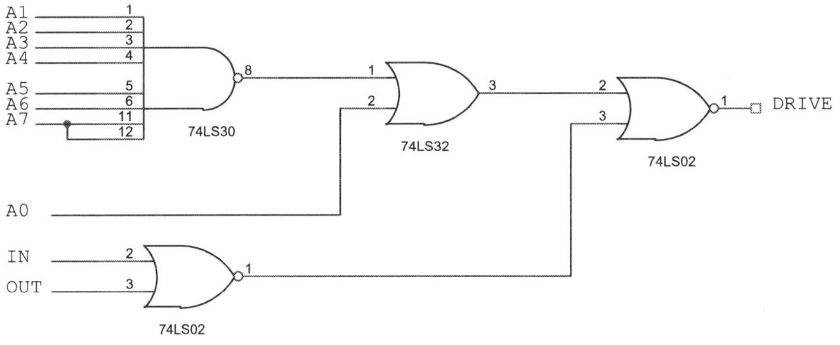

SN7414 (VT+=1.7V, VT-=0.9V)에 아래와 같이 입력전압을 걸었을 때의 출력파형을 그려라.

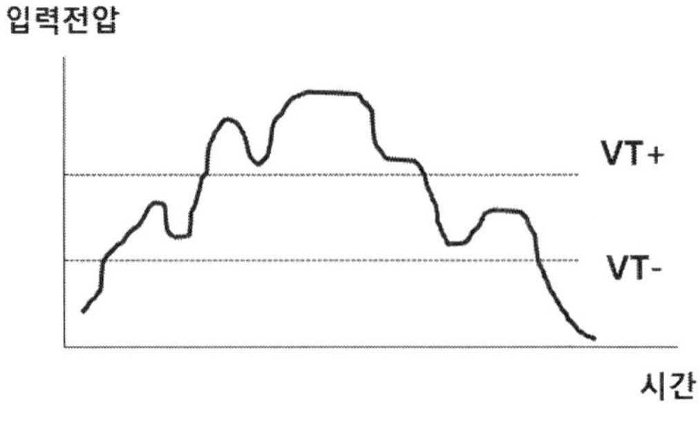

4. 다음 회로에서 74LS138의 $\overline{Y_3}$에 연결되어 있는 LED를 자동하고자 한다. 74LS138의 입력신호와 제어신호를 결정하라.

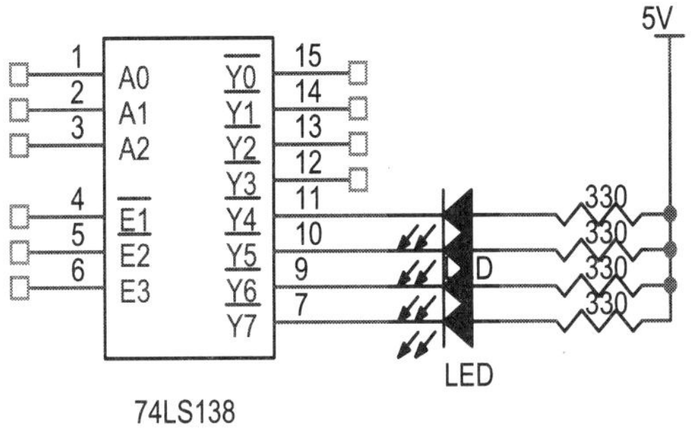

제3장 PC 인터페이스

1. IBM PC 의 구조

IBM-PC는 설계할 때 내부의 신호선을 개방하여 하드웨어 기술자들이 자신이 설계한 디지털 회로를 IBM-PC에 연결하여 사용할 수 있도록 하였다. 독자들이 스스로 설계하고 조립한 디지털회로를 직접 연결하고 각종 컴퓨터 언어를 이용하여 그 회로를 동작시킬 수 있다. 컴퓨터의 덮개를 열고 내부를 들여다 보면 아래 그림과 같은 메인보드를 볼 수 있다. 그림의 번호에 대한 명칭은 다음과 같다.

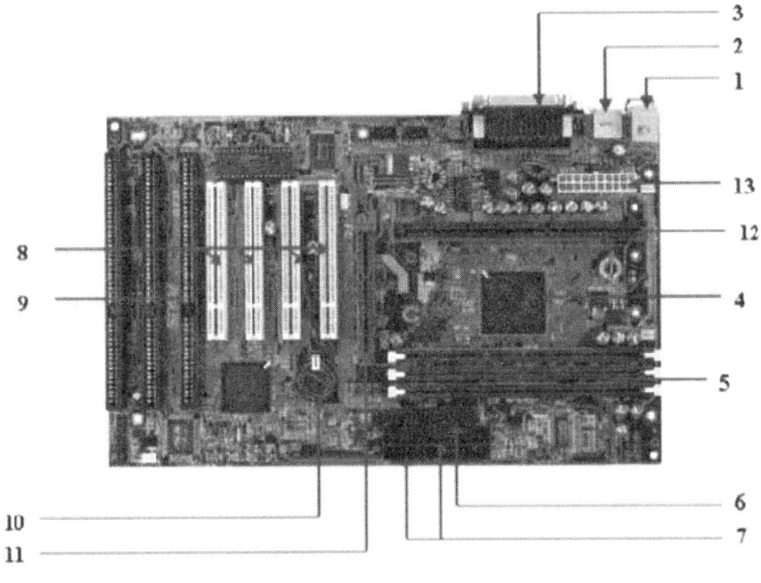

1. 마우스 와 키보드
2. USB
3. 병렬포트(Parallel port)
4. CPU Chip
5. RAM 슬롯
6. 플로피 제어기(Floppy controller)
7. IDE controller
8. PCI slot
9. ISA slot
10. CMOS 바테리
11. AGP 슬롯
12. CPU 슬롯
13. 전원공급기 플러그 인 (plug in)

IBM-PC 내부에 삽입되는 인터페이스카드에 관해 알아보기 전에 ISA (Industry Standard Architecture)버스 즉 XT버스의 기능에 관해 자세히 알아보도록 하자. 아래의 신호선들을 잘 이해하여야만 자신의 목적에 맞는 PC호환의 인터페이스 카드를 만들어 볼 수 있다.

IBM-PC호환용 XT버스의 신호는 모두 TTL 레벨로 1장의 애드온(ADD-ON)보드에서는 74LS시리즈 2개분의 부하를 구동가능하다. 현재 인터페이스 카드에서는 8비트 인터페이스의 형태를 취하므로 XT버스의 구조에 관해 알아보기로 하자.

1) SA0-SA19 (System bus Address)

CPU에서 출력되는 20개의 어드레스 라인으로 메모리와 입출력 공간의 주소를 지정하는데 사용된다. 최대 1MByte의 메모리까지 지정할 수 있으며 A0을 최하위 비트(LSB), A19를 최상위 비트(MSB)라 한다. 그런데 입출력 공간의 주소지정에서는 64K 바이트(Byte)의 공간만이 사용가능하므로 A0~A15까지를 사용하게 되는데 현재 인터페이스 카드에서는 A0~A11의 12비트만을 사용하고 있다.

2) SD0-SD7 (System bus Data)

8개의 양방향성 데이터 신호들로 CPU또는 DMA와 메모리나 I/O간의 데이터 전송에 사용된다. D0을 최하위 비트(LSB), D7을 최상위 비트(MSB) 라 한다.

3) IOR, IOW (I/O space Read[Write] command strobe)

IO포트로부터 데이터를 읽거나 써넣을 경우 발생되는 신호로 “L”일 때 즉 active-low signal에서 동작한다.

4) AEN (Address Enable)

이 신호는 DMA(Direct Memory Access)가 모든 어드레스버스를 사용할 수 있도록 허용하는 신호이다. DMA라고 하는 것은 CPU를 거치지 않고 직접 메모리로 접근한다는 뜻으로 데이터 처리를 빨리 할 수 있다. 이 신호가 High 일 때는 DMA에 제어권이 넘어가므로 다른 소자들은 이 신호에 맞추어서 금지되어야 한다. 반대로 이 신호가 Low 일 때 다른 소자들이 어드레스 버스를 사용할 수 있다.

5) IRQ2-IRQ7 (Interrupt Requests)

I/O장치가 CPU에게 인터럽터를 요구하기 위해 6선을 사용한다. IRQ2가 가장 우선순위가 높고, IQR7이 가장 우선순위가 낮다. IRQ에서 인터럽터가 요구되면 프로세서가 인식할 때 까지 "H"상태를 유지한다.

6) RESET DRV (Reset Drive)

전원을 켜거나 전원전압이 정상치를 벗어날 경우 시스템의 논리회로를 리셋 시키거나 초기화하는 데 사용된다. 시스템의 전원이 들어오는 초기상태에 다른 모든 신호들이 정상상태를 유지할 때까지 "H"레벨을 유지하고 그 후 "L"레벨로 된다.

7) ALE(address latch enable)

PC 시스템 버스에서 CPU 초기화 버스 사이클의 시작임을 알리는 것으로 이것이 선언되면 데이터버스는 주소정보를 갖지 않는다. 출력 전용선으로 8288 버스 콘트롤러에 의해 구동된다. 버스 사이클 처음에 어드레스 버스가 유용한 상태임을 알려주는 데 사용한다.

8) OSC (Oscillator)

14.31818MHz의 50%의 듀티(duty)비를 갖는 구형파 펄스로 PC/AT 호환기에서는 다른 신호와 아무런 동기가 되지 않는다.

그림3.1에서 신호명의 -는 액티브"Low"를 의미한다. 즉 신호가 "Low"일 때 그 신호가 정상적인 기능을 수행하게 된다.

9) CLK (clock)

OSC를 3분주해서 얻어지는 4.77MHz(210nSec)로서 1/3, 2/3의 듀티비를 가지므로 "H"레벨에서 70nSec, "L"레벨에서 140nSec의 시간을 가진다.

10) MEMR, MEMW(Memory space Read[Write] command strobe)

메모리로부터 데이터를 읽거나 써넣을 경우 발생되는 신호이다.

11) I/O CH RDY (I/O channel ready)

입력 전용선으로 wait신호를 발생시켜 버스 사이클의 길이를 확장하는 데 사용된다. 버스 사이클의 길이가 시스템 버스에서 사용되는 4클럭보다 느려서 직접 구동길이를 없는 메모리나 I/O포트를 구동시킬이를 확도록 하는데 사용된다.

12) I/O CH CK (I/O channel check)

메모리나 I/O인터페이스 장치로부터 CPU로 패리티 에러(parity error)를 알리는데 사용된다.

입출력	신호명	뒷면	부품면	신호명	입출력
Ground	GND	B1	A1	-I/O CH CK	I
O	RESET DRV	B2	A2	SD7	I/O
Power	+5 V dc	B3	A3	SD6	I/O
I	IRQ9	B4	A4	SD5	I/O
Power	-5 V dc	B5	A5	SD4	I/O
I	DRQ2	B6	A6	SD3	I/O
Power	-12 V dc	B7	A7	SD2	I/O
I	OWS	B8	A8	SD1	I/O
Power	+12 V dc	B9	A9	SD0	I/O
Ground	GND	B10	A10	-I/O CH RDY	I
O	-SMEMW	B11	A11	AEN	O
O	-SMEMR	B12	A12	SA19	I/O
I/O	-IOW	B13	A13	SA18	I/O
I/O	-IOR	B14	A14	SA17	I/O
I/O	-DACK3	B15	A15	SA16	I/O
I	DRQ3	B16	A16	SA15	I/O
I/O	-DACK1	B17	A17	SA14	I/O
I	DRQ1	B18	A18	SA13	I/O
I/O	-REFRESH	B19	A19	SA12	I/O
O	CLK	B20	A20	SA11	I/O
I	IRQ7	B21	A21	SA10	I/O
I	IRQ6	B22	A22	SA9	I/O
I	IRQ5	B23	A23	SA8	I/O
I	IRQ4	B24	A24	SA7	I/O
I	IRQ3	B25	A25	SA6	I/O
I/O	-DACK2	B26	A26	SA5	I/O
O	T/C	B27	A27	SA4	I/O
O	BALE	B28	A28	SA3	I/O
Power	+5 V dc	B29	A29	SA2	I/O
O	OSC	B30	A30	SA1	I/O
Ground	GND	B31	A31	SA0	I/O

그림 3.1 | IBM PC의 입출력 채널(XT 버스)

13) DRQ1~DRQ3 (DMA request)

I/O 장치가 CPU를 경유하지 않고 메모리와 데이터를 주고받고 싶을 때 DMA

사이클을 요구하는 신호이다. DRQ선은 DACK신호가 “L”가 되기 전까지 “H”를 유지한다. 특히 DRQ0 신호는 DRAM(Dynamic RAM)의 리프레쉬에 이용하고 있으므로 시스템 버스에서는 사용할 수 없다.

14) DACK0~DACK3 (DMA acknowledge signal)

8237 DMA콘트롤러가 DRQ 신호가 바르게 인지되었음을 알리며 DMA 콘트롤러는 요구된 DMA 사이클을 수행한다는 것을 나타낸다.

15) T/C (terminal count)

DMA 콘트롤러에 의해 발생되는 신호로서 DMA 채널중 하나가 프로그램된 전송 사이클의 수에 도달했음을 알린다. 일반적으로 블록 데이터 전송이 끝났음을 알리는 신호이다.

16) 버스전원

+5V, -5V, +12V, -12V의 4종류의 직류 전원선을 사용한다.

2. I/O 제어와 메모리 제어(memory access)

I/O 장치를 제어하는 것은 대개 I/O 장치 내부의 레지스터(register)에 값을 써 넣거나 레지스터의 값을 읽는 일이 된다. 레지스터는 플립플롭(flip-flop)들로 구성된 기억장소와 같은 것이므로 I/O 제어는 메모리(memory)를 읽고 쓰는 일과 별로 다를 것 없는 일임을 알 수 있다. 그림 3.2의 (a)와 (b)는 스태틱 RAM(random access memory)인 62256과 I/O 장치인 8255A의 타이밍 다이어그램이다.

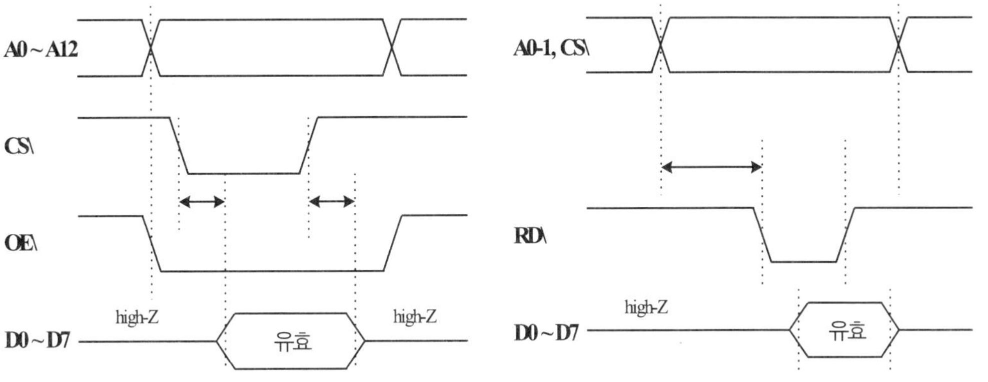

(a) 62256 (b) 8255

그림 3.2 | 메모리와 주변장치의 읽기 타이밍

위에서 설명한 것과 같이, I/O 장치의 제어는 메모리와 같은 방법으로 가능하므로 시스템에 따라서는 I/O 장치를 메모리와 같은 신호로 연결하고 메모리를 제어하는(읽고 쓰는) 것과 같은 명령으로 I/O 장치를 제어하도록 구성되어 있는 경우가 있다. 모토롤라사(Motorola社)의 6502나 68000 등의 CPU는 메모리와 I/O 제어 신호를 구별하지 않고 있다. 이러한 방식을 메모리 영역 I/O(memory mapped I/O)라고도 부른다. 메모리 영역 I/O 에서는 메모리와 I/O 장치가 전체 메모리 영역을 나누어 쓰게 된다. 반면에 PC에 쓰이고 있는 인텔사(Intel社)의 8086이나 자일로그사(Zilog社)의 Z80 등의 CPU 는 메모리 제어 신호와는 별도로 I/O 제어용 신호를 갖고 있다. 이 경우에는 메모리 영역과 I/O 영역과는 서로 별개의 것이 되어 같은 숫자로 표현되는 번지라 하더라도 메모리와 I/O는 충돌을 일으키지 않게 되는 것이다. IBM PC에서 쓰는 CPU는 별도의 I/O 포트를 이용하는 분리 I/O(isolated I/O)를 사용하므로 In/Out 명령을 이용하여 입출력이 가능하다.

3. I/O 인터페이스(input-output interface)

프로세서의 제어를 받을 수 있도록 되어있는 장치를 온라인(on-line)으로 연결되었다고 말하는데, 이들 장치는 CPU의 명령에 의해 이진(binary) 정보를 메모리로부터 전송받거나 메모리로 정보를 전송하게 된다. 컴퓨터에 온라인(on-line)으로 연결된 I/O 장치를 주변장치(peripheral)라고 부른다.

컴퓨터에 연결된 주변장치는 CPU와 그것을 인터페이스(interface)하는 특별한 연결을 필요로 한다. 이러한 연결은 CPU와 각각의 주변장치와의 차이를 해결하기 위한 것이다. 주된 차이는 다음과 같다.

1) 주변장치는 전자-기계적(electromechanical) 장치이며, 그 주된 동작은 전자 장치인 CPU, 메모리와는 다르다. 그러므로 서로 간에 신호의 변환이 필요하다.
2) 주변장치의 데이터 전송 속도는 대개의 경우 CPU에 비해 느리다.
결과적으로 동기화 장치 (synchronization mechanism)가 필요하다.
3) 주변장치의 데이터 형식(data format)이 CPU와 메모리간에 사용되는 것과 다르다.
4) 주변장치의 동작 모드는 주변장치 간에서 서로서로 다르게 되며 CPU에 연결된 각 주변장치의 동작은 다른 주변장치를 방해하지 않아야한다.

이러한 차이들을 해결하기 위해, 컴퓨터 시스템은 CPU와 주변장치 사이에서 입출력 전송의 감독과 동기를 위한 특별한 장치를 갖게 된다. 이런 장치를 인터페이스부(interface unit)라고 부른다.

1) I/O 버스(bus)와 인터페이스부(interface unit)

그림 3.3은 CPU와 주변장치들 사이의 일반적인 연결이다. 각 주변장치는 인터페이스부와 연결되어 있다. CPU로부터의 버스(bus)는 모든 주변 인터페이스에 연결되어 있다. 이들 중 특정한 하나의 장치를 제어하기 위해 CPU는 어드레스 버스(address bus)에 그 장치에 해당되는 어드레스를 올린다. 버스에 연결된 각 인터페이스는 어드레스 선을 조사하는 '어드레스 디코더'(address decoder)를 포함하고 있다.

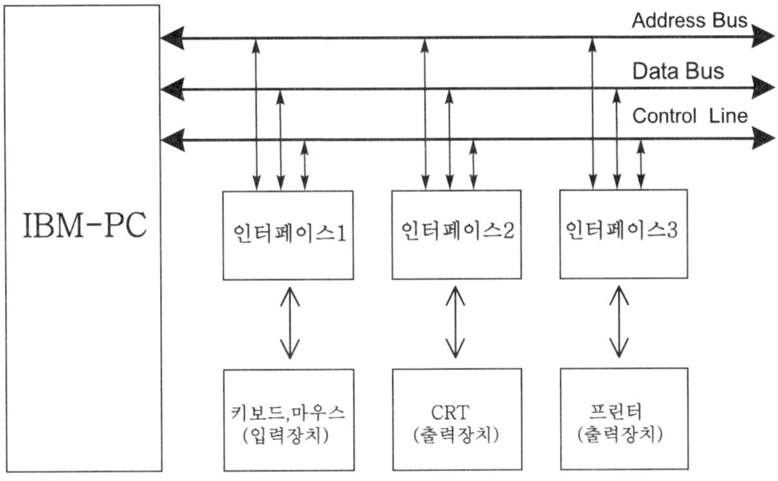

그림 3.3 | I/O 장치와 CPU와의 연결

인터페이스가 자신에 해당되는 번지(어드레스 address)를 발견하면, 주변장치와 버스를 연결시켜 장치를 제어하게 된다. 현재의 어드레스에 해당되지 않는 다른 모든 주변장치들을 인터페이스에 의해 버스의 영향을 받지 않게 된다. 번지가 어드레스 버스에 나오는 동시에 CPU는 제어 버스에 제어신호를 발생시키고, 선택된 인터페이스는 제어 신호에 반응하여 실행된다. 데이터가 전송될 필요가 있을 때 인터페이스는 주변장치와 CPU의 데이터 버스(data bus)를 연결시키고 서로를 동기화(synchronization)하는 기능을 한다.

2) I/O 인터페이스 방식

컴퓨터의 CPU는 하나의 어드레스와 데이터 버스를 사용하여 메모리와 I/O 장치를 제어하여야 한다. 컴퓨터의 외부 버스가 메모리 또는 I/O 장치와 통신하는 방법에는 세 가지가 있다.

하나의 방법은 어드레스와 데이터, 제어 버스를 메모리와 I/O에 공통으로 사용하는 방법이다. 이러한 방식을 메모리 영역 I/O(memory-mapped I/O)라고 부른다. 어드레스 영역은 인터페이스와 메모리가 공유하며 인터페이스부와 메모리는 각자의 고유한 번지(어드레스 address)를 갖는다. 그러므로 메모리 영역 I/O 방식을 사용하는 컴퓨터에서 인터페이스부는 메모리와 마찬가지 형태로 사용되는 것이다.

두 번째는, 어드레스와 데이터 버스는 I/O와 메모리가 공유하고 컨트롤 신호만을 따로 쓰는 방식이다. 이 방식의 컴퓨터는 메모리와 I/O 각각에 분리된 읽기/쓰기(read/write) 신호를 갖는다. 메모리를 읽거나 쓰려면 컴퓨터는 메모리 읽기(memory read)나 메모리 쓰기(memory write) 신호를 사용하고, I/O를 읽거나 쓰기 위해서는 I/O 읽기나 I/O 쓰기 신호를 사용한다. 이 방식에서 메모리와 I/O에 할당되는 어드레스는 서로 독립적이며 분리된 컨트롤 신호에 의해 구별된다. 이러한 방식을 분리 I/O(isolated I/O) 방식이라 부른다.

세 번째는, I/O와 메모리에 각각 다른 어드레스, 데이터, 컨트롤 버스를 쓰는 방식이다. 이 방식은 CPU 이외에 I/O 프로세서를 갖는 시스템에서 쓰일 수 있다. 메모리는 공통 메모리 버스를 통하여 CPU와 I/O 프로세서와 연결되며, I/O 프로세서는 분리된 어드레스, 데이터, 컨트롤 버스를 통하여 I/O 장치를 제어한다. I/O 프로세서는 외부 장치와 내부의 메모리를 연결하는 독립적 경로를 제공하기 위해 사용된다. I/O 메모리는 데이터 채널(data channel)이라고도 불린다.

4. 인터페이스 카드의 설계

1) I/O 어드레스의 설정

인터페이스 카드의 설계에 앞서 IBM-PC의 I/O 맵에 관하여 알아보자. PC가 입출력 장치와 데이터 전송을 위하여 I/O 포트의 선택신호를 발생하여야 하는데 I/O 포트 어드레싱과 포트의 할당영역을 먼저 알아야 한다. 8086 마이크로프로세서는 64K(65,536)개의 I/O 공간을 사용할 수 있으나 PC에서는 그 전체의 공간을 사용하지 않고 그중 아래쪽 10bit의 어드레스 버스를 사용하여 1K(1024)개의 I/O공간만을 사용한다. 따라서 A0에서 A9까지만이 어드레스 디코딩에 사용되며 이 어드레스는 표3.1처럼 두 부분으로 나뉠 수 있다.

첫 번째 부분은 16진수 0000H에서 01FFH까지의 512개의 I/O포트는 시스템 보드에서 사용되어 기본 시스템 보드상의 IC 및 장치에 할당되어 있다. 다음 200H에서 03FF까지 512개의 I/O는 시스템 카드슬롯에서 사용할 수 있는 어드레스로서 IBM이나 다른 제조업자들이 IBM PC 호환용의 카드를 만들 때 이 어드레스를 사용한다.

위에서의 I/O 맵을 참조하여 사용자에 따라 IBM PC 호환용의 카드를 설계하게 된다. 위의 I/O 맵 중에서 가장 많이 사용되는 어드레스는 300H~31FH의 32개의 I/O공간이 되는데, 이러한 단일 어드레스만을 사용하여 인터페이스 카드를 설계할 경우 다른 종류의 IBM PC 호환용의 카드와 충돌할 위험이 있다. 실제 이러한 어드레스들은 주로 PC내부에 삽입되는 음악카드등과 같은 어드레스 공간을 사용하게 됨으로서 이러한 어드레스 공간의 충돌을 피할 수 있도록 설계하여야 한다.

인터페이스 카드에서는 2개의 딥스위치를 이용하여 4가지(200H~21FH, 280H~29FH, 300H~31FH, 380H~39FH)의 I/O 어드레스를 가지며 각각 32개의 I/O 공간을 이용하게 된다. 표 3.1은 IBM PC내부의 I/O 맵을 보여주고 있다.

I/O ADDRESS	FUNCTION
000 - 01F	DMA Controller 1
020 - 03F	Interrupt Controller 8259A
040 - 05F	Timer
060 - 06F	Keyboard Controller
070 - 07F	Real-Time Clock
080 - 09F	DMA Page Registers
0A0 - 0BF	Interrupt Controller 2
0C0 - 0DF	DMA Controller 2
0F0	Clear Math Coprocessor Busy
0F1	Reset Math Coprocessor
0F8 - 0FF	Math Coprocessor
1F0 - 1FF	Fixed Disk
200 - 207	Game I/O
278 - 27F	Parallel Printer Port 2
2F8 - 2FF	Serial Port 2
300 - 31F	ProtoType Card
360 - 36F	PC Network
378 - 37F	Parallel Printer Port 1
380 - 38F	SDLC Bisynchronous 2
3A0 - 3AF	SDLC Bisynchronous 1
3B0 - 3BF	Monochrome Display and Printer Adapter
3C0 - 3CF	Reserved
3D0 - 3DF	Color Graphic Display Adapter
3F0 - 3F7	Disk Drive Controller
3F8 - 3FF	Serial Port 1

표 3.1 | IBM PC의 I/O 맵

2) 사용 가능한 인터럽트

IBM PC의 인터럽트는 내부 하드웨어 인터럽트와 외부 하드웨어 인터럽트 그리고 소프트웨어 인터럽트의 3가지로 나눌 수가 있다.

내부 인터럽트는 프로그램이 실행되는 도중에 CPU가 어떤 상황을 만남으로서 발생되는 것으로 제로로 나눔(divide by 0)이나 넘침(overflow)등이 이에 해당한다.

소프트웨어 인터럽트는 롬 바이오스 나 MS-DOS등을 통하여 프로그램에서 간단히 INT명령을 실행시킴으로써 인터럽트를 발생시켜 직렬 포트를 이용한 마우스나 병렬포트를 통한 프린터 등과도 통신이 가능하다.

LEVEL	FUNCTION
IRQ0	System Timer
IRQ1	Keyboard
IRQ2	Reserved[Casecade]
IRQ3	Serial Port 2
IRQ4	Serial Port 1
IRQ5	Parallel Port 2
IRQ6	Diskette Controller
IRQ7	Parallel Port 1

표 3.2 | IBM PC의 인터럽트

외부 하드웨어 인터럽트를 이용한 방식은 인터페이스 카드에도 사용하는 방식으로 인터페이스 카드를 통하여 인터럽트를 발생시키면 IBM-PC는 8259A 인터럽트 콘트롤러를 이용하여 인터럽트를 받아들이게 된다. 8259A는 8개의 인터럽트가 사용 가능한데, IBM-PC의 XT슬롯에는 IRQ2~IRQ7까지만 사용이 가능하다. 이중에서도 IRQ6, IRQ7은 각각 디스크드라이브 콘트롤러와 병렬프린터 포트에서 대부분이 사용 중이고 IRQ3, IRQ4번은 COM1과 COM2의 직렬 포트용이기는 하나 마우스나 모뎀 등의 충돌만 피하면 사용이 가능하다. 표 3.2에는 IBM-PC의 인터럽트를 보여주고 있다. 인터페이스 카드에서는 하나의 인터럽트만이 사용 가능하다. 하지만 다른 인터럽트와의 충돌을 피하기 위하여 3개(IRQ3,IRQ4,IRQ5)의 인터럽트를 연결해 두고 이중에 하나의 인터럽트만을 딥스위치를 통하여 설정한다. 이와 같은 I/O 맵과 인터럽트를 참조한 인터페이스 카드의 규격은 표 3.3과 같다.

I/O ADDRESS 설정			외부 인터럽트 설정		
SW1	SW2	I/O영역	SW3	SW4	SW5
ON ON OFF OFF	ON OFF ON OFF	0200h ~ 021Fh 번지 0280h ~ 029Fh 번지 0300h ~ 031Fh 번지 0380h ~ 039Fh 번지	IRQ3	IRQ4	IRQ5

표 3.3 | 딥 스위치의 설정에 따른 어드레스와 인터럽트

3) 어드레스 디코딩(address decoding)

CPU에 연결되는 I/O 장치는 한개 이상인 것이 보통이다. PC의 경우, 키보드, 디스크 드라이버, CRT, 프린터, 마우스 등 여러 가지 I/O 장치를 기본적으로 갖추고 있다. 이들 장치들은 모두 한 세트(set)의 어드레스, 데이터 컨트롤 버스를 사용하고 있으므로 어느 장치를 제어하는지를 구별해 주는 장치가 필요하게 된다. 이러한 역할을 하는 것이 어드레스 디코더(address decoder)이다. 어드레스 디코더란 어드레스 버스에 실린 번지 중 장치에 할당되는 번지를 선택적으로 판별하여 장치를 그 번지에서만 동작하도록 하여주는 장치이다. 그러므로 I/O 장치의 인터페이스를 설계하는 데에 어드레스 디코더는 필수적이다.

4) 인터페이스 카드(interface card)

PC의 슬롯(slot)에 꼽히는 '인터페이스 카드(interface card)'는 어드레스 디코더의 기능을 한다. 그림 3.4는 인터페이스 카드의 회로도이다.

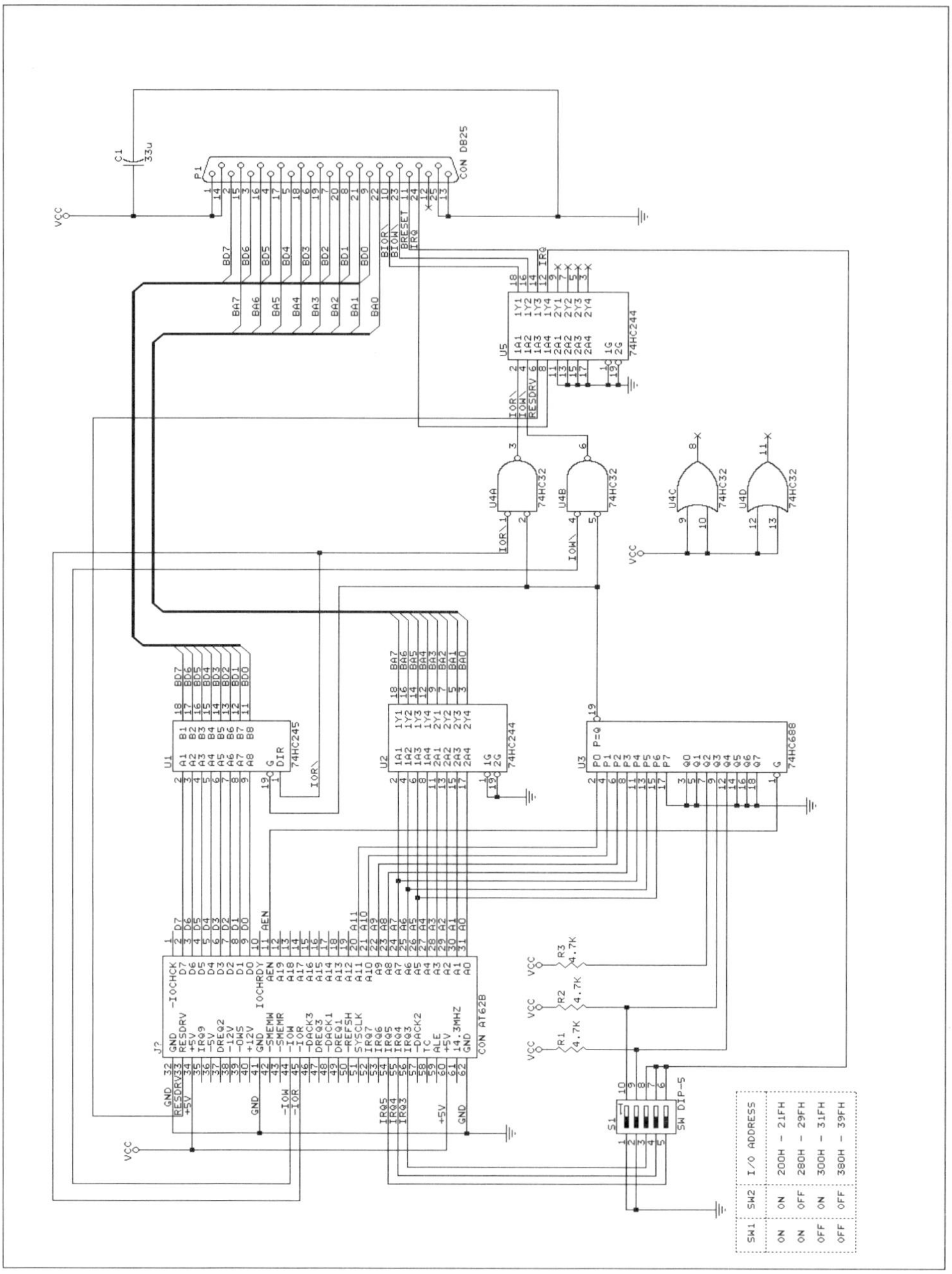

그림 3.4 | 인터페이스 카드의 회로

이 회로를 이해하기 위해서는 우선 각 IC의 기능에 대해서 알아야 한다. 인터페이스 카드에 사용된 IC는 모두 TTL(transister transister logic)이거나 HCMOS(High-speed

CMOS)의 디지털 IC이다. TTL과 HCMOS는 논리 '1'(혹은 'high')이 +5V이고 논리 '0'('low')이 0V(또는 GND(ground))이다. 이들에 대한 자세한 규격은 IC의 규격표 등을 찾아보면 될 것이다.

7432(74LS32 또는 74HC32)는 2 입력 OR 게이트(부논리의 경우는 AND 게이트)이며 74244, 74245는 3상태 버퍼로, G, 1G, 2G의 허가신호(grant, enable)로 버퍼의 출력이 허가되는가(출력되는가)와 허가되지 않는가(high-impedance 상태)를 결정하게 된다.

현재 인터페이스카드의 전원을 제외한 모든 신호라인들은 버퍼를 통하여 출력되고 있다. 이는 인터페이스 케이블의 길이가 2M 정도로 연결되고 있고 시스템의 버스라인에 무리하게 소자를 연결하지 않으려는 의도 때문이다.

그리고 전원라인들은 전원변화와 과도전류를 보호하기 위하여 콘덴서들이 부착되어 있다.

74LS244는 데이터가 A에서 입력되어 Y로 출력되는 즉, 데이터가 한 방향으로 흘러나간다. 그림 3.5는 단방향 데이터버퍼인 74LS244의 결선 예이다. 8비트의 데이터가 A쪽으로 입력되어 Y방향으로 출력된다. 이 때 핀 1번과 19번은 GND에 연결해야 한다. 본 인터페이스 카드에서는 A0~A7의 어드레스 라인이 연결되어 있다. CPU의 어드레스 라인은 출력용으로 사용하므로 단방향 데이터 버퍼인 74LS244에 연결하는 것이 당연하다.

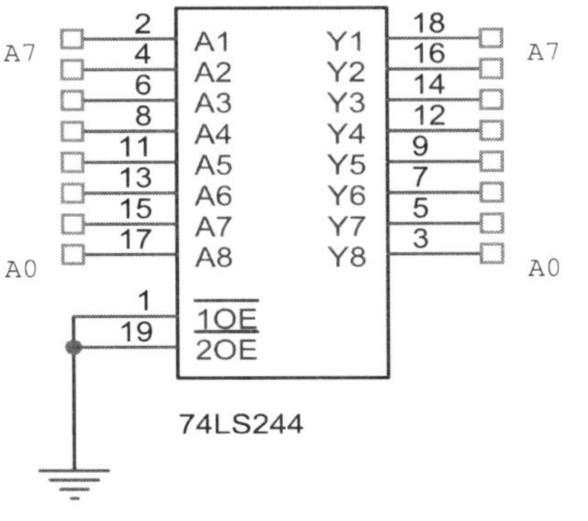

그림 3.5 | 74LS244의 결선도

74LS245는 A에서 B로, B에서 A로의 두 가지 방향으로 입출력을 선택할 수 있다. 입출력 방향은 DIR 신호에 의해 결정되는데 DIR이 '1'일 경우 A에서 입력되어 B로

출력된다. 본 인터페이스 카드의 회로에서 74LS245의 결선은 그림 3.6과 같다. 여기서, CPU에서 나오는 제어신호인 /IOR 신호가 74LS245의 DIR 단자에 연결되어 있다. DIR은 데이터의 흐름을 제어하는 제어신호이다. 표3.4에서 보는 바와 같이 /G단자에 LOW신호가 걸려있고, DIR에 LOW 신호가 걸리면 데이터는 74LS245의 B측에서 A측으로 흘러가게 된다. 그림3.4의 회로에서 A측은 CPU와 연결되어 있으므로 데이터가 A측으로 흐른다는 것은 CPU가 주변장치로부터 데이터를 읽는다는 것을 의미한다. 일반적으로 CPU가 외부장치로 부터 신호를 읽을 때 /IOR=LOW 상태로 만들어 주고, /IOW=HIGH 상태로 만들어 준다. 반대로, CPU가 외부장치에 데이터를 보내줄 때는 /IOW=LOW 상태로 만들어 주고, /IOR=HIGH 상태로 만들어 준다. 따라서, 그림 3.6과 같이 /IOR신호를 DIR 단자에 물려 놓으면 CPU는 외부장치와 데이터를 정상적으로 주고 받을 수 있게 된다.

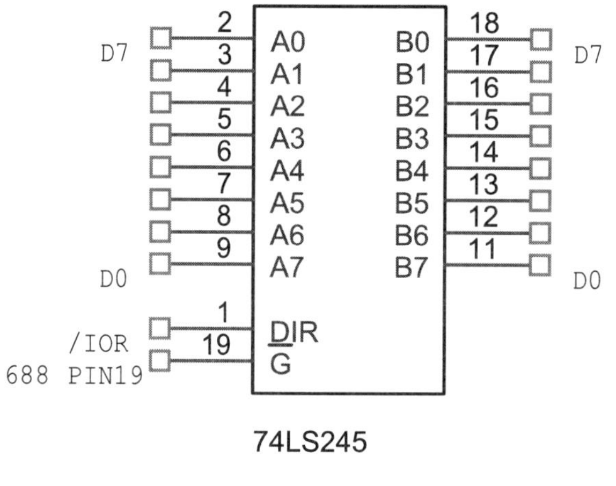

그림 3.6 | 74LS245의 결선도

표3.4 | 74245의 진리표

CONTROL INPUTS		OPERATION
G	DIR	
L	L	B → A
L	H	A ← B
H	×	Isolation

그림3.6에서 74LS245의 G단자는 74LS688칩의 19번 핀에 연결되어 있다.

74LS688은 8비트의 비교기(Comparators)로서 데이터 P0~P7과 Q0~Q7에 가해지는 신호가 같고 G(enable) 신호가 "L"인 경우 출력은 “L"가 되는데 인터페이스 카드에서는 이 비교기를 이용하여 어드레스를 디코딩하고 있다. 인터페이스 회로에 있는 74LS688의 결선도는 그림3.7과 같고, 표 3.5에는 74LS688의 진리표를 보여주고 있다. 이제 그림3.7의 결선도를 해석해 보도록 하자. 그림에서 보는 바와 같이 CPU의 제어신호인 AEN신호가 688칩의 /OE (/G)단자에 물려있다. AEN은 address-enable신호이므로 CPU에서 어드레스 라인이 정상적으로 작동할 때 AEN=LOW 가 되므로, 정상적인 어드레스 신호에서 74LS688 칩이 작동하도록 구성되어 있다. 그 다음 DIP스위치1과 2에 B3와 B4가 연결되어 있다.

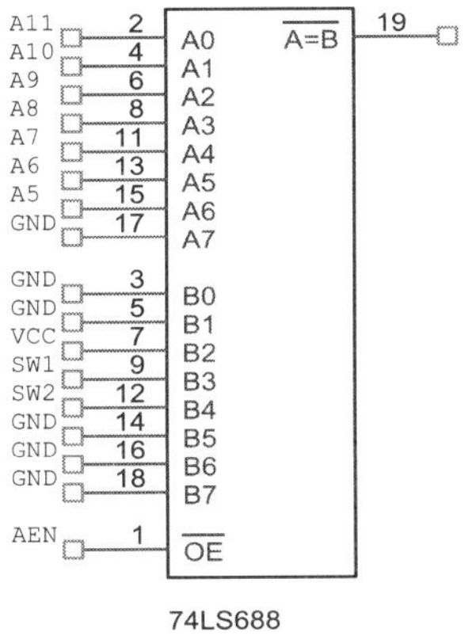

그림3.7 | 74LS688의 결선도

INPUTS		OUTPUT
DATA P ,Q	ENABLE G	P=Q
P=Q	L	L
P〉Q	×	H
P〈Q	×	H
×	H	H

표 3.5 | 74688의 진리표

그림3.4의 인터페이스 회로에서 DIP SW1=OFF, DIP SW2=ON으로 세팅하였다고 가정해 보자. 그러면 회로에서 SW1은 HIGH가 되고 SW2는 LOW가 된다. 이 때 74LS688의 19번 핀을 LOW로 만드는 어드레스의 범위(A11~A0)를 구해보도록 하자. 이상의 조건을 만족하는 74LS688의 B0~B7의 값은 다음과 같다.

B0	B1	B2	B3	B4	B5	B6	B7
0	0	1	1	0	0	0	0

74LS688의 19번핀을 LOW로 만들기 위해서는 A11~A5도 다음의 조건을 만족해야 한다.

A11	A10	A9	A8	A7	A6	A5
0	0	1	1	0	0	0

반면에 A4~A0은 74LS688을 통과하지 않으므로 74LS688의 19번핀에 영향을 주지 않는다. 따라서, 74LS688의 19번핀을 LOW로 만들 수 있는 주소의 범위는 다음과 같이 결정된다.

A11	A10	A9	A8	A7	A6	A5	A4	A3	A2	A1	A0
0	0	1	1	0	0	0	x	x	x	x	x

위 표에서 x는 0 또는 1의 어떤 값이 될 수 있으므로, 주소의 범위는 16진수로 표시하면 300(H)~31F(H)로 된다. 다시말하면, 이 범위에 있는 어떤 주소값도 74LS688칩의 19번 핀을 LOW로 만들 수 있다는 것을 의미한다.

5) 인터페이스 카드의 어드레스 디코더(address decoder)

그림 3.4 인터페이스 카드의 회로에서 74688의 19번핀의 출력에 주목하기 바란다. 이 출력은 74LS245의 G(허가)와 7432의 두 게이트 각각에 연결되어 있다. 74688의 19번핀이 LOW, 즉 74LS245의 G(허가)가 '0' 이면 74LS245는 입출력 허가 상태가 되어 PC의 데이터 버스와 인터페이스 카드의 I/O 장치를 연결해 주게 된다.

74245의 DIR은 PC의 IOR신호와 연결되어 데이터가 PC에서 인터페이스 카드로, 인터페이스 카드에서 PC로 알맞게 흐르게 된다. 또한 P=Q가 '0'이 되면 7432를 통하여 PC의 IOR(I/O read)와 IOW(I/O write) 신호를 인터페이스 카드로 연결해 주게 된다. 74688의 P=Q가 '1' 이라면 74245는 high-impedance 상태가 되어 인터페이스 카드와 PC의 데이터 버스의 연결을 끊게 되고 P=Q에 연결된 7432의 두 게이트의 출력은 PC의 IOR, IOW의 상태와는 관계없이 항상 '1'로 고정되어 PC 제어버스의 신호 변화가 인터페이스 카드로 전달되지 않게 된다.

그러므로 74688의 P=Q출력이 '0'으로 선택되는 조건과 PC 제어 신호인 AEN(addresss enable)은 74688의 G(허가)에 연결되는데 이 경우 AEN이 '0'일 때가 작동 조건임을 알 수 있을 것이다. 이 두 가지 신호를 만족할 경우 바로 인터페이스 카드의 작동 조건이 되는 것이다.

74688의 출력은 PC의 어드레스 버스 중 SA5~SA11 신호에 의해 결정된다. 이들 중 Q단자에 연결되어 있는 스위치의 상태가 어드레스를 결정짓는 역할을 한다.

표 3.6에는 74688의 입력어드레스 라인의 상태를 보여준다. Q입력의 스위치가 연결된 것은 시스템어드레스의 SA7, SA8에 연결된 것과 같은 상태를 나타내게 되므로 스위치의 입력에 따른 어드레스의 설정은 표 3.5에서와 같이 SA7, SA8의 상태를 바꾸어 가면서 어드레스를 4비트씩 나누어 읽으면 사용 가능한 어드레스 공간을 16진수로 표시할 수 있게 된다. 표 3.5는 스위치 값을 바꾸어 가면서 I/O 어드레스의 계산한 결과를 보여준다.

입력 어드레스 라인 중에 SA0~SA4는 74688을 통하지 않고 바로 버퍼에 연결된 것을 알 수 있는데 이 다섯 비트의 어드레스가 I/O공간의 크기를 나타내게 되는데 이를 16진수로 나타내면 00H에서 1FH의 32개의 I/O공간이 된다. 그림에서와 같이 스위치의 변경에 따른 어드레스 공간은 1FH씩 증가함을 알 수 있다.

	A11	A10	A9	A8	A7	A6	A5	A4	A3	A2	A1	A0	사용가능한 어드레스 공간
P입력	P0	P1	P2	P3	P4	P5	P6						
Q입력	L	L	H	SW 1	SW 2	L	L						
스위치 변경	0	0	1	0	0	0	0						200H-21FH
	0	0	1	0	1	0	0						280H-29FH
	0	0	1	1	0	0	0						300H-31FH
	0	0	1	1	1	0	0						380H-39FH

표 3.6 | 스위치변경에 따르는 I/O 어드레스의 계산

이렇게 4가지의 어드레스를 스위치로 선택하도록 한 이유는 다른 인터페이스와 충돌하는경우를 방지하기 위해서이다. PC에서 기본적으로 쓰이는 어드레스는 피하고 있지만 다른 확장된 I/O 장치와 같은 번지를 사용하게 될 경우가 없다고 보장할 수는 없다. 실제로 많이 사용되는 음원 카드인 '애드립 카드(AdLib card)'는 인터페이스 카드에서 사용할 수 있는 번지인 388H, 389H 번지를 사용하며 조이스틱(Joystick 혹은 Game Port)은 200H 번지부터를 사용한다. 인터페이스 카드에서 보통의 경우는 스위치1과 스위치 2를 'OFF', 'ON'로 하여(300H~31FH 번지) 사용하면 무난할 것이다.

5. PPI8255A를 이용한 LED 제어

일반적으로 디지털 신호를 입출력하기 위해 인텔(intel)의 8255A를 사용한다. PPI(programmable peripheral interface)라고 불리는 8255A는 인텔사(intel社)의 마이크로프로세서(8080, 8085, 8086 등)와 함께 사용될 목적으로 제작된 범용(汎用) 프로그래머블 입출력 LSI 이다. 8255A는 병렬 입출력 인터페이스 칩 중 가장 일반적인 것이다.

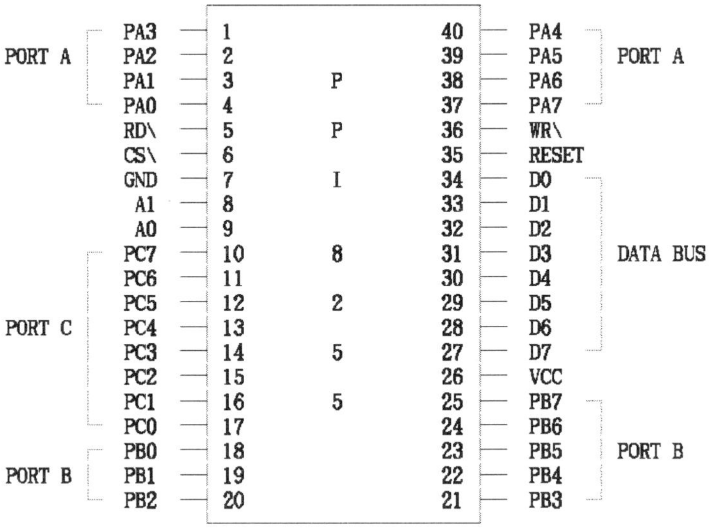

그림 3.8 | PPI8255A의 핀 배치도

그림 3.8은 8255A의 핀 배치도 이다. I/O 카드에서는 8255A를 통하여 스위치 등의 정보를 PC로 읽어 들이며, LED(발광 다이오드, Light Emitting Diode), 모터, DAC(디지털-아날로그 변환기, Digital to Analog Converter)등의 장치를 제어한다. 그러므로 I/O 카드를 제어하는 일의 대부분은 8255A를 제어하는 일이 된다. 사용자는 프로그램으로 8255A의 각 입출력 비트를 제어하여 I/O 카드의 장치들을 제어하게 되는 것이다.

8255A는 8비트 입출력 포트를 3개 가지고 있다. 각 8비트 포트는 포트 A(PA), 포트 B(PB), 포트 C(PC)라고 부른다. 8255A로 제어를 할 수 있는 입출력 핀의 수는 모두 24(= 81 × 3)개가 되므로 8255A를 사용하여 최대 24가지의 디지털 신호를 제어할 수 있다.

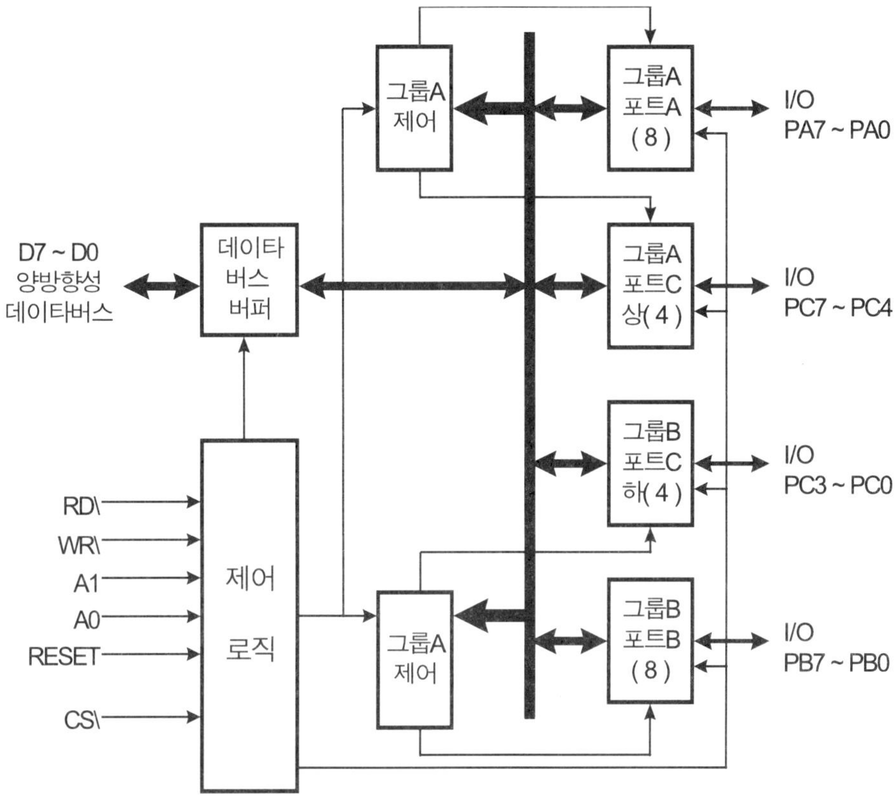

그림 3.9 | PPI8255A의 내부구성

1) 8255A의 구조

8255A에는 입출력을 위한 8비트 포트(port)가 3개 있다. 각각을 포트 A(PA), 포트 B(PB), 포트 C(PC)라고 부른다. 또한 이들 포트를 제어하기 위한 제어 워드 레지스터(CWR)라고 하는 8비트의 레지스터(register)가 있다. 그림 3.9는 8255A의 블록다이어그램이다.

2) 8255A 기능 설명(functional description)

① **데이터 버스 버퍼**(data bus buffer):

데이터 버스 버퍼는 3스테이트 양방향 8비트 버퍼로 시스템의 데이터 버스와 8255A를 인터페이스 시키는데 사용된다. 데이터는 CPU에서 보내지는 입력/출력 명령의 실행에 의하여 전송된다. 제어워드(control word)나 상태 정보(status information)

도 역시 데이터 버스를 통하여 전달된다.

② **읽기/쓰기(read/write)와 제어 로직(control logic):**

이들의 기능은 데이터와 제어 신호, 상태 정보의 내부, 외부 전송을 관리하는 것이다. CPU로부터의 어드레스와 제어 버스의 입력을 받아서 각 제어 그룹(control group)에 제어 신호를 발생시키게 된다.

③ **CS(chip select):**

대부분 이 단자에는 어드레스 디코더의 출력이 연결되어 특정한 어드레스가 할당되어 동작하게 된다. 이 입력 핀이 "L"(low, 0V)이 되면 동작가능상태(chip enable)가 되어 CPU와 8255A 사이의 통신이 가능해 지고, 만약 이 단자가 "H"(high, 5V)에서는 동작불능상태(chip disable)가 되어 3스테이트 상태가 된다. 그러나 Port A, B, C에는 영향을 미치지 않는다.

④ **RD(read):**

이 입력 핀이 "L"(low, 0V)이 되면 8255A는 A0, A1에 의해 지정된 Port 어드레스의 데이터를 CPU의 데이터 버스에 내보낸다. 즉, 이 입력은 CPU가 8255A로부터 정보를 "읽는"(read) 것을 허용하게 되는 것이다.

⑤ **WR(write):**

이 입력 핀이 "L"(low, 0V)이 되면 CPU가 8255A에 데이터나 제어 워드를 쓰는 것이 허용된다.

⑥ **A0과 A1(port select 0, port select 1):**

이 입력은 RD, WR와 함께 사용되어 3개의 포트와 제어 워드 레지스터(control word register)중에서 하나를 선택하는데 사용된다. 이 입력은 보통 어드레스 버스의 LSB(least significant bit) 두 비트(A0, A1)에 연결된다.

위에 보인 바와 같이 8255A에는 모두 4개의 8비트 레지스터(PA, PB, PC, CWR)가 있으므로 이들을 제어하기 위한 I/O 어드레스는 모두 4개가 되어야하며 이는 2비트의 어드레스 선택단자(A0, A1)로 실현되고 있는 것이다(2비트로 나타낼 수 있는 모든 경우는 4가지이다. 즉, 00(0), 01(1), 10(2), 11(3)). 표 3.7은 8255A의 기본 기능표이다.

A1	A0	RD\	WR\	CS\	동 작	
0	0	0	1	0	입력동작 (READ)	포트 A → 데이터 버스
0	1	0	1	0		포트 B → 데이터 버스
1	0	0	1	0		포트 C → 데이터 버스
0	0	1	0	0	출력동작 (WRITE)	데이터 버스 → 포트 A
0	1	1	0	0		데이터 버스 → 포트 B
1	0	1	0	0		데이터 버스 → 포트 C
1	1	1	0	0		데이터 버스 → CWR
1	1	0	1	0	금지기능	부적절한 상태(금지)
×	×	×	×	1		데이터 버스 → 3상태*
×	×	1	1	0		데이터 버스 → 3상태*

표 3.7 | 8255A의 기본적인 데이터의 입출력동작

* 데이터 버스가 8255A의 내부와 차단되어 CPU에서 볼 때 마치 8255A에 연결된 데이터 버스가 끊어진 것 같은 상태를 말한다. high-impedance 상태라고도 한다.

⑦ **RESET:**

이 입력이 "H"(high, 5V)가 되면 8255A의 모든 포트와 제어 워드 레지스터가 클리어('0'으로) 되며 모든 포트는 입력 모드가 된다. 그러나 이대로는 입력포트로 사용하지 못하고 컨트롤 워드 레지스터를 다시 설정해 주어야만 사용이 가능하다.

⑧ **그룹 A(group A)와 그룹 B(group B) 제어:**

각 포트의 기능 설정은 시스템의 소프트웨어(software)로 프로그램 된다. 원리적으로는 CPU가 8255A의 제어 워드 레지스터(control word register)에 값을 출력하는 형태가 된다. 제어 워드는 "모드"(mode)나 "비트 세트"(bit set), "비트 리셋"(bit reset) 등의 정보로 구성되며, 이 정보가 8255A의 기능 설정을 초기화 한다.

각 제어 블록(control block = group A and group B)은 읽기/쓰기 제어 로직으로부터 "명령"(command)을 받아들이고 내부 데이터 버스로부터 "제어 워드"(control word)를 받아서 그에 알맞은 명령을 관련된 포트로 보내게 된다.

제어 그룹 A = 포트 A, 포트 C의 상위 4비트(C7~C4)

제어 그룹 B = 포트 B, 포트 C의 하위 4비트(C3~C0)

제어 워드 레지스터(CWR = control word register)로는 데이터를 쓰기(write) 밖에 되지 않는다. 그러므로 제어 워드 레지스터에는 읽기(read) 동작은 허용되지 않는다. (표 4-1참조)

⑨ **포트 A, B, C(port A, B, and C):**

8255A는 세 개의 8비트 포트(A, B, C)를 갖는다. 모든 포트는 시스템의 소프트웨어에 의해 다양한 설정을 가질 수 있지만 각 포트는 미리 정의된 허용 설정에만 대응되게 된다.

· **포트 A** - 하나의 8비트 데이터 출력 래치(latch)/버퍼(buffer)와 하나의 8비트 데이터 입력 래치(latch)를 갖는다.

· **포트 B** - 하나의 8비트 데이터 출력 래치(latch)/버퍼(buffer)와 하나의 8비트 데이터 입력 래치(latch)를 갖는다.

· **포트 C** - 하나의 8비트 데이터 출력 래치(latch)/버퍼(buffer)와 하나의 8비트 데이터 입력 버퍼(buffer)(입력을 위한 래치(latch)는 없다.)를 갖는다. 이 포트는 모드 제어에 의하여 4비트씩 두개의 포트로 나뉘어 사용될 수 있다. 각 4비트 포트는 하나의 4비트 래치(latch)를 갖으며, 포트 A, 포트 B와 함께 쓰여 제어 신호 출력(control signal output)과 상태 신호 입력(status signal input)으로 사용될 수 있다.

3) 8255A의 동작 모드(operating mode)

8255A는 데이터의 입출력 방법과 사용되는 포트에 따라 3개의 작동 모드를 갖는다. 8255A는 이들 모드 중에서 작동 되어야 한다. 각 모드에서 입출력으로 사용될 수 있는 포트는 8비트씩(혹은 포트 C를 둘로 나누어 4비트씩)으로 제한되어 있다(그림 4-2 참조). 다음은 각 모드에 대한 설명이다.

① **모드 0(mode 0):**

· 8비트 포트가 2개이고 4비트 포트가 2개(포트 A, 포트 B, 포트 C의 상위 4비트, 포트 C의 하위 4비트.).

· 모든 포트가 입출력 어느 쪽에도 사용할 수 있다.
· 출력 포트는 래치(Latch)이다. (내용을 변경하지 않는 한 그 값을 계속 유지(기억)한다.)
· 입력은 버퍼이다.(기억되지는 않는다.)
· 이들 조합이 16가지나 가능(8비트 포트 2개, 4비트 2개, 모두 4종류를 입력, 출력 중 선택하므로 모두 16종류의 선택을 할 수 있다.).

② **모드** 1(mode 1):
· 그룹 A(group A)와 그룹 B(group B), 2가지로 나누어진다. (각 12비트).
그룹 A = 포트 A와 포트 C의 상위 4비트.
그룹 B = 포트 B와 포트 C의 하위 4비트.
· 각 그룹은 8비트 데이터 포트와 4비트 제어 포트로 이루어져 있다.
· 8비트 데이터 트는 입력과 출력, 어느 쪽이든 사용 가능하고, 래치(Latch)포트이다.
· 4비트 포트는 데이터 포트를 위한 제어와 스테이터스(status)로서 이용한다.
· 모드 1은 데이터 통신을 위한 모드로 단방향(uni-directional)통신에 사용된다.

③ **모드** 2(mode 2):
· 그룹 A(포트 A와 포트 C의 5비트)만 사용할 수 있다.
· 8비트 양방향성 포트 A 와 5비트 제어 포트 C 로 동작한다.
· 입출력 어느 쪽도 래치(latch)이다.
· 5비트 포트는 양방향성 데이터 포트 제어 및 스테이터스로서 이용한다.
· 모드 2는 양방향(bi-directional)통신에 사용될 수 있다.
(*I/O 카드에서는 동작 모드 0 밖에는 사용하지 않으므로 모드 1과 모드 2의 자세한 기능과 작동에 대해서는 설명을 생략하였다. 관심이 있는 사람은 참고문헌 중 'Peripheral Components'(Intel)를 참고하기 바란다.)

이상의 모드는 조합하여 사용할 수도 있다. 8255A의 동작 모드는 CWR(제어 워드 레지스터, Control Word Register)에 의해 지정된다. 따라서 8255A를 사용하기 전에 먼저 CWR에 제어정보(제어 워드)를 써넣을 필요가 있다.

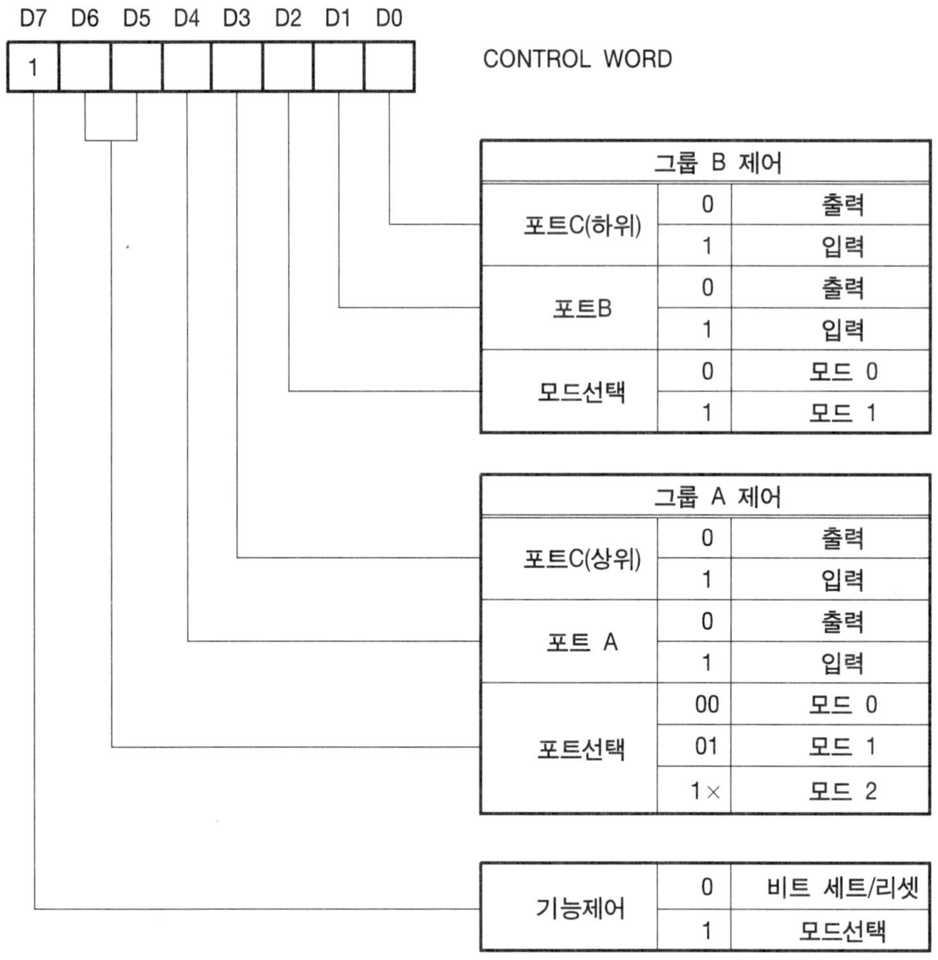

그림 3.10 | 8255A 제어 워드의 기능(1) - 모드지정

4) 제어 워드 레지스터(CWR = control word register):

8255A를 제어(control)하려면 제일 먼저 8255A의 CWR(제어 워드 레지스터)를 조작하여 8255A가 알맞은 모드에서 동작하도록 지시해 주어야 한다. CWR은 모두 8비트를 갖는다. CWR은 두 가지 용도로 사용된다. 한 가지는 각 포트의 입력/출력과 모드지정을 위한 것이고, 다른 한 가지는 포트 C를 한 비트씩 제어하기 위한 것이다. 이 두 가지 역할은 CWR의 MSB(Most Significant Bit, 최상위 비트(D7))의 상태에 따라 결정된다.

D7이 '1'인 경우는 입출력 상태와 모드 설정에 사용된다. 8255A의 포트를 쓰기

전에 지정해 주어야 하는 것은 바로 이 경우이다. CWR의 각 비트의 기능은 그림 3.11에서 알 수 있다.

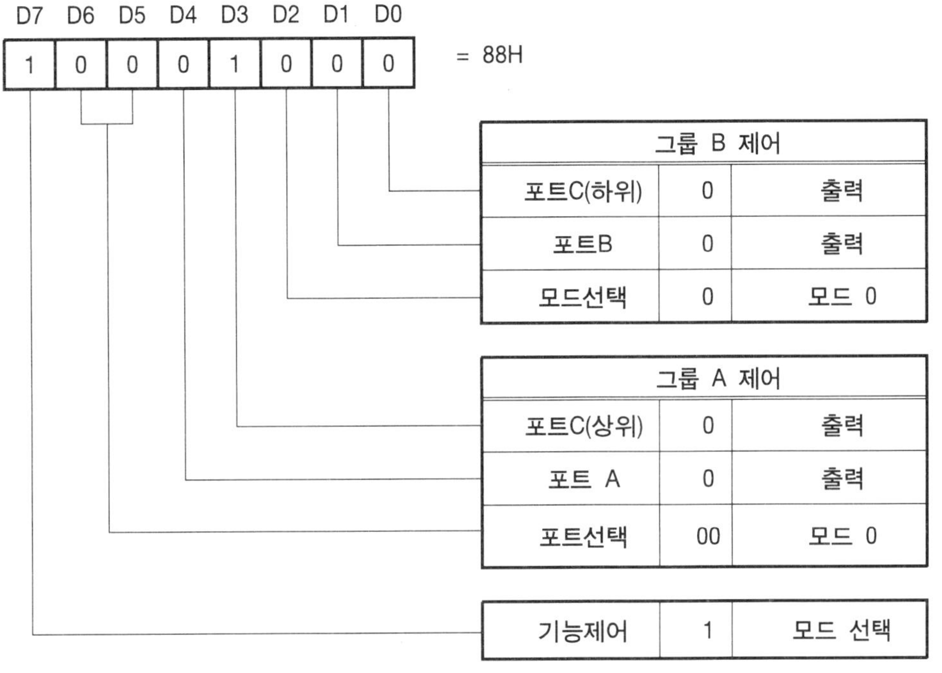

그림 3.11 | I/O 카드의 8255(1) 제어 워드 레지스터 설정

I/O 카드에서는 두 개의 8255A를 모드 0으로 사용하며, 디지털 입출력에 사용하는 8255A(1)는 포트 A, 포트 B, 포트 C의 하위 4비트를 출력으로, 포트 C의 상위 4비트를 입력으로 사용한다. 이 경우의 CWR은 그림 3.11과 같이 된다(그림 3.10과 비교해보기 바란다.).

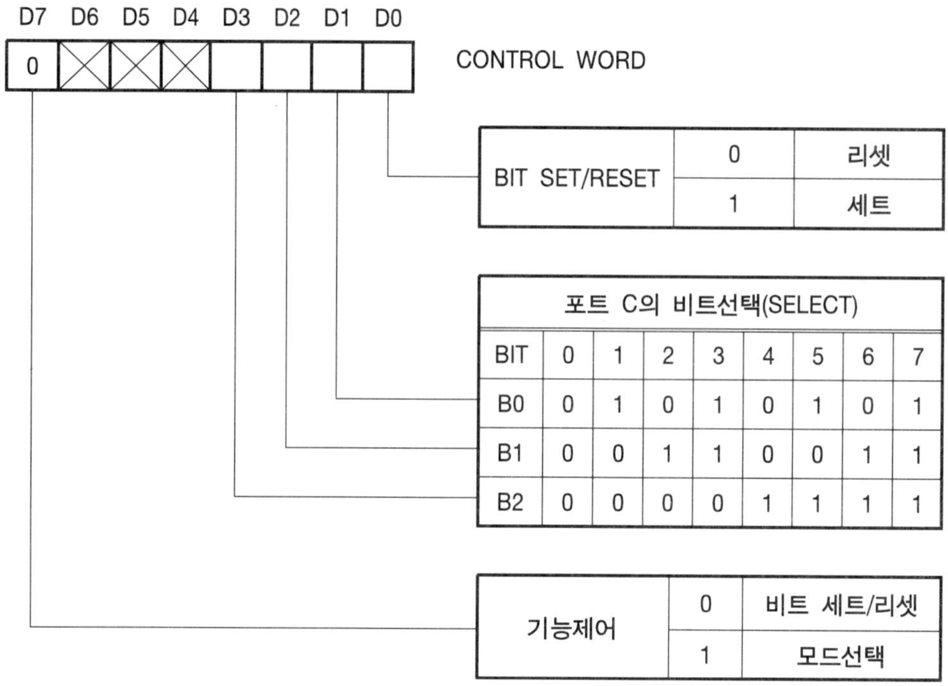

그림 3.12 | 8255A 제어 워드의 기능(2) - C 포트 비트 세트/리셋

D7이 '0'인 경우는 포트 C의 각 비트 중 한 비트를 제어(세트/리셋, 1/0)할 때 사용된다. D3, D2, D1의 3 비트는 포트 C의 8개 비트 중 어느 비트를 제어할 것인가를 선택하는데 사용된다. D3, D2, D1이 0, 0, 0일 경우는 포트 C의 0번 비트(PC0)를 선택한 것이 되며, 0, 1, 1인 경우는 PC3을 선택하는 것이 된다.

D0은 선택된 비트를 세트/리셋 하는데 사용된다. D3, D2, D1이 1, 1, 1이고 D0이 1인 경우는 PC7이 1(세트)된다. 그림 3.12를 보기 바란다.

[예제] 인터페이스 카드와 8255A 를 이용한 LED 제어 프로그밍

그림 3.13과 같이 8255A 및 LED회로를 구성하였다. 인터페이스카드에서 나오는 어드레스 신호의 일부가 74LS138에 연결되어 있고, 8비트와 데이터 신호와 제어신호 그리고 A0, A1 신호가 8255A에 연결되어 있다. 이제 LED를 구동하려면 먼저 LED가 연결된 포트(8255의 port B)를 출력 상태로 만들어 주어야 한다.

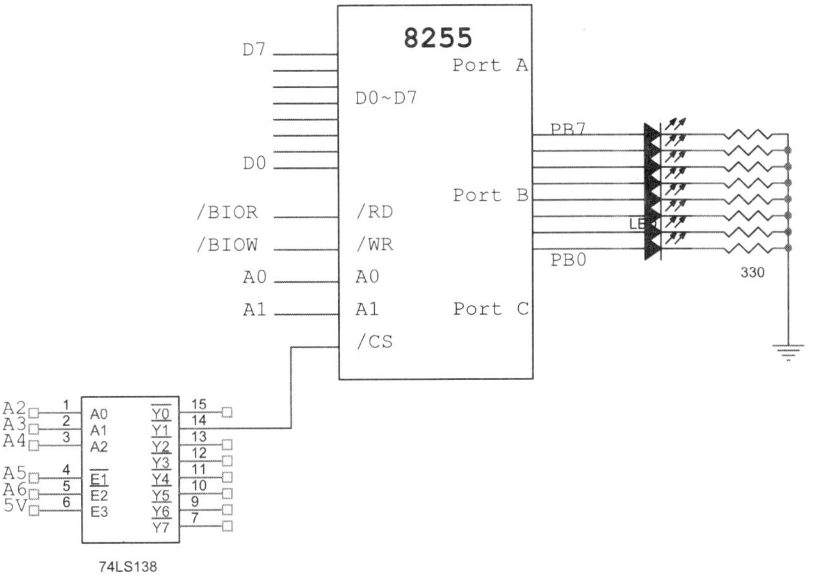

그림3.13 | 8255 및 LED 회로

이를 위해서는 8255A의 CWR 에 알맞은 값을 써 주어야 한다. CWR에 88H를 써 넣어 8255A를 초기화 한다. 8개의 LED는 8255A의 포트 B(PortA)에 의해 제어된다. 포트 B의 각 비트는 LED 하나를 제어하는데 쓰인다. 비트의 상태가 '1'(high, + 5V)일 때 연결된 LED가 켜지게 된다. 반대로 비트가 '0'(low, 0V)이면 LED가 꺼진 상태가 된다. 8255A가 초기화 되어있는 상태라면 8255A의 포트 B에 데이터 값을 출력하여 LED를 구동할 수 있다.

LED	7	6	5	4	3	2	1	0
더하는 값(10진수)	128	64	32	16	8	4	2	1
더하는 값(16진수)	0x80	0x40	0x20	0x10	0x08	0x04	0x02	0x01

표 3.8 | LED 포트의 출력값

포트 B에 출력되는 값에 따라 점등되는 LED가 결정된다. 원하는 LED만을 점등시키는 방법은 간단하다. 출력되는 값을 2진수로 바꾸어 보면, 1이 되는 비트의 LED는 켜지며 0인 비트의 LED는 꺼진다. LED 7번, 3번, 0번만 점등시키려면 8255A

의 포트 B에 89H(10001001(2), 137(10))를 출력시키면 된다. 표 5-1을 사용하면 쉽게 출력값을 계산할 수 있다.

예를 들어 LED 6, LED 5, LED 1만을 점등시키려면, 표에서 LED 6, LED 5, LED 1에 해당하는 값을 찾아서 모두 더하면 된다. 즉, 64 + 32 + 2 = 98, 즉 98을 포트 B에 출력하면 된다.

그런데 여기서 하나 짚고 넘어가야할 문제가 있다. 우리는 10진수에 익숙한데 실제 컴퓨터에서는 2진수의 체계로 구성되어 있고 2진수를 쉽게 사용하기 위하여 16진수의 개념이 사용되고 이제는 16진수에 익숙해질 필요가 있다. 특히 디지털 입출력에서는 2진수의 비트(bit)연산을 많이 사용하게 되므로 16진수에 익숙해지도록 하자.

```
/* 프로그램 3-1 : LED1.C */
#include <stdio.h>
#include <conio.h>
#include <dos.h>

#define BASE_ADDR          0x300
#define PORTA              BASE_ADDR | 0x04
#define PORTB              BASE_ADDR | 0x05
#define PORTC              BASE_ADDR | 0x06
#define CWR0               BASE_ADDR | 0x07

#define delay_time         1000

void init_eboard(void)
{
        outp(CWR0, 0x88); /* PortA,B,C(L):Out, PortC(H): In   */
}

void main(void)
{
        init_eboard();

        do {

                outp(PORTB, 0xff);        /* led on  : 1111 1111 */
                delay(delay_time);

                outp(PORTB, 0x00);    /* led off : 0000 0000 */
                delay(delay_time);

        } while(!kbhit());

}
```

참고문헌(references)

1. M. Morris Mano, Computer Engineering Hardware Design, Prentice Hall Inc. 1988.
2. IBM Technical Reference, IBM.
3. 구동현, AT 하드웨어 특성과 활용, 크라운출판사, 1990.
4. GS TTL DATA BOOK, Goldstar, 1989.
5. D. J. Dailey, Small Computer And Applications, McGrow Hill.

제3장 연습문제

1.아래 회로는 CPU에서 나오는 데이터, 어드레스 및 제어신호를 8255에 바로 물려서 LED회로를 제어하는 회로이다. 현제, 8255는 00H~03H로 4개의 주소를 가지고 있다. LED 8개를 모두 ON시키는 C 프로그램을 작성하라.

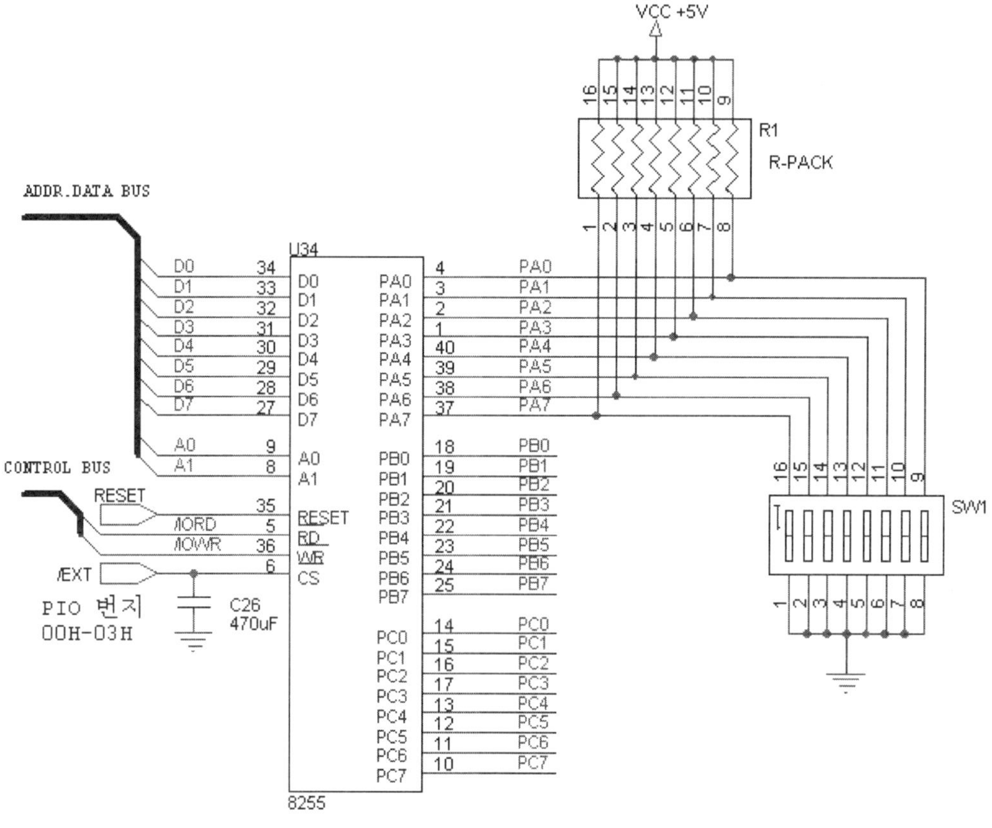

2. 아래 회로는 CPU에서 나오는 데이터, 어드레스 및 제어신호를 8255에 바로 물려서 SW 입력을 알아내는 회로이다. 현제, 8255는 00H~03H로 4개의 주소를 가지고 있다. 1번 SW가 ON 되고, 나머지 SW는 OFF되었을 때 입력값을 계산하는 C 프로그램을 작성하라.

제4장 C 프로그래밍 기초

1. VC를 이용한 프로그램 작성

[단계1] VC를 작동시켜서 [File]메뉴를 클릭하고 [New]를 선택한다. 그러면 아래 화면처럼 새로운 프로젝트를 생성할 수 있도록 기본화면을 제공해 준다. 프로젝트란 원래 시스템을 설계하거나 건설공사 등을 수행할 때 특정한 결과물을 얻어낼 수 있는 작업을 말한다. VC에서 프로젝트란 하나의 완성된 프로그램을 만드는 작업을 의미한다.

이제, 프로젝트 메뉴에서 새로 만들려는 프로젝트의 종류를 선택해야 하는데 "Win32 Console Application" 항목을 선택한다. 여기서 컨솔이란 그래픽사용자인터페이스(GUI)를 사용하지 않고 단순히 문자열을 이용해서 입출력화면을 제공하는 프로그램이다. Windows 환경에서 과거의 DOS 용 프로그램을 작성한다고 보면 된다.

Project name에 만들고자 하는 프로젝트의 이름을 입력한다. 여기서는 Hello라는 프로젝트 이름을 생성하였다. Location에는 프로젝트가 만들어져 저장될 폴더를 선택한다. 모든 입력이 끝나면 "OK" 버튼을 클릭한다

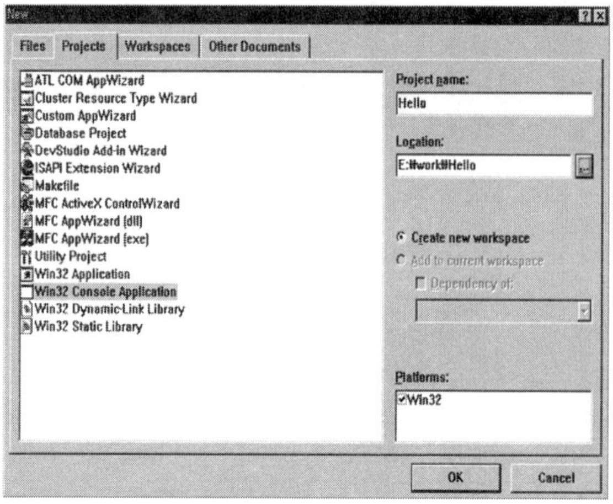

[단계2] 새로 만들려는 Console Application의 종류를 선택한다. 여기서는 "An empty project" 선택하고 "Finish" 버튼을 누른다. An empty project란 프로젝트의 구조만 갖추고 있을 뿐 프로젝트를 구성하는 파일(자동적으로 제공하는 소스 파일이나 소스 코드)이 없다는 것을 의미한다.

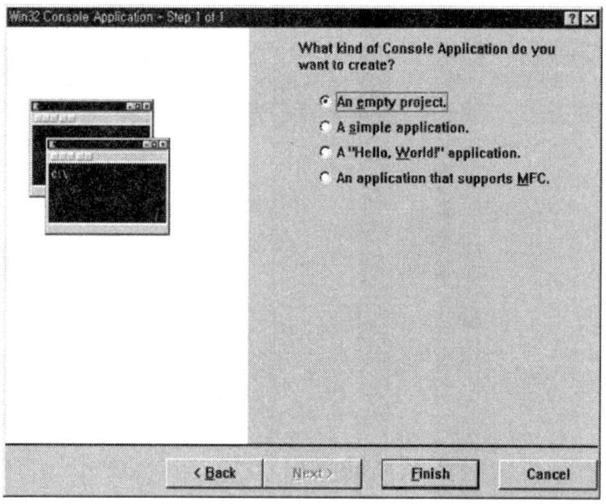

"Finish" 버튼을 클릭하면 다음과 같이 작성한 프로젝트에 관한 정보를 보여주는 다이얼로그 박스가 나타난다. 화면에 선택한 내용에 관한 정보를 보여준다.
기본으로 제공되는 파일이 없다는 것을 보여주고 있다. [OK]버튼을 눌러 다음 창으로 넘어간다.

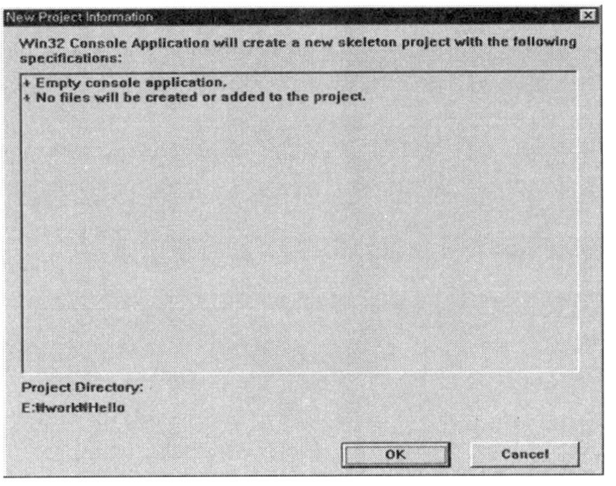

그러면, 다음과 같이 프로젝트 생성이 완료되었다. Workspace에 프로젝트 구성요소(파일, 리소스)의 정보를 보여준다. 여기서는 "An empty project"를 선택했기 때문에 현재 구성요소가 없다.

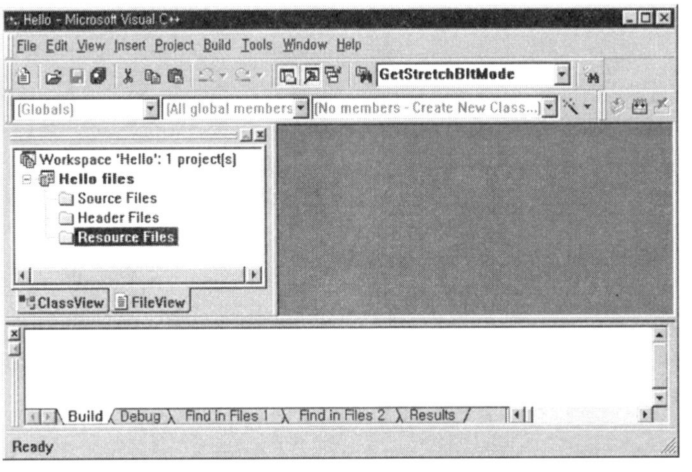

[단계3] 프로그램(프로젝트)을 작성하기 위해서는 하나 이상의 소스파일이 있어야 한다. 먼저, 새로운 소스파일을 하나 만들어보자. [Files]메뉴에서 "Text File"을 클릭한 후 생성할 파일의 이름은 Hello.c로 설정하고 이 파일이 포함될 프로젝트의 이름은 Hello 프로젝트이다.

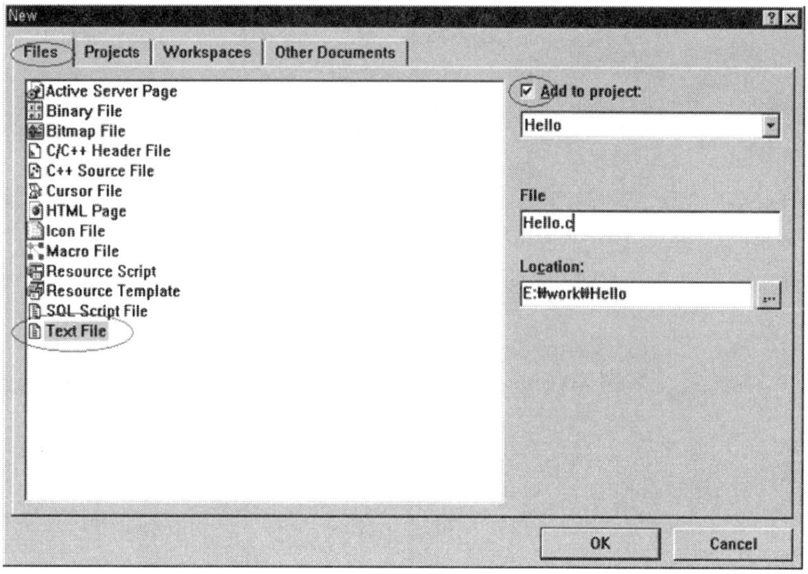

"FileView"에서 "Sourcs Files"를 클릭하면 아래와 같이 Hello.c 파일이 포함되어 있는 것을 알 수 있다.

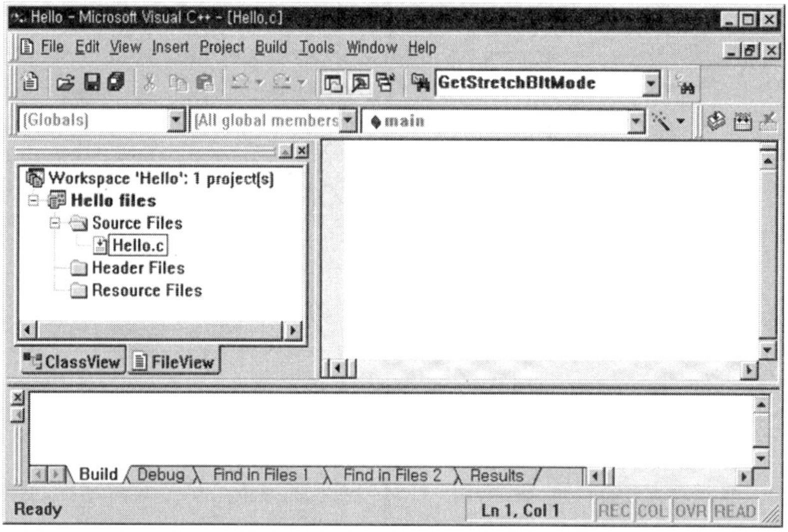

Hello.c 부분을 클릭하여 편집창에서 다음과 같이 코드를 입력한다.

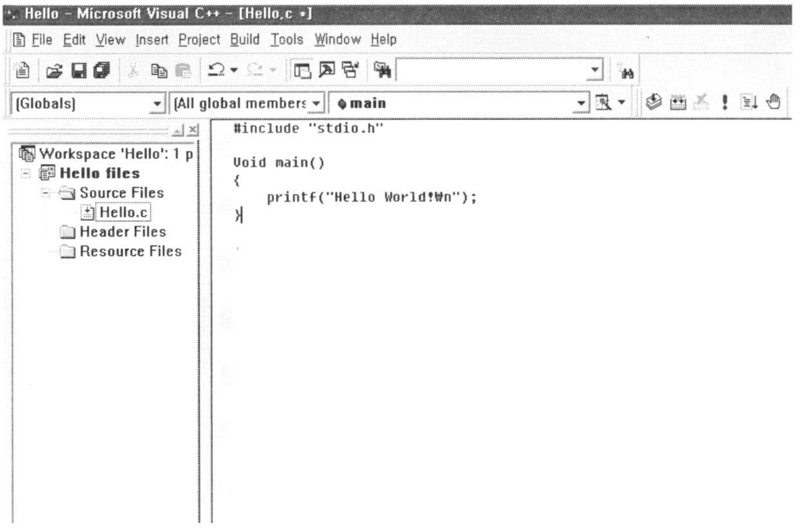

저장을 한 다음 컴파일과 링크과정을 거치면 프로젝트에 추가한 소스코드의 내용이 실행파일(EXE파일)로 만들어 진다. VC화면의 “Build” 탭에서 “Compile” 버튼을 클릭하여 소스코드에 오류가 있는지 확인하고 소스코드를 OBJ파일로 만든다. 컴파일이 성공적으로 끝나면 소스파일 Hello.c 와 같은 이름의 Hello.obj 파일이 생성된다. 마지막으로 “Build” 버튼을 클릭해서 실행파일 Hello.exe을 생성한다.

끝으로, “Build” 메뉴의 “Execute Hello.exe”를 누르면 다음과 같은 결과창을 확일할 수 있다.

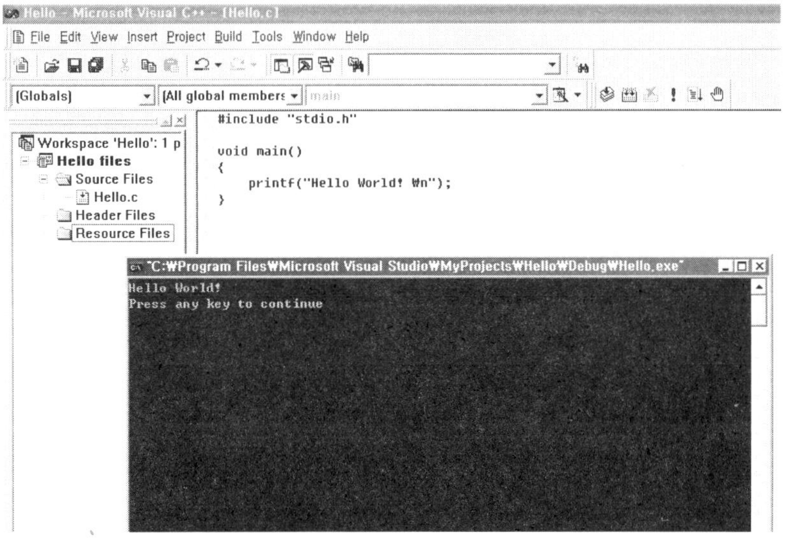

2. main 함수

C언어 프로그램은 기본적으로 함수들의 집합으로 구성되어 있다. C언어 프로그램은 반드시 main() 함수로부터 시작하여, main() 함수의 끝에서 종료한다. 그러므로 C 언어 프로그램에서는 반드시 하나의 main() 함수가 있어야 한다.

함수의 본체는 { }(중괄호)로 이루어지며, 본체의 처음에 그 함수에서 사용할 변수형을 선언한다.

형식)

```
main()
        {
       :
          }
```

예)

```
#include <stdio.h>
main()
{
        int num ;
        num=1 ;
        printf( "Value= %d /n", num) ;
        printf( " End!! ");
}
결과)
        Value=1
        End!!
```

※ **주석문**

프로그램을 작성할 때 부분 부분에 주석을 붙여 이해를 돕는 설명문이다. 주석문은 프로그램의 실행에는 영향을 주지 않는다. C에서 주석은 /* 와 */로 싸여진 문자열이다.

형식)

```
/* ...... (문자열) ...... */
```

예)

```
/* This is a sample program */
/* Coded by Byung Lee on April, 2005 */
main()
{
        :
        :          /* ....................*/
        :
}
```

※ #include

#include를 선행 처리기(preprocessor)라 한다.

예)

```
# include <stdio.h>
```

이 위치에 stdio.h 라는 이름의 파일을 삽입한다. stdio.h 는 메이커에서 제공하는 표준 입출력 헤더 파일로, 다양한 정의를 실행한다. 이 파일은 getchar, putchar 함수 등을 사용할 때나, 파일 처리를 할 때 반드시 포함시켜야 한다.

3. 데이터형

데이터를 표현하기 위해 형(type)이라는 것이 필요하다. 5와 같이 소수점이 없는 데이터형을 정수형, 5.0과 같이 소수점이 있는 데이터형을 실수형이라 한다. 그 중에 기본 데이터형이란 문자, 정수 또는 부동 소수점 수와 같이 각종 수치를 다루는 데이터형과 특수한 void형 등을 통틀어 일컫는 말이다. 이 기본 데이터형을 제외한 나머지를 산술형이라 한다.

기본 데이터형의 크기와 범위는 다음과 같다. 일반적으로 데이터 크기가 작으면 작을수록 작은 영역의 메모리를 차지하지만, 표현할 수 있는 범위가 작아진다. 반대로 데이터 크기가 그면 클수록 많은 영역의 메모리를 차지하여 엑세스 속도가 떨어지나, 표현할 수 있는 범위가 넓어진다.

크기(byte)	데이터형	범　　위
2	int (정수)	-32768 ~ 32767
2	unsigned int (정수)	0 ~ 65536
4	float (실수)	-4.4×10^{38} ~ 4.4×10^{38}
1	char (문자)	-128 ~ 127
4	long (대정수)	-2147483648 ~ 2147483647

※ 형 선언

변수는 그 해당 블록에서 사용하기 전에 반드시 그 자료형을 선언해야 한다. 변수의 형선언은 형 선언자(char, int 등)를 사용해 프로그램의 선두에 선언한다. 그리고 선언과 동시에 초기값도 부여할 수 있다.

1) 정수형 변수의 선언

소수 부분이 없는 수를 정수라 한다. 예를 들어 45, -29, 9283 등과 같이 소수가 포함되지 않은 수가 정수이다.

int는 기본적인 정수형 변수를 선언하는데 사용하며, int가 먼저 나오고 나중에 변수명을 적는다. 그리고 마지막에 세미콜론(;)을 붙인다. 하나 이상의 변수를 선언하려면 변수들을 콤마(,)로서 분리한다.

```
int a, sum ;
        /* 변수 a, sum 을 정수형으로 선언 */

혹은 int a=0, sum=0 ;
        /* 변수 a, sum 정수 선언 및 초기값 0의 대입 */
```

C에는 int, unsigned int, long, unsigned long 등 4가지의 정수형이 있다. 이 4가지 정수형 중에서 실제로 많이 사용되는 것은 int 형이다.

C에서는 큰 수를 다루는 일이 별로 없으므로 long이나 unsigned long형은 자주 사용되지 않는다. 다만 unsigned형은 16진수를 다루는데 비교적 많이 사용된다. 그래서 정수형에서는 int형과 unsigned형만 알고 있으면 사용하는데 큰 문제는 없다.

int형에서 허용되는 값의 범위는 -32768 ~ 32767 까지, unsinged int 형은 0 ~ 65537까지의 수를 허용하므로 양수를 사용할 경우 unsigned형을 쓰면 무난할 것이다. 만약 이 범위를 벗어나는 수를 사용하면 오버플로우가 생겨 예기치 않는 결과를 초래할 수도 있다.

예)

```
main()
{
      int a=0, sum=0 ;
      a=a+1 ;
      sum = sum +a
      printf ("\n a=%d , sum=%d", a, sum) ;
}
결과)
      a=1 , sum=1
```

2) 문자형 변수의 선언

char형은 문자를 저장하는데 사용하며, 1바이트의 크기로 메모리에 저장된다. 저장하는 방식이나 연산도 정수형과 같다. 왜냐하면 char형은 실제로 문자 자체를 저장하는 것이 아니라 정수로 바꾸어 저장하기 때문이다. 즉 문자를 다루기 위해 컴퓨터는 문자를 표현하도록 정수형의 수치적 코드를 사용한다. 예를 들어 ASCII 코드 65는 대문자 A를 나타낸다. 따라서 글자 A를 저장할 때는 정수 65가 저장되는 것이다. C에서는 문자형 데이터가 수식 내에 쓰일 때 언제나 부호 확장에 의해 int형으로 변환된다.

예)

```
#include <stdio.h>
main()
{
      char sex, *tel ;
      // 2개 이상 문자열을 선언할 경우 변수앞에 *를 붙임
      sex='m'
      // 하나의 문자는 ''를 사용
      tel="530-2930"
      // 문자열은 ""를 사용

      printf ("\n %c, %s", sex, tel) ;
}
결과)
      m, 530-2930
```

4. 연산자

C언어는 다른 언어에 비해 다양한 연산자를 제공한다. 연산자란 대상 자료에 대해 어떤 조작을 하는 부호를 말한다.

1) 산술 연산자

덧셈, 뺄셈, 곱셈, 나눗셈을 하는 연산자이다.

연산자	기능
-	마이너스로 전환
*	곱 셈
/	나눗셈
%	나머지 계산
+	덧 셈
-	뺄 셈

예)

```
#include <stdio.h>
main()
{
        int a, b, c ;
        float d, e, f;
        a=10 , b=21 ;
        d=50.0 , e=100.0 ;
        c=b%a ;
        f=e/d ;
        printf (“\ n c = %d f = %f” , c, f );
}
결과)
        c = 1   f = 2.0000
```

2) 관계 연산자

관계 연산자는 대소관계를 판정하는 조건 판단에 사용된다.

연산자	기 능
>	~보다 크다
>=	~보다 크거나 같다
<	~보다 작다
<=	~보다 작거나 같다
==	같다
!=	다르다

조건 판단에서 '같다'는 '=='을 사용한다. '='은 단순히 치환 연산자이므로 '==' 와 의미가 다르다.

예)

```
#include <stdio.h>
main()
{
        float a,b ;
        a=30.0,    b=29.9 ;
        if (b>a)
        {
            printf ("\ n b is big ");
        }
        else
          printf ("\ n a is big ");
}

결과)
        a is big
```

3) 논리 연산자

논리 연산자는 몇 개의 조건 판단을 조합하는 것으로 !, &&, ||이 있는데, 이들 중'!'만 단항 연산자이고 나머지는 2항 연산자이다. 우선 순위는 !, &&, || 순이다.

연산자	기능
!	부 정 (NOT)
&&	그리고 (AND)
‖	또 는 (OR)

예)

```
#include <stdio.h>
main()
{
        float a,b,c ;
        a=10. ;
        b=20. ;
        c=30. ;
        if (c>a && c>b)
        {
            printf ("n c is biggest !!") ;
        }
        else
         printf ("n c is not biggest !!") ;
}

결과)
        c is biggest !!
```

5. 데이터의 입출력

키보트로부터 여러 개의 데이터를 읽어 들이려면 scanf() 함수를 사용한다. scanf() 함수는 입력된 문자나 숫자를 지정된 형식으로 변수에 대입한다. 즉 pritf() 함수는 수치나 문자열을 화면에 출력하지만, scanf() 함수는 키보드로부터 입력된 데이터를 변수에 대입한다.

이 두 함수는 C에서 입출력을 행하는 대단히 중요한 함수다.

예)

```
#include <stdio.h>
main()
{                                   변수앞에 &를 붙인다
        int a ;                     ▼
        scanf ("%d", &a) ;
        // 키보드에서 입력된 값은 정수이며 그 값은 a에 대입
        printf ("%d \n", a) ;
}

결과)
        56 ↵(키보드에서 56을 입력하고 enter키를 누른다.)
        56
```

예)

```
#include <stdio.h>
main()
{
        float a, b, c ;
        scanf ("%f  %f", &a, &b);
        c= a*b ;
        printf ("%f * %f = %f", a, b, c);
}

결과)
        30 50 ↵
        30 * 50 = 1500.0000
```

예)

```
#include <stdio.h>
main()
{
        float a, b, c ;
        scanf ("%f,%f", &a, &b);
        c= a*b ;
        printf ("%f * %f = %f", a, b, c);
}

결과)
        30,50 ↵
        30 * 50 = 1500.0000
```

예)

```
#include <stdio.h>
main()
{
        char  str[20]
        scanf ("%s", str);
        // 배열인 경우 &를 붙이지 않음
        printf ("Input string = %s", str);
}
결과)
        Hello !! ↵
        Input string = Hello !!
```

단일 문자를 입력받으려면 getch(), 문자열을 받으려면 getchar() 함수를 사용한다. getchar() 함수를 사용해 문자열을 입력받으면 입력된 한 문자(문자열)는 putchar() 함수를 사용하여 화면에 표시한다.

예)

```
#include <stdio.h>
main()
{                                    읽어들인 문자의 ASCⅡ값(즉, 정수값)
        int c ;
        while ((c=getchar()) != EOF )
        {
            putchar(c);
        }
}
결과)
        Hello turbo c ↵
        Hello turbo c
        Kim↵
        Kim
        ^z //ctrl+z 하면 프로그램이 끝난다.
```

* ^z 입력하게 되면 getchar() = -1이 되고 stdio.h에서 EOF는
  -1로 정의되어 있으므로 ^z 입력시 프로그램은 끝나게 된다.

6. 제어 구조

앞에서도 잠시 이야기 되었지만 프로그램이 복잡해지면 프로그램의 흐름이 여러 방향으로 갈라진다. 뿐만 아니라 특정한 부분을 반복 처리해야 할 경우도 생긴다. 프로그램의 조건에 따라 특정한 부분으로 흐름의 방향을 바꾸는 것을 제어문이라 하고, 이러한 구조로 되어있는 것을 제어구조라 한다.

제어의 조건은 다음과 같이 세 가지 조건을 만족해야 한다.

1) 문장들을 차례로 실행할 수 있어야 한다.
2) 어떤 조건이 만족할 때까지 문장의 수행을 반복할 수 있어야 한다.
3) 조건에 따라 명령문을 선택할 수 있어야 한다.

프로그램의 제어구조를 흐름도로 나타내면 다음과 같다.

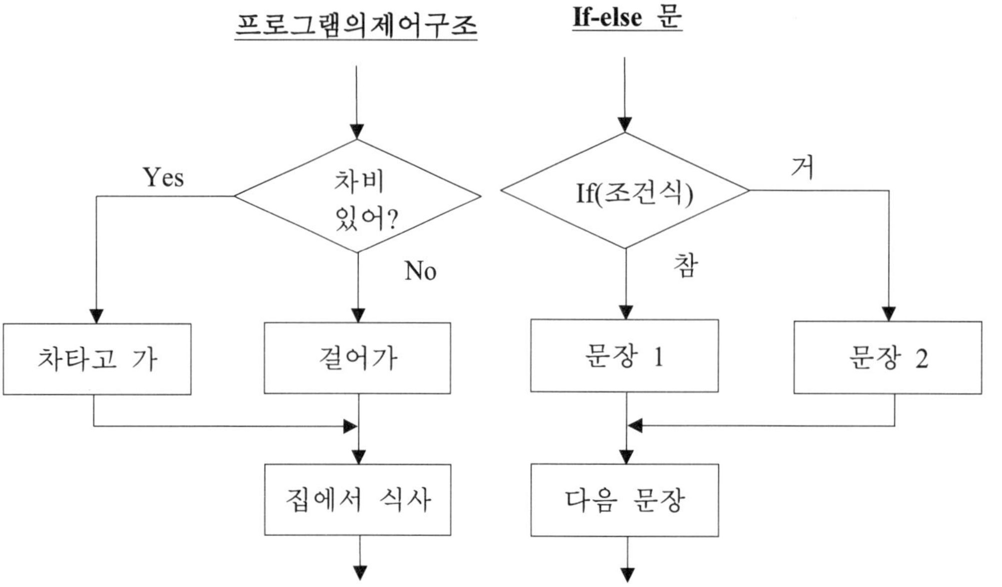

예) 29380 은 4의 배수인가?

```
#include <stdio.h>
main()
{
        int a=29830
        if (a%4 == 0)
            printf("YES!");
        else
            printf("NO!");
}

결과)
        YES!
```

※ swich ~ case 문

switch ~ case 문(선택 제어문)은 베이직의 ON ~ GOTO문과 비슷하며, 조건이 여러 개일때 사용하면 편리하다. 이것은 if ~ else 구조의 특수한 경우로 기능면에서 융통성이 많다. switch ~ case문의 사용 형식은 다음과 같다.

형식)

```
switch ( 변수 또는 수식 )
{
      case 식1 : 명령문1;
      case 식2 : 명령문2;
          ⋮
      case 식n : 명령문n
      default : 명령문 // 일치되는 값이 없으면 default
}
```

예) 점수를 입력받아 90 이상 A, 80~89는 B, 70~79는 C, 60~69는 D, 59이하는 F를 출력하는 프로그램을 작성하라. (단, -999 이면 수행 끝)

```
#include <stdio.h>
main()
{
int sc;
char C;
again:
printf ("score = ");
scanf("%4d", &sc);
if (sc !=-999)
{
      switch(sc/10)
      {
         case 9 : C='A'; break;
         case 8 : C='B'; break;
         case 7 : C='C'; break;
         case 6 : C='D'; break;
         default : C='F';
      }
      printf("%c  \n",C);
      goto again;
}
}
```

```
결과)
        score = 99↵
        A
        score = 85↵
        B
        score = 50↵
        F
        -999↵
        //프로그램 종료
```

7. 반복구조

반복구조란 특정한 부분을 반복 수행하도록 하는 명령문이다. C 언어에선 for, while, do while 세 개의 반복문이 사용된다. 변수, 조건문의 수행, 특정한 부분의 반복은 프로그램 언어의 기본 요소이다. 여기서 말하는 반복이란 어떤 조건에서 문장이나 블록을 반복 수행하는 것을 말한다.

1) for문

for문은 반복구조에서 가장 많이 쓰이는 형태로, 반복횟수가 정해지는 지정 반복루프로서 사용된다.

형식)

```
for (초기식; 조건식; 반복식)
{
      반복할 부분
}
```

C에서는 베이식과 같이 NEXT를 사용하지 않고 { }로 묶는다. 반복할 부분이 한 문장이라면 { }를 생략할 수 있다. 또한 C에서는 베이식의 초기치, 최종치, 증가치의 형식이 아니라, '제어변수 초기화; 반복조건 조사; 제어 변수 변화' 라는 형식으로 기술된다.

초기식은 루프를 실행하기 전에 한번만 실행되는 초기 과정이다.(for문의 루프가 실행되는 동안 단 한 번만 실행). 그리고 여기에 사용되는 식 사이에는 세미콜론 (;)을 사용하여 식과 식을 구분한다.

조건식은 루프를 빠져나오기 위한 조건 검사식이다. 이 조건식은 루프 실행 중 매번 조사하며 단 한 개의 문장만 쓸 수 있다. 조건식이 참(1)인 경우 계속 반복하고, 거짓(0)인 경우 루프를 빠져 나온다. 그러므로 조건식은 최종치보다 작거나 같아야 한다.

반복식은 루프의 다음 실행을 준비하는 단계로 여러 개의 식을 나열할 수 있으며 ‘,’로 구분한다.

예)

```
for (i=10; i>1; i --)
{
        …
}

for (i=0; i<=10; i ++)
{
        …
}
```

예)

```
for (c=‘a’; c=‘z’; c++);
// c를 ‘a’부터 ‘z’까지 반복
```

예) 1에서 100까지의 합을 구하라

```
main()
{
        int i, s=0 ;
        for (i=1 ; i<=100 ; i++)
          s=s+i ;  (or s+= 1;)
        printf ( "%d %d" ,i , s)
}

결과)
        101 5050
```

2) while 문

while 문도 for문과 마찬가지로 특정 부분을 반복하며, 조건이 '참'인 동안 반복 수행한다. while 문의 사용 형식은 다음과 같다.

조건식의 결과가 참(1)이면 반복할 부분을 수행하고, 거짓(0)이면 다음 문장으로 제어를 옮긴다. 그러므로 루프 안에 조건식의 결과를 변화시키는 문장이 필요하다. 조건식의 결과를 변화시키지 않으면 무한 루프에 빠진다. 그리고 조건식은 변수나 수식, 함수값을 사용할 수 있다. 하나의 문장만 사용할 경우 문장의 시작과 끝에 브레이스({ })를 적을 필요가 없으며 하나 이상의 문장을 사용할 경우 브레이스({ })를 적는다.

for 문에서는 조건의 참(1), 거짓(0)에 관계없이 for 루프의 부분이 한 번은 수행되지만 while 문에서는 조건이 거짓(0)인 경우 while 루프 부분이 한번도 수행되지 않는다.

형식)

```
while (조건식)
{
      반복할 부분 ;
}
```

예)

```
#include <stdio.h>
main()
{
      int i=0 , s=0 ;
      while (i<100)
      {
          i+=1              // i=i+1
          s+=i              // s=s+i
      }
      printf ("%d %d", i, s) ;
}
결과)
      100    5050
```

3) do ~while 문

do ~while문은 while 문과 구조가 비슷하다. 다른 점은 while 문은 조건을 먼저 판단한 다음 루프를 실행하지만, do ~ while 문은 루프를 먼저 실행한 다음 조건을 판단한다. 즉 while 문은 조건 검사를 루프의 처음에서 하지만, do ~ while 문은 루프의 마지막 부분에서 조건을 검사한다. 그러므로 루프속의 내용은 적어도 한 번은 수행된다. do ~ while문의 사용형식은 다음과 같다.

조건이 참인동안 문장을 반복한다. while문과 달리 do ~ while 문에서는 조건식 다음에 세미콜론(;)을 붙인다. 그리고 루프 속에 하나 이상의 문장을 기술할 수 있다.

형식)

```
do
{
      반복할 부분
}while(조건식);
```

예) 1+2+3+.......+n 의 합이 1000이 넘을 때 n과 합계를 구하라.

```
#include <stdio.h>
main()
{
        int n=0 , sum=0 ;
        do
        {
              n=n+1 ;
              sum=sum+n ;
        }while (sum<1000) ;
        printf ("1+2+3+....+ %d = %d", n, sum) ;
}
결과)
        1+2+3+.....+45 = 1035
```

예) while 문의 경우

```
#include <stdio.h>
main()
{
        int n=0 , sum=0 ;
        while (sum<1000)
        {
              n=n+1 ;
              sum=sum+n ;
        }
        printf ("1+2+3+....+ %d = %d", n, sum) ;
}

결과)
        1+2+3+.....+45 = 1035
```

8. 배열(demension)

배열은 연속된 공간에 저장된 자료의 모임이다. 배열은 1차원 배열, 2차원 배열 등 이론적으로는 무한차원까지 가능하지만 시스템의 특성에 따라 보통 7차원 이내로 쓰고 있다. 배열은 데이터를 대표하는 배열 이름과 몇 번째 데이터인가를 지정하는 첨자로 구성된다. C에서는 배열을 나타내기 위해 '[]'를 사용하는데 이것을 생략하면 배열 전체를 나타낸다.

어떤 학급의 50명 학생이 국어 시험을 보았다고 하자. 이 점수는 같은 종류의 데이터이므로 배열을 사용하면 관리하기 편하다. 50명의 국어 점수를 입력하려면 먼저 다음과 같이 배열을 선언한다.

```
int a[50];
```

이것은 a[0], a[1], …, a[49] 까지 50개의 변수(배열 요수)가 확보된다.

a[0]	a[1]	a[2]	……	a[i]	……	a[49]

여기서 a를 배열명이라 하고, a 다음 [ ]속에 있는 것을 배열번호(첨자)라 한다. 즉 배열의 몇 번째 데이터인가를 나타내기 위해 첨자를 사용하는데, 첨자는 [ ]로 둘러싼다. 이 첨자는 배열의 차원을 결정하기 때문에 첨자가 하나인 경우 1차원 배열, 2개면 2차원, 3개면 3차원 배열이라 한다.

형식)

데이터형 배열이름 [원소의 수] ;

데이터형은 int형 외에도 char형, double형, 포인터형을 사용할 수 있다. 배열에서 배열 원소가 들어가는 [ ]가 하나이면 1차원 배열, [ ]가 2개면 2차원 배열이라 한다. 원소의 수는 배열 요소의 숫자다.

예) 다음 데이터의 평균을 구하여라.

{80, 70, 90, 95, 65, 50, 99}

```
main()
{
        int a[7] = {80, 70, 90, 95, 65, 50, 99} ;
        int i;
        float average, sum=0;
        for (i=0; i<7; i ++)
            sum = sum+a[i];
        average = sum / i;
        printf ("\n average = %f", average);
}

결과)
        average = 78.428574
```

예) 2차원 배열

	국 어	영 어	수 학
A 학생 :	85	90	60
B 학생 :	90	80	70
C 학생 :	50	70	80
D 학생 :	60	90	90

```
main()
{
        float grade [4][3]={
                                {85, 90, 60},
                                {90, 80, 70},
                                {50, 70, 80},
                                {60, 90, 90}
                               };
        int i;
        float ave, sum=0 ;
        for (i=0 ; i<4 ; i ++)
            sum=sum+grade[i][0] ;
        ave = sum/4 ;
        printf ("%f", ave) ;
}                         결과) 71.25 // 국어 평균점수
```

9. 함수

C에서는 함수의 사용이 쉽고 편리하며 효율적으로 사용되도록 설계되어 있다. 함수를 사용하면 큰 프로그램을 작게 나누어서 작성할 수 있는 장점이 있다.

C에서의 단위 프로그램은 하나 이상의 선언과 함수로 구성되며, 프로그램의 최소단위는 함수이다. C에서는 main이라는 함수가 반드시 한 개 포함되고 프로그램은 main 함수에서 시작된다.

지금까지 printf(), scanf() 등 몇 개의 함수를 사용해 보았다. 이와 같이 프로그램에 함수를 사용하면 작성하기 쉽고 읽기 쉬우며, 더 나아가서는 이해하고 수정하기 쉬운 프로그램을 작성할 수 있다. 이것은 C언어의 중요한 특징 중 하나다.

C에서는 모든 함수가 독립적으로 호출 운용되며, 함수 내에서 다른 함수를 호출하여 사용할 수 있지만 함수 내부에서 다른 함수를 다시 정의하여 사용할 수 없다.

함수는 하나의 단위 프로그램이므로 필요할 때 변수를 선언하여 사용 할 수 있다. 이변수를 지역변수라 하며 함수 내에서 선언된 변수들은 그 함수내에서만 효력이 있고 함수를 벗어나면 그 효력을 잃게 된다. 이 경우 이름만 같을 뿐 기억장소는 다르다. 이와 같이 지역 변수는 함수를 부분으로 나눌 수 있고 프로그램의 독립적 성격을 높일 수 있다.

즉 함수는 규격화된 서브루틴이라 볼수 있는데, 함수를 사용하면

1) 큰 프로그램을 작은 프로그램으로 나누어 작성할 수 있게 해 준다.
2) 하향식의 모듈화된 프로그램을 설계할 수 있다.
3) 굳이 알 필요 없는 세부사항이나 연산등은 함수 내부에 숨길 수 있다.

그러므로 체계적이고 간결한 프로그램을 작성 할 수 있으며, 프로그램을 이해하고 수정하기도 쉽다. 서브루틴과 함수의 차이는, 서브루틴은 되돌려주는 값을 갖지 않는데 비해 함수는 되돌려주는 값을 갖는다.

예) 절대값을 구하는 함수 abs() 를 작성하라.

```
#include <stdio.h>
main()
int abs (int x);
{
        int a ;
        while (scanf (“%d”, &a) !=EOF)
        {
            printf (“abs=%d  \ n”, abs(a)) ;
        }
}
int abs (int x)
{
        if (x>=0)
            return (x) ;
        else
            return (-x) ;
}
```

10. 파일의 입출력

파일을 대상으로 하는 작업의 종류는 쓰기, 추가, 읽기의 세 가지로 나눌 수 있다. 쓰기는 파일을 새로 만들 때 사용하며, 이때 같은 파일이 있으면 이미 있던 파일은 지워진다. 추가는 파일 뒷부분에 새로운 자료를 추가할 때 사용하며, 선택한 파일이 없으면 새로운 파일을 만든다. 읽기는 이미 만들어진 파일에서 자료를 읽어 들인다. 이때 해당 파일이 없으면 에러를 발생한다.

파일을 대상으로 작업할 때 다음 3단계를 거친다.

파일 open → **입출력 수행** → **파일 close**

1) 파일 open : 입출력 대상이 되는 파일 이름과 모드를 설정하고 컴퓨터는 파일 입출력을 위한 버퍼를 할당
2) 입출력 수행 : 실제 작업하는 과정
3) 파일 close : 작업이 끝나면 파일을 닫는다.

파일 입출력에는 고수준 입출력(버퍼 사용 파일)과 저수준 입출력으로 나눈다. 고수준 입출력은 시스템 버퍼를 통하여 한 문자 혹은 한 행 단위로 파일을 엑서스하고, 저수준 입출력은 바이트 단위로 파일 엑세스를 한다.

형식)

```
#include <stdio.h>
FILE *fp;  // 파일 포인터 변수
fp = fopen (“파일명”, “모드”);
fclose(fp)
```

먼저 파일 구조체 변수를 선언한다(fp는 임의의 변수). 파일은 파일 이름에 의해 구분된다. 그 파일을 엑세스하려면 s파일 포인터로 그 파일을 오픈한다. 이 함수는 변수의 선언 부분에서 정의한. 구조체형 함수 FILE은 stdio.h 에서 정의되므로 반드시 studio.h 를 포함시켜야 한다.

fopen(file open)은 파일을 오픈하고 파일 포인터를 초기화한다. 즉 파일명과 파일 포인터(fp)를 짝지워 주기 위해 fopen()이라는 라이브러리 함수를 사용한 fp는 FILE로 선언한 구조체 변수이며, 파일 포인터는 자료가 파일 내의 어느 부분에 위치해 있는지를 기억하는 변수다. 파일 포인터는 자료를 읽거나 쓸 때마다 자료의 크기만큼 뒤로 이동한다. 모드는 파일에 접근하는 방식으로 다음과 같다.

모드	기 능
r	파일의 처음부터 읽기만 함
w	파일의 처음부터 쓰기만 함
a	파일의 끝에 추가함
r+	파일의 처음부터 읽기·쓰기 함 (오픈파일이 있어야 함)
w+	파일의 처음부터 읽기·쓰기 함 (오픈파일이 없으면 새로 생성함)
a+	파일의 끝에 추가하여 갱신함 (오픈파일이 없으면 새로 생성하고, 있으면 추가함)

fopen 함수는 파일 오픈을 실패할 경우 NULL point값, 즉 0을 리턴한다.

파일 처리가 끝나면 반드시 파일을 클로즈해야 된다. 즉 write 모드로 오픈한 파일은 반드시 클로즈해야 되지만, read 모드로 오픈한 파일은 클로즈하지 않아도 된다.

예)

sample.dat

1	85	90
2	70	80
3	60	75

```
#include <stdio.h>
int i,j ;
float grade[3][3];
main()
{
        FILE *fp;
        fp=fopen("sample.dat", "r");
        for(i=0 ; i<3 ; i++)
        {
            for(j=0 ; j<3 ; j++)
            {
                fscanf(fp, "%f", &grade[i][j]);
            printf ("\n grade[%d][%d] = %f", i, j, grade[i][j]);
            }
      }
fclose(fp);
}
결과)
        grade[0][0] = 1.00
        grade[0][1] = 85.00
        grade[0][2] = 90.00
        grade[1][0] = 2.00
             :            :
        grade[2][2] = 75.00
```

예)

```
#include <stdio.h>
int i, value ;
main()
{
      FILE *aa ;
      aa= fopen("result.dat", "w");
      for (i=0 ; i<5 ; i++)
      {
           value = i*i ;
           fprintf (aa, "%d", value);
      }
      fclose(aa);
}
```

결과)

"result.dat" 파일이 생성되며 그 내용은 "0 1 4 9 16" 이다.

제4장 연습문제

1. 다음과 같은 자료를 이용하여 각 학생의 평균점수를 구하는 C 프로그램을 작성하고 결과값을 보여라.

	국 어	영 어	수 학
A 학생 :	**85**	**90**	**60**
B 학생 :	**90**	**80**	**70**
C 학생 :	**50**	**70**	**80**
D 학생 :	**60**	**90**	**90**

2. 아래 표는 5 학생의 중간고사와 기말고사의 성적이다. 아래 표를 sample.dat라는 데이터파일을 생성한 다음 이 파일을 읽고 각 학생의 평균성적을 구하는 C 프로그램을 작성하고 결과를 보여라.

sample.dat

학생	중간	기말
학생1	85	90
학생2	70	80
학생3	60	75
학생4	90	80
학생5	75	85

3. $\sin\theta$를 계산하고, 결과를 result.dat라는 파일로 저장하는 C 프로그램을 작성하라. (θ는 0도에서 180도 사이를 10도 간격으로 변한다. θ값과 $\sin\theta$ 값을 표시하라)

제5장 8051의 기본이해

-이 장에서는 8051 마이크로컨트롤러 제품군과 내부특징을 살펴본다.

1. 8051 소개

1981년 Intel사에서 8비트(bit) 마이크로컨트롤러인 8051을 발표하였다. 이 마이크로컨트롤러는 128 바이트(byte)의 RAM과 4K 바이트의 온칩(반도체 칩 위에 회로를 집적한) ROM, 두 개의 타이머, 하나의 직렬포트, 그리고 4개의 8비트 입출력 포트를 단일칩 내에 탑재하고 있다. 당시 8051을 "시스템-온-칩"으로도 칭하였다. 8051의 CPU는 한번에 8비트 데이터만을 처리할 수 있는 8비트 프로세서이므로, 만일 8비트보다 큰 데이터를 처리해야할 경우 CPU에서 감당할 수 있는 8비트 크기로 조각을 내어서 처리해야 한다. 8051에는 그림 5.1과 같이 모두 네 개의 8비트 I/O 포트가 있다. 그리고 최대 64K 바이트의 온칩 ROM이 가능하지만 많은 8051 제조사는 4K 바이트를 온칩으로 탑재하고 있다.

Intel은 8051의 명령어 코드의 호환성을 유지한다면 타제조사가 임의로 변형한 8051 제품을 제작, 판매할 수 있도록 허용하였다. 이 개방정책에 의해 8051이 널리 보급되었으며 6개 이상의 제조업체가 다양한 동작속도, 온칩 ROM 용량을 가진 여러 버전의 8051 제품들을 출시하였다. 비록 이들 제품들이 동작속도, 온칩

ROM 용량 등에서 구성이 다를 경우라도 명령어와 관련해서는 모두 원형 8051과 호환된다. 이는 한 제품에 맞춰 작성된 프로그램이 다른 제조사의 8051에서도 동작됨을 의미한다.

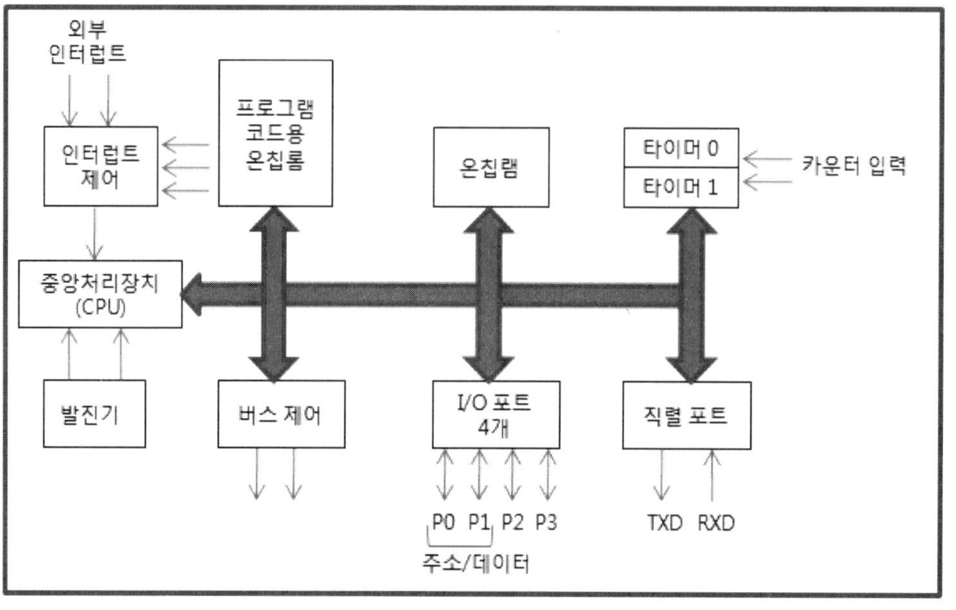

그림 5.134 | 8051 마이크로컨트롤러 내부 블록도

2. 8051 패미리의 개요

Intel에서 MCS-51로 칭하는 8051은 8051 패미리의 원형이며, 그 주요 특징은 다음과 같다.

· 4K 바이트의 내부 프로그램 메모리 (ROM)
· 128 바이트의 내부 데이터 메모리 (RAM)
· 2개의 타이머
· 32개의 입/출력 핀
· 1개의 직렬통신 포트
· 6개의 인터럽트

8051 패미리에는 8051외에 8052와 8031의 두 멤버가 있다. 8052는 8051의 모든 표준 특징뿐만 아니라 추가로 128 바이트의 RAM과 타이머를 하나 더 가지고 있다. 즉 8052에는 256 바이트의 RAM과 3개의 타이머가 있으며, 8051의 4K 바이트보다 확장된 8K 바이트의 온칩 프로그램 ROM이 탑재되어 있다.

표 5.49 | 8051 패미리 특징 비교

특징	8051	8052	8031
ROM (내부 프로그램 메모리 바이트)	4K	4K	4K
RAM (내부 데이터 메모리 바이트)	128	128	128
타이머	2	3	2
입/출력 핀	32	32	32
직렬통신 포트	1	1	1
인터럽트	6	8	6

표 5.1과 같이 8051의 특징은 8052 특징의 부분집합이므로, 8051용으로 작성된 모든 프로그램은 8052에서 동작 가능하지만 역으로는 동작되지 않을 수 있음을 알 수 있다.

8031은 온칩 ROM의 크기가 0K 바이트이므로 종종 ROM이 없는 8051로도 불린다. 온칩 ROM이 없기 때문에 프로그램을 수행시키기 위해서는 반드시 프로그램이 탑재된 외부 ROM을 연결하여야 한다. 원형의 8051은 온칩 ROM을 가지고 있지만 4K 바이트로 용량이 제한된다. 8031은 외부에 최대 64K 바이트 용량의 프로그램 ROM을 연결할 수 있지만 이 경우, 2개의 포트를 외부 ROM 연결에 사용하므로 I/O 용으로 사용할 수 있는 포트는 2개로 감소하게 된다. 여러 제조사에서 다양한 버전의 8031을 출시하고 있다.

8051 패미리 중에서 8051이 가장 대표적이지만 부품번호에는 8051이 표시되지 않는다. 그 이유는 8051의 메모리 유형이 UV-EPROM, 플래시, NV-RAM과 같이 다양하며 각 메모리 유형에 따라 부품번호가 다르기 때문이다. 8051의 UV-EPROM 버전의 부품번호는 8751이다. Atmel 플래시 ROM 8051 버전은 AT89C51이며, Dallas 반도체의 플래시 ROM 8051 버전은 DS89C4x0 (DS89C420/430/440)이다. 그리고 Dallas 반도체의 NV-RAM 버전의 8051 부품번호는 DS5000이다. 또한 OTP (one-time programmable) 버전의 8051 제품도 여러 제조사에서 출시하고 있다. 각 버전에 대해 간략히 살펴보자.

8751 칩에는 4K 바이트의 온칩 UV-EPROM이 있으며 이 칩을 사용하여 개발할 경우 PROM 버너 (burner)와 UV-EPROM eraser가 필요하다. 8751칩에 내장된 UV-EPROM을 다시 프로그램할려면 먼저 UV-EPROM eraser를 사용하여 기 저장된 내용을 지워야 하는데 약 20분 정도가 소요된다. 이런 이유로 많은 제조사가 8051의 플래시와 NV-RAM 버전을 출시하고 있다.

플래시 ROM 탑재한 Atmel사의 AT89C51은 전기적으로 저장된 데이터를 수초 이내에 지울 수 있으므로 20분 이상이 소요되는 8751보다 대기시간을 단축시킬 수 있어 개발속도가 향상된다. 플래시 메모리를 다시 프로그램할 경우 먼저 저장된 내용을 지워야 하는데 플래시 메모리를 지원하는 PROM 버너를 사용하여 지울 수 있으므로 ROM eraser는 필요가 없다. 이후 Dallas 반도체에서 PROM 버너 없이 PC의 COM 포트를 통하여 플래시 메모리를 프로그램할 수 있는 8051/52 칩인 DS89C4x0 (DS89C420/430/...)을 출시하였다. DS89C4x0용 온칩 로더를 구비하고 있어서 ISP (In-System Programming) 방식을 지원하므로 별다른 장비 없이 PC에서 곧바로 DS89C4x0 내부 프로그램 메모리인 플래시 ROM으로 프로그램 코드를 저장할 수 있는 장점이 있다.

Dallas 반도체는 8051의 NV-RAM 버전인 DS5000을 출시하였다. NV-RAM은 ROM에 저장된 정보를 한번에 1 바이트 단위로 변경할 수 있는 장점이 있다. DS5000도 온칩 로더를 구비하고 있어서 ISP (In-System Programming) 방식을 지원한다. Dallas 반도체의 8051/52 버전 마이크로컨트롤러는 표 5.2와 같다.

표 5.50 | Dallas 반도체의 8051/52 버전 마이크로컨트롤러

부품번호	ROM	RAM	I/O 핀	타이머	인터럽트 수	VCC
DS89C420/30	16K (플래시)	256	32	3	6	5V
DS89C440	32K (플래시)	256	32	3	6	5V
DS89C450	64K (플래시)	256	32	3	6	5V
DS5000	8K (NVRAM)	128	32	2	6	5V
DS80C320	0K	256	32	3	6	5V
DS87520	16K (UVROM)	256	32	3	6	5V

Atmel사에서 출시한 다양한 8051 칩들의 특징은 표 5.3과 같다. 예로서 AT89C51은 저렴한 칩으로 작은 규모의 시스템 제작에 많이 사용되고 있다. AT89C51-12PC 부품번호에서 51 앞에 표시된 “C”는 저소비전력의 CMOS를 의미하며 “12”는

12MHz, “P”는 플라스틱 DIP 패키지를, “C”는 상업용임을 의미한다.

표 5.51 | Atmel사의 8051/52 버전 마이크로컨트롤러

부품번호	ROM (플래시)	RAM	I/O 핀	타이머	인터럽트 수	VCC	핀 수
AT89C51	4K	128	32	2	6	5V	40
AT89LV51	4K	128	32	2	6	3V	40
AT89C1051	1K	64	15	1	3	3V	20
AT89C2051	2K	128	15	2	6	3V	20
AT89C52	8K	128	32	3	8	5V	40
AT89LV52	8K	128	32	3	8	3V	40

표 5.52 | Atmel사의 8051 동작속도

부품번호	속도	핀 수	패키징	용도
AT89C51-12PC	12 MHz	40	DIP 플래스틱	상업용
AT89C51-16PC	16 MHz	40	DIP 플래스틱	상업용
AT89C51-20PC	20 MHz	40	DIP 플래스틱	상업용

현재 AT89C51/C52는 아래의 새로운 기능을 추가하여 AT89S51/S52로 변동되었다.

· 하드웨어 워치독 타이머
· 이중 데이터 포인터
· 전원 끄짐 플래그
· 절전 모드에서 인터럽트 복원
· 유연한 ISP 프로그래밍 (바이트와 페이지 모드 지원)
· EMI 방출을 감소시키기 위한 42핀 PDIP 패키지 옵션

그리고 제품 개발단계에서는 대체적으로 플래시와 NV-RAM 버전의 8051을 사용하지만 제품 설계와 개발이 완료되고 대량 생산단계에서는 단가가 훨씬 저렴한 OTP (one-time-programmable) 버전의 8051을 사용한다

3. AT89S52 개요

AT89S52는 8051계열로서 주요 특징과 8051 Core에 대한 개념을 알아본다.

1) AT89S52의 특징

AT89S52의 주요 특징은 다음과 같다.

· 8K 바이트의 프로그램 메모리를 내장하고 있다.
· 4개의 레지스터 뱅크를 포함한 256바이트의 데이터 메모리
· 사용자가 임의로 지정할 수 있는 128비트의 플래그
· 불(Boolean) 대수처리 기능을 가지고 있다.
· 8비트 단위의 4개의 입출력 포트 (포트 0, 1, 2, 3)
· 3개의 16비트 타이머/카운터: 타이머1/2는 직렬통신 보레이트 발생기로 사용 가능
· 4가지 동작모드로 사용할 수 있는 시리얼 포트
· 우선순위 설정이 가능한 6개의 인터럽트
· 프로그램 메모리와 데이터 메모리를 각각 최대 64K바이트까지 확장 가능
· CMOS타입의 AT89S52는 아이들 모드 (idle mode)와 파워 다운(power down) 모드의 기능이 있다.

참고로 아래 표에 8051, 8052 패밀리와 AT89S52를 비교해 놓았다. AT89S 시리즈는 ISP포트가 내장되어 있다.

표 5.53 | 8051/52 버전 마이크로컨트롤러 비교

내부 프로그램 메모리			외부에 확장 가능한 프로그램 메모리	내부 RAM	16비트 타이머	포트	인터럽트
CPU	ROM 타입	크기					
8051	ROM	4K	60K	128Byte	2	4	5
8751	EPROM	4K	60K	128Byte	2	4	5
8031	없음	-	64K	128Byte	2	4	5
8052	ROM	8K	56K	256Byte	3	4	6
AT89S51	ROM-Flash	4K	64K	128Byte	2	4	5
AT89S52	ROM-Flash	8K	64K	256Byte	3	4	6
AT89S8253	ROM-Flash	12K	64K	256Byte	3	4	6

2) AT89S52의 내부 기능

AT89S52의 내부구조는 그림 5.2와 같이 중앙연산처리장치 (CPU: Central Processing Unit), 데이터 메모리, 프로그램 메모리, I/O 포트로 구성되어 있으며, 레지스터와 주변기능을 관장하는 랜덤 로직이 유기적으로 결합되어 있다. 이와 같이 AT89S52의 내부 블록들은 8비트 내부 데이터 버스를 통해서 데이터를 주고받는다. 내부 버스는 건물 실내에 설치되어 있는 긴 배관이라고 생각하면 된다. 메모

리와 I/O장치가 외부에 연결되어 있는 경우에도 이 버스를 이용하여 데이터를 주고받는다.

먼저 각 블록들을 간단히 설명하고, CPU 명령들과 각 I/O포트의 기능들을 뒤 장에서 구체적으로 설명하기로 한다.

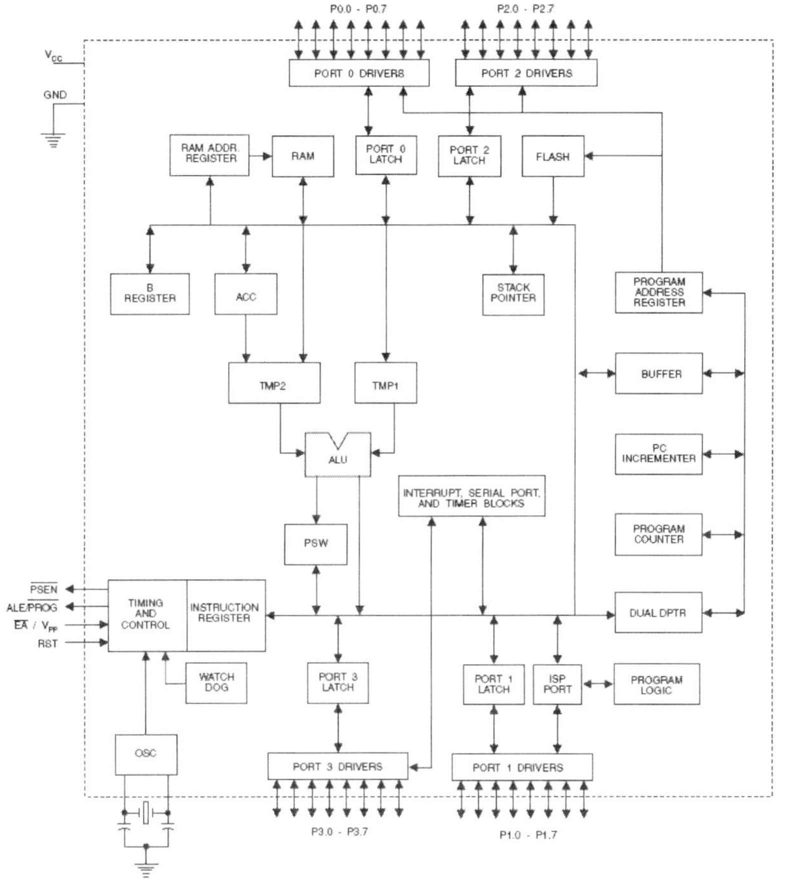

그림 5.135 | AT89S52 내부 블록도

① **중앙 연산 처리장치**(CPU)

CPU는 8051의 머리로서 사용자 프로그램을 읽어서, 명령을 해독하고 실행하는 장소이다. CPU의 구성요소로는 8비트의 논리연산장치(ALU: Arithmetic Logic Unit) 및 그것에 연결되어 있는 각종 레지스터, A, B레지스터, PSW, SP, 16비트 프로그램 카운터(PC), 데이터 포인터 레지스터(DPTR)등이 있다.

1)제어장치 (CU: Control Unit)

CPU의 제어장치는 명령을 해독하여, 실행해서 완료할 때까지 필요한 CPU 내부 신호를 만들어서, 주어진 기능을 완료시키는 부분이다. CPU 내부 신호로는 소스/목적지 오퍼랜드를 제어하는 신호와 산술 논리 연산장치의 동작을 제어하는 신호 등이 있다.

2) 프로그램 카운터 (PC: Program Counter)

프로그램 카운터는 프로그램 메모리에 저장되어 있는 명령의 실행 순서를 정하는 16비트 레지스터로서 실행시킬 명령이 기억되어 있는 프로그램메모리의 번지를 가리키고 있다. 프로그램 카운터는 리셋되면 0000H으로 된다.

3) ALU (Arithmetic Logic Unt): 산술, 논리 연산장치

ALU는 그 이름이 의미하듯이 8비트 산술 및 논리 연산을 하는 곳이며 ALU는 다음과 같은 기능을 갖고 있다.

· 캐리없는 덧셈, 캐리있는 덧셈/뺄셈
· 8비트/16비트+1증가, 8비트-1감소
· BCD (Binary Coded demical) 10진 조정
· 곱셈/나눗셈
· AND, OR, XOR, 로테이트(rotate)
· 바이트 컴플리먼트 (1의 보수) 및 비트 컴플리먼트 (complement)
· 니블 (nibble: 4비트) 단위의 데이터 교환
· 비트 단위 처리기능 (Boolean 대수 처리 기능)
· 조건 점프의 판단 기능

② AT89S52 메모리 구조

AT89S52의 메모리 구조 (memory map)는 그림 5.3와 같이 프로그램 메모리, 데이터 메모리에 대한 별도의 영역을 가지고 있다. 프로그램 메모리는 마이크로컨트롤러가 실행할 프로그램 명령어 코드와 읽기전용 데이터를 저장하는 메모리로서 프로그램 실행시 읽기만 가능하다. 내부 프로그램 메모리 영역은 0000H ~ 1FFFH 8K 바이트이며, 외부 프로그램 메모리 영역은 0000H ~ FFFFH 64K 바이트이다.

데이터 메모리는 마이크로컨트롤러가 프로그램 명령어를 실행할 때 사용하는 데이터를 저장하는 메모리로서 읽기, 쓰기가 가능하다. 데이터 메모리 주소영역 00H ~ 7FH의 128 바이트는 내부 데이터 메모리 공간으로 할당되어 있고, 주소영역 80H ~ FFH의 128 바이트는 내부 특수기능 데이터 메모리 공간으로 할당되어

있다. 그리고 외부 데이터 메모리는 0000H ~ FFFFH 64K 바이트의 주소영역을 사용할 수 있다.

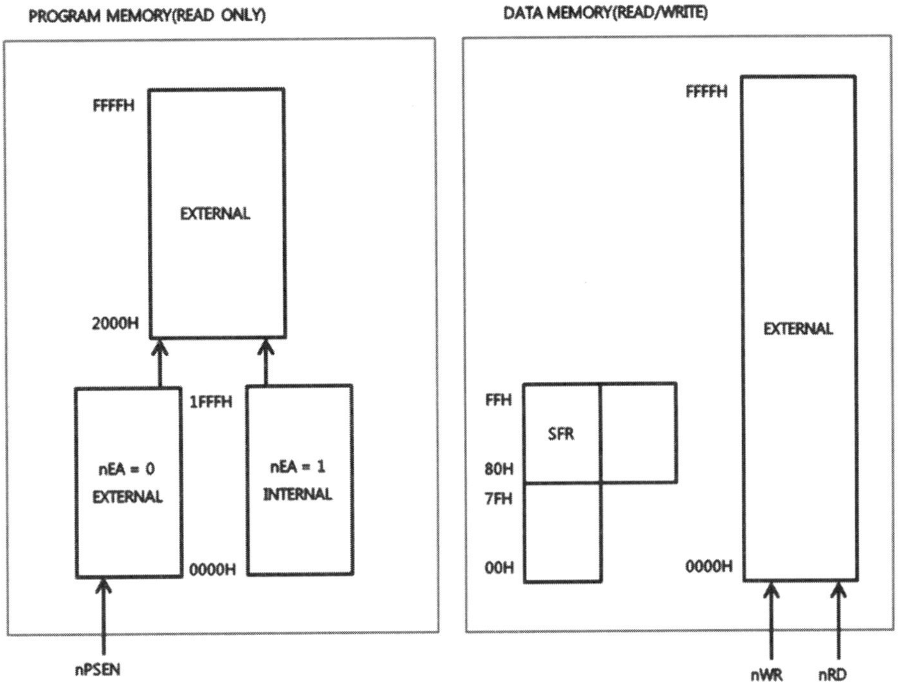

그림 5.136 | AT89S52 메모리 구조

1) **프로그램 메모리**

그림 5.4과 같이 AT89S52의 프로그램 메모리 공간은 아래의 특징을 가진다.

· 프로그램이 들어있는 롬이 위치하며, 읽을 수만 있고 써넣기는 불가능한 공간이다. 최대 64K 바이트 크기까지 확장 가능하다.

· 내부 롬을 사용할 경우는 /EA핀을 HIGH에, 내부 롬이 없는 타입의 CPU이거나 사용하지 않을 경우에는 LOW에 연결한다.

· 내부 프로그램 메모리는 8K 바이트를 사용할 수 있다.

· 내부 프로그램 메모리를 사용하지 않을 경우 최대 64K 바이트의 외부 프로그램 메모리를 사용할 수 있으며 반드시 0000H 번지부터 위치해야 한다. (프로그램 카운터는 리셋 직후 0000H의 값을 가진다.)

· 내부 롬과 외부 롬을 모두 사용하는 경우 하드웨어 설계시 내부 롬 주소와 중복되지 않게 외부 롬의 시작주소를 1FFFH(8K) 이후에 매칭이 되도록 설계한다.

· /PSEN핀을 LOW로 함으로서 프로그램 메모리 공간의 값을 읽는다.

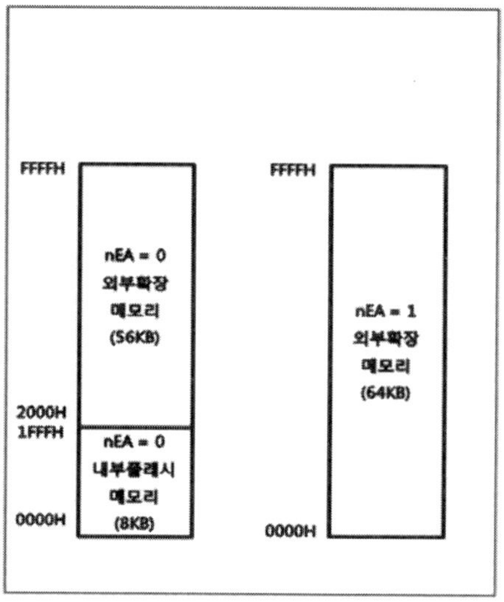

그림 5.137 | AT89S52의 프로그램 메모리 공간

리셋 후에 프로그램이 외부 메모리에서 실행되든 내부 메모리에서 실행되든 0000H 번지부터 일정 영역은 그림 5.5와 같이 인터럽트 서비스 루틴 영역으로 사용되므로 사용자 프로그램은 0033H 번지부터 시작되도록 한다.

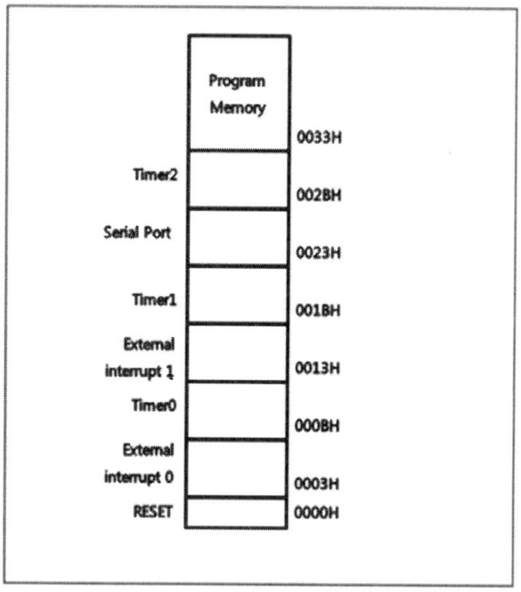

그림 5.138 | AT89S52의 프로그램 메모리 인터럽트 벡터 테이블 영역

2) 내부 데이터 메모리

프로그래머가 데이터를 저장하거나 혹은 스택으로 사용할 수 있는 AT89S52의 내부 데이터 RAM은 그림 5.6과 같이 00H~7FH 영역의 하위 128바이트와 80H~FFH 영역의 상위 128바이트로 구성된다.

하위 128 바이트 데이터 메모리는 CPU가 직접주소지정 (direct addressing), 간접주소지정 (indirect addressing) 방법을 이용하여 접근할 수 있다.

상위 128 바이트의 데이터 메모리 영역은 그림 5.6과 같이 SFR 영역과 중복되므로 주소지정 방법을 달리하여 접근하게 된다. 즉 상위 데이터 메모리 영역은 간접주소지정 방법만을 이용하여 접근하고, SFR 영역은 직접주소지정 방법만을 이용하여 접근하도록 구별하고 있다.

그림 5.139 | AT89S52의 내부 데이터 메모리 영역

내부 데이터 메모리에서 하위 128 바이트의 구조는 그림 5.7과 같다.

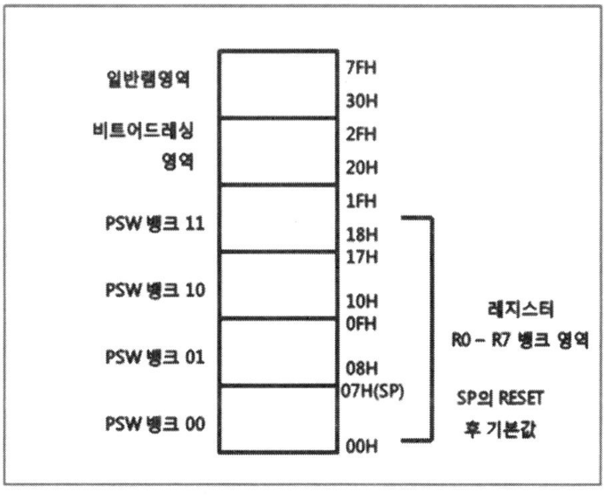

그림 5.140 | AT89S52의 내부 데이터 메모리에서 하위 128 바이트의 구조

레지스터 뱅크(0~3)

· 00H~1FH 주소 영역의 32 바이트 범용 레지스터로 구성된다.

· 32개의 레지스터는 8개씩 4개의 뱅크 (Bank0~Bank3)로 나누어지며 각 뱅크를 구성하는 레지스터들은 R0~R7이라는 레지스터 이름이 주어진다. 즉 00H~07H RAM 영역은 bank0의 R0~R7 레지스터이며 R2의 주소는 02H이다. Bank1의 R0~R7 주소는 08H~0FH이고, Bank2의 R0~R7 주소는 10H~17H이고, Bank3의 R0~R7 주소는 18H~1FH이다.

· 비록 4개 뱅크 별 레지스터 이름이 동일하지만 PSW의 RS1, RS0 비트를 사용하여 활성화된 뱅크를 지정하므로 주소를 식별하는데 문제가 없다.

RS1	RS0	액티브 뱅크
0	0	Bank0 (default bank)
0	1	Bank1
1	0	Bank2
1	1	Bank3

8051에 전원이 인가되면 RS1, RS0 값은 0으로 초기화되므로 기본적으로 레지스터 bank0의 R0, R1, R2, ..., R7이 사용된다.

다른 레지스터 bank를 사용하고자 할 경우에는 "SETB PSW.3(or 4)", "CLR PSW.3(or 4)" 명령어로 해당 bank를 활성화할 수 있다.

비트 어드레스 영역

· 20H~2FH 16 바이트가 할당되어 있으며, 비트 단위로 액세스 가능하고 비트별로 개별적 주소 (00H~7FH)를 가진다.

· 비트 번지가 오퍼랜드로 사용될 수 있는 명령어는 한정되어 있어 바이트 번지와의 혼란은 발생되지 않는다.

· 비트 단위의 flag 정보의 저장에 사용하면 매우 편리하고 메모리도 보다 효율적으로 사용할 수 있다.

일반 램 영역

· 30H~7FH의 80바이트의 일반 램 영역이다.

· 일반적으로 앞부분은 레지스터 또는 변수 설정용으로 사용되고 뒷부분은 스택 영역으로 사용된다.

· 스택을 이 영역으로 사용할 경우에는 스택과 데이터 영역이 충돌이 되는 것을

피하도록 하여야 한다.

3) 128 **바이트의 특수 기능 레지스터** (SFR: Special Function Register)

AT89S52 SFR의 구성 및 reset될 때의 초기값은 그림 5.8과 같으며 아래의 특징을 가진다.

- 80H~FFH 주소 영역에 존재하며 모두 자신의 이름을 가지고 있다.
- AT89S52에는 32개의 SFR이 있으며 그 중에 일부는 비트별로 액세스 가능하고 그 비트들은 고유의 비트 어드레스를 가지고 있다.
- SFR은 반드시 직접 어드레싱을 사용하거나 레지스터 이름을 사용해서 액세스 한다.
- SFR 중 비트 어드레스가 가능한 레지스터는 다음과 같다.
  B, ACC, PSW, T2CON, IP, P3, IE, P2, SCON, P1, TCON, P0

0F8H									0FFH
0F0H	B 00000000								0F7H
0E8H									0EFH
0E0H	ACC 00000000								0E7H
0D8H									0DFH
0D0H	PSW 00000000								0D7H
0C8H	T2CON 00000000	T2MOD XXXXXX00	RCAP2L 00000000	RCAP2H 00000000	TL2 00000000	TH2 00000000			0CFH
0C0H									0C7H
0B8H	IP XX000000								0BFH
0B0H	P3 11111111								0B7H
0A8H	IE 0X000000								0AFH
0A0H	P2 11111111		AUXR1 XXXXXXX0				WDTRST XXXXXXXX		0A7H
98H	SCON 00000000	SBUF XXXXXXXX							9FH
90H	P1 11111111								97H
88H	TCON 00000000	TMOD 00000000	TL0 00000000	TL1 00000000	TH0 00000000	TH1 00000000	AUXR XXX00XX0		8FH
80H	P0 11111111	SP 00000111	DP0L 00000000	DP0H 00000000	DP1L 00000000	DP1H 00000000		PCON 0XXX0000	87H

그림 5.141 | AT89S52의 SFR 구성 및 reset될 때의 초기값

A (Acc, 어큐멀레이터)

· 덧셈/뺄셈, 곱셈/나눗셈 등의 산술연산 명령 등에서, 1개의 오퍼랜드를 입력하기도 하고, 그 결과를 기억하는데 사용
· 비트 단위 액세스 가능

B

· 8비트 크기로 곱셈/나눗셈에서는 A 레지스터와 함께 16 비트 레지스터를 만들기도 하고, 결과를 일시적으로 저장하는데도 사용

SP

· 8 비트 크기로 스택을 가리키는 포인터 레지스터. (8051은 내부램을 스택으로 한다.)
· 마지막에 스택에 저장된 데이터가 스택 내의 어느 번지에 있는지를 가리킨다.
· PUSH, POP, CALL, RET 등의 명령을 실행하면 자동적으로 증가, 또는 감소한다.
· 리셋 후의 값은 7로 되어 있어서 스택은 8번지부터 시작된다.
· 리셋 후 프로그래머가 임의로 스택 포인터를 설정할 수 있다.

DPTR (Data PoinTeR)

· 8051 레지스터들 중에 자유롭게 사용 가능한 유일한 16 비트 레지스터.
· 상위 바이트 (DPH)와 하위 바이트 (DPL)를 따로 사용 가능하다.
· 레지스터 간접점프에서 점프할 어드레스를 저장.
· 테이블 참조명령에서 베이스 레지스터, 외부 RAM와 데이터 전송할 때는 외부 RAM의 어드레스 포인터로도 사용한다.

P0, P1, P2, P3: Port latch.

이곳에 값을 쓰면 각 포트의 출력핀으로 값이 나가고, 이곳을 읽으면 핀으로 입력을 읽는 것이 된다.
비트별 액세스 가능

PSW (Program Status Word)

그림 5.9와 같이 구성되는 8비트 레지스터로서 플래그 레지스터라고도 한다. CY, AC, P, OV 4비트는 CPU의 연산 처리 결과를 나타내며, RS1, RS0 2비트는 활성화시킬 bank를 지정할 때 사용하고, 2비트는 사용자가 임의로 정할 수 있다. 각 비트의 의미는 아래와 같다.

	7	6	5	4	3	2	1	0	←비트넘버
PSW	CY	AC	F0	RS1	RS0	OV	—	P	

그림 5.142 PSW 레지스터의 비트 구성

- **CY (Carry flag):** 덧셈/뺄셈 및 로테이트 명령을 1 바이트 이상 확장해서 실행할 경우에 사용한다.
- **AC (Auxiliary carry flag):** 연산후 생성된 결과의 하위 4 비트에 따라 변화된다. BCD 연산에 관련된 DA와 같은 명령어 사용시에 CPU가 사용한다.
- **F0:** 범용으로서 사용자가 임시로 데이터를 저장할 수 있는 비트
- **RS0, RS1 (Register Bank selector bits):** 8051의 4개의 뱅크 중에서 현재 사용 중인 뱅크를 가리킨다. 하드웨어 제어가 아닌 소프트웨어로 결정한다.
- **OV (Overflow flag):** 연산후 결과값이 범위를 넘을 때 발생한다.
- **P(Parity flag):** 명령을 실행한 후 결과를 비트별로 볼 때 1의 개수가 짝수개면 0, 홀수개면 1이 된다.

4) 외부 데이터 메모리 공간

AT89S52의 외부 데이터 메모리 공간 및 액세스 방법은 그림 5.10과 같으며 다음의 특징을 가진다.

- 최대 64K 바이트 크기까지 확장 가능하다.
- 읽기, 쓰기가 모두 가능한 디바이스가 위치할 수 있다.
- 이 공간의 값은 데이터로만 사용 가능하다.
- /RD, /WR핀을 사용하는데 동시에 활성화되지 않으므로 같은 번지를 읽기 전용 디바이스와 쓰기 전용 디바이스가 공유할 수 있다.
- 외부 데이터 메모리 64K 바이트 내에는 내부 RAM 128 바이트는 포함되지 않은 것이므로 외부 데이터 메모리와 데이터 전송에 사용하는 명령과 내부 데이터 메모리와의 데이터 전송명령이 구분되어 있다
- 외부 데이터 메모리는 64KB인 0000H~FFFFH 영역을 사용할 수 있다.
- 하위 비트인 A7~A0만 사용하여 액세스할 경우 명령어는 다음과 같다.

```
MOVX A, @Ri
MOVX @Ri, A
```

- 16비트 A15~A0를 사용하여 액세스할 경우 명령어는 다음과 같다.

```
MOVX A, @DPTR
MOVX @DPTR, A
```

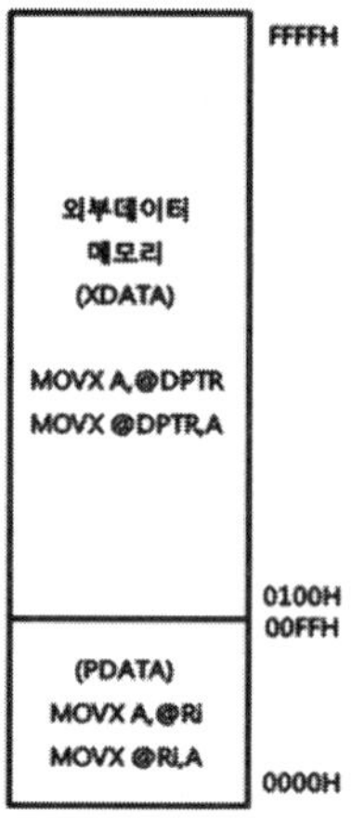

그림 5.143 | 외부 데이터 메모리 공간 및 액세스 방법

4. AT89S52의 핀 구성

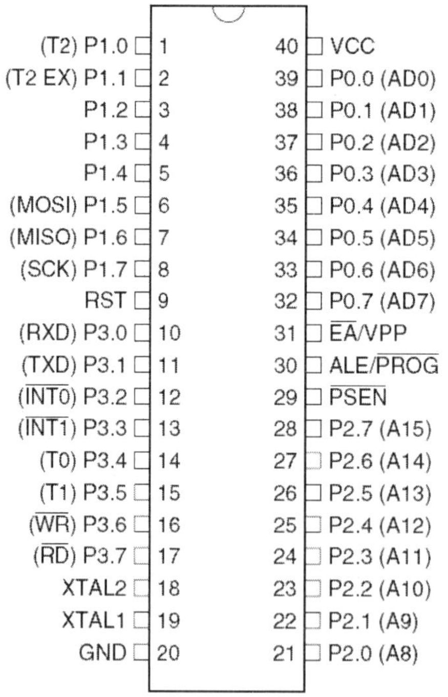

그림 | 5.144 AT89S52 핀 구성

1) 포트 0 (P0.0 ~ P0.7)

· 포트 0은 8비트 (8개 단자)의 단자내부에는 풀업 저항이 없어서 회로 설계시 포트 0 단자에서 나가는 신호는 풀업 저항 (어레이 저항 4.7KΩ) 이용해서 풀업을 하여주어야 한다.

· 8비트 오픈 드레인 출력 방식으로 양방향 입출력 단자이다.

· 각 비트는 독립적으로 입력 또는 출력으로 사용될 수 있다. 출력으로 사용시 각 핀은 8개의 TTL을 구동할 수 있다.

· 외부에 메모리 (ROM, RAM)로 연결하였을 때는 하위 어드레스 신호 (어드레스 버스)와 하위 데이터 신호 (데이터 버스)가 함께 나오는 AD0~AD7 라인으로 사용된다.

· 내부의 EPROM에 데이터 (8751)를 라이트할 때는 데이터 버스로 사용된다.

· 외부에 메모리를 연결하지 않았을 때는 범용 입출력 포트(I/O)로 사용할 수 있다.

2) 포트 1 (P1.0 ~ P1.7)

· 포트 1은 내부적으로 풀업 저항이 내장되어 있어서 외부에 풀업 저항을 연결하지 않아도 입출력 신호가 정확하게 유지된다.

· 내부 풀업이 되어 있는 8비트 양방향 입출력 단자이고, 출력으로 사용시 4개의 TTL을 구동할 수 있다.

· 범용 입출력 단지로 이용할 수 있다.

· 내부의 EP-ROM에 데이터를 쓸 때는 하위 어드레스 버스 A0~A7로 이용된다.

3) 포트 2 (P2.0 ~ P2.7)

· 포트 2는 내부에 풀업 저항이 되어 있는 8비트 양방향 입출력 단자로서 4개의 TTL을 구동할 수 있다.

· CPU의 외부에 메모리 (ROM, RAM)나 다른 입출력 장치들을 확장할 때 상위 어드레스 (A8~A15)와 상위 데이터 버스 (D8~D15)로 사용할 수 있다.

· 외부 메모리가 256바이트 미만이면 모든 포트를, 2K 바이트 미만이면 P2.3~P2.7을 일반 입출력 포트로 사용 가능

· 내부 메모리 (ROM)를 사용할 때는 범용 입출력 포트 (I/O)로 사용할 수 있다.

· 내부 EP-ROM에 데이터를 쓰는 동안에는 상위 어드레스 버스 A8~A15로 이용된다.

4) 포트 3 (P3.0 ~ P3.7)

내부 풀업을 갖는 8비트 양방향 입출력 단자이며, 출력으로 사용시 4개의 TTL을 구동할 수 있다. 이 포트는 입출력 단자의 기능으로 사용하는 것 외에 다음과

같은 기능을 가지고 있다

· P3.0:RXD → 수신 데이터 입력
· P3.1:TXD → 송신 데이터 출력
· P3.2:/INT0 → 외부 인터럽트 입력 0
· P3.3:/INT1 → 외부 인터럽트입력1
· P3.4:T0 → 외부 클록 입력 0
· P3.5:T1 → 외부 클록 입력 1
· P3.6:/WR → 외부 데이터 메모리 라이터 제어 신호
· P3.7:/RD → 외부 데이터 메모리 리드 제어 신호

포트 3번의 핀들은 각각 독립적이고 입출력 기능이나 다른 기능으로 사용이 가능하다. 예를 들면 P3.0, P3.1은 직렬통신 기능으로 사용하고 P3.0, P3.2는 범용 입출력 IO로 사용할 수 있다.

5) RESET: 입력, ACTIVE HIGH

2개의 머신 사이클 동안 'H' 신호가 들어오면 모든 장치가 reset되어 결국 초기 상태가 된다.

6) EA/Vpp (External accessenable / Vpeak-peak)

· nEA=0 (LOW): 프로그램 메모리 전체 영역에 해당하는 0000h~0FFFFh (64K Byte)를 모두 외부 ROM에서 사용한다.
· nEA=1 (HIGH): 0000h~0FFFh (4k바이트) 영역을 내부 ROM을 사용한다. 이 경우 1000H 번지 이상을 엑세스하면, 자동으로 외부 ROM이 선택된다. 외부 프로그램 메모리의 사용 여부를 결정하는 핀으로 8031이나 8051의 경우는 외부 메모리를 사용하여야 하기 때문에 LOW로 하여야 하겠지만 8751이나 8951계열의 내부 메모리를 사용할 경우에는 HIGH로 결정해야 한다.

7) ALE/PROG (Address Latch Enable / Program Pulse input)

외부 프로그램 메모리 혹은 데이터 메모리가 인터페이스가 되어있는 경우, 포트 0은 어드레스 버스 (A0~A7)와 데이터 버스 (D0~D7)로 사용된다. 이때 ALE 신호는 포트 0가 어드레스 버스 A0~A7로 동작하고 있다는 것을 외부에 알리는 신호이다. 결국 ALE 신호는 PORT 0에서 동시에 나오는 어드레스와 데이터를 분리하는 역할을 한다.

8) /PSEN (Program Strobe Enable)

외부 프로그램 메모리에서 데이터를 읽을 때 리드 신호가 된다. 데이터 메모리에서 데이터를 리드할 때에는 동작하지 않는다.

9) XTAL1, XTAL2

· XTAL1: 입력, 발진기 증폭기가 인버팅되어서 입력된다.
· XTAL2: 출력, 발진기 증폭기가 인버팅되어서 입력된다.
· 내부 클록 발진기를 사용할 경우 XTAL1, XTAL2 핀에 외부에서 크리스탈을 콘데서와 같이 연결한다.
· 외부 클록을 사용할 경우 XTAL1는 접지시키고, XTAL2에 클록 발진기를 연결한다.

10) VCC, VSS

VCC는 DC 5V 전원 단자이며, VSS는 접지 (GND) 단자를 말한다.

5. 8051 어셈블리 프로그래밍 개요

여기서는 어셈블리 언어 서식과 어셈블리 프로그래밍과 관련되어 널리 사용되는 기술을 살펴본다.

CPU는 이진수로만 매우 높은 속도로 작동한다. 그러나 사람은 컴퓨터를 프로그램하기 위해서 이진수를 다룬다면 매우 지루하고 비효율적인 작업이 될 것이다. 0과 1로 이루어진 프로그램을 기계어라고 한다. 초기 컴퓨터 시대에서는 프로그래머는 기계어로 프로그램을 부호화하였다. 비록 16진수 체계를 사용하여 2진수를 좀 더 효율적으로 표시할 수 있지만 사람이 기계어 코드로 프로그램을 작성하는 과정은 어려운 일이었다. 드디어 기계어 명령코드에 대응되는 연상기호 (mnemonics)와 프로그래밍 작업속도를 높이고 오류를 줄일 수 있는 특징들을 제공하는 어셈블리 언어가 개발되었다. 연상기호라는 용어는 컴퓨터 공학 분야 문헌에서 빈번하게 사용되며 상대적으로 기억하기 쉬운 코드와 약어를 뜻한다. 어셈블리어로 작성된 프로그램도 CPU에서 동작시키기 위해서는 어셈블러라 불리는 프로그램을 이용하여 기계어로 변환하여야 한다. 어셈블리언어는 CPU 내부 구조를 직접 다루기 때문에 저수준 (low-level)의 언어라고 한다. 어셈블리어로 프로그램을 하기 위해서는 프로그래머는 CPU의 모든 레지스터와 각각의 크기 및 기타 자세한 내용을 숙지해야 한다.

오늘날 프로그래머는 BASIC, Pascal, C, C, C++, C#, Java 등의 여러 다양한 프로그래밍 언어를 사용할 수 있다. 이러한 언어들을 사용하는 프로그래머는 CPU

내부의 상세한 구조를 몰라도 프로그램할 수 있으므로 상위수준 (high-level) 언어라고 한다. 어셈블러를 사용하여 어셈블리어로 작성된 프로그램을 기계어 코드로 변환하듯이 상위수준 언어로 작성된 프로그램은 컴파일러라는 프로그램을 이용하여 기계어 코드로 변환하여야 한다. 예로서 C 언어로 작성된 프로그램은 C 컴파일러를 사용하여 기계어 프로그램으로 변환하여야 CPU에서 동작이 가능하다.

어셈블리 언어의 서식과 8051 어셈블러에 대해 살펴보자.

1) 어셈블리 언어의 체계

어셈블리어로 작성된 프로그램은 연속된 여러 줄의 어셈블리 명령어들로 이루어진다. 하나의 어셈블리 명령어는 연상기호 (mnemonics)로 이루어지며, 연상기호에 따라 선택적으로 1, 2개의 피연산자 (operand)가 뒤따른다. 피연산자는 다루어야 할 데이터 항목이고 연상기호는 CPU에게 피연산자를 어떻게 처리하라고 지시하는 명령어가 된다.

```
        ORG     0000H
        JMP     START   ; 0030H 번지로 점프
        ; 메인 프로그램 시작
        ORG     30H     ; 다음 문장부터 어드레스를 0030H 설정
START:  CLR     C       ; 캐리 플래그 클리어
        MOV     A,#0FFH ; A 레지스터에 16진수 FFH를 저장
        INC     A       ; A 레지스터 = A 레지스터 + 1
        DEC     A       ; A 레지스터 = A 레지스터 - 1
        ;
        MOV     A,#8AH  ; A 레지스터에 16진수 8AH를 저장
        ADD     A,#0ADH ; A 레지스터 = A 레지스터 + 16진수 ADH
        ADD     A,#7FH  ; A 레지스터 = A 레지스터 + 16진수 7FH

        SUBB    A,#79H  ; A 레지스터 = A 레지스터 - 16진수 79H - 빌림수
        SUBB    A,#0BBH ; A 레지스터 = A 레지스터 - 16진수 BBH - 빌림수

        ADDC    A,#88H  ; A 레지스터 = A 레지스터 + 16진수 88H + 캐리
        ADDC    A,#99H  ; A 레지스터 = A 레지스터 + 16진수 99H + 캐리

        MOV     A,#78H  ; A 레지스터에 16진수 78H를 저장
        ADD     A,#45H  ; A 레지스터 = A 레지스터 + 16진수 45H
        DA      A       ; A 레지스터 10진 조정
HERE:   JMP     HERE    ; 이곳 루프에서 대기
        END              ; 프로그램 끝을 알려주는 어셈블러 지시어
```

그림 5.145 | 어셈블리 언어로 작성된 프로그램의 예

그림 5.12와 같이 어셈블리어로 작성된 프로그램은 ADD, MOV와 같은 어셈블리 명령어 혹은 지시어 (directive or pseudo-instruction)로 작성된 여러 줄의 서술문이다. 명령어는 CPU에게 수행할 작업을 명령하는 것이고 지시어는 어셈블러에게 수행할 작업을 지시하는 것이다. 예를 들면 MOV와 ADD 명령어는 CPU에게 내리는 명령어이고 ORG와 END는 어셈블러에게 내리는 지시어이다. ORG는 어셈블러에게 바로 이어지는 명령어 코드를 지정하는 메모리 주소로 저장하라는 지시어이며 END는 어셈블러에게 소스 코드의 끝이니 기계어 변환 작업을 종료하라는 지시어다.

하나의 어셈블리어 명령어는 4개의 자리 (field)로 구성된다.

```
[label:]   mnemonic        [operands]        [; comment]
```

대괄호는 해당 자리가 선택적임을 나타내며 모든 명령어 라인에 반드시 있어야 하는 것이 아님을 의미한다. 대괄호는 프로그램에 입력하지 않으며 상기 서식과 관련하여 다음의 사항을 주지하여야 한다.

· label 필드는 프로그램이 label 이름으로 명령어 줄의 위치를 참조할 수 있게 한다. label 이름은 어셈블러에서 정한 문자 개수를 초과할 수 없다.

· 연상기호와 피연산자 필드가 합쳐져 프로그램에서 요구하는 실제 작업을 수행하게 된다. 다음의 어셈블리어 서술어에서

```
MOV    A, #8AH
ADD    A, B
```

MOV와 ADD는 연상기호 (니모닉)이고 “A, #8AH”와 “A, B”는 피연산자이다. 연상기호와 피연산자 2자리를 어셈블러 지시어가 들어갈 수 있다. 지시어는 단지 어셈블러가 작업에 사용할 뿐, 기계어 코드 (opcode)로 변환되지 않는다.

· 주석 필드는 세미콜론 (“;”)으로 시작되며 명령 서술문의 뒤에 위치하거나 주석만 있는 서술문이 가능하다. 어셈블러는 주석 부분을 무시하지만 프로그래머에게는 프로그램이 수행할 내용을 읽기 쉽고, 이해하기 쉽게 기록하여 할 수 있는 용도로 사용된다.

· label 필드의 “HERE” 뒤에는 콜론이 반드시 붙어야 한다. JMP (jump 명령어)를 사용하여 8051에게 무한 루프에서 대기할 것을 명령하고 있다. 만일 시스템에 모니터 프로그램이 탑재되어 있다면 사용자 프로그램에서는 필요없는 부분이다.

2) 어셈블링 및 8051 프로그램의 실행

앞에서 어셈블리어 프로그램의 기본 서식을 살펴보았다. 이제 그림 5.13에 표시된 단계별로 어셈블리어 프로그램의 작성, 조합, 기계어로 변환하는 과정을 살펴본다.

1) 먼저 문서 편집기를 이용하여 그림 5.12와 같이 프로그램을 입력한다. 윈도우즈의 Notepad와 같은 여러 가지 문서 편집기를 사용할 수 있지만 반드시 ASCII 파일을 생성할 수 있어야 한다. 어셈블리어 프로그램 소스 파일의 이름은 보통 DOS 규칙에 따르지만 사용할 어셈블러에 따라 파일 확장자를 "asm" 혹은 "src"로 써야 할 경우도 있다.
2) 8051 어셈블러를 이용하여 단계 1에서 작성된 프로그램 코드가 저장된 "asm" 소스 파일을 기계어 명령코드로 변환한다. 어셈블러는 확장자가 "obj"인 object 파일과 "lst"list 파일을 출력한다.
3) linking이라는 세 번째 단계를 수행한다. link 프로그램은 하나 이상의 object 파일들을 이용하여 확장자가 "abs"인 하나의 절대 object 파일을 만든다.
4) "OH" 프로그램을 이용하여 "abs" 파일을 확장자가 "hex"인 파일을 생성한다. 이렇게 만들어진 "hex" 파일을 PROM 버너를 사용하여 ROM에 구울 수 있다. 최근 Windows 기반 8051 어셈블러는 단계 2에서 단계 4까지를 하나의 단계로 통합하여 수행하고 있다.

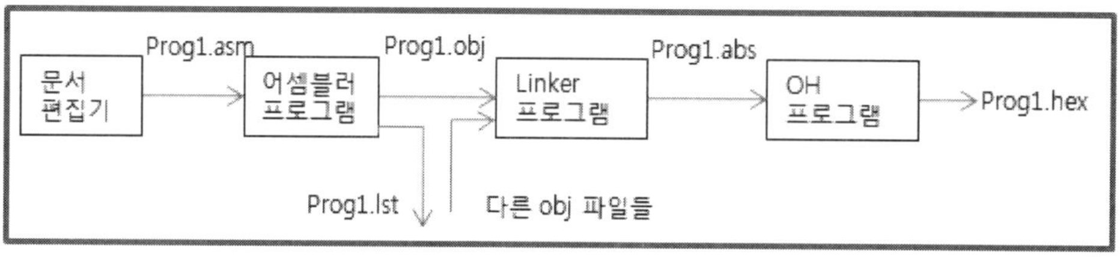

그림 5.146 | 프로그램 작성 단계도

"asm" 파일을 소스 파일이라고 하는데 이런 이유로 몇몇 어셈블러는 "src"를 확장자로 요구하고 있다. 8051 어셈블러는 asm 파일의 어셈블리어 명령어를 기계어로 변환하여 obj 파일을 생성하며 선택적으로 list 파일도 생성한다. 그림 5.14와 같이 list 파일에는 모든 연산자 코드 (opcode), 주소와 어셈블러가 감지한 프로그램 서식 오류들의 목록이 저장되어 있기 때문에 프로그래머가 매우 유익하게 활용할 수 있다. 이 파일은 일반 문서 편집기로 볼 수 있으며 프로그래머는 프로그램 구문 오류들을 수정하는데 list 파일을 이용할 수 있다. list 파일에 표시된 모든 오류를 수정한 뒤 생성된 obj 파일을 이용하여 linker 프로그램을 실행한다.

Line#	Address	Code			
01	0000			ORG	0H
02	0000	7455	BACK:	MOV	A, #55H
03	0002	F590		MOV	P1, A
04	0004	7C99		MOV	R4, #99H
05	0006	7D67		MOV	R5, #67H
06	0008	120300		LCALL	DELAY
07	000B	74AA		MOV	A, #AAH
08	000D	F590		MOV	P1, A
09	000F	120300		LCALL	DELAY
10	0012	80EC		SJMP	BACK
11	0014			;	
12	0300			ORG	300H
13	0300	C004	DELAY:	PUSH	4
14	0302	C005		PUSH	5
15	0304	7CFF		MOV	R4, #FFH
16	0306	7DFF	NEXT:	MOV	R5, #FFH
17	0308			END	

그림 5.147 | List 파일의 예

3) 8051의 프로그램 카운터와 ROM 공간

8051 프로그램을 실행하는데 있어서 프로그램 카운터 (PC) 레지스터의 역할과 ROM 메모리 공간을 살펴보자.

① 8051의 프로그램 카운터

8051에서 프로그램 카운터 (PC)의 역할은 중요하다. 프로그램 카운터는 CPU가 실행할 다음 명어의 주소를 가리키고 있다. CPU가 프로그램 ROM에서 연산코드를 가져오면, 프로그램 카운터는 다음 명령어를 가리키도록 값이 증가한다. 8051의 프로그램 카운터는 16비트 크기이므로 8051이 액세스 할 수 있는 프로그램 주소는 전체 64K 바이트 코드인 0000H ~ FFFFH이다.

② 8051에 전원이 공급되어 동작이 시작되는 주소

CPU에 전원이 공급되어 동작을 시작하는 주소는 어디인가? 마이크로컨트롤러마다 시작주소가 다르다. 8051 패미리의 경우 전원이 공급되면 메모리 주소 0000번지에서 동작을 시작한다. 메모리 주소 0000번지에서 동작을 시작한다는 것은 전원이 공급되면 먼저 프로그램 카운터 값이 0000으로 초기화가 됨을 의미한다. 이후 CPU가 프로그램 카운터가 가리키는 프로그램 메모리 주소에서 명령어를 가져오므로 결국 전원이 공급되면 마이크로컨트롤러가 시작하는 주소가 0000이라고 말하는 것과 같다. 전원이 공급된다는 것은 V_{CC} 전압이 8051 칩의 RESET 핀에 인가됨을 의미한다. 이는 바로 8051 시스템에서 최초로 수행해야 할 명령어는 반드시 0000 번지에 저장되어야 함을 뜻한다.

③ 프로그램 ROM에 명령어 코드를 저장하기

프로그램 카운터의 역할을 잘 이해하기 위해서 CPU가 각 명령어를 가져오고 실행하는 동작을 단계별로 살펴보자. 먼저 하나의 예제 프로그램에 대한 list 파일(그림 5.14)을 정리하여 나타낸 표 5.7을 살펴보고 명령어 코드가 8051 칩의 ROM에 어떻게 저장되는지를 이해하도록 하자. 각 명령어의 연자코드와 피연산자는 list 파일의 왼쪽에 표시되어 있다.

표 5.56 | 8051/52 버전 마이크로컨트롤러 비교

ROM 주소	기계어	어셈블리어
0000	7455	BACK: MOV A, #55H
0002	F590	MOV P1, A
0004	7C99	MOV R4, #99H
0006	7D67	MOV R5, #67H
0008	120300	LCALL DELAY
000B	74AA	MOV A, #AAH
000D	F590	MOV P1, A
000F	120300	LCALL DELAY
0012	80EC	SJMP BACK

8751, AT8951 혹은 DS5000과 같은 8051 패미리의 ROM에 표 5.7의 프로그램을 구우면 연산코드와 피연산자는 0000번지부터 시작하는 ROM 메모리 공간에 표 5.8과 같이 저장된다. 표에서 알 수 있듯이 0000 주소의 메모리에는 74H값이 저장되어 있는데 이는 A 레지스터에 값을 이동시키는 연산코드이고, 주소 0001의 메

모리에 피연산자인 55H가 저장되어 있어서, CPU가 이 명령어를 수행하게 되면 A 레지스터의 값을 55H로 변경하게 된다. 즉 명령어 "MOV A, #55H" 의 기계어 코드는 "7455"이며 연산코드는 74H, 피연산자는 55H가 된다. 동일하게 기계어 코드 "F590"는 프로그램 메모리 주소 0002와 0003에 저장되어 있으며 "MOV P1, A" 명령어의 연산코드와 피연산자가 된다. 기계어 코드 "7C99"는 프로그램 메모리 주소 0004와 0005에 저장되어 있으며 "MOV R4, #99H" 명령어의 연산코드와 피연산자가 된다. 0008번지에는 LCALL 명령어의 연산코드가 저장되어 있고 목적지 주소는 프로그램 메모리 주소0009와 000A에 저장되어 있다.

표 5.147 | ROM에 저장된 값

ROM 주소	코드
0000	74
0001	55
0002	F5
0003	90
0004	7C
0005	99
0006	7D
0007	67
0008	12
0009	03
000A	00
000B	74
000C	AA
000D	F5
000E	90
000F	12
0010	03
0011	00
0012	80
0013	EC
0014	

③ 바이트 단위로 프로그램 실행하기

8051 칩의 ROM에 프로그램을 구웠다면 이제 8051에 전원이 인가될 때 8051의 동작을 단계별로 살펴보자

1) 8051에 전원이 인가되면 PC (program counter)sms 0000 값으로 초기화되어 프로그램 ROM의 0000 번지로부터 첫 번째 연산코드를 가져온다. 표 5.8의 예에서는 첫 번째 연산코드가 A 레지스터에 피연산자 값을 저장하는 74H가 된다. 연산코드를 실행할 때 CPU는 0001 번지에서 피연산자인 55H를 읽어서 A 레지스터에 저장한다. 이제 하나의 명령어가 완결되었다. 이때 프로그램 카운터는 증가하여 다음 명령어인 "MOV P1, A"의 연산코드 75H가 저장되어 있는 0002 번지 (PC=0002)를 가리키고 있다.
2) 연산코드 75H를 실행할 때 CPU는 0003 번지에서 피연산자인 90H를 읽어서 A 레지스터의 값을 P1 포트로 출력한다. 그리고 프로그램 카운터는 0004로 증가된다.
3) ROM 주소 0004에는 "MOV R4, #99H" 명령어의 연산코드가 저장되어 있다. 이 명령어가 실행되면 PC=0006이 된다.
4) ROM 주소 0006에는 "MOV R5, #67H" 명령어의 연산코드가 저장되어 있다. 이 명령어가 실행되면 PC=0008이 된다. 이상의 명령어들은 모두 2 바이트의 명령어로서 각 명령어 코드는 2개의 메모리 공간이 필요하다.
5) PC=0008은 다음 명령어인 "LCALL DELAY" 의 연산코드를 가리키고 있다. 그런데 이 명령어는 3 바이트 명령어이므로 명령어를 실행하고 나면 PC=000BH가 된다.
6) CPU는 앞에서 언급한 동일한 과정으로 프로그램 메모리에 저장된 모든 명령어를 읽고 실행한다. 프로그램 카운터는 다음에 실행할 명령어의 주소를 가리키고 있으므로 instruction pointer 라고도 한다.

4) 8051의 데이터 유형과 지시어

8051 어셈블러에서 지원하는 8051 데이터 유형과 지시어에 대해 살펴보자.

① 8051의 데이터 유형과 지시어

8051 마이크로컨트롤러는 8비트인 단 하나의 데이터 형만 있으며 각 레지스터의 크기도 8비트이다. 8비트보다 큰 데이터를 CPU에서 처리하기 위해서는 프로그래머가 데이터를 8비트 단위로 나눠서 처리해야 한다. 8051에서 사용되는 데이터는 양수 혹은 음수가 될 수 있다.

② DB (define byte)

DB 지시어는 어셈블러에서 가장 널리 사용되는 데이터 지시어로서 8비트 데이터를 정의할 때 사용한다. 데이터를 정의하기 위해 DB를 사용할 때 숫자는 10진수, 2진수, 16진수, 혹은 ASCII 형식으로 표시할 수 있다. 예를 들면 10진수일 경우 숫자 뒤에 “D”를 선택적으로 표기할 수 있다. 그러나 “B” (이진수), “H” (16진수)의 경우는 숫자 뒤에 반드시 표기하여야 한다. 어떠한 형식으로 표시되든 어셈블러는 숫자를 16진수로 변환시킨다. ASCII 데이터를 나타내기 위해서는 따옴표 사이에 문자열이 위치하면 된다. 어셈블러는 숫자나 문자에 대해 자동으로 ASCII 코드를 할당한다. DB 지시어는 2문자 이상의 ASCII 문자열을 정의할 수 있는 유일한 지시어로서 모든 ASCII 데이터 정의에 사용되어진다. DB 지시어의 예시는 아래와 같다.

```
           ORG   500H
DATA1:     DB    28               ; DECIMAL (IC in hex)
DATA2:     DB    00110101B        ; BINARY (35 in hex)
DATA3:     DB    39H              ; HEX
           ORG   510H
DATA4:     DB    “2591”           ; ASCII NUMBERS
           ORG   518H
DATA5:     DB    “This example”   ; ASCII CHARACTERS
```

ASCII 문자열에는 작은 따옴표나 큰 따옴표를 사용할 수 있는데 이는 “O'Hara”와 같이 작은 따옴표가 문자열에 포함되는 경우 유용하다. DB는 바이트 크기의 상당량의 메모리를 배정할 때도 사용된다.

③ 어셈블리어 지시어

어셈블러에서 가장 널리 사용되는 지시어를 살펴보자.

1) ORG (origin)

주소의 시작을 나타낸다. ORG 뒤에 나오는 숫자는 16진수 혹은 10진수가 가능하다. 만일 숫자 뒤에 H가 없으면 10진수임을 의미하며 어셈블러가 16진수로 변환한다. "ORG" 대신 ".ORG"를 지시어로 사용하는 어셈블러도 있다.

2) EQU (equate)

메모리 공간을 차지하지 않도록 상수값을 정의할 때 사용한다. 즉 EQU 지시어는 데이터를 위해 메모리 공간을 할당하지 않고 데이터 레이블과 상수값을 연관짓는 방법으로서 프로그램 내에 데이터 레이블이 나타나면 어셈블러가 이 데이터 레이블을 상수값으로 치환하게 된다. 아래의 예와 같이 사용한다.

```
COUNT    EQU  25
. . .              . . .
MOV      R3, #COUNT
```

"MOV R3, #COUNT" 명령어를 실행하게 되면 레지스터 R3에 25가 저장되게 된다. 프로그램 내의 여러 곳에 고정된 상수값이 사용될 경우 만일 수정이 필요하게 되면 일일이 찾아서 수정해야하므로 번거롭고 누락되기 쉽다. 그러나 EQU 지시어를 사용할 경우 한 번의 수정으로 완료할 수 있는 잇점이 있다.

3) END 지지어

END는 어셈블러에게 소스 코드의 끝이니 기계어 변환 작업을 종료하라는 지시어다. 그러므로 END 지시어 뒤에 있는 소스 코드는 어셈블러가 무시한다.

④ 어셈블리어에서 레이블에 대한 규칙

의미가 있는 레이블 이름을 사용함으로써 프로그래머는 읽거나 유지하는데 한결 용이하게 된다. 그러나 레이블 이름은 아래의 규칙을 따라야 한다.

- 각 레이블 이름을 중복해서 사용할 수 없다.
- 대소문자의 알파벳, 0~9 숫자, 물음표(?), 마침표(.), at(@), 밑줄(_), 달러 기호($)를 이름에 사용할 수 있지만 레이블의 첫 글자는 반드시 알파벳 문자라야 한다.
- 어셈블러에서 사용하는 명령어 연상기호, 지시어와 같이 제한된 단어들을 레이블 이름으로 사용할 수 없다.

제6장 8051 어셈블리어 프로그래밍

이 장에서는 8051의 어셈블리 명령어 세트와 다양한 데이터 액세스 방법, 그리고 어셈블리어 명령어들을 이용한 프로그램 작성 방법을 살펴본다.

1. 8051 명령어 세트에 사용되는 메모리 주소 지정 방법

RAM이나 8051 레지스터에 저장된 데이터를 액세스하기 위해 직접주소 혹은 레지스터를 이용한 간접주소를 사용하는 방법을 알아본다. 그리고 인덱스 주소를 이용하여 온칩 ROM에 저장된 데이터를 액세스하는 방법을 살펴본다.

1) 명령어 세트에 사용되는 피연산자 (operand) 표시 방법

표 6.58 | 8051 명령어 구문에 사용되는 피연산자 기호

Rn (레지스터 주소)	현재 선택된 레지스터 뱅크영역의 범용 레지스터(R0-R7)
direct (직접주소)	내부 데이터 메모리 영역의 어드레스 내부 데이터 RAM (0-7FH)과 SFR (80H-0FFH)을 가리킨다.
@Ri (레지스터간접주소)	내부 데이터 RAM (0-FFH)을 Ri를 통해 간접적으로 주소를 지정함. 여기서, Ri는 R0 또는 R1을 의미.
#data (즉시주소)	8비트 상수
#data16 (즉시주소)	16비트 상수
addr16	16비트 어드레스 값으로 LCALL, LJMP 명령어에 사용됨.
addr11	11비트 어드레스 값으로 2K 바이트의 범위내의 주소를 지정하며 ACALL, AJMP 명령어에 사용됨.
rel	부호가 있는 8비트 offset 주소값 (-128에서 +127)으로 SJMP와 조건 분기 명령어에 사용됨
bit	내부 데이터 RAM 또는 SFR의 비트 어드레스 지정이 가능한 곳의 비트 어드레스 값 (00H-0FFH)을 나타냄

2) 즉시 주소 지정 방법 (immediate addressing mode)

명령어의 피연산자 자리에 직접 데이터 값를 기입하는 방식으로서 반드시 데이터 값 앞에 공백없이 "#" 기호가 선행한다.

예)

```
MOV R2, #5              ;레지스터 R2에 값 10진수 값 5를 저장
MOV A, #01001000B       ;레지스터 A에 이진수 값 01001000을 저장
MOV P1, #54H            ;출력 포트 P1에 16진수 값 54H를 저장
```

3) 직접 주소 지정 방법

8051에는 128 바이트의 RAM이 있으며 각 바이트는 순서대로 00에서 7FH 사이의 주소를 가지고 있다. 이들 128 바이트의 구성은 아래와 같다.

- 00H~1FH 주소 영역의 32 바이트 RAM은 레지스터 뱅크와 스택으로 할당되어 있다.
- 20H~2FH 주소 영역의 16 바이트 RAM은 비트별로 개별적 주소 (00H~ 7FH)를 가지고 있으며 비트 단위로 데이터를 저장할 수 있다.

· 30H~7FH 주소 영역의 80바이트 RAM은 바이트 단위로 데이터를 저장하는데 사용한다.

위에서 언급한 128 바이트의 RAM을 직접주소로 액세스할 수 있다.

예)

MOV R1, 00H ; RAM 주소 00H에 저장된 값을 레지스터 R1로 복사

MOV R2, 34H; RAM 주소 34H에 저장된 값을 레지스터 R2로 복사

MOV A, 56H ; RAM 주소 56H에 저장된 값을 레지스터 A로 복사

MOV 78H, A ; A에 저장된 값을 RAM 주소 78H로에 복사

(**비교**) MOV A, #56H ; 56H 값을 레지스터 A로 복사

4) 레지스터 주소 지정 방법

일반적으로 레지스터 뱅크 영역은 R0~R7의 레지스터 이름으로 액세스한다. 그러나 RAM의 다른 영역은 레지스터 뱅크영역과 같은 이름이 없으므로 직접주소를 사용하여 액세스한다. 레지스터 뱅크 0이 활성화되어 있다고 가정할 때의 예이다.

예)

MOV A, R3	; R3 (RAM 주소 03)에 저장된 값을 레지스터 A로 복사함. 직접주소 지정방법 "MOV A, 3"과 동일함.
MOV R1, #12H	; 상수값 12H를 레지스터 R1 (RAM 주소 01)로 복사함. 직접주소 지정방법 "MOV 01, #12H"와 동일함.
MOV R2, 12H	; RAM 주소 12H에 저장된 값을 레지스터 R2 (RAM 주소 02)로 복사함. 직접주소 지정방법 "MOV 02, 12H"와 동일함.

레지스터 뱅크 2가 활성화되어 있다고 가정할 때의 예이다.

예)

MOV A, R3	; R3 (RAM 주소 13H (8*2+3))에 저장된 값을 레지스터 A로 복사함. 직접주소 지정방법 "MOV A, 13H"와 동일함.
MOV R1, #12H	; 상수값 12H를 레지스터 R1 (RAM 주소 11H (8*2+1))로 복사함. 직접주소 지정방법 "MOV 11H, #12H"와 동일함.
MOV R2, 34H	; RAM 주소 34H에 저장된 값을 레지스터 R2 (RAM 주소 12H)로 복사함. 직접주소 지정방법 "MOV 12, 34H"와 동일함.

5) SFR 레지스터 주소 지정 방법

8051에서는 표 6.2와 같이 다수개의 SFR (special function registers)이 사용되며 이들 SFR은 각각의 주소를 가지고 있어서 이름 혹은 주소로 액세스할 수 있다. 예로서 피연산자로 P0을 사용하거나 혹은 직접주소인 80H를 사용하여 데이터를 액세스할 수 있다. 마찬가지로 피연산자로 SP를 사용하거나 혹은 직접주소인 81H를 사용하여 데이터를 액세스할 수 있다.

표 6.59 | 8051 특수기능 레지스터 (SFR) 주소

SFR 기호	레지스트 이름	주소	비트별 개별 주소 가능 여부
P0	Port 0	80H	가능
SP	Stack pointer	81H	
DPTR	Data pointer 2 bytes *2		
DP0L	Low byte 0	82H	
DP0H	High byte 0	83H	
DP1L	Low byte 1	84H	
DP1H	High byte 1	85H	
PCON	Power control	87H	
TCON	Timer/counter control	88H	가능
TMOD	Timer/counter mode control	89H	
TL0	Timer/counter 0 low byte	8AH	
TL1	Timer/counter 1 low byte	8BH	
TH0	Timer/counter 0 high byte	8CH	
TH1	Timer/counter 1 high byte	8DH	
AUXR	Auxiliary Register	8EH	
P1	Port 1	90H	가능
SCON	Serial control	98H	가능
SBUF	Serial data buffer	99H	
P2	Port 2	0A0H	가능
AUXR1	Auxiliary Register 1	0A2H	
WDTRST	Watchdog Timer Reset	0A6H	
IE	Interrupt enable control	0A8H	가능
P3	Port 3	0B0H	가능
IP	Interrupt priority control	0B8H	가능
T2CON	Timer/counter 2 control	0C8H	가능
T2MOD	Timer/counter mode control	0C9H	
RCAP2L	T/C 2 capture register low byte	0CAH	
RCAP2H	T/C 2 capture register high byte	0CBH	
TL2	Timer/counter 2 low byte	0CCH	
TH2	Timer/counter 2 high byte	0CDH	
PSW	Program status word	0D0H	가능
ACC	Accumulator	0E0H	가능
B	B register	0F0H	가능

다음은 SFR 레지스터 주소 지정 방법을 이용한 데이터 전송 명령어 사용법 예이다.

예)

MOV A, #12H ; 레지스터 A로 12H값을 복사함. 직접주소 지정방법 "MOV 0E0H, #12H"와 동일함.

MOV P0, #34H ; 레지스터 P0로 34H값을 복사함. 직접주소 지정방법 "MOV 080H, #34H"와 동일함.

MOV R2, P1 ; 포트1의 입력값을 레지스터 R2 (RAM 주소 02)로 복사함. 직접주소 지정방법 "MOV 02, 90H"와 동일함.

표 6.2와 같이 SFR의 주소와 관련하여 다음의 두가지 사항을 인지하여야 한다.

· SFR은 80H~FFH 영역의 주소값을 가진다. 즉 8051 내부 RAM 00~7FH 주소영역 바로 위의 주소값을 가진다.

80H~FFH 영역의 주소 모두가 SFR 주소로 사용되는 것은 아니다. 이 영역 중에서 특정 SFR에 할당되지 않는 주소는 추후 사용을 위해 확보된 것이므로 8051 프로그래머는 이 주소를 사용해서는 안된다.

직접주소 지정 방법과 관련하여 다음 두가지 사항을 인지하여야 한다.

직접주소 지정은 8051 내부 RAM의 00~7FH 주소영역과 SFR의 80H~FFH 영역으로 이루어진 00H~FFH 영역으로 제한된다.

어셈블러는 어셈블리 언어 프로그램에서 사용되는 SFR 레지스터 이름들을 표 6.2에 제시된 주소들로 치환하여 기계어를 생성한다.

[예제 6-1] 포트1, 포트2로 12H를 전송하는 어셈블리 언어 명령어를 작성하시오.
(a) SFR 이름을 사용하여 작성하시오.
(b) SFR의 주소를 사용하여 작성하시오.

(답)

(a)
```
MOV  A, #12H ; A=12H
MOV  P1, A   ; P1=12H
MOV  P2, A   ; P2=12H
```

(b)
```
MOV  A, #12H ; A=12H
MOV  90H, A  ; P1=12H
```

```
MOV   0A0H, A  ; P2=12H
```

6) 스택과 직접 주소 지정 방법

스택에 데이터를 저장할 때 "PUSH" 명령어를 사용한다. 이때 사용되는 피연산자는 반드시 직접주소로 지정하여야 한다. 따라서 A 레지스터에 저장된 데이터를 스택에 저장하고자 할 때 "PUSH A" 명령어를 사용할 수 없고, 반드시 레지스터 A의 직접주소인 0E0H를 사용한 "PUSH 0E0H"로 작성하여야 한다. 뱅크 0의 R3의 값을 스택에 저장할 경우에도 반드시 "PUSH 03H"의 명령어를 사용하여야 한다. 스택에 저장된 데이터를 가져올 때 사용하는 "POP" 명령어도 직접주소로 지정하여야 한다. 예로서 스택의 최상단에 저장된 데이터를 읽어서 뱅크 0의 R4에 저장할 경우 "POP 04" 명령어를 사용하여야 한다.

[예제 6-2] R5, R6, A 값을 스택에 저장한 뒤 R2, R3, B로 불러오는, 즉 스택을 이용하여 R2=R5, R3=R6, B=A가 되도록 어셈블리 언어 명령어를 작성하시오.

(답)

```
PUSH   05       ; 스택에 R5를 저장
PUSH   06       ; 스택에 R6을 저장
PUSH   0E0H     ; 스택에 A를 저장
POP    0F0H     ; 스택의 최상단에 저장된 값을 B로 저장 (B=A)
POP    03       ; 스택의 최상단에 저장된 값을 R3으로 저장 (R3=R6)
POP    02       ; 스택의 최상단에 저장된 값을 R2로 저장 (R2=R5)
```

7) 레지스터 간접주소 지정 방법

레지스터 간접주소 지정 방법은 R0, R1 레지스터를 이용하여 데이터가 저장된 온칩 RAM 주소 (피연산자의 주소)를 나타낸다. 즉 레지스터를 데이터 포인터로 사용하며 포인터 레지스터에 저장된 값은 목표 데이터가 저장된 온칩 RAM의 주소이다. R0, R1 레지스터가 포인터로 사용될 경우 아래와 같이 반드시 "@" 기호를 앞에 붙여야 한다.

예)

```
MOV A, @R0   ; 레지스터 R0에 저장된 값은 RAM의 주소 값이다. 이 주소
               에 저장되어 있는 값을 읽어서 A에 저장한다.
```

```
MOV @R1, B    ; 레지스터 R1에 저장된 값은 RAM의 주소 값이다. 이
                주소의 RAM에 B의 값을 저장한다.
```

만일 기호 "@"를 누락시키면 이는 레지스터 주소지정이 되므로 주의하여야 한다. 그리고 R2-R7 레지스터는 포인터로 사용할 수 없다.

[예제 6-3] 55H 값을 RAM 주소 40H~45H에 저장하는 어셈블리 언어 명령어를 작성하시오.

(a) 직접주소 지정 방법을 사용하시오.

(b) 레지스터 간접주소 지정 방법을 사용하시오.

(답)

(a)

```
MOV A, #55H    ; A에 55H 값을 저장
MOV 40H, A     ; A의 값을 읽어 RAM의 40H 번지에 저장
MOV 41H, A     ; A의 값을 읽어 RAM의 41H 번지에 저장
MOV 42H, A     ; A의 값을 읽어 RAM의 42H 번지에 저장
MOV 43H, A     ; A의 값을 읽어 RAM의 43H 번지에 저장
MOV 44H, A     ; A의 값을 읽어 RAM의 44H 번지에 저장
MOV 45H, A     ; A의 값을 읽어 RAM의 45H 번지에 저장
```

(b)

```
MOV A, #55H    ; A에 55H 값을 저장
MOV R0, #40H   ; 레지스터 R0에 40H 값을 저장.  R0=40H
MOV @R0, A     ; A의 값을 읽어 R0가 가리키는 주소의 RAM에 저장
INC  R0        ; 레지스터 R0 값을 1 증가시킴.  R0=41H
MOV @R0, A     ; A의 값을 읽어 R0가 가리키는 주소의 RAM에 저장
INC  R0        ; 레지스터 R0 값을 1 증가시킴.  R0=42H
MOV @R0, A     ; A의 값을 읽어 R0가 가리키는 주소의 RAM에 저장
INC  R0        ; 레지스터 R0 값을 1 증가시킴.  R0=43H
MOV @R0, A     ; A의 값을 읽어 R0가 가리키는 주소의 RAM에 저장
INC  R0        ; 레지스터 R0 값을 1 증가시킴.  R0=44H
MOV @R0, A     ; A의 값을 읽어 R0가 가리키는 주소의 RAM에 저장
INC  R0        ; 레지스터 R0 값을 1 증가시킴.  R0=45H
MOV @R0, A     ; A의 값을 읽어 R0가 가리키는 주소의 RAM에 저장
```

직접주소 지정방법은 피연산자의 주소를 정적으로 지정한다. 이에 반해 레지스터 간접주소 지정 방법은 피연산자의 주소를 동적으로 지정할 수 있는 장점이 있다. 예제 6-3에서 답 (b)의 경우 두가지 명령어가 여러 번 반복되는 것을 볼 수 있다. 뒤에서 설명될 순환 (loop) 명령어를 사용하여 답 (b)를 아래와 같이 효율적으로 변경할 수 있다. 이는 레지스터 간접주소 지정 방법이기 때문에 가능하다.

```
       MOV A, #55H      ; A에 55H 값을 저장
       MOV R0, #40H     ; 레지스터 R0에 40H 값을 저장.  R0=40H
       MOV R2, #6       ; 레지스터 R2를 카운터로 사용.  R2=6
AGAIN: MOV @R0, A       ; A의 값을 읽어 R0가 가리키는 주소의 RAM에 저장
       INC  R0          ; 레지스터 R0 값을 1 증가시킴.
       DJNZ R2, AGAIN   ; 카운터 값이 0이 아니면 AGAIN으로 분기하여 명령어
                          를 반복해서 수행한다.
```

[예제 6-4] RAM 주소 60H 번지부터 시작해서 16개의 RAM 주소에 0 값을 저장 (clear)하는 어셈블리 언어 명령어를 작성하시오.

(답)

```
       CLR  A  ; A=0
       MOV R0, #60H     ; 레지스터 R0에 60H 값을 저장.  R0=60H
       MOV R2, #16      ; 레지스터 R2를 카운터로 사용.  R2=16
AGAIN: MOV @R0, A       ; A의 값을 읽어 R0가 가리키는 주소의 RAM에 저장
       INC  R0          ; 레지스터 R0 값을 1 증가시킴.
       DJNZ R2, AGAIN   ; 카운터 값이 0이 아니면 AGAIN으로 분기하여 명령어
                          를 반복해서 수행한다.
```

[예제 6-5] RAM 주소 35H 번지부터 시작하는 10 바이트를 읽어서 RAM 주소 60H 번지부터 시작하는 공간으로 저장 (clear)하는 어셈블리 언어 명령어를 작성하시오.

(답)

```
       MOV R0, #35H     ; 레지스터 R0에 35H 값을 저장.  R0=35H
       MOV R1, #60H     ; 레지스터 R1에 60H 값을 저장.  R1=60H
       MOV R2, #10      ; 레지스터 R2를 카운터로 사용.  R2=10
AGAIN: MOV A, @R0       ; R0가 가리키는 주소의 RAM 값을 읽어 A에 저장
       MOV @R1, A       ; A의 값을 읽어 R1이 가리키는 주소의 RAM에 저장
```

```
INC  R0           ; 레지스터 R0 값을 1 증가시킴.
INC  R1           ; 레지스터 R1 값을 1 증가시킴.
DJNZ R2, AGAIN ; 카운터 값이 0이 아니면 AGAIN으로 분기하여 명령어
                  를 반복해서 수행한다.
```

레지스터 간접주소 지정 방법에 사용되는 레지스터 R0, R1은 모두 8비트 크기이므로 액세스 가능한 RAM 공간은 30H~7FH의 범용 RAM, 80H~FFH의 SFR로 제한된다.

외부의 RAM이나 온칩 ROM을 액세스할 경우에는 16비트 포인터가 필요하다. 이 경우 다음과 같이 DPTR 레지스터를 사용한다.

8) 인덱스 주소 지정 방법과 온칩 ROM 액세스

프로그램 ROM에 저장되어 있는 look-up 테이블 데이터를 액세스할 경우 인덱스 주소 지정 방법을 이용한 "MOVC A, @A+DPTR" 명령어를 널리 사용한다. 이 경우 16비트 레지스터인 DPTR과 8비트인 A 레지스터에 저장된 값을 더한 16비트 값이 온칩 ROM에 저장된 데이터 주소를 나타낸다. 데이터가 8051 프로그램 (코드) 공간인 ROM에 저장되어 있으므로 MOV 명령어 대신 MOVC 명령어를 사용하며 "C"는 코드 (code)를 의미한다.

[예제 6-6] 200H 번지부터 시작되는 ROM 공간에 단어 "UOU" 가 저장되어 있고 프로그램은 0번지부터 시작되다고 가정하자. 아래 프로그램의 동작을 분석하고 프로그램 수행후 "UOU" 가 어디에 저장되는지 기술하시오.

(답)

```
ORG   0000H         ; 0 번지부터 시작되는 프로그램
MOV   DPTR, #200H   ; look-up 테이블 주소, DPTR=200H
CLR   A             ; A=0
MOVC  A, @A+DPTR    ; 코드영역에서 1개 문자를 레지스터 A로 복사
MOV   R0, A         ; A에 저장된 값을 R0에 저장
INC   DPTR          ; DPTR 값을 1 증가, DPTR=201H
CLR   A             ; A=0
MOVC  A, @A+DPTR    ; 코드영역에서 1개 문자를 레지스터 A로 복사
MOV   R1, A         ; A에 저장된 값을 R1에 저장
INC   DPTR          ; DPTR 값을 1 증가, DPTR=202H
```

```
          CLR     A             ; A=0
          MOVC    A, @A+DPTR    ; 코드영역에서 1개 문자를 레지스터 A로 복사
          MOV     R2, A         ; A에 저장된 값을 R2에 저장
HERE:     SJMP    HERE          ; R0가 가리키는 주소의 RAM 값을 읽어
                                  A에 저장
          ORG     200H          ; ROM 200H에 저장된 데이터
WDAT:     DB      "UOU"
          END                   ; 프로그램의 끝
```

DPTR=200H와 A=0 값을 더한 값 200H 주소의 프로그램 ROM에 저장되어 있는 'U' (ASCII코드 55H)를 읽어서 레지스터 R0에 저장하고, 201H에 저장되어 있는 'O' (4FH)를 읽어서 레지스터 R1에 저장하고, 202H에 저장되어 있는 'U' (55H)를 읽어서 레지스터 R2에 저장한다.

[예제 6-7] 250H 번지부터 시작되는 ROM 공간에 문자열 "8051 Microprocessor"가 저장되어 있다고 가정하자. 이 문자열을 주소 40H로 시작되는 RAM 공간으로 전송하는 프로그램을 작성하시오.

(답)

(a) 카운터를 사용하는 방법

```
          ORG     0000H         ; 0 번지부터 시작되는 프로그램
          MOV     DPTR, #STR    ; ROM 포인터, DPTR=250H
          MOV     R0, #40H      ; RAM 포인터, R0=40H
          MOV     R2, #19       ; 카운터, R2=19
LP1:      CLR     A             ; A=0
          MOVC    A, @A+DPTR    ; 코드영역에서 1개 문자를 레지스터 A로 복사
          MOV     @R0, A        ; A에 저장된 값을 R0가 가리키는 주소의
                                  RAM에 저장
          INC     DPTR          ; ROM 포인터 DPTR 값을 1 증가
          INC     R0            ; RAM 포인터 R0 값을 1 증가
          DJNZ    R2, LP1       ; 카운터 값이 0이 될 때 까지 순환 반복
HERE:     SJMP    HERE
```

```
        ORG    250H             ; ROM 250H에 저장된 데이터
STR:    DB     "8051 Microprocessor"
        END                     ; 프로그램의 끝
```

(b) 문자열의 끝에 null 문자를 사용하는 방법

```
        ORG    0000H            ; 0 번지부터 시작되는 프로그램
        MOV    DPTR, #STR       ; ROM 포인터, DPTR=250H
        MOV    R0, #40H         ; RAM 포인터, R0=40H
LP1:    CLR    A                ; A=0
        MOVC   A, @A+DPTR       ; 코드영역에서 1개 문자를 레지스터 A로 복사
        JZ     HERE             ; NULL 문자이면 HERE로 분기
        MOV    @R0, A           ; A에 저장된 값을 R0가 가리키는 주소의
                                  RAM에 저장
        INC    DPTR             ; ROM 포인터 DPTR 값을 1 증가
        INC    R0               ; RAM 포인터 R0 값을 1 증가
        SJMP   LP1              ; LP1으로 분기
HERE:   SJMP   HERE
        ORG    250H             ; ROM 250H에 저장된 데이터
STR:    DB     "8051 Microprocessor", 0
        END                     ; 프로그램의 끝
```

여기서 null 문자 0은 문자열의 끝을 나타내며 JZ 명령어를 사용하여 null 문자를 검출한다. 이상에서 살펴본 인덱스 주소 지정 방법을 이용하여 look-up 테이블을 프로그램에 활용하는 방법을 아래 예제 6-8에서 살펴본다. look-up 테이블은 규칙적인 배열의 데이터를 빈번히 액세스할 경우 많이 사용된다.

[예제 6-8] P1에서 값 x를 입력받아 P2로 x^2을 전송하는 프로그램을 작성하시오.

(답)

```
        ORG    0                ; 0 번지부터 시작되는 프로그램
        MOV    DPTR, #DAT1      ; ROM 포인터, DPTR=300H
        MOV    A, #0FFH         ; A=FFH
        MOV    P1, A            ; P1을 입력 포트로 설정
LP1:    MOV    A, P1            ; P1에서 값 x를 읽어서 A에 저장
        MOVC   A, @A+DPTR       ; x² 값을 테이블에서 읽어서 A로 복사
```

```
        MOV     P2, A           ; A에 저장된 값을 P2로 출력
        SJMP    LP1             ; 순환 반복
        ORG     300H            ; ROM 300H에 저장된 데이터
DAT1:   DB      0, 1, 4, 9, 16, 25, 36, 49, 64, 81
        END                     ; 프로그램의 끝
```

[예제 6-9] 예제 6-8에 대하여 아래 문항에 답하시오.

(a) 주소 300~309H ROM에 저장된 값을 기술하시오.

(b) 6의 제곱 값이 저장된 ROM 주소와 저장된 값을 기술하시오.

(c) P1의 입력 값이 9일 경우 P2 값을 이진수로 나타내시오.

(답)

(a) 300=(00H) 301=(01H) 302=(04H) 303=(09H)

304=(10H) 305=(19H) 306=(24H) 307=(31H)

308=(40H) 309=(51H)

(b) 306H 번지에 24H 값이 저장되어 있다.

(c) 9의 제곱 값은 01010001B (=51H=81) 이다.

9) 인덱스 주소 지정 방법과 MOVX 명령어

앞에서 언급한 바와 같이 8051의 프로그램 카운터 레지스터 (PC)는 64K 바이트의 코드 메모리 공간을 직접 제어한다. MOVC 명령어를 사용하여 64K 바이트의 프로그램 메모리 공간 일부를 데이터 메모리 공간처럼 액세스할 수 있다. 만일 프로그램 크기가 커서 64K 바이트의 코드 메모리 공간에 데이터 메모리 공간을 할당할 여유가 없는 경우를 위해서 8051은 별도의 데이터 전용 64K 바이트의 메모리 공간을 가지고 있다. 이 데이터 메모리 공간을 외부 메모리라 부르며 MOVX 명령어로만 액세스 가능하다. 그리고 코드 메모리와는 달리 데이터 메모리 공간에는 데이터만 읽기/쓰기가 가능하지만 코드와 데이터 공간이 공존할 수 없다.

외부에 저장된 데이터를 CPU로 읽어 올려면 “MOVX A, @DPTR” 명령어를 사용한다. 이 명령어는 레지스터 DPTR이 가리키는 주소의 외부 데이터 메모리에서 한 바이트를 읽어서 레지스터 A에 저장한다. 외부 데이터 메모리에서도 규칙적인 배열의 데이터를 빈번히 액세스할 경우 예제 6-9, 6-10, 6-11과 같이 look-up 테이블을 많이 사용된다.

[예제 6-9] 외부 ROM에 DAC 데이터용 look-up 테이블이 저장되어 있으며 이 테이블은 1000H 번지부터 시작하는 8051 데이터 메모리 공간을 사용한다. 이 데이터 공간에서 30 바이트를 읽어 P1으로 출력하는 프로그램을 작성하시오.

(답)

```
DAT1   EQU    1000H          ; DAT1=1000H
CNT    EQU    30             ; CNT=30
       ...
       MOV    DPTR, #DAT1    ; 외부 데이터 메모리 포인터, DPTR=1000H
       MOV    R2, #CNT       ; 카운터, R2=30
LP1:   MOVX   A, @DPTR       ; 외부 테이블에서 읽어서 A로 복사
       MOV    P1, A          ; A에 저장된 값을 P1으로 출력
       INC    DPTR           ; 테이블의 다음 주소로 변경
       DJNZ   R2,LP1         ; 순환 반복
```

[예제 6-10] 숫자 0-9의 제곱 값 계산을 위한 look-up 테이블이 외부 ROM에 저장되어 있다. 이 테이블은 0 번지부터 시작하는 8051 데이터 메모리 공간을 사용한다. 8031/8051 내부 RAM의 액세스 시간이 더 짧기 때문에 테이블에 저장된 값을 주소 30H번지부터 시작되는 내부 RAM으로 복사하는 프로그램을 작성하시오.

(답)

```
TBL    EQU    000H           ; TBL=1000H
RTBL   EQU    30H            ; RTBL=30H
CNT    EQU    10
       ...
       MOV    DPTR, #TBL     ; 외부 데이터 메모리 포인터, DPTR=000H
       MOV    R5, #CNT       ; 카운터, R5=10
       MOV    R0, #RTBL      ; 내부 RAM 포인터, R0=30H
LP1:   MOVX   A, @DPTR       ; 외부 테이블에서 읽어서 A로 복사
       MOV    @R0, A         ; A에 저장된 값을 R0가 가리키는 주소의 내부
                               RAM에 저장
       INC    DPTR           ; 테이블의 다음 주소로 변경
```

```
        INC     R0              ; 내부 RAM의 다음 주소로 변경
        DJNZ    R5,LP1          ; 순환 반복
```

[예제 6-11] 숫자 0-9의 제곱 값 계산을 위한 look-up 테이블이 외부 ROM에 저장되어 있다. 이 테이블은 0 번지부터 시작하는 8051 데이터 메모리 공간을 사용한다. 8031/8051 내부 RAM의 액세스 시간이 더 짧기 때문에 테이블에 저장된 값을 주소 30H번지부터 시작되는 내부 RAM으로 복사하는 프로그램을 작성하시오.

(답)

```
TBL     EQU     000H            ; TBL=1000H
RTBL    EQU     30H             ; RTBL=30H
CNT     EQU     10
        …
        MOV     DPTR, #TBL      ; 외부 데이터 메모리 포인터, DPTR=000H
        MOV     R5, #CNT        ; 카운터, R5=10
        MOV     R0, #RTBL       ; 내부 RAM 포인터, R0=30H
LP1:    MOVX    A, @DPTR        ; 외부 테이블에서 읽어서 A로 복사
        MOV     @R0, A          ; A에 저장된 값을 R0가 가리키는 주소의 내부
                                  RAM에 저장
        INC     DPTR            ; 테이블의 다음 주소로 변경
        INC     R0              ; 내부 RAM의 다음 주소로 변경
        DJNZ    R5,LP1          ; 순환 반복
```

외부 데이터 RAM에 데이터를 저장할 경우에는 "MOVX @DPTR, A" 명령어를 사용한다. 이 명령어는 레지스터 A에 저장된 값을 레지스터 DPTR이 가리키는 주소의 외부 데이터 메모리로 저장한다. 이 명령어는 다량의 데이터를 수집할 때 사용된다. NV-RAM을 사용하여 데이터를 저장할 경우에는 단전이 되어도 데이터 유실을 막을 수 있다.

[예제 6-12] P1으로부터 200 바이트의 데이터를 읽어들여 5000H 번지부터 시작하는 외부 RAM에 저장하는 프로그램을 작성하시오.

(답)

```
RDAT   EQU    5000H          ; RDAT=5000H
CNT    EQU    200            ; CNT=200

       MOV    DPTR, #RDAT    ; 외부 데이터 메모리 포인터, DPTR=5000H
       MOV    R3, #CNT       ; 카운터, R3=200
LP1:   MOV    A, P1          ; P1에서 데이터를 읽어서 A에 저장
       MOVX   @DPTR, A       ; A에 저장된 값을 DPTR이 가리키는 주소의
                               외부 RAM에 저장
       ACALL  DELAY          ; 잠시 대기
       INC    DPTR           ; 테이블의 다음 주소로 변경
       DJNZ   R3, LP1        ; 순환 반복
HERE:  SJMP   HERE           ; 수행이 완료되면 여기에서 대기
```

10) I/O와 RAM 용 비트주소 지정 방법

범용 마이크로프로세서는 레지스터와 I/O 포트를 바이트 단위로만 액세스할 수 있는 경우가 많다. 즉 I/O 포트의 특정 비트를 검사하고자 할 경우에 먼저 바이트 단위로 읽은 뒤 논리연산을 통하여 원하는 비트의 값을 알게 된다. 그러나 8051의 경우는 레지스트, RAM, I/O 포트를 비트 단위로 액세스 할 수 있다. 이런 기능은 1980년대 초기의 마이크로프로세서들에 비해 8051 고유의 강력한 장점이 되었다.

① 비트 주소로 액세스 가능한 RAM

8051의 내부 RAM 128 바이트 중에서 비트 주소로 액세스 가능한 RAM 영역은 20H~2FH인 16 바이트이고 나머지는 바이트로만 액세스된다. 이들 16 바이트는 16x8=128 비트이고, 각 비트는 0~127 혹은 00~7FH의 비트 주소가 할당되어 있으며, 단일 비트 명령어를 이용하여 각 비트를 액세스한다. 20H 번지 RAM의 비트 주소는 0~7이고, 21H 번지 RAM의 비트 주소는 8~0FH가 되며, 비트 주소로 액세스 가능한 마지막 바이트인 2FH 번지 RAM의 비트 주소는 78H~7FH이다. 즉 내부 RAM의 20H~2FH 영역은 바이트 주소 및 비트 주소로 액세스 가능하다. 그림 6-1에 비트 주소로 액세스 가능한 RAM 영역을 나타내었다.

바이트 주소	비트 주소							
7FH 30H	범용 램							
2FH	7F	7E	7D	7C	7B	7A	79	78
2EH	77	76	75	74	73	72	71	70
2DH	6F	6E	6D	6C	6B	6A	69	68
2CH	67	66	65	64	63	62	61	60
2BH	5F	5E	5D	5C	5B	5A	59	58
2AH	57	56	55	54	53	52	51	50
29H	4F	4E	4D	4C	4B	4A	49	48
28H	47	46	45	44	43	42	41	40
27H	3F	3E	3D	3C	3B	3A	39	38
26H	37	36	35	34	33	32	31	30
25H	2F	2E	2D	2C	2B	2A	29	28
24H	27	26	25	24	23	22	21	20
23H	1F	1E	1D	1C	1B	1A	19	18
22H	17	16	15	14	13	12	11	10
21H	0F	0E	0D	0C	0B	0A	09	08
20H	07	06	05	04	03	02	01	00
1FH 18H	Bank3 (R0-R7)							
17H 10H	Bank2 (R0-R7)							
0FH 08H	Bank1 (R0-R7)							
07H 00H	Bank0 (R0-R7)							

그림 6.150 | 비트 주소로 액세스 가능한 RAM 영역

[예제 6-13] 아래의 비트가 속한 바이트의 주소를 hex로 나타내시오.

(a) SETB 42H ; 비트 42H의 값을 1로

(b) CLR 67H ; 비트 67H의 값을 0으로

(c) CLR 0FH ; 비트 0FH의 값을 0으로

(d) SETB 28H ; 비트 28H의 값을 1로

(e) CLR 12 ; 비트 12의 값을 0으로

(f) SETB 05 ; 비트 5의 값을 1로

(답)

(a) 비트 주소 42H는 28H 번지 RAM의 비트 2이다.
(b) 비트 주소 67H는 2CH 번지 RAM의 비트 7이다.
(c) 비트 주소 0FH는 21H 번지 RAM의 비트 7이다.
(d) 비트 주소 28H는 25H 번지 RAM의 비트 0이다.
(e) 비트 주소 12는 21H 번지 RAM의 비트 4이다.
(f) 비트 주소 05는 20H 번지 RAM의 비트 5이다.

(가) 비트 주소로 액세스 가능한 I/O 포트

8051에는 4개의 8비트 I/O 포트 P0, P1, P2, P3이 있다. 프로그램 명령어를 사용하여 바이트 전체, 혹은 특정 단일 비트를 액세스할 수 있다. 단일 비트를 액세스할 경우 "SETB X.Y" 와 같은 명령어 구문을 사용하는데, 여기서 X는 I/O 포트 레지스터 이름을, Y는 비트 번호를 의미한다. 예로서 "SETB P1.5" 명령어는 포트 1의 비트 5 값을 1로 출력한다. 비트 0은 LSB로서 D0로 표시하며 비트 7은 MSB로서 D7로 표시하기도 한다. 모든 SFR 레지스터에는 80H~FFH의 바이트 주소가 할당되어 있다. 그리고 P0~P3, A, B 같이 일부 SFR 레지스터는 그림 6-2와 같이 비트 주소로 액세스 가능하다.

[예제 6-14] 아래의 비트가 속한 포트 번호를 나타내시오.

(a) SETB 86H (b) CLR 87H (c) SETB 92H (d) SETB 0A7H

(답)

(a) SETB 86H은 SETB P0.6 과 같다.
(b) CLR 87H은 CLR P0.7 과 같다.
(c) SETB 92H은 SETB P1.2 과 같다.
(d) SETB 0A7H은 SETB P2.7 과 같다.

바이트 주소	비트 주소								SFR 기호
80H	87	86	85	84	83	82	81	80	P0
81H	비트 주소 불가								SP
82H	비트 주소 불가								DP0L
83H	비트 주소 불가								DP0H
84H	비트 주소 불가								DP1L
85H	비트 주소 불가								DP1H
87H	비트 주소 불가								PCON
88H	8F	8E	8D	8C	8B	8A	89	88	TCON
89H	비트 주소 불가								TMOD
8AH	비트 주소 불가								TL0
8BH	비트 주소 불가								TL1
8CH	비트 주소 불가								TH0
8DH	비트 주소 불가								TH1
8EH	비트 주소 불가								AUXR
90H	97	96	95	94	93	92	91	90	P1
98H	9F	9E	9D	9C	9B	9A	99	98	SCON
99H	비트 주소 불가								SBUF
0A0H	A7	A6	A5	A4	A3	A2	A1	A0	P2
0A2H	비트 주소 불가								AUXR1
0A6H	비트 주소 불가								WDTRST
0A8H	AF	AE	AD	AC	AB	AA	A9	A8	IE
0B0H	B7	B6	B5	B4	B3	B2	B1	B0	P3
0B8H	-	-	-	BC	BB	BA	B9	B8	IP
0C8H	CF	CE	CD	CC	CB	CA	C9	C8	T2CON
0C9H	비트 주소 불가								T2MOD
0CAH	비트 주소 불가								RCAP2L
0CBH	비트 주소 불가								RCAP2H
0CCH	비트 주소 불가								TL2
0CDH	비트 주소 불가								TH2
0D0H	D7	D6	D5	D4	D3	D2	D1	D0	PSW
0E0H	E7	E6	E5	E4	E3	E2	E1	E0	ACC
0F0H	F7	F6	F5	F4	F3	F2	F1	F7	B

그림 6.151 | 비트 주소로 액세스 가능한 SFR 레지스터

	7	6	5	4	3	2	1	0	←비트넘버
PSW	CY	AC	F0	RS1	RS0	OV	—	P	

그림 6.152 | PSW 레지스터의 비트 구성

[예제 6-15] 누적연산기에 저장된 값을 뱅크 2의 R7에 저장하는 프로그램을 작성하시오.

(답)

```
        CLR     PSW.3
        SETB    PSW.4
        MOV     R7, A
```

[예제 6-16] 캐리 플래그 비트 (CY) 값을 검사하는 명령어로 JNC, JC가 있다. 그러나 오버플로어 플래그 비트 (OV) 값을 검사하는 별도의 명령어는 없다. OV를 검사하는 프로그램을 작성하시오.

(답)

```
        JB      PSW.2, TARGET ; OV=1 이면 TARGET으로 분기
```

[예제 6-17] RAM의 37H 번지에 저장된 값이 짝수이면 P2로 출력하고 아니면 짝수로 변환하여 P2로 출력하는 프로그램을 작성하시오.

(답)

```
        MOV     A, 37H          ; 37H 번지 RAM 값을 A에 복사
        JNB     ACC.0, YES      ; A의 D0=0 이면 YES로 분기
        INC     A               ; 홀수이면 1을 더하여 짝수로 변환
YES:    MOV     P2, A           ; P2로 출력
```

[예제 6-18] 비트 P2.3이 출입문의 상태를 나타내는 입력신호에 연결되어 있다. 입력신호가 1 (high)이 되면 출입문이 열려 있음을 나타낸다. 이 비트를 계속 관찰하다가 1이 될 때마다 P1.5 핀으로 low-to-high 펄스를 출력하여 부저를 울리는 프로그램을 작성하시오.

(답)

```
HERE:   JNB     P2.3, HERE      ; P2의 D3=0 이면 HERE로 분기
        CLR     P1.5            ; P1의 D5에 0 값을 출력
        ACALL   DELAY           ; 시간 지연 함수 호출
        SETB    P1.5            ; P1의 D5에 1 값을 출력
        ACALL   DELAY
        SJMP    HERE            ; HERE로 분기
```

[예제 6-19] 비트 P1.2와 P1.3의 값을 읽어서 RAM의 비트주소 06, 07에 저장하는 프로그램을 작성하시오.

(답)

```
        CLR     06          ; RAM의 비트주소 06에 0 값을 저장
        CLR     07          ; RAM의 비트주소 07에 0 값을 저장
        JNB     P1.2, T1 ; P1의 D2=0 이면 T1로 분기
        SETB    06          ; RAM의 비트주소 06에 1 값을 저장
T1:     JNB     P1.3, T2 ; P1의 D3=0 이면 T2로 분기
        SETB    07          ; RAM의 비트주소 07에 1 값을 저장
T2:     ...
```

[예제 6-20] 비트 P1.7의 값을 읽어서 P2.0으로 출력하는 프로그램을 작성하시오.

(답)

```
HERE:   MOV     C, P1.7     ; P1의 D7을 읽어서 캐리 플래그에 저장
        MOV     P2.0, C     ; 캐리 플래그 값을 P2.0으로 출력
        SJMP    HERE        ; HERE로 분기
```

② **BIT 지시어**

앞에서 비트 주소를 이용하여 비트 주소가 있는 I/O와 RAM의 비트를 액세스하는 방법을 살펴보았다. 프로그램 내 여러 곳에서 동일한 비트를 반복해서 사용할 수 있다. 이 경우 비트를 변경할 필요가 있을 때 일일이 찾아서 변경해주어야 한다. 그러나 예제 6-21과 같이 프로그램 시작부에 BIT 지시어를 사용하여 정의해 두면 편리하게 변경할 수 있다.

[예제 6-21] 비트 P2.3이 오븐의 상태를 나타내는 입력신호에 연결되어 있다. 입력신호가 1 (high)이 되면 오븐이 고온임을 나타낸다. 이 비트를 계속 관찰하다가 1이 될 때마다 P1.5 핀으로 low-to-high 펄스를 출력하여 부저를 울리는 프로그램을 작성하시오.

(답)

```
OVEN_HOT        BIT     P2.3
BUZZER          BIT     P1.5
HERE:   JNB     OVEN_HOT, HERE      ; 고온인지 계속 관찰
```

```
        ACALL  DELAY                ; 시간 지연 함수 호출
        CPL    BUZZER               ; P1의 D5 값을 toggle
        ACALL  DELAY
        SJMP   HERE                 ; HERE로 분기
```

[예제 6-22] LED가 P1.7에 연결되어 있다. LED를 계속 toggle 시켜 깜박거리는 프로그램을 작성하시오.

(답)

```
LED     BIT    P1.7          ; BIT 지시어
HERE:   CPL    LED           ; LED 값을 toggle
        ACALL  DELAY
        SJMP   HERE          ; HERE로 분기
```

예제 6-23] 스위치가 P1.7에 연결되어 있고 LED가 P2.0에 연결되어 있다. 스위치의 상태를 읽어서 LED로 출력하는 프로그램을 작성하시오.

(답)

```
SW      BIT    P1.7          ; BIT 지시어
LED     BIT    P2.0          ; BIT 지시어
HERE:   MOV    C, SW         ; SW 값을 읽어서 캐리 플래그에 저장
        MOV    LED, C        ; 캐리 플래그에 저장된 값을 LED로 출력
        SJMP   HERE          ; HERE로 분기
```

[예제 6-24] RAM 비트 주소 12H에는 전화가 왔는지에 대한 상태정보가 저장되어 있다. 그 값이 1이면 최종적으로 검사한 후 새로운 호출이 있었음을 의미한다. 값이 1이면 “New Call”, 0이면 “No Call”을 LCD에 출력하는 프로그램을 작성하시오.

(답)

```
PHONE BIT    12H             ; BIT 지시어
      MOV    C, PHONE        ; 호출 상태 검사
      JNC    NO              ; 호출이 없으면 NO로 분기
      MOV    DPTR, #400H     ; 메시지1 주소를 포인터에 저장
      LCALL  DISPLAY         ; LCD에 출력하는 함수 호출
```

```
        SJMP   EXIT          ; EXIT로 분기
NO:     MOV    DPTR, #420H   ; 메시지2 주소를 포인터에 저장
        LCALL  DISPLAY       ; LCD에 출력하는 함수 호출
EXIT:   ...
;
        ORG    400H
MSG1:   DB     "New Call", 0
        ORG    420H
MSG1:   DB     "No Call", 0
```

QU 지시어

EQU 지시어를 이용하여 이름에 주소를 부여할 수 있다. BIT 지시어는 비트 주소 지정에만 사용할 수 있지만 EQU 지시어는 비트 주소뿐만 아니라 바이트 주소 지정에도 사용 가능하다.

[예제 6-25] 스위치가 P1.7에 연결되어 있다. 스위치의 상태를 읽어서 아래의 동작을 수행하도록 프로그램을 작성하시오. I/O 포트 표기는 EQU 지시어를 사용하시오.

(a) 스위치가 0이면 P2에 '0'을 출력하고

(b) 스위치가 1이면 P2에 '1'을 출력한다.

(답)

```
SW    EQU   P1.7          ; P1.7 비트 주소
DAT   EQU   P2            ; P2 주소
HERE: MOV   C, SW         ; SW 값을 읽어서 캐리 플래그에 저장
      JC    T1            ; 캐리 플래그가 1이면 T1로 분기
      MOV   DAT, '0'; P2 = 00110000
      SJMP  HERE          ; HERE로 분기
T1:   MOV   DAT, '1'; P2 = 00110001
      SJMP  HERE          ; HERE로 분기
      END
```

2. 8051 어셈블리 명령어 세트 개요

1) 데이터 전송 명령어

① MOV dest-byte, source-byte

명령어		바이트 수	머신 사이클
(a) 레지스터 A가 목적지			
	1. MOV A, #data	2	1
	2. MOV A, Rn	1	1
	3. MOV A, direct	2	1
	4. MOV A, @Ri	1	1
(b) 레지스터 A가 소스			
	1. MOV Rn, A	1	1
	2. MOV direct, A	2	1
	3. MOV @Ri, A	1	1
(c) Rn 이 목적지			
	1. MOV Rn, #data	2	1
	2. MOV Rn, A	1	1
	3. MOV Rn, direct	2	2
(d) 목적지 주소가 직접주소			
	1. MOV direct, #data	3	2
	2. MOV direct, Rn	2	2
	3. MOV direct, A	2	1
	4. MOV direct, direct	3	2
	5. MOV direct, @Ri	2	2
(e) 목적지 주소가 간접주소			
	1. MOV @Ri, #data	2	1
	2. MOV @Ri, A	1	1
	3. MOV @Ri, direct	2	2

② MOV dest-bit, source-bit: 피연산자 중 하나는 반드시 CY 플래그이다.

명령어		바이트 수	머신 사이클
	1. MOV P1.2, C		
	2. MOV C, P2.5		

③ MOV DPTR, #data16

명령어		바이트 수	머신 사이클
	1. MOV DPTR, #data16	3	2

④ **MOVX dest-byte, source-byte : 외부 데이터 메모리 액세스**

명령어		바이트 수	머신 사이클
(a) DPTR 레지스터에 외부메모리 주소 16비트를 저장			
	1.MOVX A, @DPTR	1	2
	2.MOVX @DPTR, A	1	2
(b) R0 , R1 레지스터에 외부메모리 주소 8비트를 저장			
	1.MOVX A, @Ri ; i = 0 or 1	1	2
	2.MOVX @Ri, A	1	2

⑤ **프로그램 메모리의 데이터를 액세스**

명령어		바이트 수	머신 사이클
	1. MOVC A, @A+DPTR	1	2
	2. MOVC A, @A+PC	1	2

⑥ **스택 메모리의 데이터를 액세스**

명령어		바이트 수	머신 사이클
	1. PUSH direct	2	2
	2. POP direct	2	2

⑦ **XCH A, source-byte : A와 소스 바이트를 교환**

명령어		바이트 수	머신 사이클
	1. XCH A, Rn	1	1
	2. XCH A, direct	2	1
	3. XCH A, @Ri	1	1

⑧ **XCHD A, lower nibble : A의 하위 nibble과 Ri가 가리키는 주소의 RAM 의 하위 nibble을 교환**

명령어		바이트 수	머신 사이클
	1. XCHD A, @Ri	1	1

1) 산술 연산 명령어

① 부호 없는 숫자의 더하기

명령어		바이트 수	머신 사이클
(a) ADD A, source-byte : 소스의 숫자를 레지스터 A에 더한다.			
	1.ADD A, #data	2	1
	2.ADD A, Rn	1	1
	3.ADD A, direct	2	1
	4.ADD A, @Ri	1	1
(b) ADDC A, source-byte : 소스의 숫자와 캐리를 레지스터 A에 더한다.			
	1.ADDC A, #data	2	1
	2.ADDC A, Rn	1	1
	3.ADDC A, direct	2	1
	4.ADDC A, @Ri	1	1

② 부호 없는 숫자의 빼기

SUBB A, source-byte : 레지스터 A에서 소스의 숫자와 캐리를 뺀다.

명령어		바이트 수	머신 사이클
	1. SUBB A, #data	2	1
	2. SUBB A, Rn	1	1
	3. SUBB A, direct	2	1
	4. SUBB A, @Ri	1	1

③ 부호 없는 숫자의 곱하기

MUL AB : 레지스터 A와 B를 곱한 결과 값의 상위 바이트는 B에 하위 바이트는 A에 저장한다.

명령어		바이트 수	머신 사이클
	1. MUL AB	1	4

④ 부호 없는 숫자의 나누기

DIV AB : 레지스터 A를 B로 나눈 결과 값의 몫은 A에 나머지는 B에 저장한다.

명령어		바이트 수	머신 사이클
	1. DIV AB	1	4

⑤ INC DPTR : 데이터 포인터 레지스터 값을 1 증가시킴

명령어		바이트 수	머신 사이클
	1. INC DPTR	1	2

⑥ **피연산자가 가리키는 주소에 저장된 값을 1 증가**

명령어		바이트 수	머신 사이클
	1. INC A	1	1
	2. INC Rn	1	1
	3. INC direct	2	1
	4. INC @Ri	1	1

저장된 값이 FFH에서 00으로 증가되어도 캐리 플래그 (CY)는 변동 없다.

⑦**피연산자가 가리키는 주소에 저장된 값을 1 감소**

명령어		바이트 수	머신 사이클
	1. DEC A	1	1
	2. DEC Rn	1	1
	3. DEC direct	2	1
	4. DEC @Ri	1	1

저장된 값이 00에서 FFH로 감소되어도 캐리 플래그 (CY)는 변동 없다.

3) 논리 연산 명령어

① ANL dest-byte, source-byte : **논리적인 AND 결과를 목적지에 저장**

명령어		바이트 수	머신 사이클
(a) 레지스터 A가 목적지			
	1. ANL A, #data	2	1
	2. ANL A, Rn	1	1
	3. ANL A, direct	2	1
	4. ANL A, @Ri	1	1
(b) 목적지 주소가 직접주소			
	1. ANL direct, #data	3	2
	2. ANL direct, A	2	1

② ORL dest-byte, source-byte : **논리적인 OR 결과를 목적지에 저장**

명령어		바이트 수	머신 사이클
(a) 레지스터 A가 목적지			
	1. ORL A, #data	2	1
	2. ORL A, Rn	1	1
	3. ORL A, direct	2	1
	4. ORL A, @Ri	1	1
(b) 목적지 주소가 직접주소			
	1. ORL direct, #data	3	2
	2. ORL direct, A	2	1

③ XRL dest-byte, source-byte : 논리적인 exclusive-OR 결과를 목적지에 저장

명령어		바이트 수	머신 사이클
(a) 레지스터 A가 목적지			
	1. XRL A, #data	2	1
	2. XRL A, Rn	1	1
	3. XRL A, direct	2	1
	4. XRL A, @Ri	1	1
(b) 목적지 주소가 직접주소			
	1. XRL direct, #data	3	2
	2. XRL direct, A	2	1

④ CPL A : A 레지스터 값을 1의 보수 값으로 변환

명령어		바이트 수	머신 사이클
	1. CPL A	1	1

⑤ CLR A : A 레지스터에 값을 00으로 변경

명령어		바이트 수	머신 사이클
	1. CPL A	1	1

⑥ SWAP A : A 레지스터의 상위 nibble과 하위 nibble을 교환

명령어		바이트 수	머신 사이클
	1. CPL A	1	1

⑦ RL A : A 레지스터의 8비트 값을 왼쪽으로 1비트씩 이동시킨다. 이때 MSB (most significant bit, 최상위 비트)에서 나온 D7 값은 LSB (least significant bit, 최하위 비트)인 D0로 들어간다.

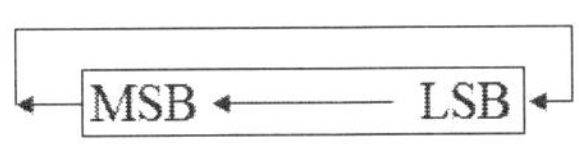

명령어		바이트 수	머신 사이클
	1. CPL A	1	1

⑧ RR A : A 레지스터의 8비트 값을 오른쪽으로 1비트씩 이동시킨다. 이때 LSB (least significant bit, 최하위 비트)에서 나온 D0 값은 MSB (most significant bit, 최상위 비트)인 D7로 들어간다.

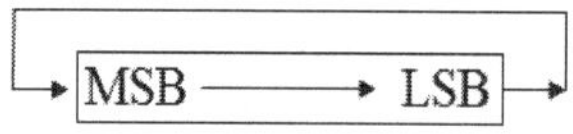

명령어		바이트 수	머신 사이클
	1. CPL A	1	1

⑨ **RLC A : A 레지스터의 8비트 값을 왼쪽으로 1비트씩 이동시킨다. 이때 MSB (most significant bit, 최상위 비트)에서 나온 D7 값은 캐리 플래그로 들어가고, 캐리 플래그 값은 LSB (least significant bit, 최하위 비트)인 D0로 간다.**

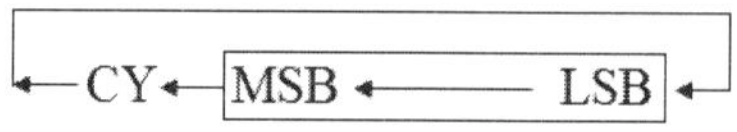

명령어		바이트 수	머신 사이클
	1. CPL A	1	1

⑩ **RRC A : A 레지스터의 8비트 값을 왼쪽으로 1비트씩 이동시킨다. 이때 MSB (most significant bit, 최상위 비트)에서 나온 D7 값은 캐리 플래그로 들어가고, 캐리 플래그 값은 LSB (least significant bit, 최하위 비트)인 D0로 간다.**

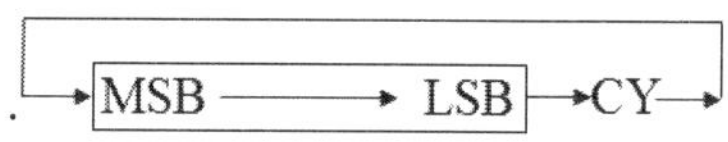

명령어		바이트 수	머신 사이클
	1. CPL A	1	1

4) 단일 비트 연산 명령어

① 단일 비트 명령어

명령어			바이트 수	머신 사이클
	1. SETB bit	비트 메모리 주소에 값 1을 저장	2	1
	2. CLR bit	비트 메모리 주소에 값 0을 저장	2	1
	3. CPL bit	비트 메모리 주소에 저장된 값을 1의 보수로 변경	2	1
	4. JB bit, target	비트 메모리 주소에 저장된 값이 1이면 프로그램 메모리의 [PC+target] 주소로 분기해 간다	3	2
	5. JNB bit, target	비트 메모리 주소에 저장된 값이 0이면 프로그램 메모리의 [PC+target] 주소로 분기해 간다	3	2
	6. JBC target	비트 메모리 주소에 저장된 값이 1이면 0으로 변경 후, 프로그램 메모리의 [PC+target] 주소로 분기해 간다	3	2

② 캐리 플래그 연동 명령어

명령어		바이트 수	머신 사이클
1. SETB C	캐리 플래그를 1로 (CY=1)	1	1
2. CLR C	캐리 플래그를 0으로 (CY=0)	1	1
3. CPL C	캐리 플래그를 보수로	1	1
4. MOV bit, C	캐리 플래그를 비트 메모리 주소로 복사	2	2
5. MOV C, bit	캐리 플래그를 비트 메모리 주소로 복사	2	1
6. JNC target	캐리 플래그가 1이면 프로그램 메모리의 [PC+target] 주소로 분기해 간다	2	2
7. JC target	캐리 플래그가 0이면 프로그램 메모리의 [PC+target] 주소로 분기해 간다	2	2
8. ANL C, bit	캐리 플래그 값과 비트 메모리 주소에 저장된 값의 AND 값을 캐리에 저장 [CY=CY (AND) bit]	2	2
9. ANL C, /bit	CY = C (AND) ((Not) bit)	2	2
10. ORL C, bit	CY = CY (OR) bit	2	2
11. ORL C, /bit	CY = C (OR) ((Not) bit)	2	2

5) 분기 명령어

① 무조건 분기 명령어

명령어		바이트 수	머신 사이클
1. AJMP addr11	절대 주소 addr11로 분기	2	2
2. LJMP addr16	절대 주소 addr16으로 분기	3	2
3. SJMP rel	[PC+rel (상대주소)]로 분기	2	2

② 조건부 분기 명령어

명령어		바이트 수	머신 사이클
1. JZ rel	A=0 이면 PC+rel 주소로 분기	2	2
2. JNZ rel	A≠0 이면 PC+rel 주소로 분기	2	2
3. CJNE A, #data, rel	A≠data 이면 PC+rel 주소로 분기	3	2
4. CJNE A, direct, rel	A≠값[direct] 이면 PC+rel 주소로 분기	3	2
5. CJNE Rn, #data, rel	Rn≠data 이면 PC+rel 주소로 분기	3	2
6. CJNE @Ri, #data, rel	값[@Ri]≠data 이면 PC+rel 주소로 분기	3	2
7. DJNZ Rn, rel	Rn 값을 1 감소 후 0 이 아니면 분기	2	2
8. DJNZ direct, rel	값[direct]을 1 감소 후 0 이 아니면 분기	3	2

③ 함수 호출 명령어

명령어		바이트 수	머신 사이클
1. ACALL addr11	절대 주소 addr11 함수를 호출	2	2
2. LCALL addr16	절대 주소 addr16 함수를 호출	3	2
3. RET	호출된 함수로부터 복귀	1	2
4. RETI	인터럽터로부터 복귀	1	2

3. 분기, 순환, 함수호출 명령어

1) 분기 명령어

① 조건부 분기 명령어

특정 조건을 만족할 경우 분기를 수행하는 명령어이다. 레지스터 A 값이 0일 경우 타겟 주소로 분기하는 예는 다음과 같다.

```
      MOV   A, R0        ; A=R0
      JZ    T1           ; A=0이면 T1로 분기
      MOV   A, R1        ; A=R0
      JZ    T2           ; A=0이면 T2로 분기
      ....
T1:   ....
T2:   ....
```

[예제 6-26] R5에 저장된 값이 0 인지 검사하고, 0이면 55H를 저장하는 프로그램을 작성하시오.

(답)

```
      MOV   A, R5        ; A=R5
      JNZ   T1           ; A≠0이면 T1로 분기
      MOV   R5, #55H     ; R5=55H
      ....
T1:   ....
```

모든 조건부 분기 명령어는 단거리 분기 (short jump) 명령어이다. 즉 타겟의 주소는 반드시 프로그램 카운터 (PC)의 값을 기준으로 -128~+127 내에 있어야 한다.

② 무조건 분기 명령어

무조건 분기 명령어를 만나면 무조건 타겟 주소로 분기한다. 널리 사용되는 무조건 분기 명령어로는 LJMP (long jump), SJMP (short jump)가 있다.

LJMP

3 바이트로 이루어진 명령어로서 첫 바이트는 연산자, 2,3번째 바이트는 타겟주소 16비트를 의미한다. 2바이트를 사용하면 0000~FFFFH 메모리 공간의 어느 주소로도 분기할 수 있다. 8051 패미리 멤버 모두가 64K 바이트 프로그램 ROM을 가지고 있지는 않으며 보통 수 K 바이트의 소용량 프로그램 ROM을 탑재하고 있다. 따라서 프로그램 메모리 공간을 효율적으로 사용하기 위해 명령어의 크기를 최소화시킬 수 있는 방법이 필요하다. 이런 배경으로 3 바이트 명령어인 LJMP보다 2 바이트 명령어인 AJMP, SJMP가 도입되었다.

SJMP

2 바이트로 이루어진 명령어로서 첫 바이트는 연산자, 2번째 바이트는 타겟주소 에 대한 상대주소를 의미한다. 상대주소의 범위는 00~FFH이며 전방과 후방으로의 분기로 나누어진다. 즉 현재 PC값을 기준으로 -128~+127 바이트 내에 타겟주소가 존재해야 한다. 전방으로 분기할 경우의 타겟 주소는 현재 PC값을 기준으로 127 바이트 메모리 공간 내에 있어야 한다. 후방으로 분기할 경우의 타겟 주소는 현재 PC값을 기준으로 -128 바이트 메모리 공간 내에 있어야 한다.

2) 순환 명령어

일련의 명령어들을 특정 횟수만큼 반복 수행하는 것을 순환 (loop)이라고 한다. 순환 동작은 거의 모든 마이크로프로세서가 실행하는 동작이다. 8051에서는 "DJNZ reg, label" 명령어로 순환 동작을 실행한다. 이 명령어는 레지스터의 값을 감소시키고 결과값이 0이 아니면 label에 의해 참조되는 타겟 주소로 분기한다. 순환 동작을 실행하기 전에 반복 횟수를 레지스터에 저장한다. 이 명령어는 레지스터 값을 감소시키는 명령어와 조건부 분기 명령어가 결합된 단일 명령어이다.

[예제 6-27] ACC를 지운 뒤 3을 10번 반복해서 더하는 프로그램을 작성하시오.

(답)

```
      MOV   A, #0        ; A=0
      MOV   R2, #10      ; 카운터 R2=10
LP1:  ADD   A, #3        ; A=A+3
      DJNZ  R2, LP1      ; R2가 0이 될 때 까지 반복 (10번)
      MOV   R5, A        ; R5=55H
```

예제 6-27과 같이 카운터의 최대값은 256다. 256 보다 더 많이 반복 수행하고자 할 경우는 예제 6-28과 같이 2개 이상의 카운터를 사용하여 내포 순환 (nested loop)을 작성하면 된다.

[예제 6-28] ACC에 55H 값을 저장한 뒤 700번 반복해서 1의 보수로 바꾸는 프로그램을 작성하시오.

(답)

```
      MOV   A, #55H; A=55H
      MOV   R2, #10      ; 카운터 R2=10
LP1:  MOV   R3, #70      ; 카운터 R3=70
LP2:  CPL   A            ; A=1'A
      DJNZ  R3, LP2      ; R3가 0이 될 때 까지 반복 (70번)
      DJNZ  R2, LP1      ; R2가 0이 될 때 까지 반복 (10번)
```

③ **함수 호출 명령어**

함수는 빈번하게 사용되는 작업을 수행하는데 사용된다. 함수를 사용하면 프로그램이 체계화되고 메모리 공간을 절약할 수 있다. 함수호출과 관련된 명령어로는 LCALL (long call), ACALL (absolute call) 2가지가 있다. 어떤 명령어를 사용할 것인지는 타겟 주소에 의해 결정된다.

LCALL

3 바이트로 이루어진 명령어로서 첫 바이트는 연산자, 2,3번째 바이트는 타겟함수

의 주소 16비트를 의미한다. 2바이트를 사용하면 0000~FFFFH 메모리 공간의 어느 주소에 있는 함수도 호출할 수 있다. 호출된 함수를 수행한 후 복귀할 주소를 8051이 알 수 있도록 프로세서는 자동으로 LCALL 바로 다음 명령어의 주소를 스택에 저장한다. 함수가 호출되면 다음의 순으로 프로세서가 동작한다.

· 스택 메모리에 2 바이트의 PC 값을 저장한다.
· 그리고 스택 포인터의 값을 2 증가시킨다.
· 호출된 함수의 주소를 PC에 복사한다.
· 이후 프로세서는 변경된 PC 값을 이용하여 프로그램 메모리에서 명령어를 읽어와 명령을 수행한다.
· 호출된 함수의 실행이 완료되어 RET (return) 명령어를 만나면 스택 메모리에 저장된 복귀주소를 PC로 읽어온다.
· LCALL 바로 다음 주소의 명령어부터 연이어 실행하게 된다.

ACALL

2 바이트로 이루어진 명령어로서 2 바이트 중 11비트가 호출된 함수의 주소로 사용된다. 그러므로 호출된 함수는 2K 바이트 내에 있어야 한다. 프로그램 카운터를 스택 메모리에 저장하거나 RET 명령어의 역할은 ACALL이나 LCALL에 별 차이가 없다. 차이점은 단지 LCALL 명령어의 경우는 8051의 64K 바이트 주소공간 내에 호출된 함수가 존재할 수 있지만, ACALL 명령어의 경우는 2K 바이트 범위 내에 호출된 함수가 존재해야 한다.

CALL 명령어와 스택의 역할

2 바이트로 이루어진 명령어로서 2 바이트 중 11비트가 호출된 함수의 주소로 사

4. 8051 I/O 프로그래밍

1) I/O 포트 핀과 기능

8051은 P0, P1, P2, P3 4개의 I/O 포트가 있으며 각 포트는 8개의 핀으로 구성되어 8비트 포트가 된다. 8051이 RESET 될 때 모든 포트는 입력으로 설정이 되어 입력 포트로 사용할 준비가 된다. 포트에 먼저 0을 쓰게 되면 포트는 출력으로 설

정된다. 포트를 입력으로 다시 설정하려면 반드시 해당 포트에 1 값을 출력하여야 한다. 각 포트에 대해 알아본다.

2) 포트 0 (P0.0 ~ P0.7)

8-bit 양방향 입출력 단자로 사용 가능하다. 이 경우 상단의 FET가 off 이고 하단이 open drain이므로, 반드시 외부에 10KΩ 풀업 저항을 연결하여야 한다.

출력포트로 사용할 경우 각 핀은 8개의 TTL에 연결이 가능하며, 입력 포트로 사용할 경우 먼저 1을 출력하여 입력상태 설정해야 한다. 즉 1을 출력하면 아래 그림의 latch /Q 출력이 0이 되어 하단의 FET가 off 된다. 그러면 P0 핀이 버퍼를 통해 내부버스에 연결되어 입력상태가 된다.

포트0의 입출력에는 특수기능레지스터 (SFR) 영역 내에 있는 비트 주소 지정이 가능한 P0 레지스터를 이용한다.

외부 프로그램 메모리 또는 데이터 메모리와의 데이터 통신을 할 때 포트 0은 하위 어드레스와 데이터 버스로도 사용된다. 이 경우 상단의 FET가 on이 되어 약한 풀업 저항의 역할이 가능하다.

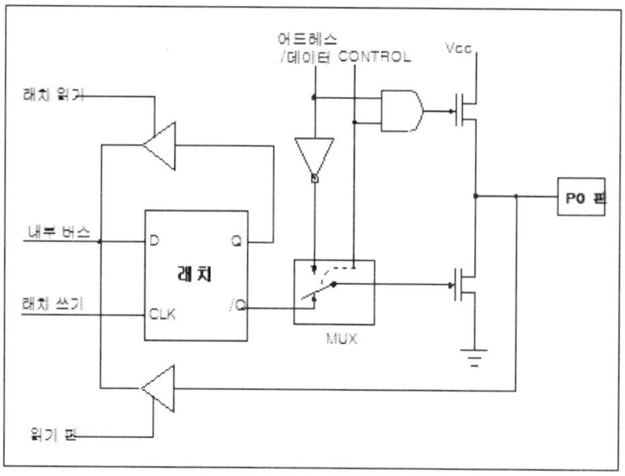

3) 포트 1 (P1.0 ~ P1.7)

내부 풀업 저항을 갖는 8비트 양방향 입출력 단자로 사용 가능하다. 출력포트로 사용할 경우 각 핀은 4개의 TTL을 구동할 수 있으며, 입력 포트로 사용할 경우 P0와 같이 먼저 1을 출력하여 입력상태 설정해야 한다. 즉 1을 출력하면 아래 그림의 latch /Q 출력이 0이 되어 하단의 FET가 off 된다. 그러면 P1 핀이 버퍼를 통해 내부버스에 연결되어 입력상태가 된다.

포트1의 입출력에는 특수기능레지스터 (SFR) 영역 내에 있는 비트 주소 지정이 가능한 P1 레지스터를 이용한다.

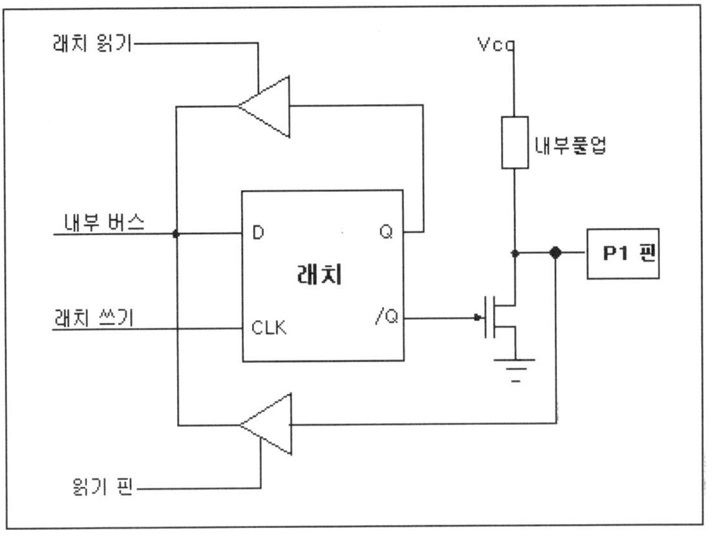

4) 포트 2 (P2.0 ~ P2.7)

내부 풀업 저항을 갖는 8비트 양방향 입출력 단자로 사용 가능하다. 출력포트로 사용할 경우 각 핀은 4개의 TTL을 구동할 수 있으며, 입력 포트로 사용할 경우 먼저 1을 출력하여 입력상태 설정해야 한다. 즉 1을 출력하면 아래 그림의 /(latch Q) 출력이 0이 되어 하단의 FET가 off 된다. 그러면 P2 핀이 버퍼를 통해 내부버스에 연결되어 입력상태가 된다.

포트2의 입출력에는 특수기능레지스터 (SFR) 영역 내에 있는 비트 주소 지정이 가능한 P2 레지스터를 이용한다.

외부 프로그램 메모리 또는 데이터 메모리와의 데이터 통신을 할 때 포트 2는 상위 어드레스(A8~A15) 버스로 사용된다. 이 경우 상단의 FET가 on이 되어 약한 풀업 저항의 역할이 가능하다.

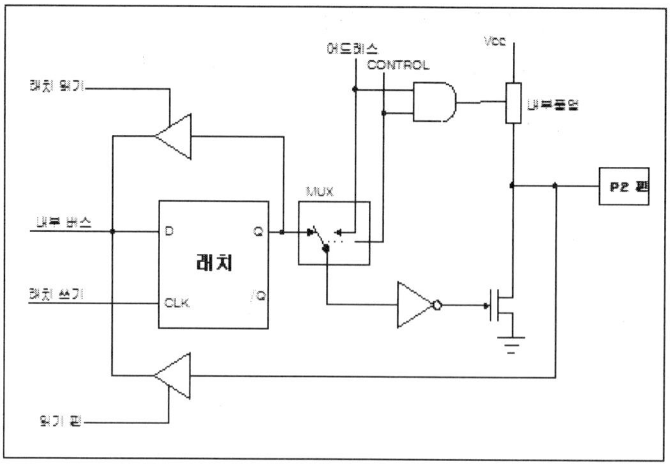

5) 포트 3 (P3.0 ~ P3.7)

내부 풀업 저항을 갖는 8비트 양방향 입출력 단자로 사용 가능하다. 출력포트로 사용할 경우 각 핀은 4개의 TTL을 구동할 수 있으며, 입력 포트로 사용할 경우 먼저 1을 출력하여 입력상태 설정해야 한다.

포트3의 입출력에는 특수기능레지스터 (SFR) 영역 내에 있는 비트 주소 지정이 가능한 P3 레지스터를 이용한다.

그리고 아래와 같은 특수기능을 갖는 I/O 포트로도 사용할 수 있다.

· P3.0, P3.1 핀: 시리얼 포트의 기능
· P3.2, P3.3 핀: 외부 인터럽트 기능
· P3.4, P3.5 핀: 타이머/카운터의 외부클럭 입력단자의 기능
· P3.6, P3.7 핀: 외부 데이터 메모리의 읽기/쓰기 제어에 사용

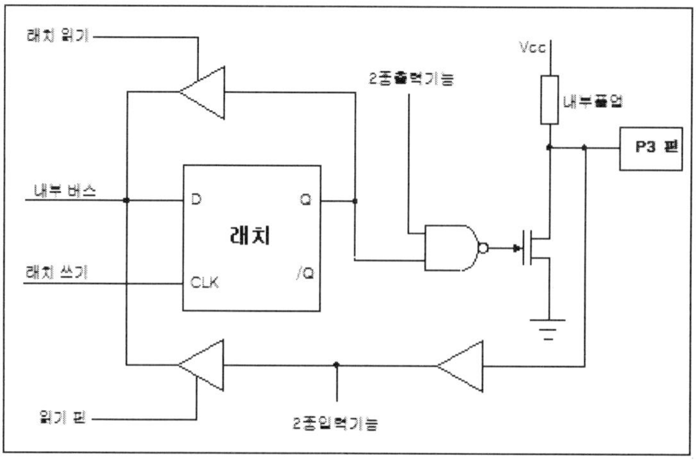

[예제 7-1] 포트 0으로 55H와 AAH 값을 순차적으로 계속 출력하는 프로그램을 작성하시오.

(답)

```
HERE:  MOV    A, #55H; A에 55H 값을 저장
       MOV    P0, A          ; P0에 A 값을 출력
       ACALL  DELAY          ; 시간 지연 함수 호출
       MOV    A, #0AAH       ; A에 0AAH 값을 저장
       MOV    P0, A          ; P0에 A 값을 출력
       ACALL  DELAY
       SJMP   HERE           ; HERE로 분기
```

[예제 7-2] 포트 0에서 값을 읽어서 포트 1로 계속 출력하는 프로그램을 작성하시오.

(답)

```
       MOV    A, #0FFH       ; A=FFH
       MOV    P0, A          ; P0에 A 값을 출력하여 입력포트로 설정
HERE:  MOV    A, P0          ; 포트 0에서 값을 읽어서 A에 저장
       MOV    P1, A          ; P1에 A 값을 출력
       SJMP   HERE           ; HERE로 분기
```

제7장 실험 장비 및 개발 환경

1. 실험 장비

EasyProcessor KIT는 그림 7-1과 같은 장치 블록으로 구성되어 있다.

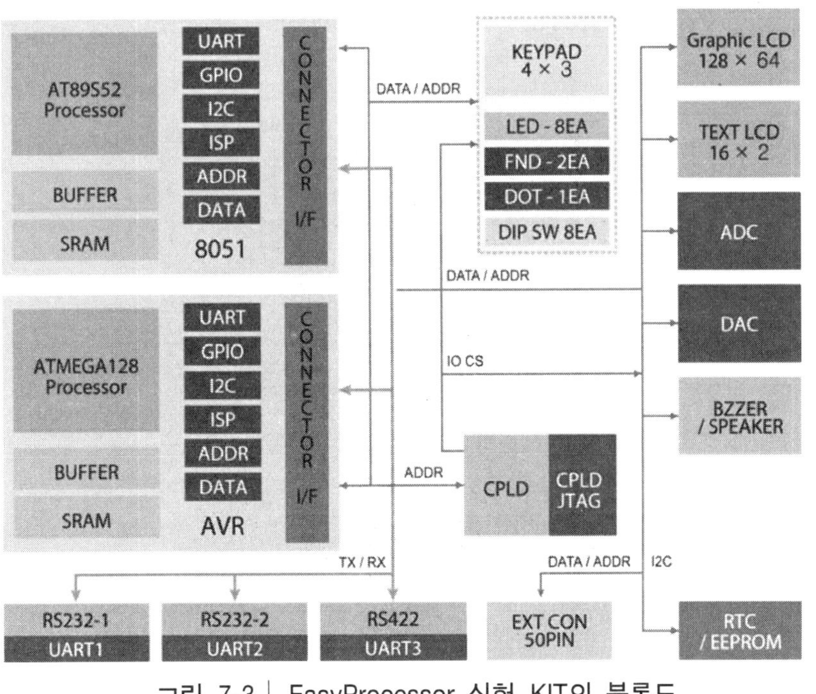

그림 7-3 | EasyProcessor 실험 KIT의 블록도

1) AT89S52 모듈 구성

그림 7-4 | AT89S52 프로세서 모듈

AT89S52 모듈에는 PORT 1을 활용한 LED 5개와 DATA BUS 구조를 위한 BUFFER 및 SRAM, EEPROM으로 구성되어 있다.

2) BASE 보드 구성

EasyProcessor KIT에는 아래와 같이 IO 및 입출력 장치로 구성되어 있다.

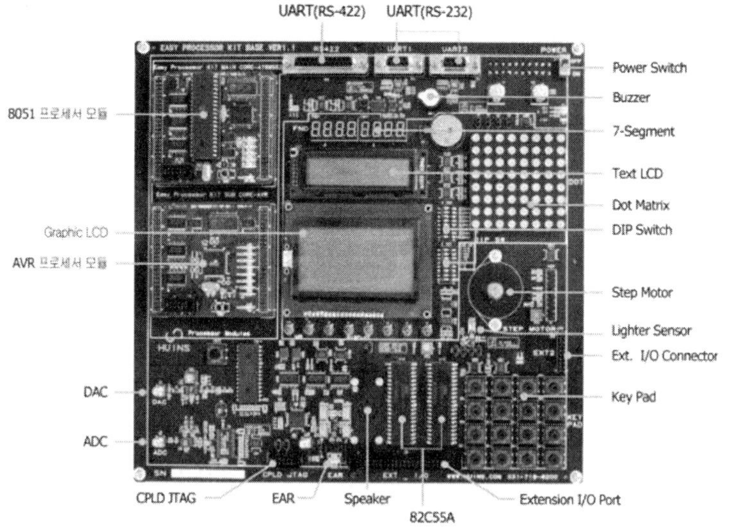

그림 7-5 | BASE 보드 구성

Item	Specification
RS232C	2EA
RS422 Port	1EA
Digital I/O	DIP Switch - 8EA, Tack Switch - 1EA, LED - 8EA
7 Segment	2EA
Key Matrix	16EA (4x4)
Stepping Motor	1EA
A/D Converter	ADC0809 (8bit, 8CH) -1EA
RTC, EEPROM	RTC - 1EA, EEPROM - 1EA
D/A Converter	AD9708 (8bit) - 1EA
DOT Matrix	3 Colors (8x8) - 1EA
Character	16x2 Line - 1EA
Graphic LCD	128X64 Graphic - 1EA
Sensor	Temp. Sensor - 1EA, Light Sensor - 1EA
Extension I/O Port	1EA (82C55-IO확장)
BUZZER	1EA
Speaker	1EA
Case Dimension	530(W) x 350(D) x 215(H) mm

3) CONNECTOR PIN MAP

① J1 CONNECTOR

PIN NO.	NAME	Descpription	PIN NO.	NAME	Descpription
1	VDD5V	DC+5V	26	B_ADDR0	Address0
2	VDD5V	DC+5V	27	B_ADDR1	Address1
3	VDD3.3V	DC+3.3V	28	B_ADDR2	Address2
4	VDD3.3V	DC+3.3V	29	B_ADDR3	Address3
5	B_DATA0	DATA0	30	B_ADDR4	Address4
6	B_DATA1	DATA1	31	B_ADDR5	Address5
7	B_DATA2	DATA2	32	B_ADDR6	Address6
8	B_DATA3	DATA3	33	B_ADDR7	Address7
9	B_DATA4	DATA4	34	B_ADDR8	Address8
10	B_DATA5	DATA5	35	B_ADDR9	Address9
11	B_DATA6	DATA6	36	B_ADDR10	Address10
12	B_DATA7	DATA7	37	B_ADDR11	Address11
13	MICOM51_RX	Serial Receiver	38	B_ADDR12	Address12
14	MICOM51_TX	Serial Transmitter	39	B_ADDR13	Address13

15	NC	No Connection	40	B_ADDR14	Address14
16	NC	No Connection	41	B_ADDR15	Address15
17	NC	No Connection	42	NC	No Connection
18	NC	No Connection	43	NC	No Connection
19	B_nWR	EXT memory Write strobe	44	B_PORT1_4	PORT1.4
20	B_nRD	EXT memory Read strobe	45	NC	No Connection
21	B_nRESET	Reset	46	MICOM51_INT1	EXT Interrupt 1
22	B_ALE	Address latch Enable	47	nRESET	Reset
23	B_nPSEN	Program Store Enable	48	MICOM_INT	EXT Interrupt 1
24	NC	No Connection	49	GND	Ground
25	GND	Ground	50	GND	Ground

② J2 CONNECTOR

PIN NO.	NAME	Descpription	PIN NO.	NAME	Descpription
1	VDD5V	DC +5V	26	B_MICOM_T0	EXT timer 0
2	VDD5V	DC +5V	27	B_MICOM_T1	EXT timer 1
3	VDD3.3V	DC +3.3V	28	B_MICOM_T2	EXT timer 2
4	VDD3.3V	DC +3.3V	29	B_MICOM_T3	EXT timer 3
5	MICOM51_T 0	EXT Timer 0	30	NC	No Connection
6	MICOM51_T 1	EXT Timer 1	31	NC	No Connection
7	PORT1_2	PORT 1.2	32	NC	No Connection
8	PORT1_3	PORT 1.3	33	NC	No Connection
9	PORT1_4	PORT 1.4	34	NC	No Connection
10	NC	No Connection	35	NC	No Connection
11	NC	No Connection	36	NC	No Connection
12	NC	No Connection	37	NC	No Connection
13	NC	No Connection	38	NC	No Connection
14	NC	No Connection	39	NC	No Connection
15	NC	No Connection	40	NC	No Connection
16	NC	No Connection	41	NC	No Connection
17	NC	No Connection	42	NC	No Connection
18	NC	No Connection	43	NC	No Connection

19	NC	No Connection	44	NC	No Connection
20	NC	No Connection	45	NC	No Connection
21	NC	No Connection	46	B51_BUF_DIR	Buffer Direction
22	NC	No Connection	47	B51_EN	Buffer Enable
23	NC	No Connection	48	NC	No Connection
24	NC	No Connection	49	NC	No Connection
25	GND	Ground	50	GND	Ground

③ J9 Connector (External IO PIN MAP - 82C55)

PIN NO.	NAME	Descpription	PIN NO.	NAME	Descpription
1	VDD5V	DC+5V	26	EX1_PORTA0	Device1 82C55 PORTA0
2	EX0_PORTA0	Device0 82C55 PORTA0	27	EX1_PORTA1	Device1 82C55 PORTA1
3	EX0_PORTA1	Device0 82C55 PORTA1	28	EX1_PORTA2	Device1 82C55 PORTA2
4	EX0_PORTA2	Device0 82C55 PORTA2	29	EX1_PORTA3	Device1 82C55 PORTA3
5	EX0_PORTA3	Device0 82C55 PORTA3	30	EX1_PORTA4	Device1 82C55 PORTA4
6	EX0_PORTA4	Device0 82C55 PORTA4	31	EX1_PORTA5	Device1 82C55 PORTA5
7	EX0_PORTA5	Device0 82C55 PORTA5	32	EX1_PORTA6	Device1 82C55 PORTA6
8	EX0_PORTA6	Device0 82C55 PORTA6	33	EX1_PORTA7	Device1 82C55 PORTA7
9	EX0_PORTA7	Device0 82C55 PORTA7	34	EX1_PORTB0	Device1 82C55 PORTB0
10	EX0_PORTB0	Device0 82C55 PORTB0	35	EX1_PORTB1	Device1 82C55 PORTB1
11	EX0_PORTB1	Device0 82C55 PORTB1	36	EX1_PORTB2	Device1 82C55 PORTB2
12	EX0_PORTB2	Device0 82C55 PORTB2	37	EX1_PORTB3	Device1 82C55 PORTB3
13	EX0_PORTB3	Device0 82C55 PORTB3	38	EX1_PORTB4	Device1 82C55 PORTB4
14	EX0_PORTB4	Device0 82C55 PORTB4	39	EX1_PORTB5	Device1 82C55 PORTB5
15	EX0_PORTB5	Device0 82C55 PORTB5	40	EX1_PORTB6	Device1 82C55 PORTB6
16	EX0_PORTB6	Device0 82C55 PORTB6	41	EX1_PORTB7	Device1 82C55 PORTB7
17	EX0_PORTB7	Device0 82C55 PORTB7	42	EX1_PORTC0	Device1 82C55 PORTC0
18	EX0_PORTC0	Device0 82C55 PORTC0	43	EX1_PORTC1	Device1 82C55 PORTC1
19	EX0_PORTC1	Device0 82C55 PORTC1	44	EX1_PORTC2	Device1 82C55 PORTC2
20	EX0_PORTC2	Device0 82C55 PORTC2	45	EX1_PORTC3	Device1 82C55 PORTC3

21	EX0_PORT C3	Device0 82C55 PORTC3	46	EX1_PORTC 4	Device1 82C55 PORTC4
22	EX0_PORT C4	Device0 82C55 PORTC4	47	EX1_PORTC 5	Device1 82C55 PORTC5
23	EX0_PORT C5	Device0 82C55 PORTC5	48	EX1_PORTC 6	Device1 82C55 PORTC6
24	EX0_PORT C6	Device0 82C55 PORTC6	49	EX1_PORTC 7	Device1 82C55 PORTC7
25	EX0_PORT C7	Device0 82C55 PORTC7	50	GND	Ground

(4) 어드레스 디코더 (CPLD) 구성

① 어드레스 디코딩

대부분의 마이크로프로세서를 이용한 시스템에는 CPU 외에 ROM ,RAM, 7Segment, LCD, LED, I/O 등의 주변소자들이 있다. 이런 주변소자들은 CPU와 공통 버스로 연결되어 있다. 이런 공통 버스를 충돌하지 않게 하기 위해 어드레스 디코딩을 하여 주변 소자들의 선택 신호를 만들게 된다.

어드레스 디코더 역할을 EasyProcessor KIT에서는 CPLD를 사용하여 구성되어 있다.

이제 어드레스 디코딩을 통한 선택신호 (ChipSelcect)를 만들어 메모리 영역을 잡는 방법에 대해 알아본다.

상위 어드레스를 이용한 2000H ~ 2FFFH 메모리 영역

메모리 주소 값이 아래 표와 같을 경우 설정되는 메모리 영역을 살펴보자.

A15	A14	A13	A12	A11-A0
0	0	1	0	X

최상위 값이 A15=0, A14=0, A13=1, A12=0이고 A11-A0은 X (don't care)이므로 만약 A11-A0이 모두 0이면 2000H가 선택되어지는 것이고, A11-A0이 모두 1이면 2FFFH가 선택되어진 것이다.

따라서 A15=0, A14=0, A13=1, A12=0이고 A11-A0이 X이면 2000H ~ 2FFFH 영역이 되는 것이다.

상위 어드레스를 이용한 4000H ~ 4FFFH 메모리 영역

메모리 주소 값이 아래 표와 같을 경우 설정되는 메모리 영역을 살펴보자.

A15	A14	A13	A12	A11-A0
0	1	0	0	X

최상위 값이 A15=0, A14=1, A13=0, A12=0이고 A11-A0은 X (don't care)이므로 만약 A11-A0이 모두 0이면 4000H가 선택되어지는 것이고, A11-A0이 모두 1이면 4FFFH가 선택되어진 것이다. 따라서 A15=0, A14=1, A13=0, A12=0이고 A11-A0이 X이면 4000H ~ 4FFFH 영역이 되는 것이다.

하위 어드레스를 이용한 4002H, 4004H, 4008H 메모리 영역

메모리 영역 어드레스에 대하여 보면

A15	A14	A13	A12	A11-A4	A3	A2	A1	A0
0	1	0	0	0	0	0	1	0

최상위 값이 A15=0, A14=1, A13=0, A12=0이고 A11-A4은 X (don't care)이므로 만약 A11-A0이 모두 0이면 4000H가 선택되어지는 것이고, A1이 1이면 4002H가 선택되어진 것이고 A2가 1이면 4004H가 선택되어진 것이고, A3이 1이면 4008H 영역이 선택되어진 것이다.

이로써 쉽게 메모리 영역을 선택하여 선택신호 (Chip Select)를 줄 수 있는 것을 알 수 있다.

Xlinx사의 CPLD_XC9572XL 어드레스 디코더의 구성은 아래와 같다.

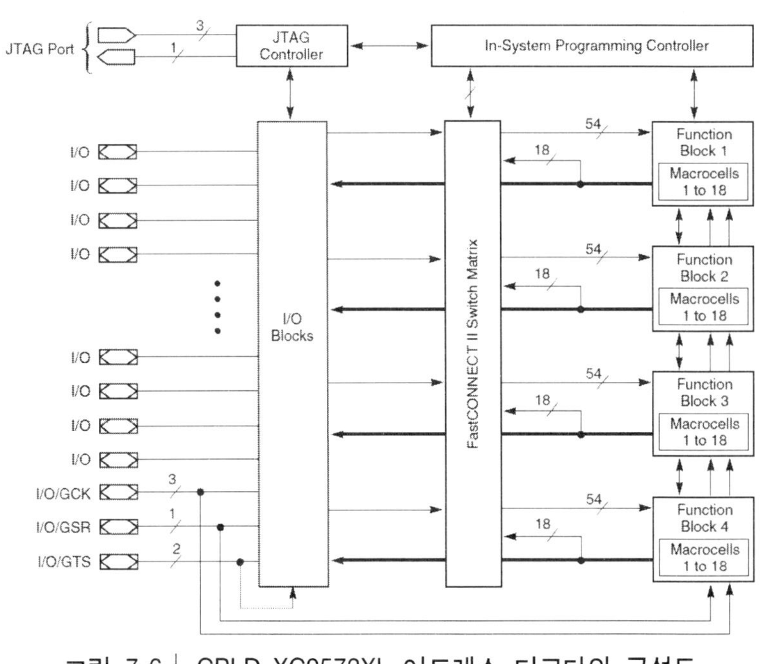

그림 7-6 | CPLD_XC9572XL 어드레스 디코더의 구성도
(Function 블록의 출력이 I/O 블록을 직접 구동 시킴)

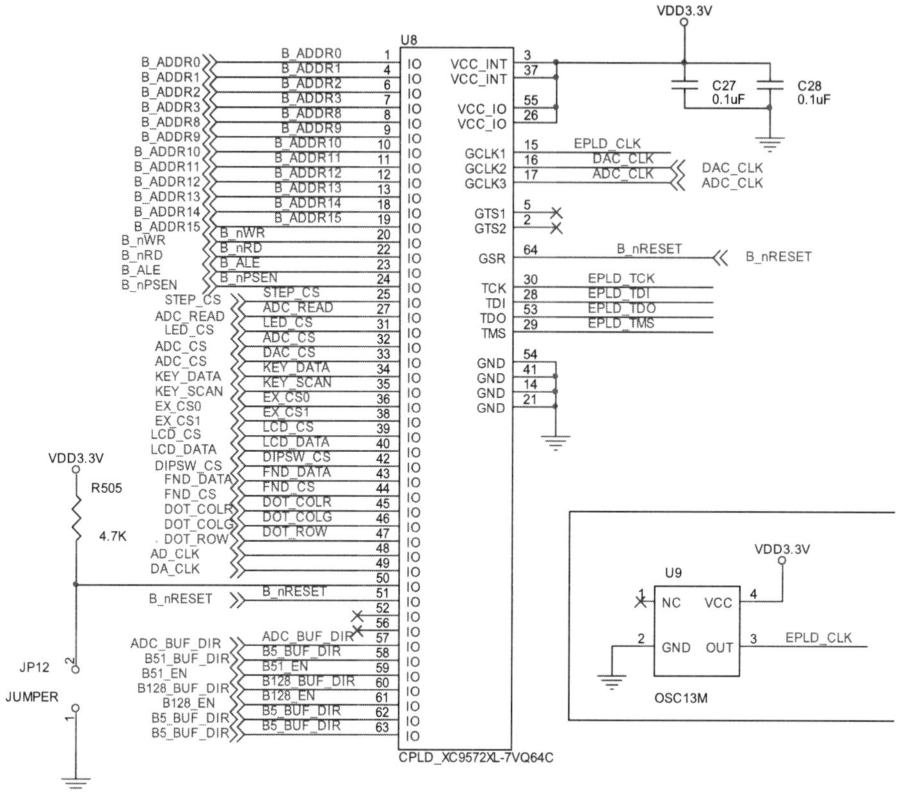

그림 7-7 | EasyProcessor KIT의 CPLD_XC9572XL 어드레스 디코더의 연결도

IO ADDRESS MAP

외부메모리IO	MEMORYMAP	MEMO
STEPMOTOR_CS	0x4000	
LED_CS	0x4800	
ADC_CS	0x4C00	
DAC_CS	0x5000	
KEY_DATA	0x5400	
KEY_SCAN	0x5800	
EX_CS0(82C55)	0x5C00	
EX_CS1(82C55)	0x6000	
LCD_CS(CONTROL)	0x6400	
LCD_DATA	0x6800	
FND_DATA	0x6C00	
FND_CS	0x7000	
DOT_COLG	0x7400	

DOT_COLR	0x7800	
DOT_ROW	0x7C00	
DIP_SW_CS	0x8000	

2. 개발 환경

1) KEIL 컴파일러 소개

① uVision IDE

uVision IDE는 강력한 에디터, 프로젝트 매니저, make 유틸리티로 구성된 윈도우 기반 소프트웨어 개발 플랫폼이다. uVision은 C컴파일러, 어셈블러, linker, library 매니저, 그리고 Object-HEX Converter를 포함하는 전체 Keil 툴들을 지원한다. uVision은 아래와 같은 기능들을 제공함으로써 개발과정을 단축시킨다.

- 특정 마이크로컨트롤러에 대한 개발툴들을 구성하는 디바이스 database
- 사용자의 프로젝트를 생성하고 관리해주는 프로젝트 매니저
- 사용자의 임베디드 어플리케이션을 어셈블, 컴파일, 링킹하는 통합 make 유틸리티
- 모든 개발툴 설정을 위한 대화 상자
- 완전한 기능을 갖춘 소스코드 에디터
- 공통 텍스트 시퀀스나 헤더블록을 삽입하는데 사용할 수 있는 템플릿 에디터
- 사용자의 어플리케이션에서 데이터와 코드 오브젝트를 빠르게 위치시키고 분석하는 소스 브라우저
- 온-라인 도움말과 마이크로컨트롤러 데이터 시트와 사용자 가이드에 대한 링크
- 프로그램에서 함수들을 빠르게 찾아가는 함수 브라우저
- 소스 파일 내부를 보는 방법을 제어하는 함수 아웃라이닝
- uVision 시뮬레이터와 타겟 디버거의 완벽한 통합
- 구성 마법사는 MCU 스타트-업 코드와 구성 파일들에 대한 그래픽한 편집 기능을 제공한다.
- 파일과 소스 코멘트/언코멘트에서 찾기와 같은 내장된 유틸리티들
- 소프트웨어 버전 제어와 서드-파티 유닐리티들에 대한 구성 가능 인터페이스
- Keil ULINK USB-JTAG 어댑터와 같은 flash 프로그래밍 유틸리티 uVision Debugger

uVision 디버거 (Professional Developer's kit에서 이용 가능함)는 uVision IDE에 완벽히 통합되어 있다. 이것은 아래와 같은 기능들을 제공한다.

· 다양한 스텝 모드로 C 소스 레벨 혹은 어셈블리 레벨 프로그램 실행
· 엑세스와 복잡한 breakpoint를 포함하는 다중 breakpoint 옵션들.
· 메모리, 변수, 그리고 MCU 레지스터를 변경하고 볼 수 있는 윈도우.
· 프로그램 호출 트리를 리스트해주는 CallStack 윈도우
· 온-칩 마이크로컨트롤러 주변장치들의 상세한 상태를 보기위한 주변장치 대화상자들.
· 디버거 명령 엔트리와 C와 유사한 스크립트 랭귀지를 위한 명령 프롬프트
· 프로그램 실행시간을 기록하는 실행 프로파일링
· 안정성에 민감한 어플리케이션 테스트를 위한 Code Coverage 통계
· 변수값과 매 I/O 시그널을 표시하고 기록해주는 Logic Analyzer

uVision 디버거는 Simulator 모드와 Target 모드 두가지 동작모드를 제공한다.

Simulator 모드는 uVision 디버거를 명령어와 온-칩 주변장치들을 포함하는 타겟 시스템을 정확하게 시뮬레이터하는 Software-only product로 구성된다. 이것은 하드웨어를 이용할 수 있기 전에 어플리케이션 코드 테스트가 가능하게 하고 사용자에게 빠르고 신뢰성있는 임베디드 소프트웨어 개발을 위한 상당한 이점을 제공한다.

· 시뮬레이션은 하드웨어가 없이 사용자의 데스크탑에서 소프트웨어 테스트를 가능하게 한다. 초기에 기본 기능에 대한 소프트웨어 디버깅은 전체 소프트웨어 신뢰성을 향상시킨다.
· 시뮬레이션은 하드웨어 디버거에서 불가능한 breakpoints를 가능하게 한다.
· 시뮬레이션은 최적의 입력 시그널들을 제공한다.(하드웨어 디버거는 부가적인 노이즈가 더해진다.)
· 시그널 처리 알고리즘을 통한 single stepping이 가능하다. 외부 시그널들은 MCU가 정지하면 멈추게 된다.
· 하드웨어 주변장치들을 망가뜨릴 수 있는 Failure 시나리오가 쉽게 체크된다.

Target 모드는 uVision 디버거를 실제 하드웨어에 연결한다. 아래와 인터페이스하는데 이용할 수 있는 몇가지 타겟 드라이버들이 있다.

· 모든 ARM (EmbeddedICE) 디바이스들과 몇몇 8051, XC16x, 그리고 C16x 디바이스들에서 이용할 수 있는 온-칩 디버깅 시스템과 연결하는 ULINK · JTAG/OCDS 어탭터.
· 많은 evaluation board들에서 사용될 수 있거나 사용자 하드웨어와 함께 통합될 수 있는 Monitor.
· 타겟 하드웨어의 MCU 핀들에 연결되는 에뮬레이터
· 기본적인 테스트 함수들을 제공하고 사용자 어플리케이션 프로그램의 일부가 되는 In-System Debugger.

어셈블러는 MCU 명령들을 사용해서 프로그램을 작성하게 해준다. 이것은 속도가 중요한 곳, 작은 코드 크기와 하드웨어 제어가 필수적인 곳에서 사용된다. Keil 어셈블러는 소스레벨, 심볼릭 디버깅과 매크로 처리와 같은 강력한 기능들을 지원하면서 심볼릭 어셈블러 랭귀지 니모닉을 실행 가능한 기계어 코드로 변환한다. 어셈블러는 어셈블리 소스 파일들을 재배치 가능한 오브젝트 모듈들로 변환하고 심볼 테이블과 상호 참조를 갖는 리스팅 파일을 선택적으로 생성할 수 있다. 완전한 라인 넘버, 심볼 그리고 타입 정보가 생성된 오브젝트 파일에 쓰여진다. 이 정보는 디버거에서 프로그램 변수들을 정확하게 표시할 수 있다. 라인 넘버는 uVision 디버거나 다른 서드-파티 디버깅 툴에서 소스 레벨 디버깅을 위해 사용된다.

Keil 어셈블러는 몇가지 다른 매크로 프로세서 타입 (아키텍쳐에 따라)들을 지원한다.

· Standard Macro Processor는 사용하기 더 쉬운 매크로 프로세서이다. 이것은 사용자가 다른 많은 어셈블러에서 사용되거나 호환 가능한 syntax를 사용하는 어셈블리 프로그램에서 매크로를 정의하거나 사용할 수 있게 한다.
· Macro Processing Language 혹은 MPL은 인텔 ASM-51 매크로 프로세서와 호환 가능한 스트링 치환 기능이다. MPL은 문자열이나 숫자처리와 같은 유용한 동작을 수행하는 미리 정의된 매크로프로세서 함수들을 가진다.

매크로는 공통 시퀀스들이 단지 한번만 개발되면 되기 때문에 개발과 유지보수 시간을 절약한다. 어셈블러 매크로 프로세서의 다른 강력한 기능은 사용자의 어셈블리 프로그램에서 명령어 라인 지시어나 혹은 심볼들에 따른 조건 어셈블리이다. 모드 섹션의 조건 어셈블리는 가장 간결한 코드가 가능하도록 도움을 줄 수 있다. 이것은 또한 사용자가 단일 어셈블리 소스 파일로부터 다른 어플리케이션을 생성할 수 있게 한다.

Keil ANSI C 컴파일러는 8051, 251, C16x와 ARM 아키텍쳐를 위한 빠르고, 작은 코드를 생성하도록 디자인되었다. 어셈블리 프로그래밍의 속도와 효율성에 필적한 오브젝트 코드를 만들 수 있다. C와 같은 상위 레벨 언어를 사용하는 엔지니어에게 어셈블리 언어 프로그래밍에 비해 많은 이점을 제공한다.

· 프로세서 명령어 셋의 지식이 필요하지 않다. 아키텍쳐에 대한 이해가 요구된다. (그러나 반드시 필요한 것은 아니다.)
· 레지스터 할당과 다양한 메모리 타입과 메모리 타입에 대한 주소 지정과 같은 상세한 내용은 컴파일러에 의해 관리된다.
· 프로그램은 정규 구조체 (C 프로그래밍 언어에 의해 규정된)를 받아들이고 분리된 함수들로 나뉘어질 수 있다. 이것은 전체 어플리케이션 구조를 더 좋게 만들 뿐 아니라 소스 코드 재사용에 기여한다.
· 특정 동작에 따른 변수 선택을 결합하는 능력은 프로그램 가독성을 개선시킨다.
· 인간의 생각 과정과 닮아있는 키워드와 동작 함수들이 사용될 수 있다.
· 소프트웨어 개발과 디버깅 시간이 극적으로 줄어든다
· C 런-타임 library는 출력형식, 부동 소수점 연산, 숫자변환과 같은 많은 표준 루틴들을 포함한다.
· 이미 존재하고 있는 프로그램 부분이 모듈라 프로그램 구성 기술에 의해 새로운 프로그램으로 쉽게 포함될 수 있다.
· C 언어는 대부분 시스템에서 쉽게 구할 수 있고 광범위한 지원을 받을 수 있는 매우 이식성이 높은 언어이다. (ANSI 표준에 기반한 언어) 존재하고 있는 프로그램은 필요할 때 다른 프로세서로 빠르게 적용될 수 있다.

② KEIL 설치

Keil 개발 툴을 PC에 설치하고 제대로 동작하기 위해서는 PC의 하드웨어와 소프트웨어가 아래의 최소 요건을 만족하여야 한다.

· A Standard PC running Microsoft Windows 2000,XP,or 2003,
· 128MB RAM (512MB recommended),
· 100MB of available hard-disk space,
· 1024x768 or higher screen resolution,
· A Mouse or other pointing device,
· And a CD-ROM drive.

Keil 제품은 CD-ROM 혹은 www.keil.com/demo 에서 Evaluation 버전을 다운로드 받아 사용할 수 있다. CD-ROM을 이용하여 제품(Evaluation 버전이나 정품)의 설치할 경우는 자동설치 혹은 직접 CD-ROM에서 setup.exe를 실행시킨 뒤 CD 브라우저 메뉴에서 Install Product & Updates를 선택하고 setup 프로그램의 지시에 따라 설치한다. www.keil.com/demo에서 다운로드 받은 경우는 다운로드 한 실행파일을 실행한 후 아래 그림과 같이 setup 프로그램의 지시를 따른다.

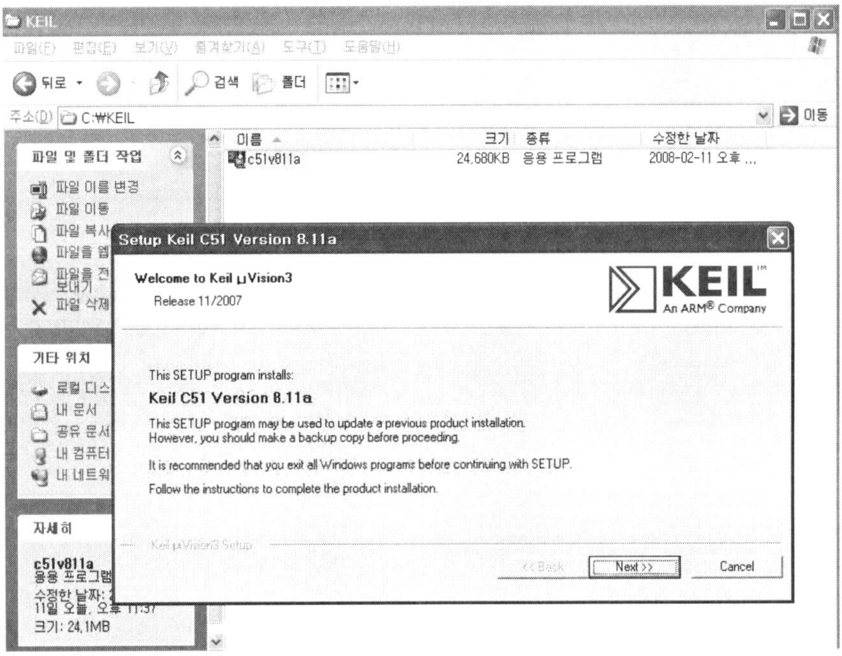

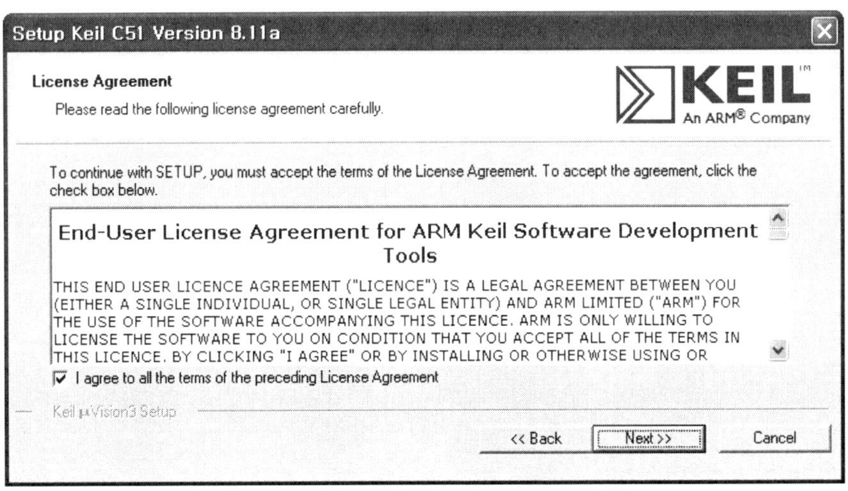

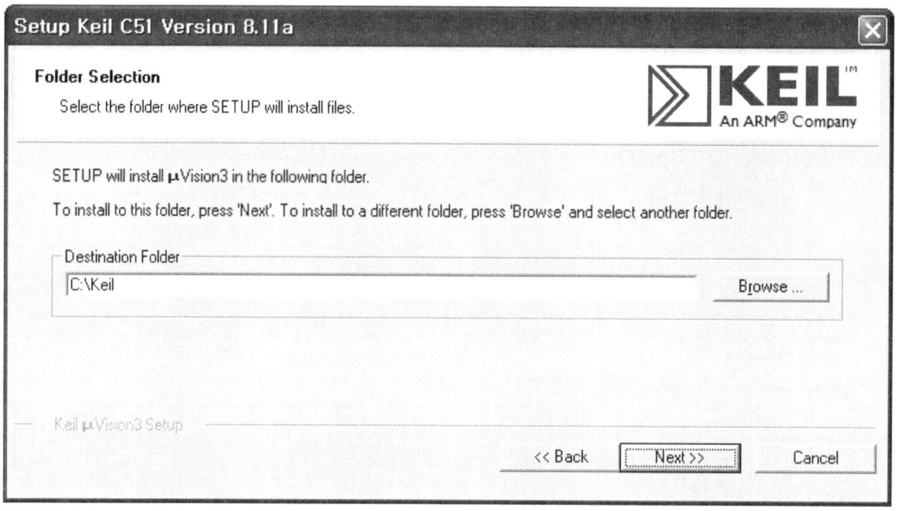

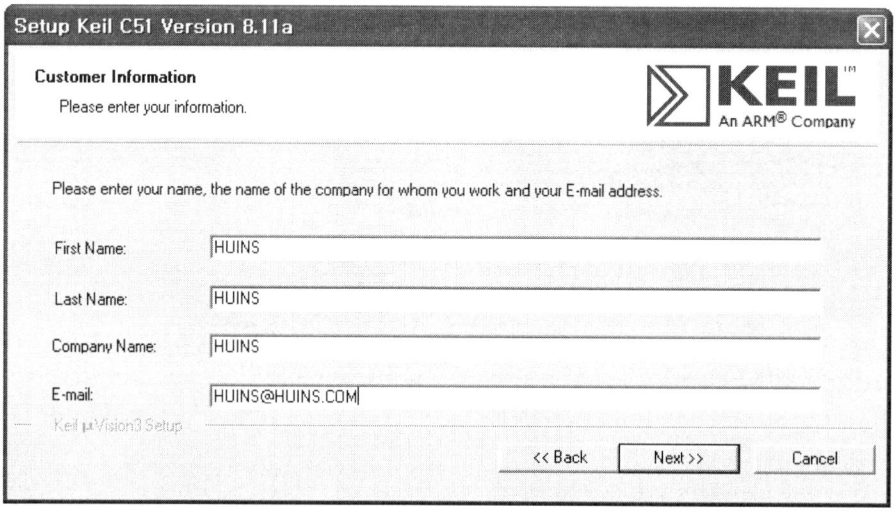

2) ISP Downloader 사용 방법

① ISP Downloader용 프로그램 설치

1) AVR Studio 프로그램과 서비스팩 1을 다운로드 받아서 AVRStudio (aStudio460.exe)를 먼저 설치하고 서비스팩 (aStudio4.12SP460.exe)를 설치한다. EasyProcessor KIT에서 제공되는 CD를 사용해서 설치해도 된다.
2) 먼저 aStudio460.exe를 실행시키면 아래과 같은 화면이 나오는데 Next 버튼을 클릭한다.

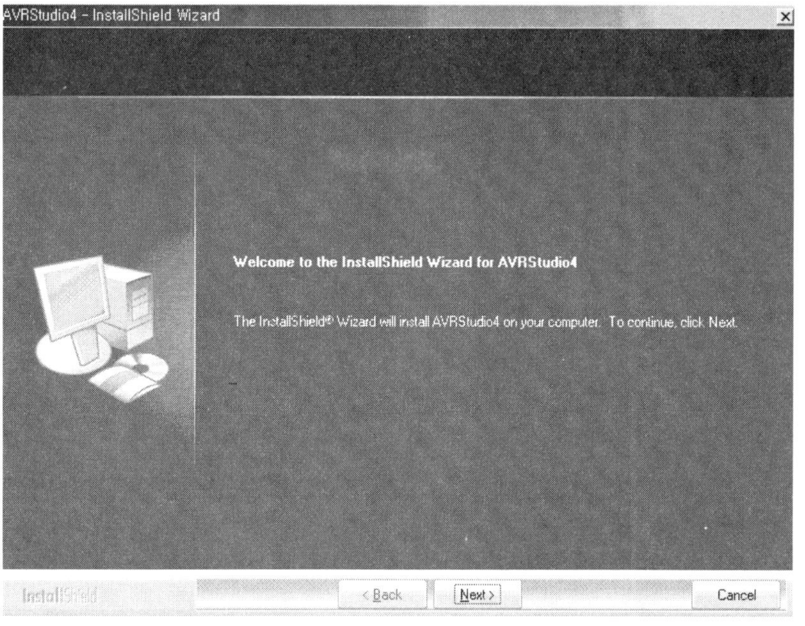

3) 다음 화면에서 "Iaccept..."를 선택하고 Next 버튼을 클릭한다.

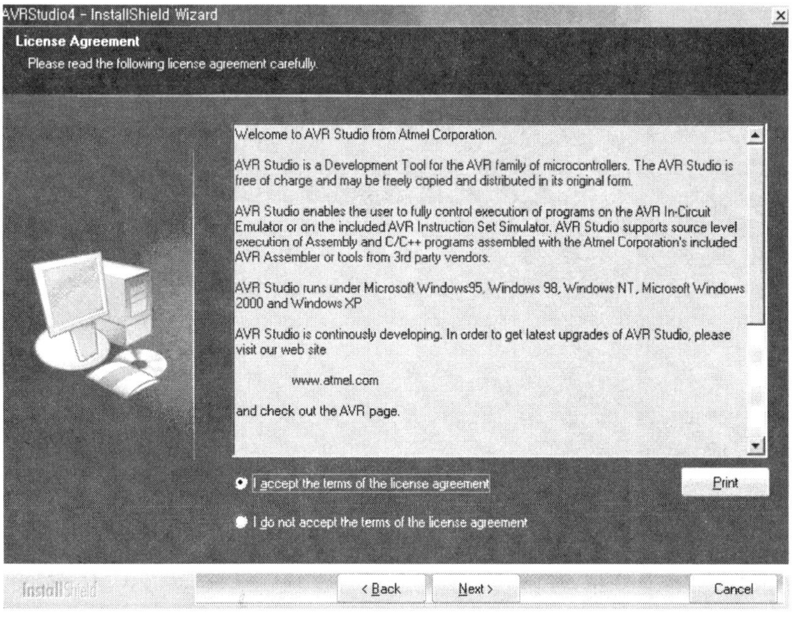

4) 설치를 원하는 폴더를 선택하고 Next버튼을 클릭한다

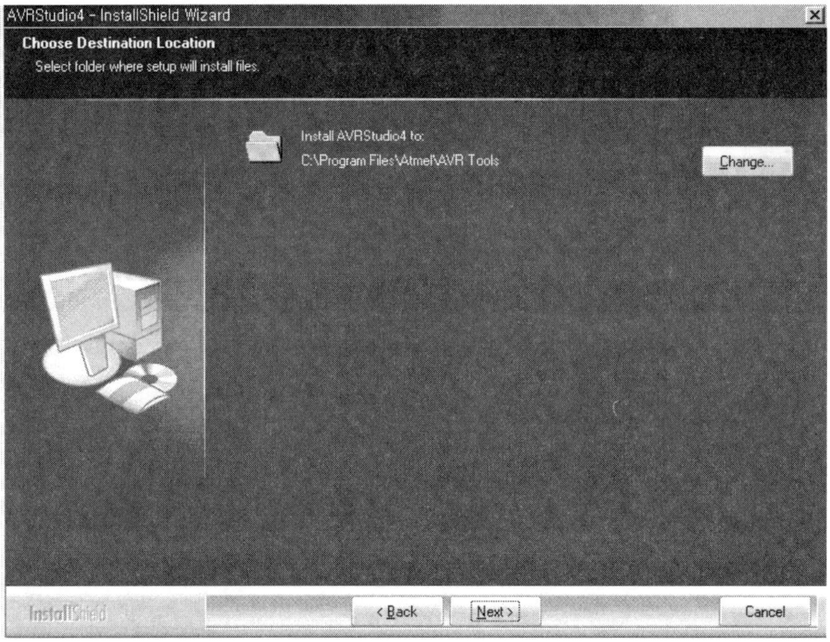

5) Next 버튼을 클릭한다.

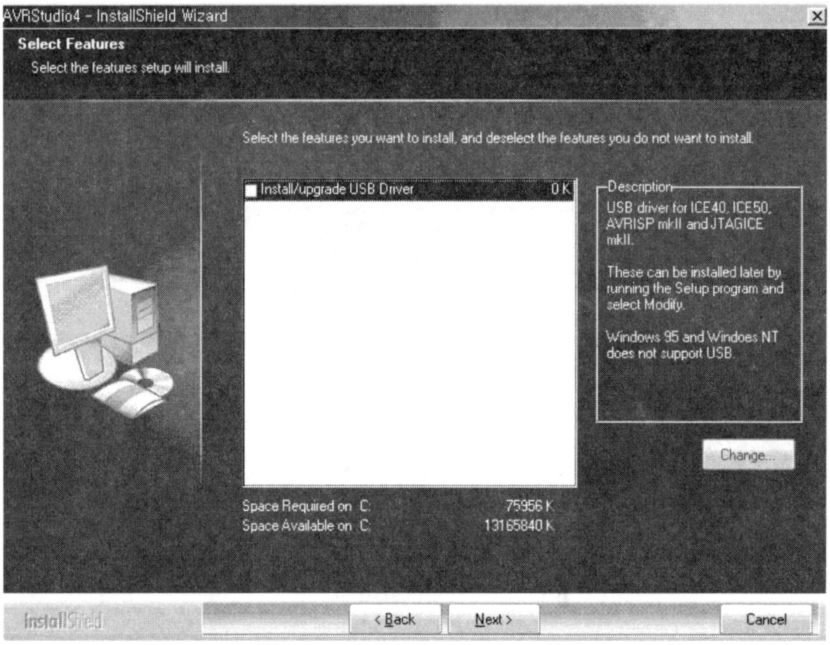

6) Install 버튼을 클릭하면 프로그램 설치가 진행되고 완료된다.

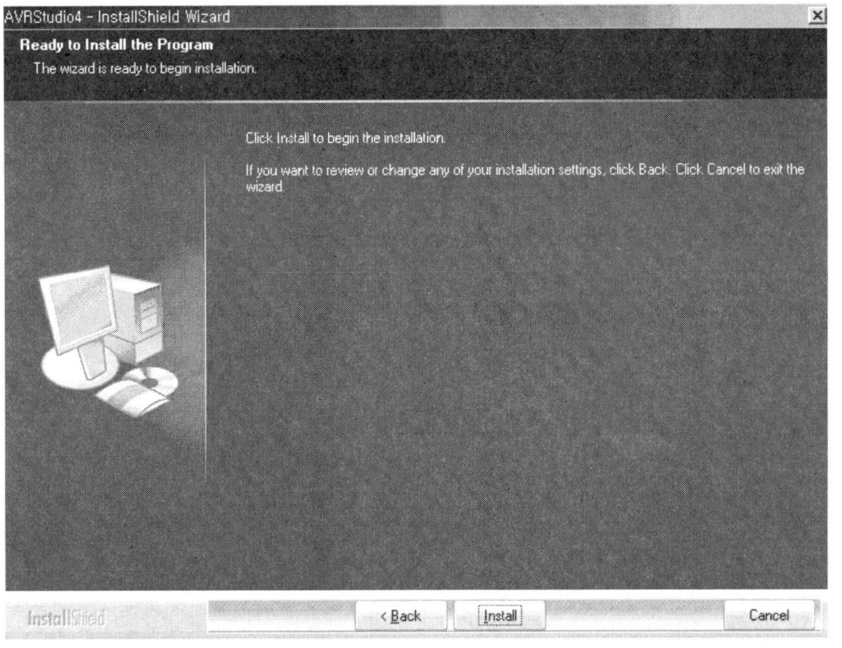

7) Finish 버튼을 클릭하면 프로그램 설치가 완료되고 컴퓨터가 다시 재부팅 된다

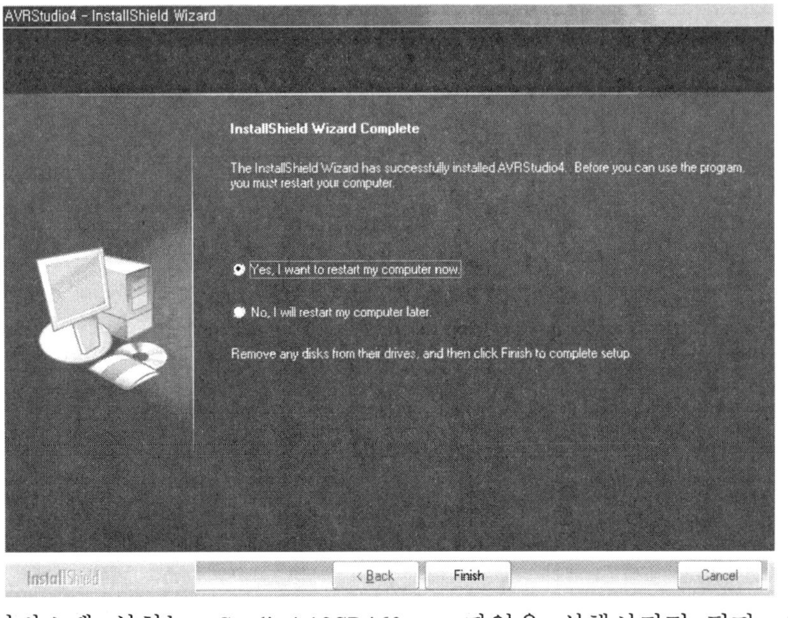

8) 서비스팩 설치는 aStudio4.12SP460.exe 파일을 실행시키면 된다. 아래와 같은 화면이 나오는데 Next 버튼을 클릭하면 서비스팩이 설치되기 시작한다.

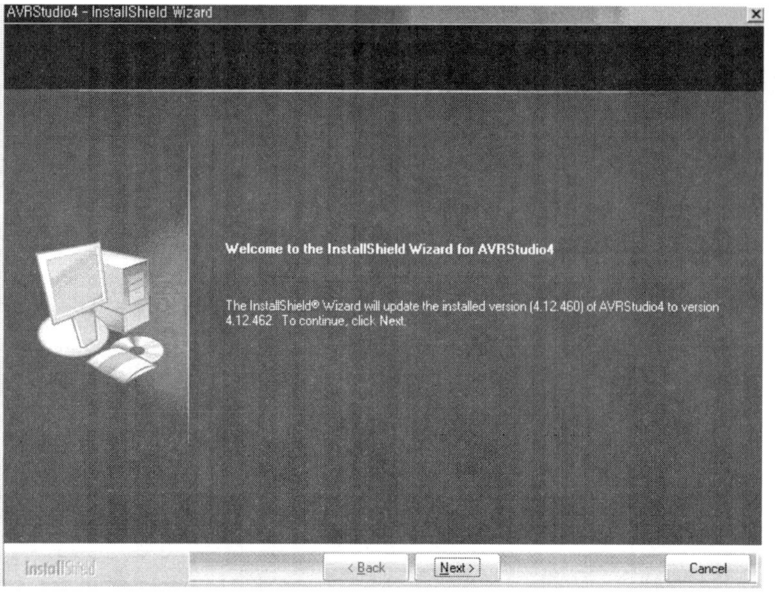

9) 서비스팩1 설치가 완료되면 아래와 같은 화면이 나오는데 Finish 버튼을 클릭하면 모든 프로그램 설치가 완료된다.

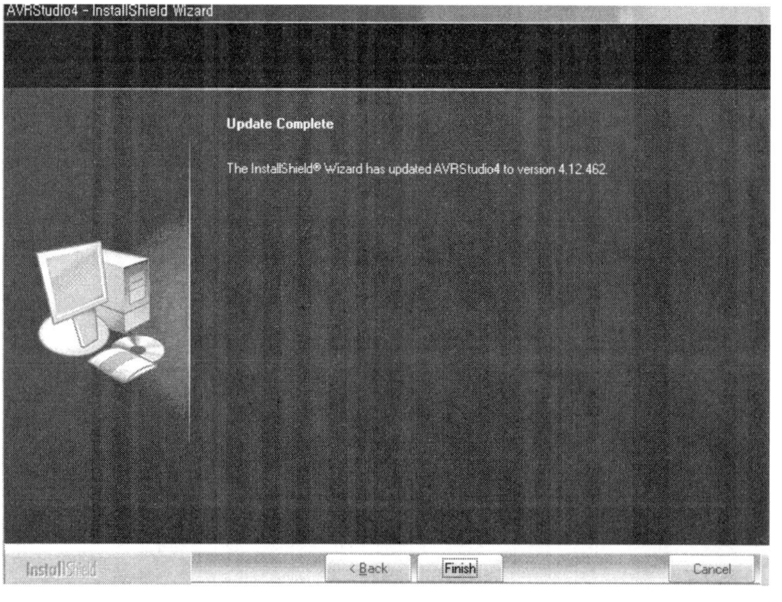

10) ISP 동글을 사용하여 드라이버를 설치한다. 동글을 USB 포트에 꽂으면 하드웨어 인식을 하여 드라이버 설치를 새로 해야 한다. 아래 그림과 같이 ISP 동글을 꽂으면 하드웨어 인식이 되어 하드웨어 마법사가 실행된다.

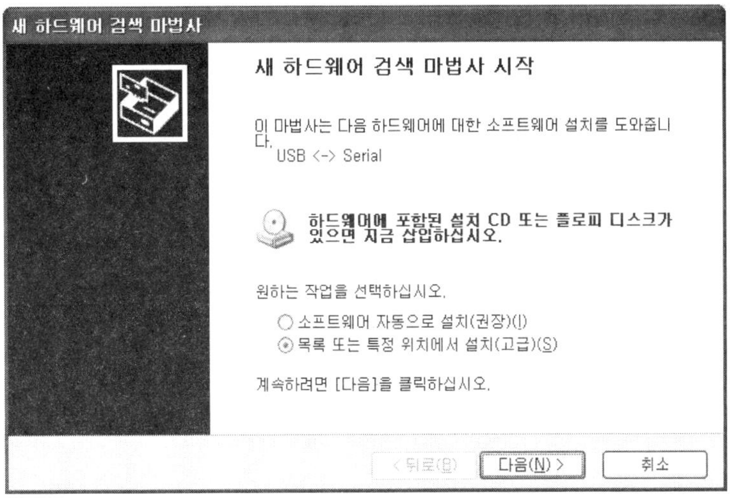

하드웨어 드라이버를 직접 선택할 수도 있고 검색란을 선택하여 드라이버를 설치할 수 있다.

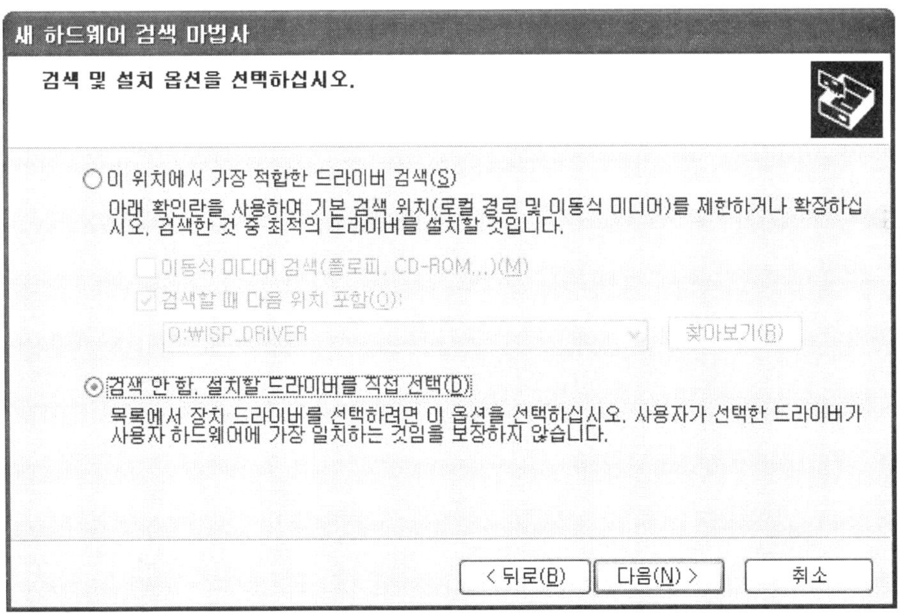

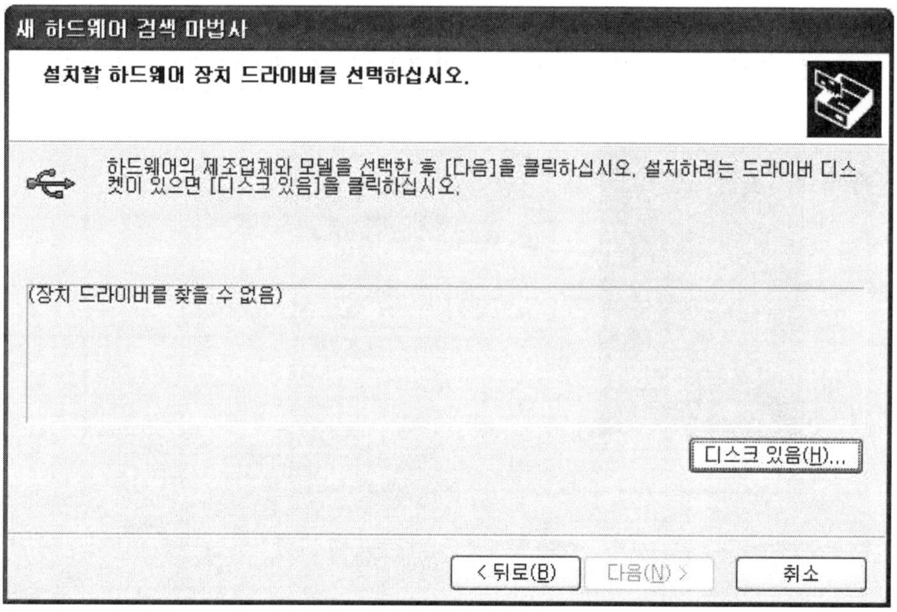

위 그림과 같이 드라이버 장치를 찾을 수 없다면 '디스크 있음'에 폴더를 선택해주면 된다.

드라이버를 FTDIBUS.INF를 선택하여 드라이버를 설치한다.

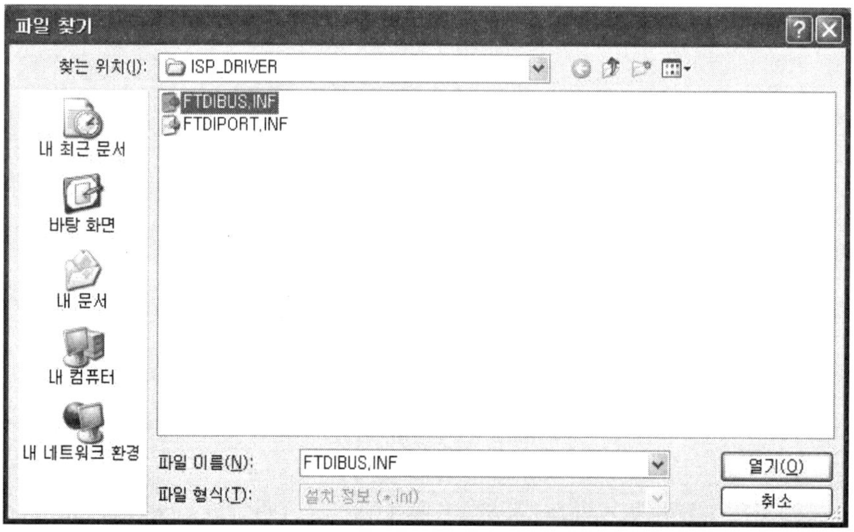

아래 그림과 같이 USB Serial Converter라는 장치 드라이버를 선택하고 다음을 누르면 설치가 시작된다.

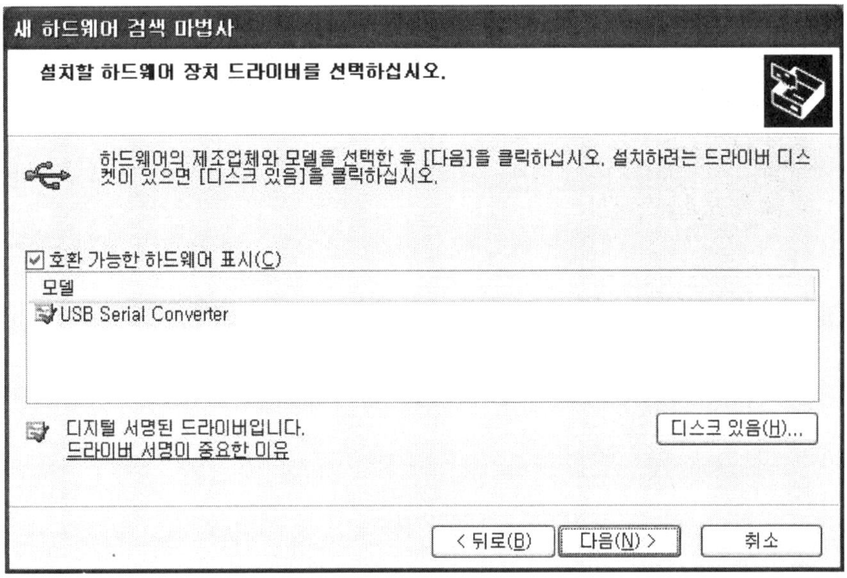

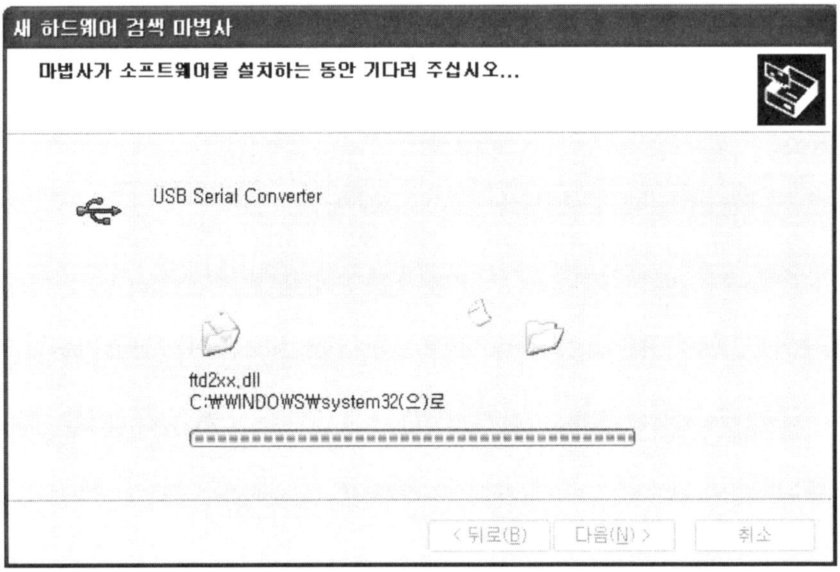

설치가 완료된 이후부터는 설치가 자동으로 된다.

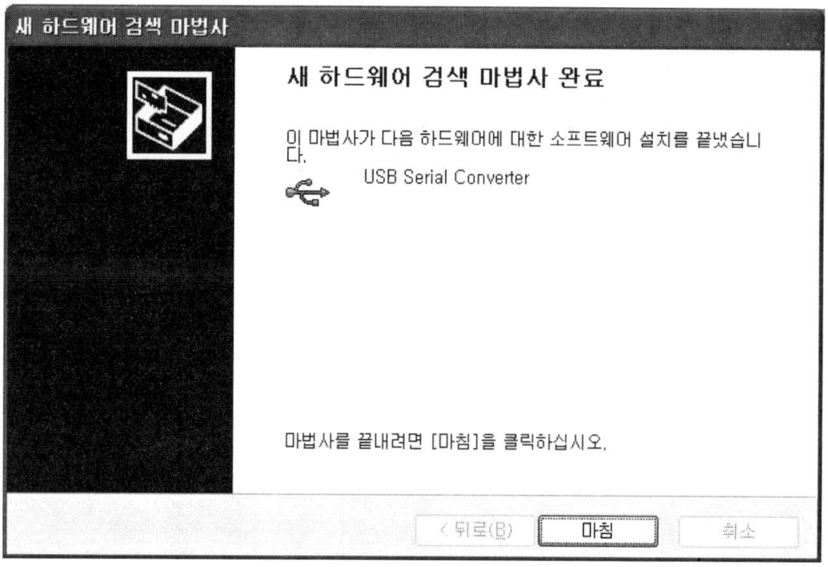

② **ISP 프로그램을 사용 이미지 다운로드**

우선 ISP Port의 Serial Port의 번호를 확인해야 한다. 시스템에서 하드웨어 정보에서 장치 관리자를 선택한다.

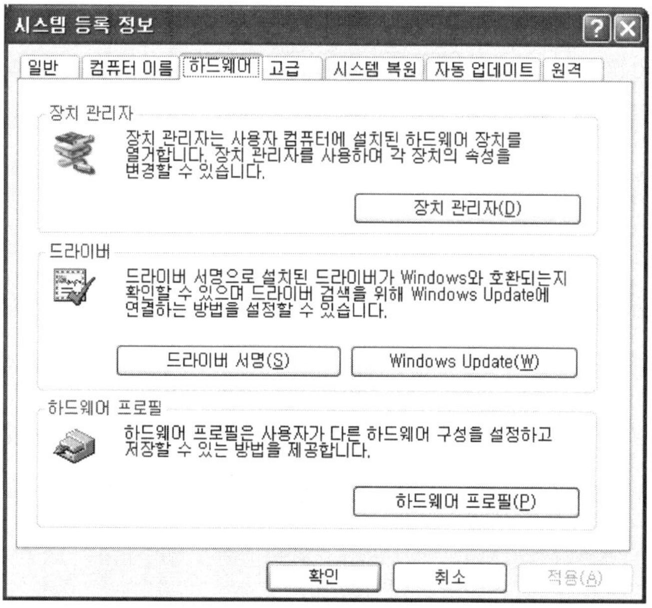

포트(COM 및 LPT)를 확인하면 USB Serial Port (COM5)로 되어 있다. COM 포트 번호를 확인한다.

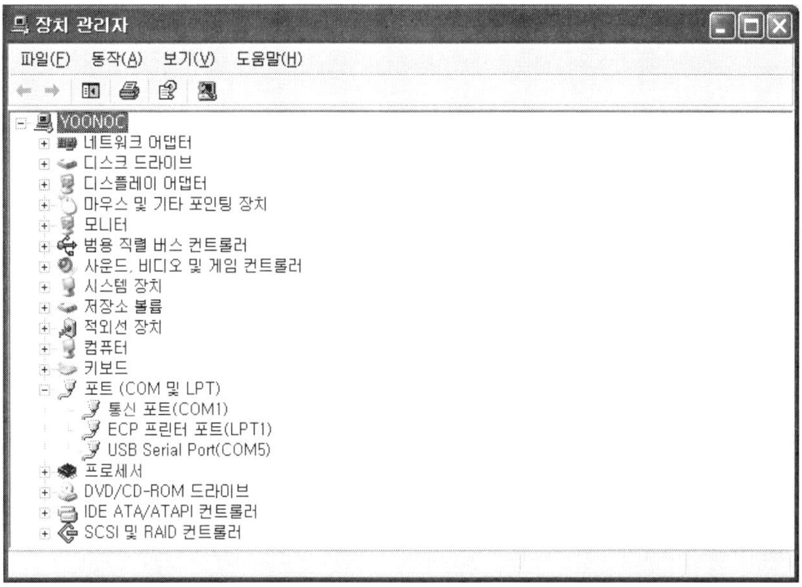

AVR Studio에서 Connect에서 STK500 or AVRISP와 COM5를 선택하고 Connect 버튼을 누른다.

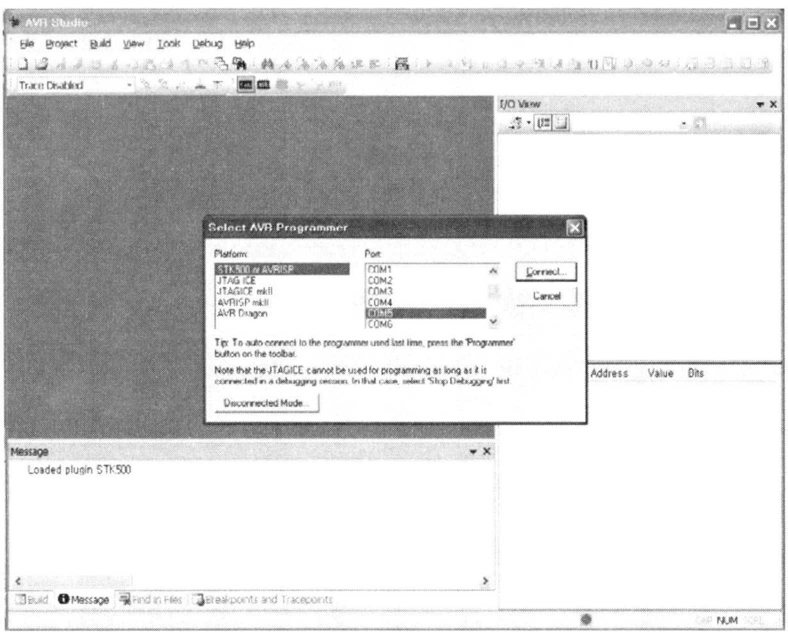

주의해야 할 사항은 EasyProcessor KIT에 연결해야만 아래 그림과 같이 연결이 되어 Firmware Ugrade 메시지가 나온다. 반드시 취소를 눌러주길 바란다.

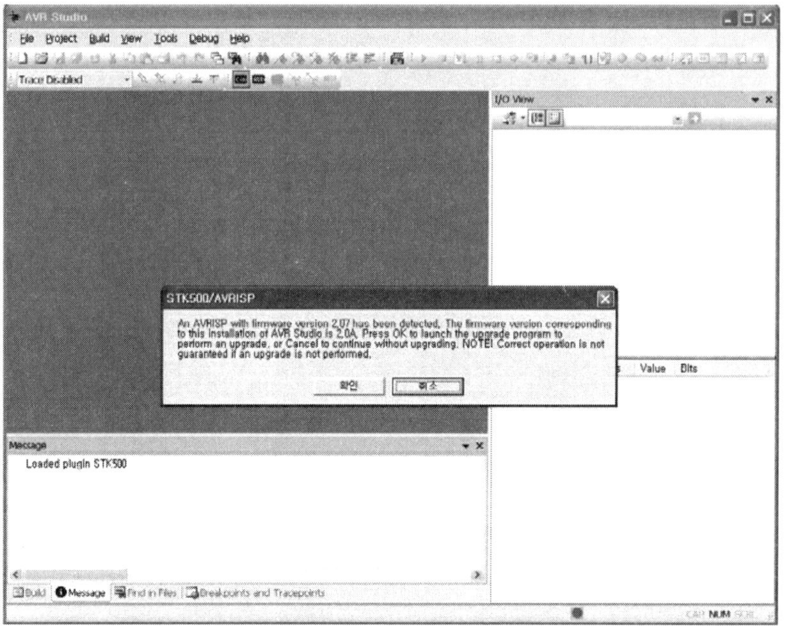

Device에서 AT89S52를 선택하고 Flash 항목에서 폴더를 검색하여 다운로드할 이미지를 찾아 넣는다.

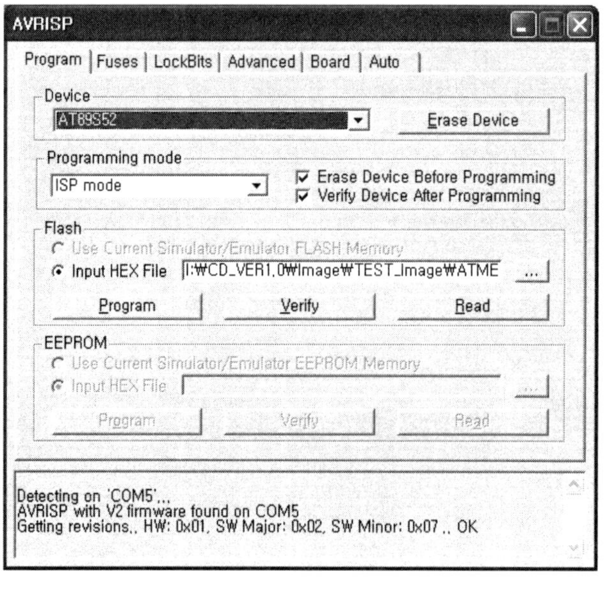

LockBits 항목은 Mode1로 해놓으면 된다.

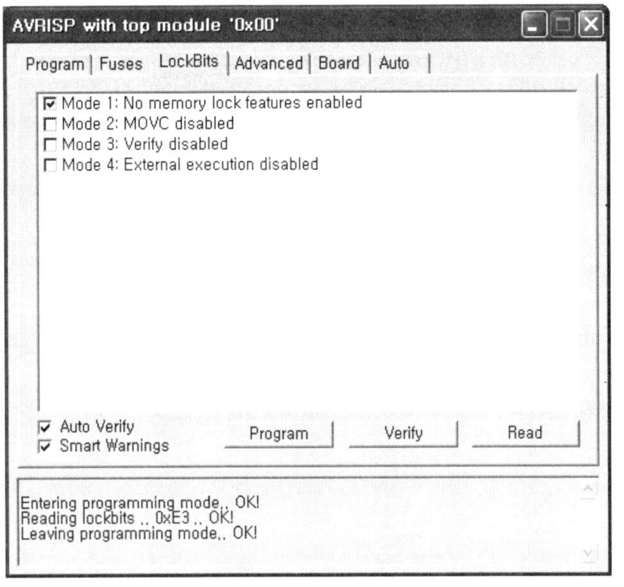

Program 항목으로 다시 돌아와서 Program 버튼을 누르면 다운로드가 시작된다

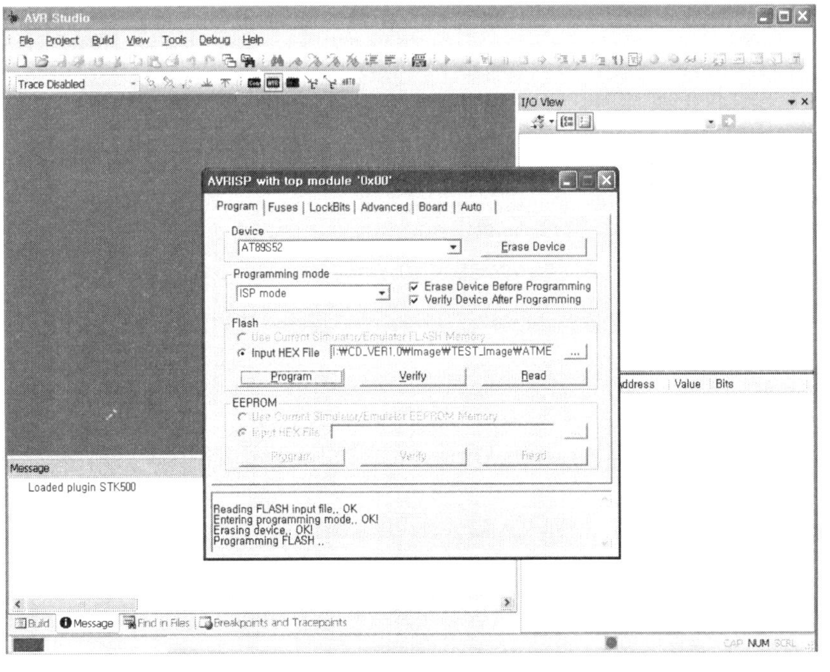

아래와 같이 Leaving programming mode..OK! 가 되면 이미지가 정상적으로 다운로드된 것이다.

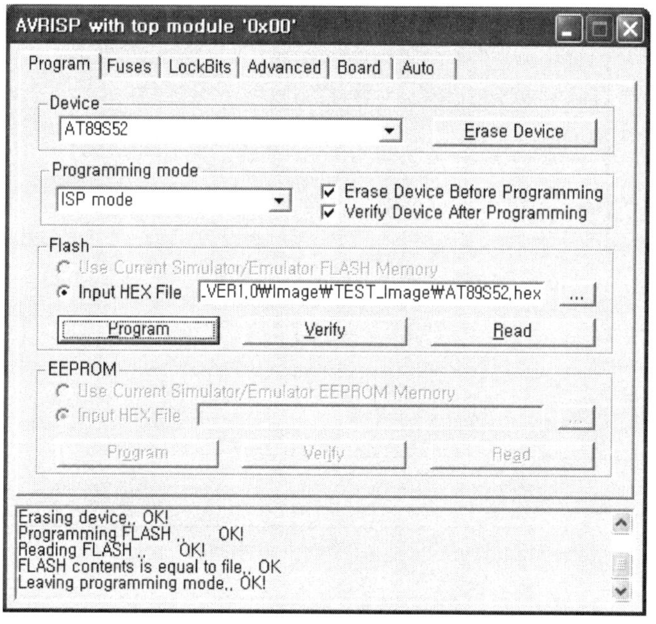

3. KEIL uVision Debug 툴

1) KEIL uVision Debug 환경 설정

KEIL을 사용하여 컴파일하여 빌드된 이미지는 Debug를 사용할 수 있으며 Debug는 모드에는 두가지가 있는데 Easy Processor KIT에서는 Debug Simulator만 사용하도록 한다. 아래 그림에서 Target1의 왼쪽 마우스를 클릭하면 Option for Target이 나오는데 이것을 클릭하면 Option 창이 나타난다.

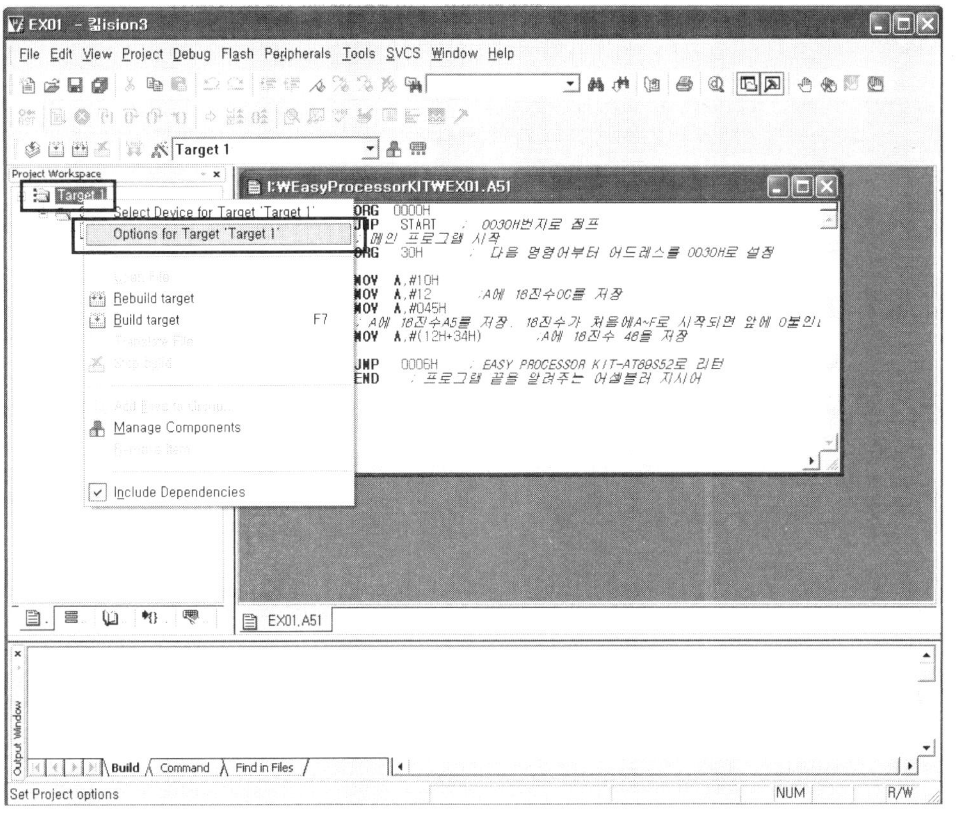

Option 창에서 아래그림에서 Debug를 선택해주면 다음과 같은 그림이 나오는데 Use Simulator를 선택해주면 된다.

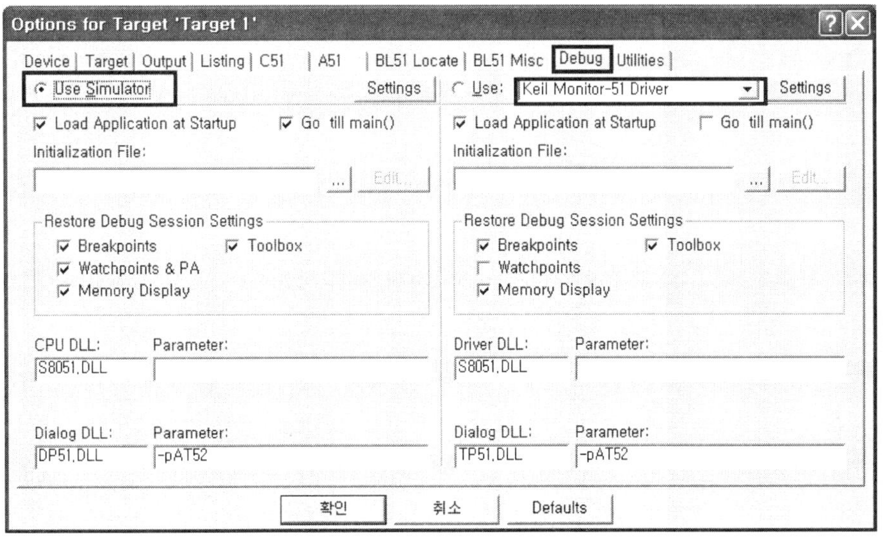

실습예제를 통해 Debug 사용법을 다음으로 알아보도록 하겠다.

[실습예제] 아래 명령을 실행하는 코드를 만들어 보고 Debug 환경에서 결과값을 알아본다.

```
MOV  A, #10H
MOV  A, #12
MOV  12H, #10H
MOV  13H, A
MOV  A, #045H
MOV  A, #(12H+34H)
```

2) 실행방법 및 결과

① 프로젝트 생성 및 코드 작성

KEIL C51 uVision에서 아래 그림과 같이 새로운 프로젝트을 생성한다.

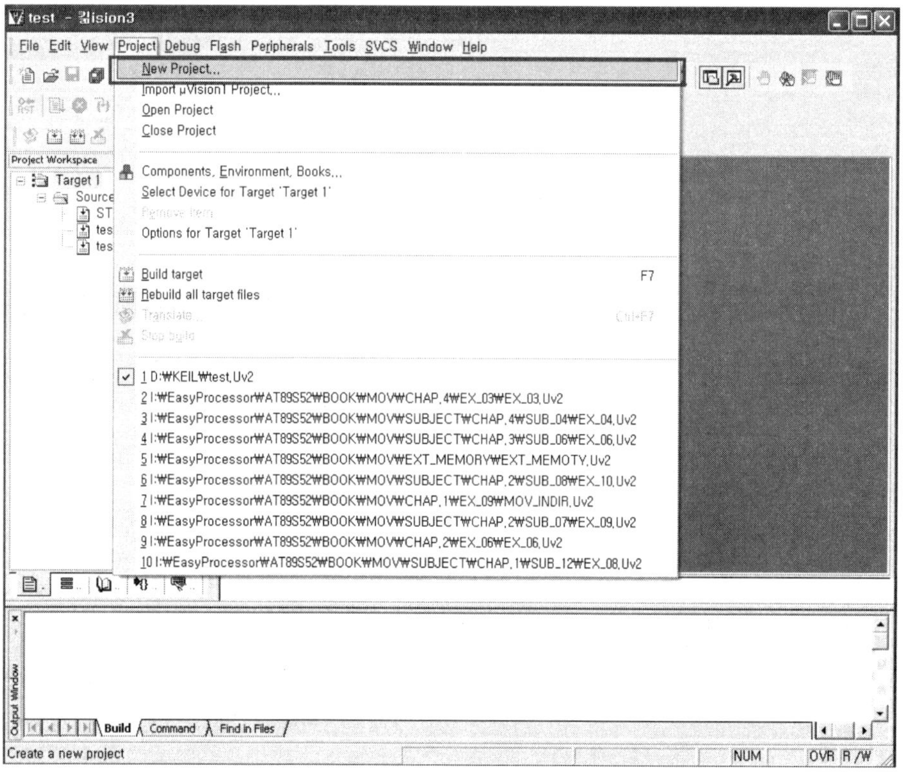

새로운 프로젝트명을 입력하면 된다.

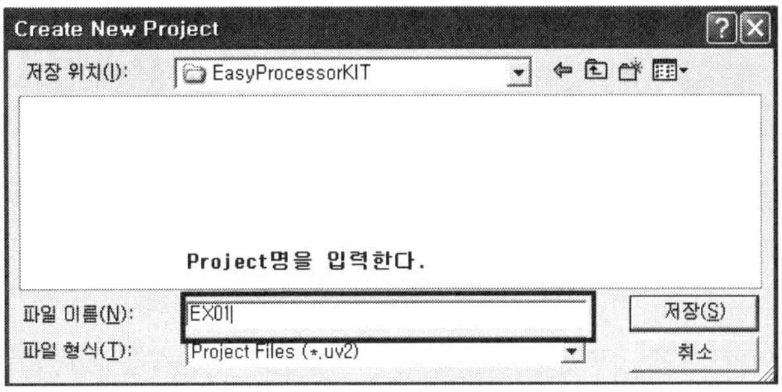

새로운 프로젝트명을 입력하고 저장하면 다음과 같이 Select Device for Target 'Target1'이 나오는데 여기서 Easy Processor KIT에서 사용되는 Atmel AT89S52를 선택해주면 된다.

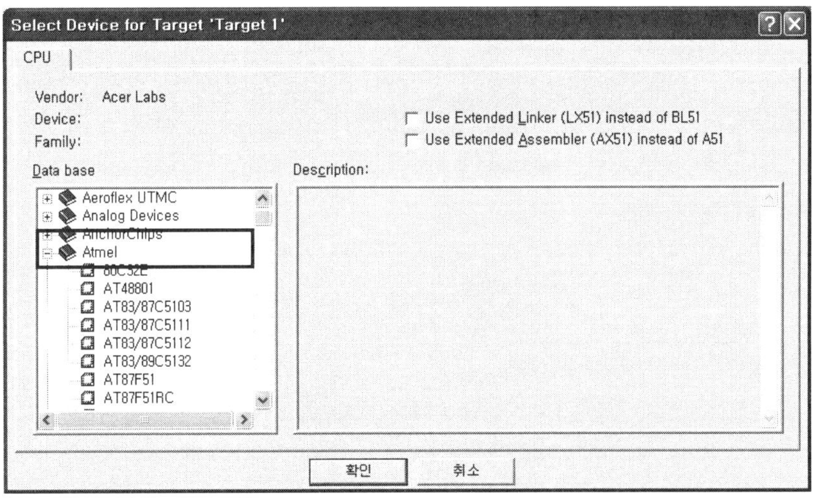

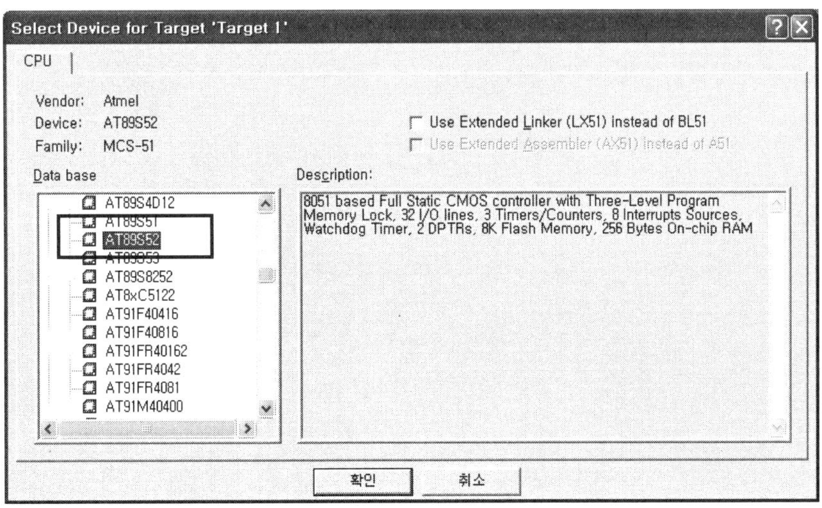

AT89S52를 선택하고 확인을 누르면 아래와 같이 Startup Code 추가를 선택하는 메시지 창이 나오는데 본 교재에서는 사용하지 않으므로 아니오를 선택한다.

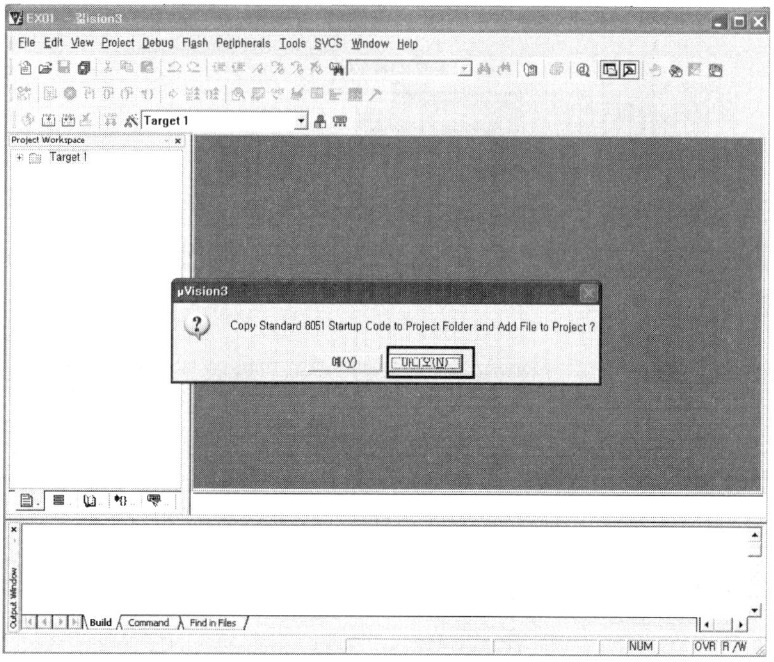

New File을 눌러 새로운 파일을 연다.

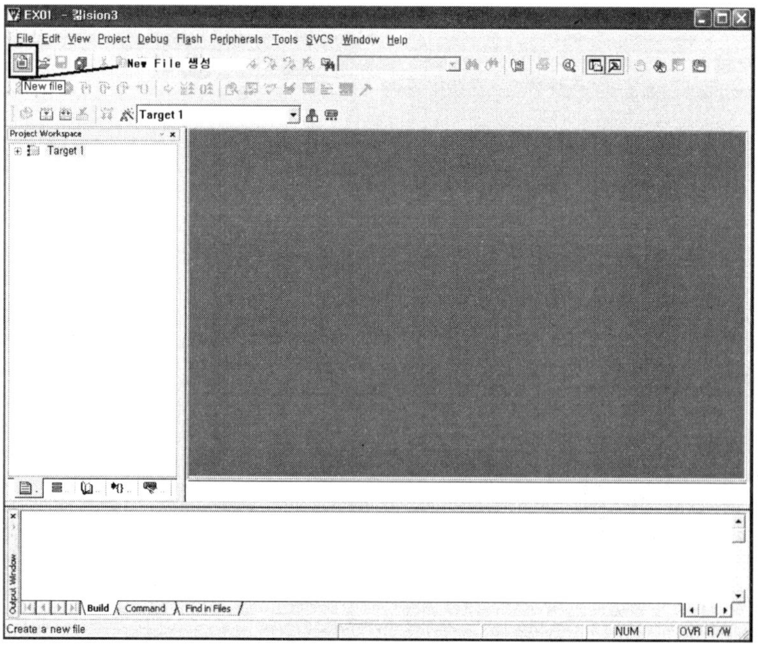

아래와 같이 Text1이라는 파일이 나오게 된다.

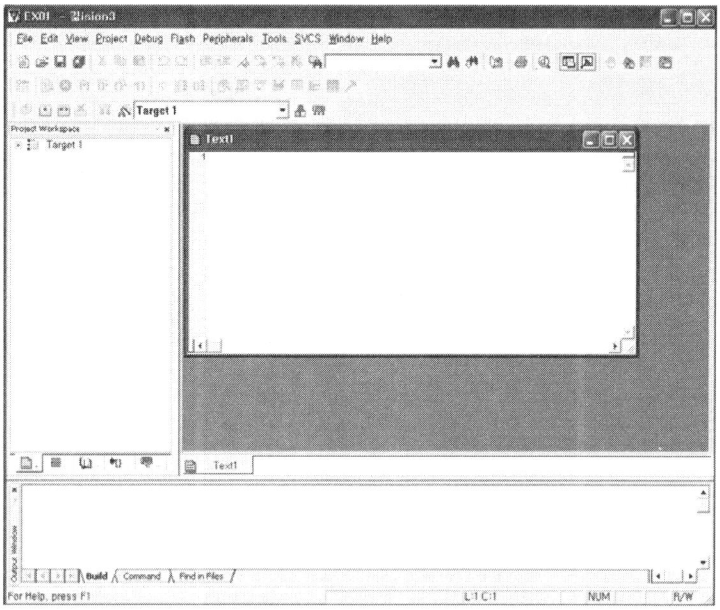

아래와 같이 Save File을 눌러주면 Save As 창이 나오는데 EX01.A51이라고 어셈블리어 코드로 저장한다.

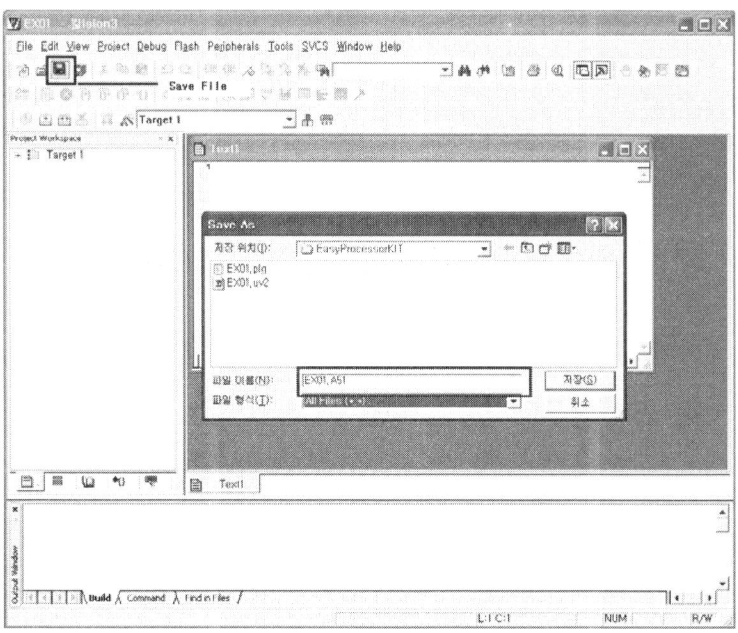

파일을 저장하면 코드를 프로젝트 안에 포함시켜야 하는데 아래 그림과 같이 왼편 Source Group1 항목에서 오른쪽 마우스를 누르면 풀다운 메뉴가 나오는데 Add Files to Group 'Source Group1'을 눌러주면 EX01.A51 파일이 프로젝트 안에 포함되게 된다. 이제부터 실습에 대한 코드를 작성하게 되면 된다.

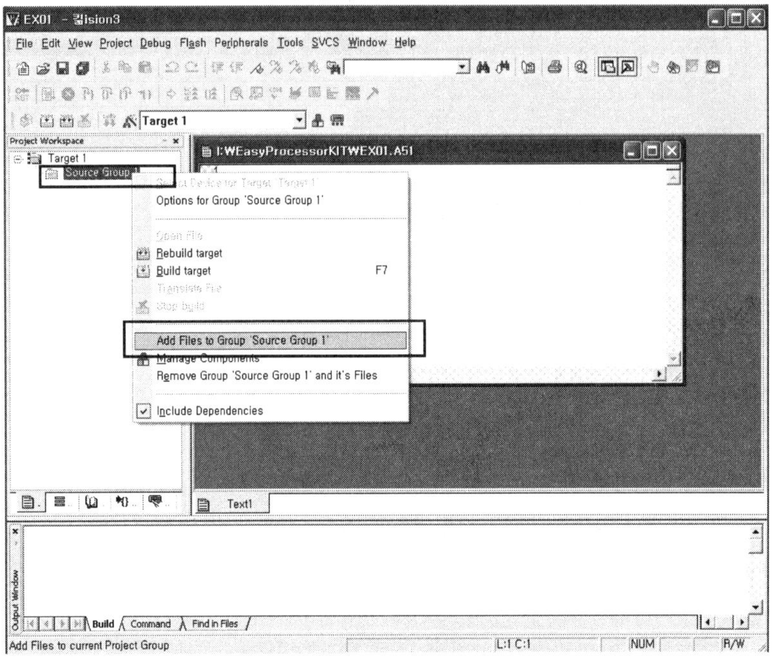

어셈블리어 소스를 선택하여 주면 EX01.A51이라는 파일이 보일 것이다. 선택하면 코드가 프로젝트 안에 포함될 것이다.

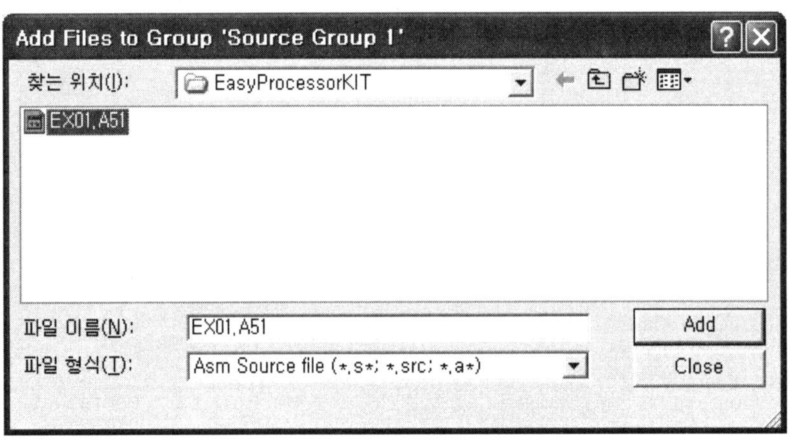

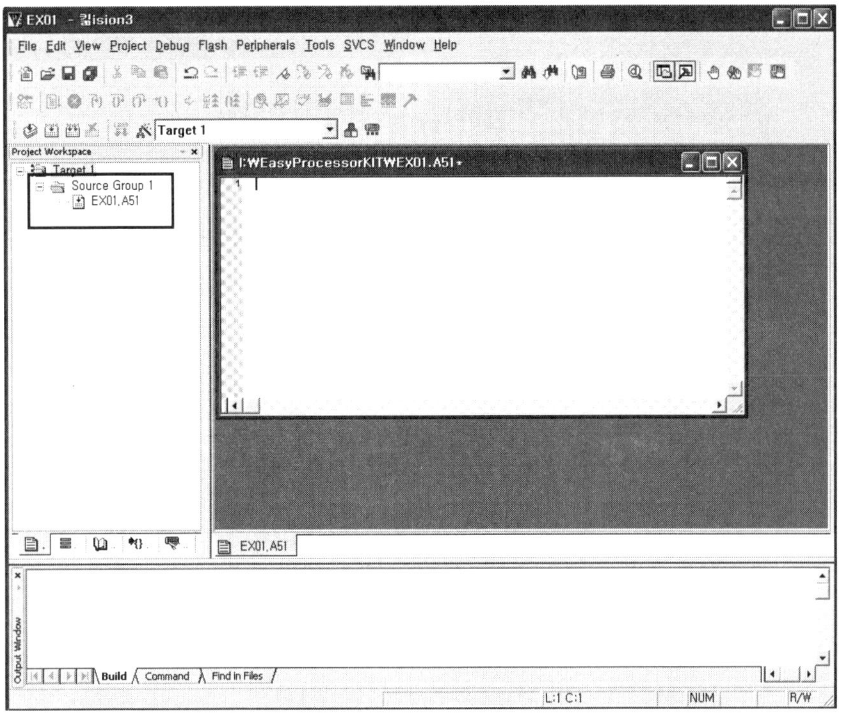

코드를 아래와 같이 작성하여 EX01.A51로 저장한다.

[실습예제]

```
        ORG   0000H
        JMP    START                ; 0030H번지로 점프
        ; 메인 프로그램 시작
        ORG    30H                  ; 다음 명령어부터 어드레스를 0030H로 설정

START:          MOV   A, #10H
        MOV   A, #12                ;A에 16진수0C를 저장
        MOV   12H, #10H
        MOV   13H, A
        MOV   A, #045H
        ; A에 16진수A5를 저장. 16진수가 처음에A~F로 시작되면 앞에 0붙인다
        MOV   A, #(12H+34H)        ; A에 16진수 46을 저장
        JMP    0006H                ; EASY PROCESSOR KIT-AT89S52로 리턴
        END                         ; 프로그램 끝을 알려주는 어셈블러 지시어
```

다음과 같이 코드를 작성하여 저장하면 된다.

아래 그림과 같이 저장하면 된다. 이상과 같이 코드작성까지 알아보았다.

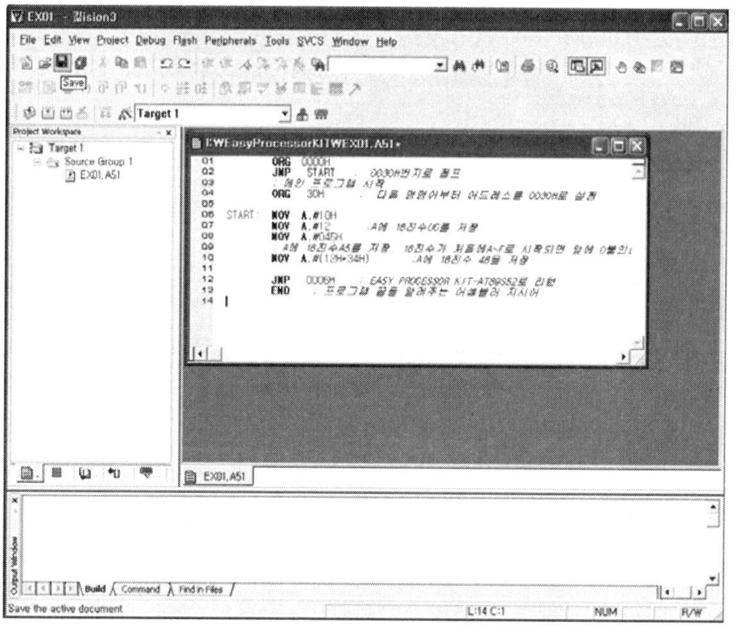

② Compile 및 빌드

Debug 환경에서 결과값을 확인하려면 빌드까지 해주면 된다

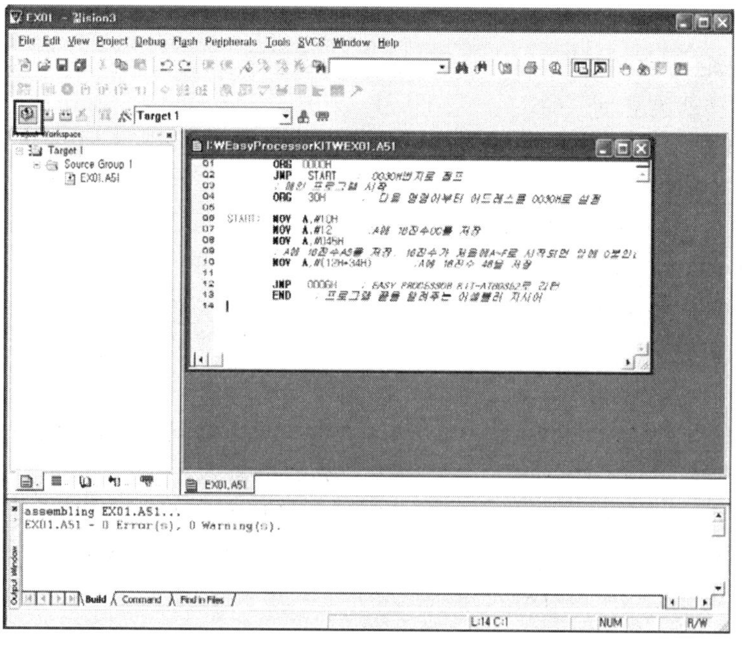

아래 그림에 표시된 빌드 표시를 눌러 빌드를 하면 컴파일까지 되므로 이제부터 빌드만을 사용한다. 다시 빌드를 하려면 앞의 아이콘을 눌러주기 바란다.

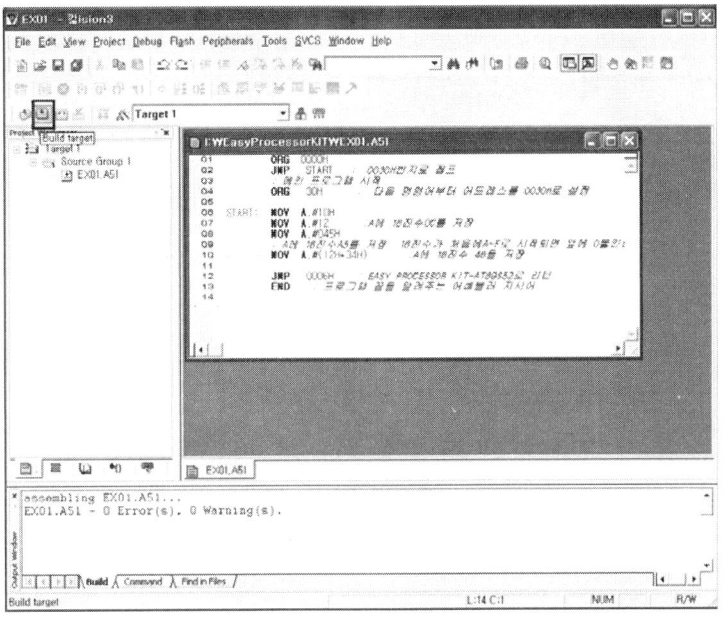

이제부터는 컴파일 및 빌드는 Rebuild all target files라는 다음의 아이콘을 사용하여 빌드를 해준다.

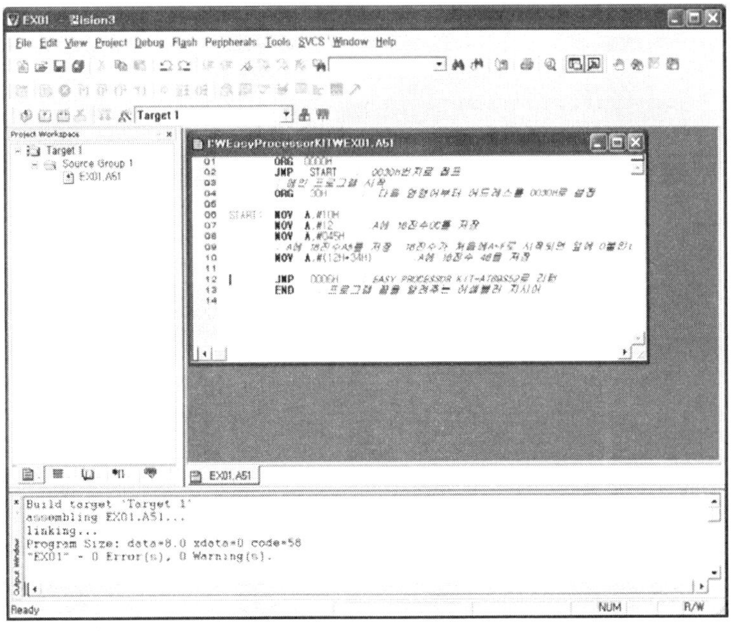

③ **디버그를 사용하여 결과값을 확인**

디버그를 사용하기 위해 세팅을 해주기 위해서는 왼편 Target1에서 오른 쪽 마우스를 클릭하면 아래와 같이 창이 나타나는데 Option for Target 'Target1'을 선택해준다.

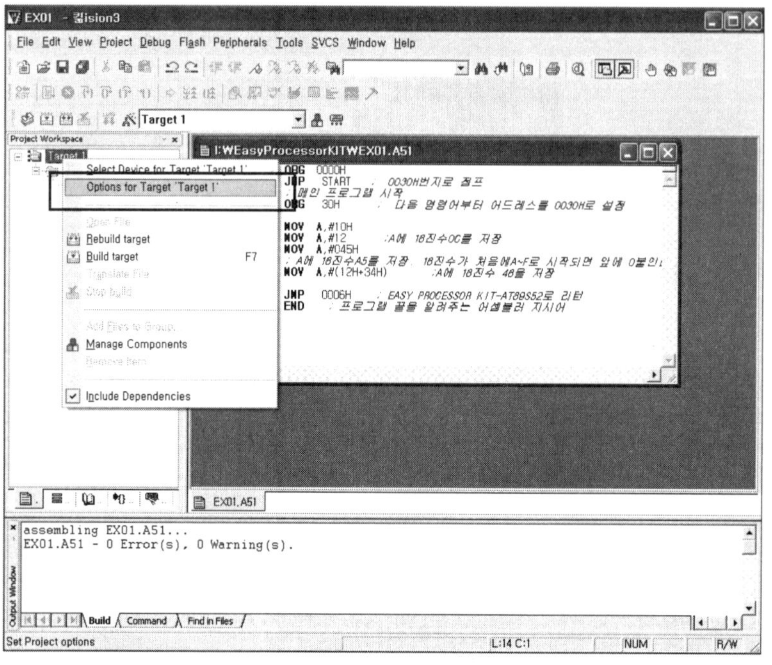

다음과 같이 Option 창이 나타나는데 Target창에서 6장부터 있을 IO제어를 위해서는 Easy Processor KIT에서 사용될 24 (MHz)를 입력해준다.

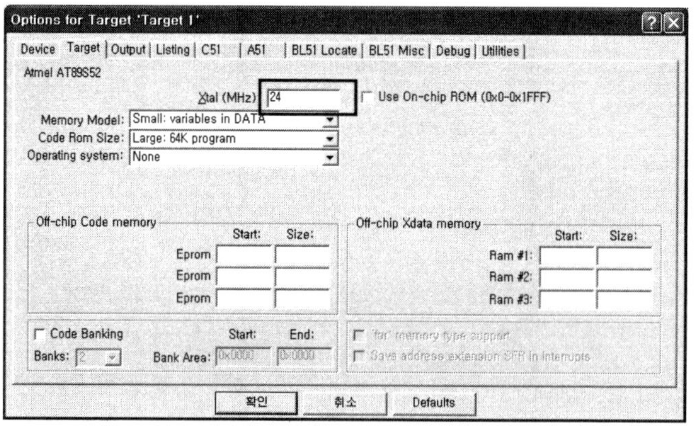

6장부터 있을 Hex파일을 다운로드하기 위해 Output창에서 아래와 같이Create HEX File을 선택해준다.

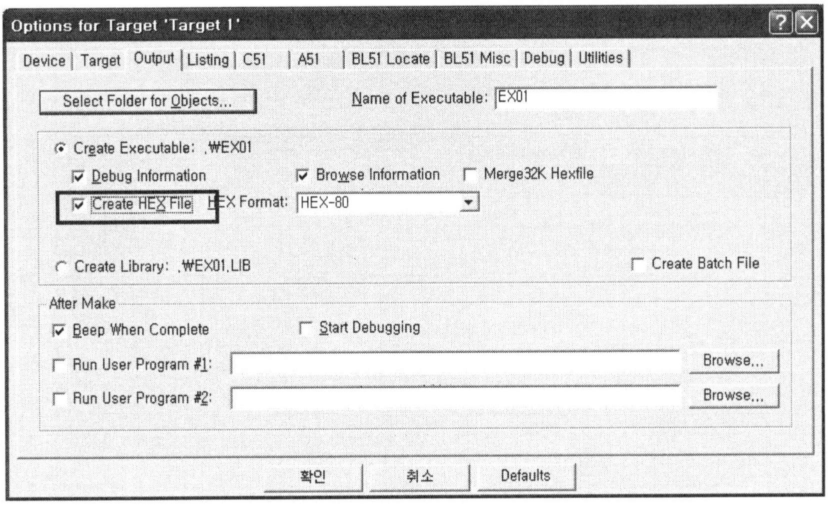

이장에서 사용될 결과값을 알아보기 위해 Debug창에서 Use Simulator를 선택해 준다. 이제부터 결과값을 확인해보도록 한다.

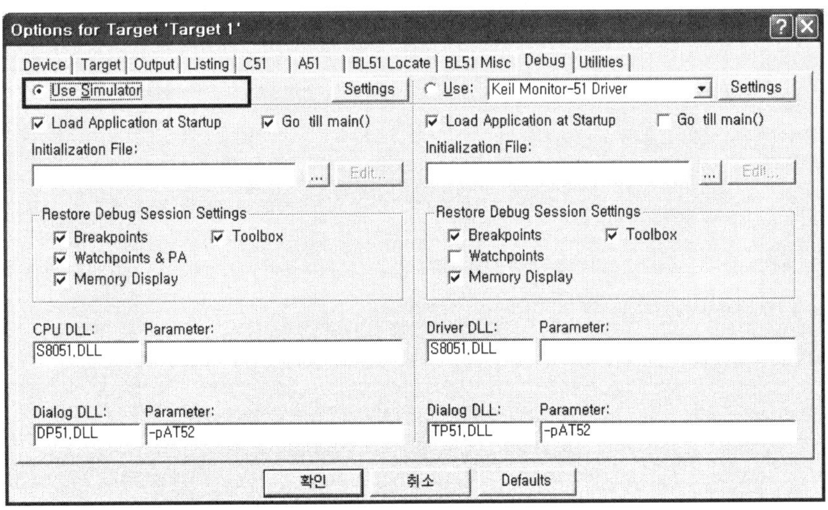

[실습예제] 에서 결과값을 확인해보도록 한다.

아래와 같이 Debug모드를 눌러준다. Debug 환경에 들어가면 레지스터 및 어드레스 등을 확인해줄 수 있는데 8051 계열 뿐 아니라 32bit CPU 디버그 모드도 마찬가지이므로 디버그 모드를 잘 사용하도록 한다.

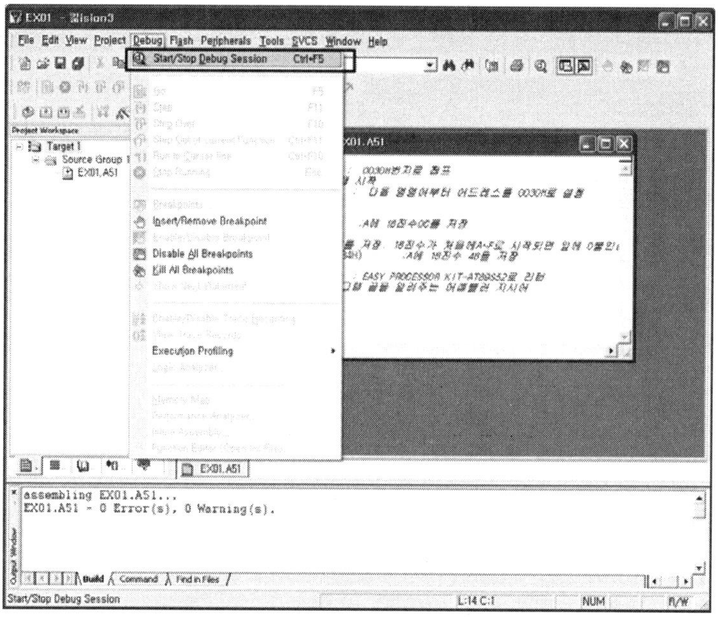

디버그 환경으로 들어가면 다음과 같이 레지스터와 Value라는 왼쪽과 같이 창이 나오게 된다.

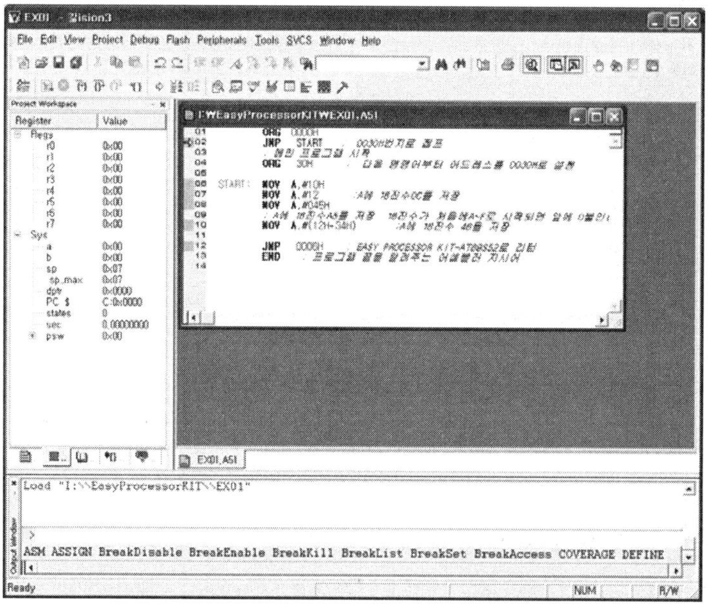

어드레스에 번지값을 확인하기 위해서는 다음과 같이 View 팝업창에서 Memory Window를 클릭하여 Address 창을 띄어야 한다.

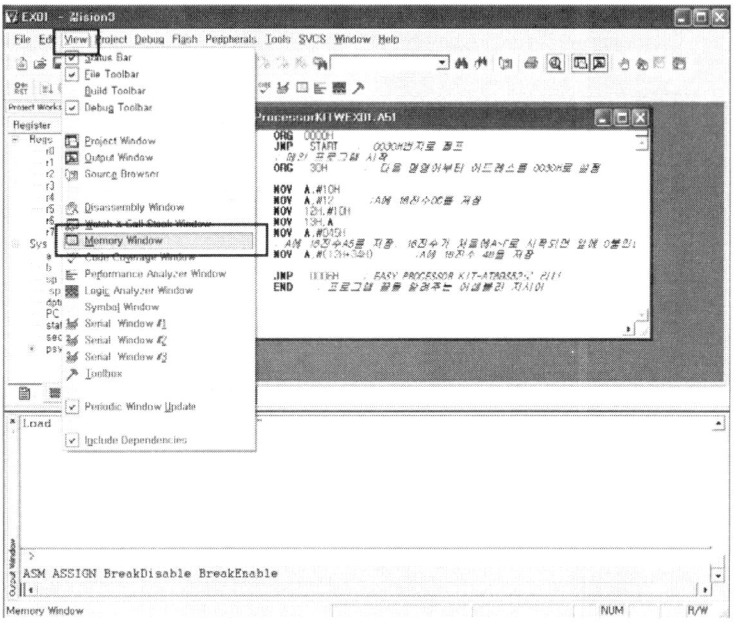

아래와 같이 오른쪽 아래쪽에 메모리 창이 나타날 것이다.

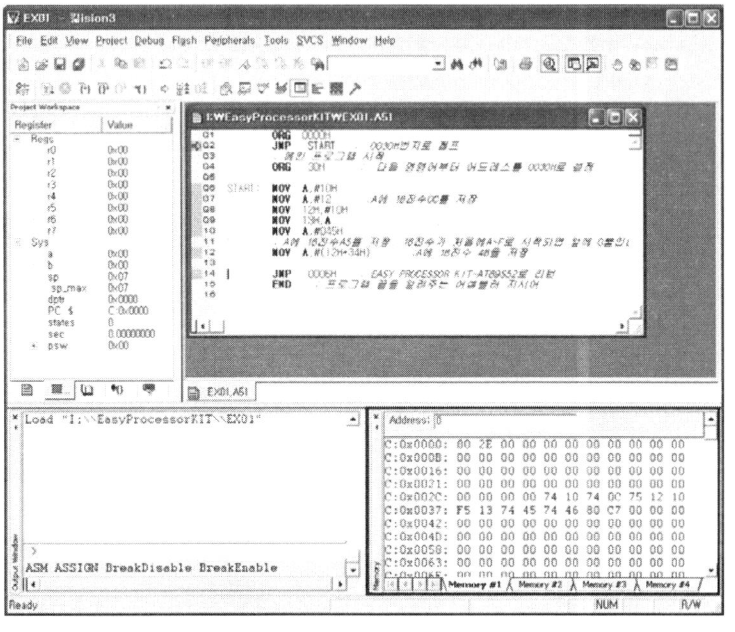

이제부터는 스텝을 이용하여 하나씩 결과값을 알아볼 수 있을 것이다. 박스 안

에 아이콘은 STEP INTO 명령으로 한 라인씩 실행되어 결과값을 나타낸다. 그 옆의 STEP Over 아이콘은 함수나 CALL 명령을 하나의 라인처럼 생각해서 STEP후 결과를 나타내고 STEP Out은 함수를 완전히 빠져나가는 역할을 한다.

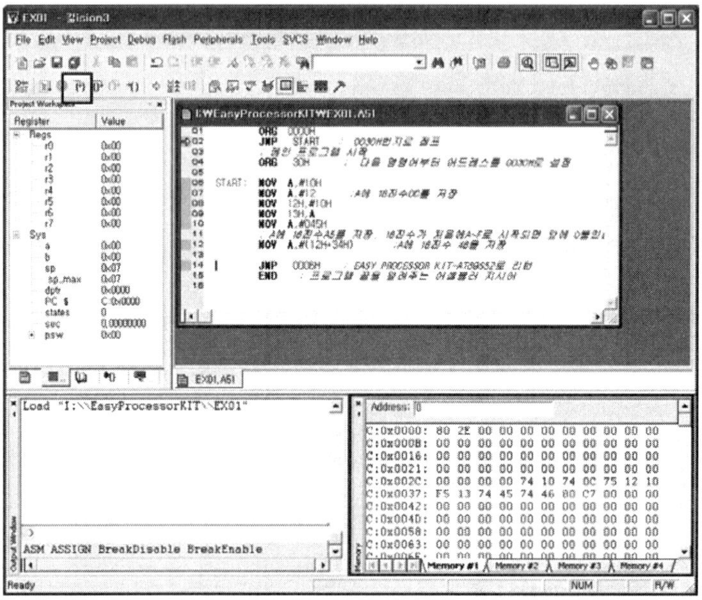

아래에서 Run to Cursor Line을 클릭하면 처음부터가 아니고 커서가 위치한 라인의 결과를 나타내준다. 결과값 만을 확인하기 위해서는 유용할 것이다.

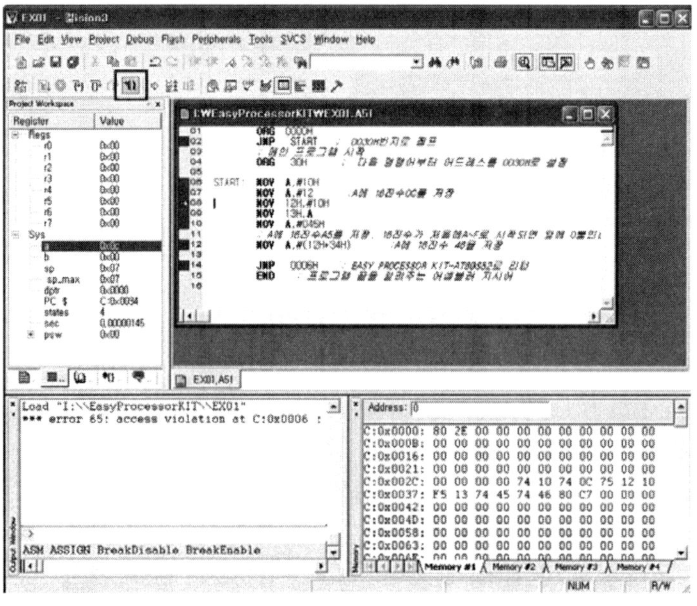

코드에서 작성된 어셈블리어 한라인씩 Step Into 아이콘을 눌러 하나씩 결과값을 확인해보도록 한다. 아래는 Debug 환경으로 처음 들어왔을 때 화면이다. JMP START 옆에 라인 실행 화살표가 보인다.

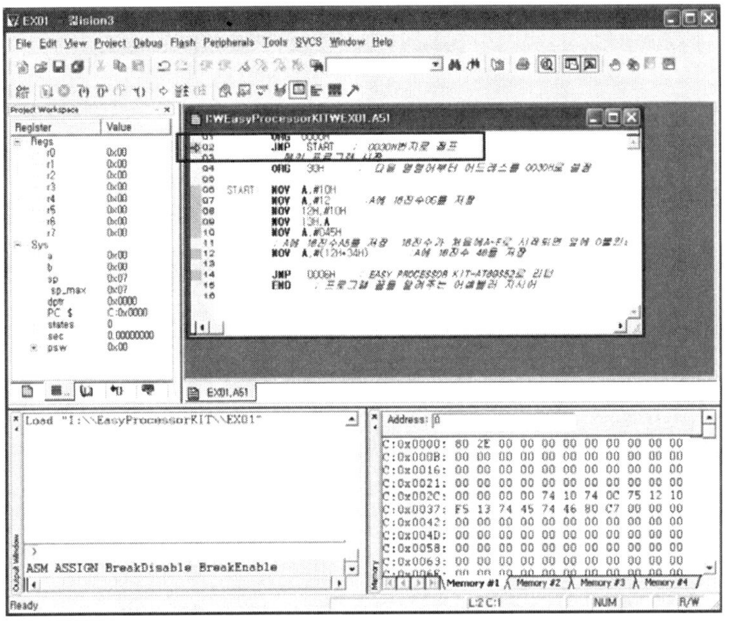

스텝 아이콘 한번 실행시켜주면 녹색표시의 실행된 라인을 보여주고 화살표가 이동된 것을 보여준다.

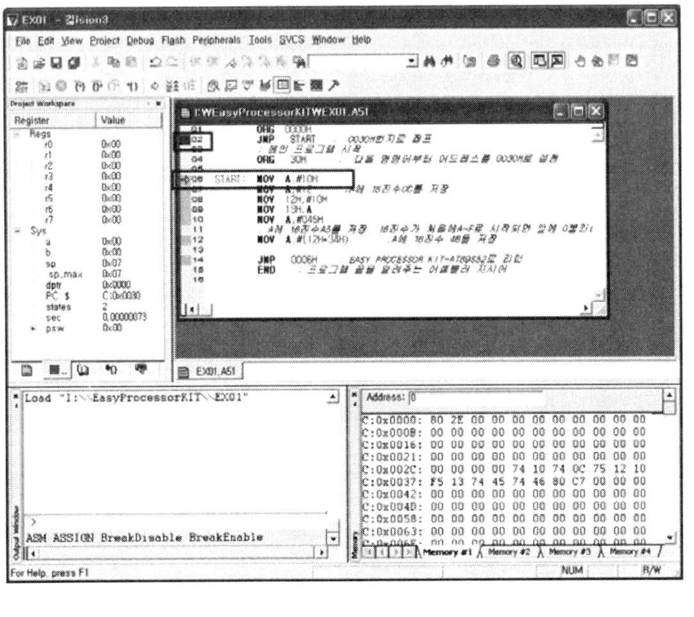

실행된 코드 번지를 확인하려면 View 팝업에서 Disassemble Window를 실행시켜 주면 번지까지 확인할 수 있다.

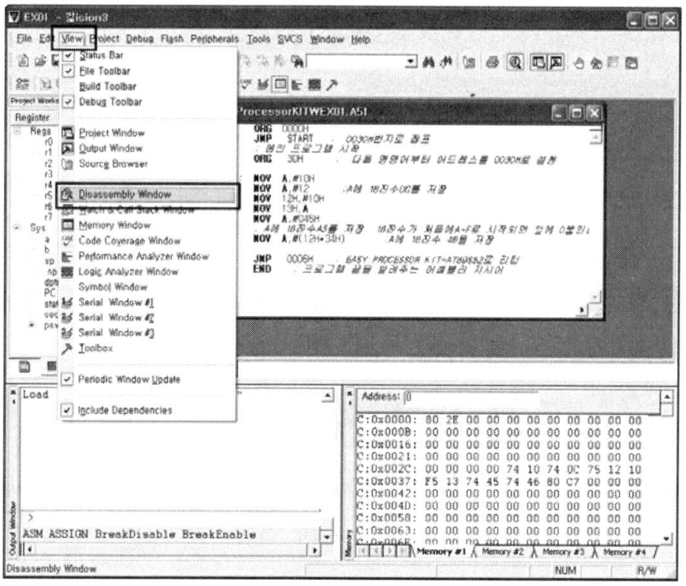

30H번지로 실행준비 ORG 30H를 실행하고 다음 실행준비하려는 것을 볼 수 있다.

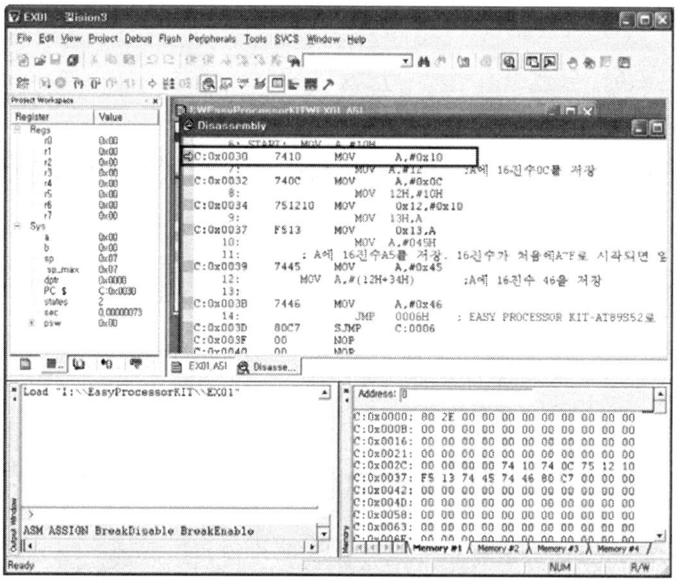

다음 스텝을 실행시켜본다.(MOV A,#10H) 코드에서 보면 녹색으로 된 실행된 라인을 볼 수 있다. 옆 레지스터에는 0x10이라는 Value가 들어가 있는 것을 알 수 있다. 이것이 실행된 결과 값이다.

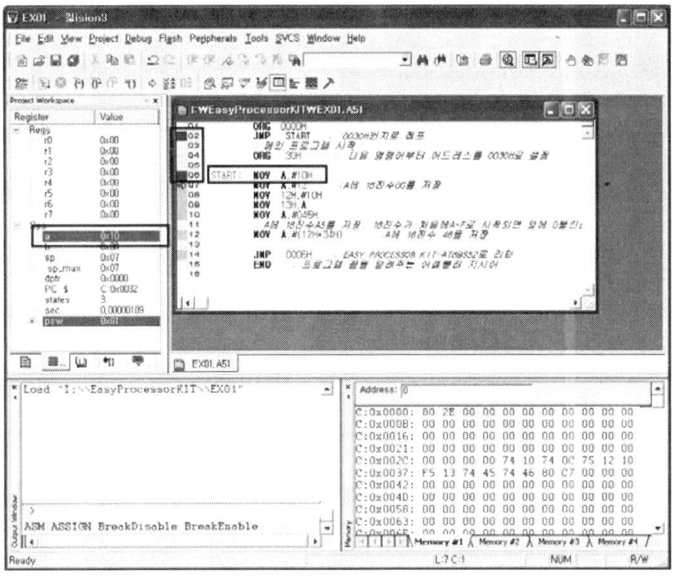

다음 라인으로 스텝을 실행시키면(MOV A,#12)의 결과 값인 A에 0x0C가 결과값이다.

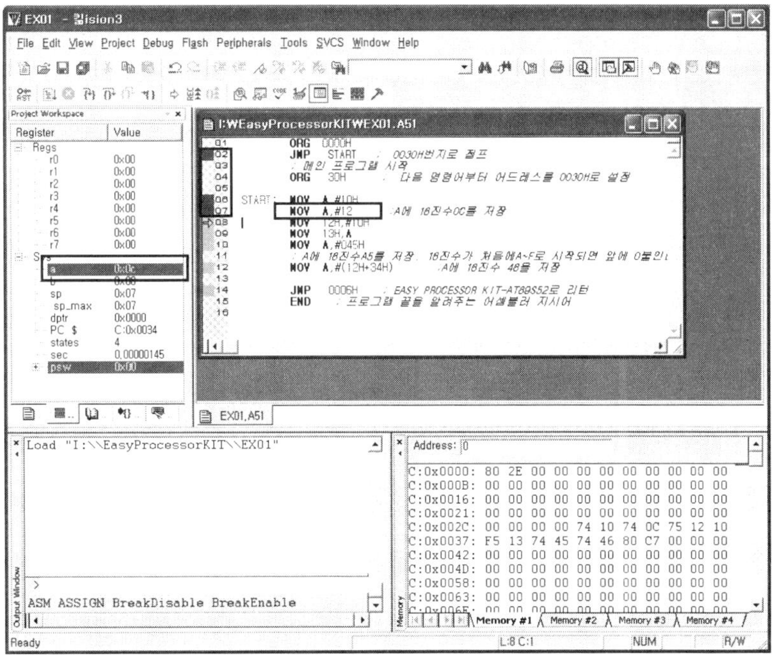

다음 라인을 실행시키면 MOV 12H,#10H라는 12H번지에 10을 데이터 전송하는 명령어로 데이터 메모리의 값을 확인하기 위해 I:0x12 번지를 Memory Window 창

에 기입해야 한다. 0x12번지 값이 10이라는 Value 값을 알 수 있다.

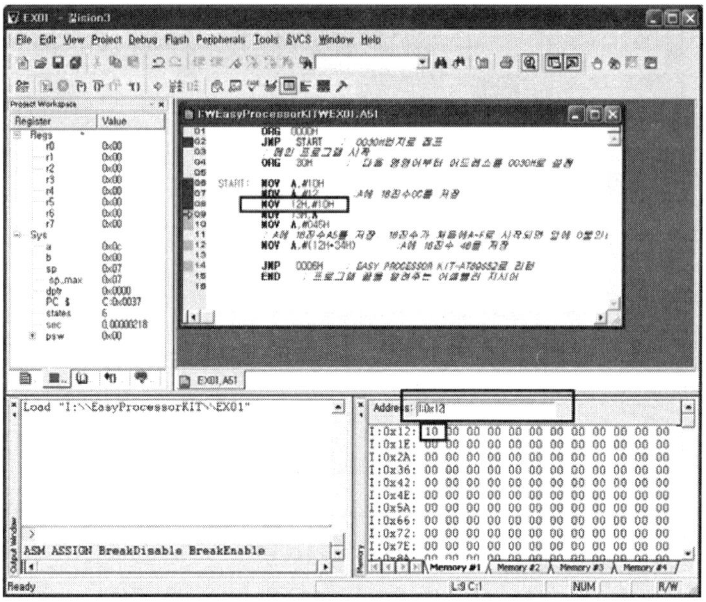

다음을 실행시키면 0x13번지에 16진수 0C가 저장된걸 볼 수 있다.

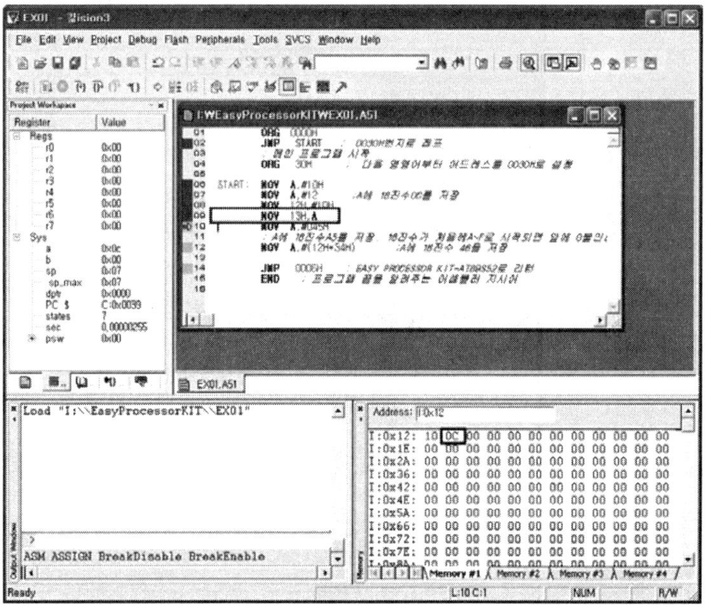

다음 라인을 실행시켜보면 MOV A,#045H에 대한 결과값 0x45값이 레지스터 Value에 나온다.

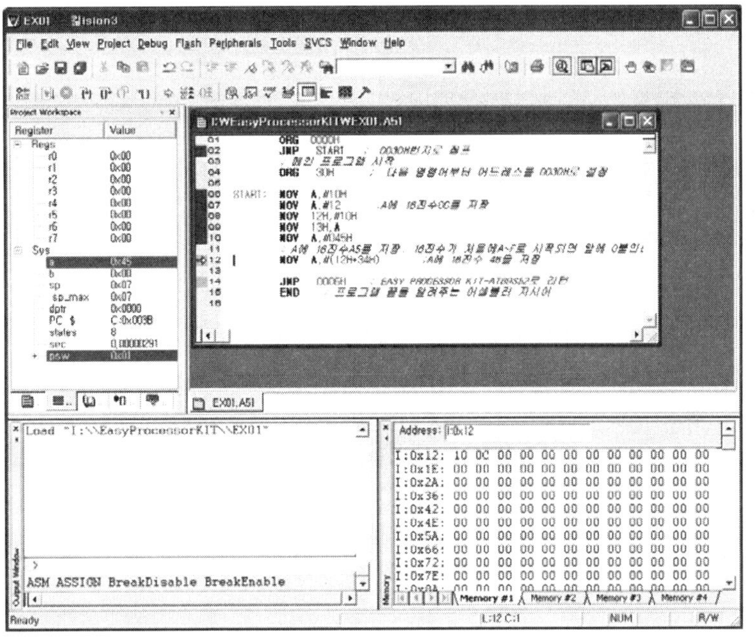

다음 라인을 실행시켜보면 MOV A,#(12H+34H)에 대한 결과값 0x46값이 레지스터 Value에 나온다.

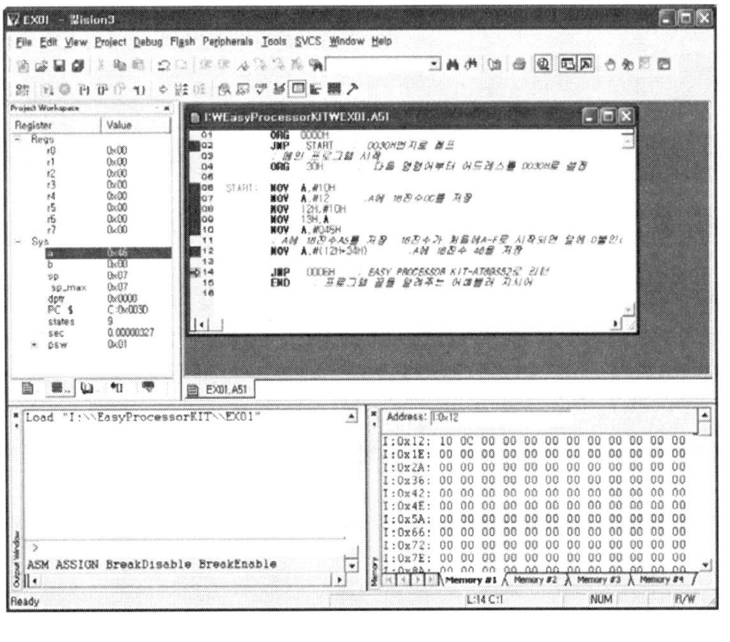

마지막 라인을 실행하면 06H번지로 Disassembly window에서 확인하고 끝내면 된다. 처음부터 다시 실행을 하고자 한다면 아래 그림에 표시되어 있는 왼편 위쪽

RST 아이콘을 실행하면 코드의 처음부터 실행하도록 실행된다.

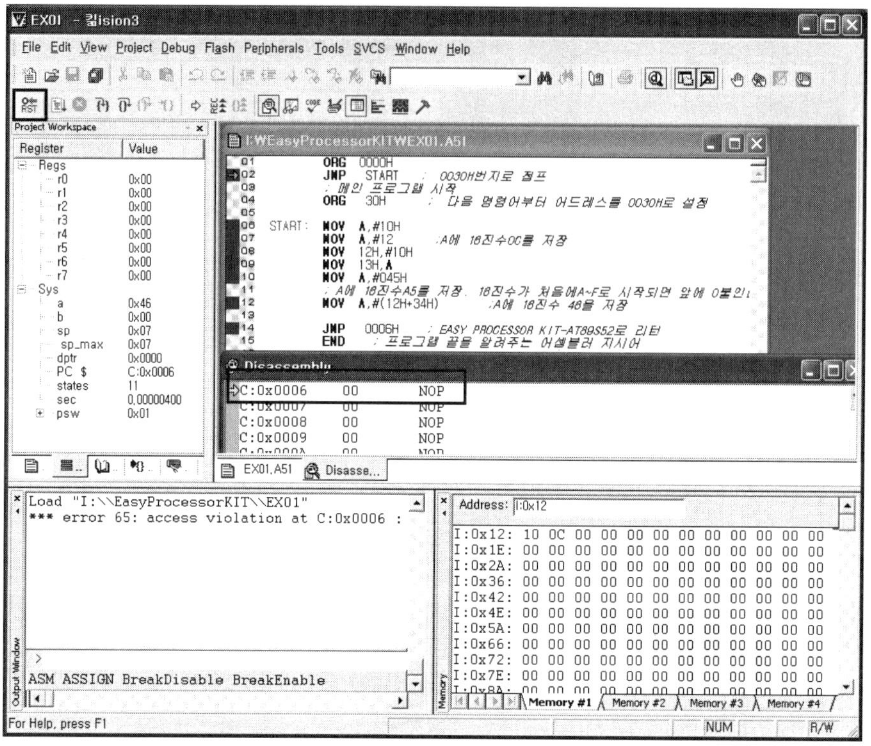

이상으로 레지스터 및 어드레스 값을 확인할 수 있는 내용을 설명하였

4. Easy Processor KIT를 사용한 기초 실습

Easy Processor KIT을 사용하여 LED를 제어하는 코드를 작성하고 KEIL 컴파일러를 사용하여 컴파일 방법 및 이미지 다운로드에 대한 기초에 대해 실습을 해보도록 한다.

[실습과제]

- Immediate 번지 지정을 통해 LED를 제어해 본다.
- AT89S52 Module에는 PORT1 P1.0 – P1.4 까지 LED가 있는데 이 포트를 이용해 제어해보기로 한다.

- 포트1.0~포트1.4까지 LED가 점등되고,소등되는 코드를 작성해본다.

주의) LED PORT에 0으로 셋팅되면 LED가 켜지고 1로 셋팅되면 꺼진다.

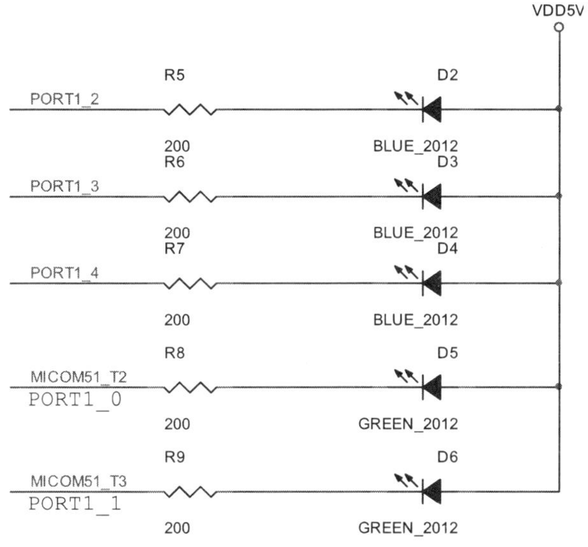

1) 실행방법 및 결과

① 프로젝트 생성 및 코드 작성 방법

KEIL C51 uVision에서 아래 그림과 같이 새로운 프로젝트를 생성한다.

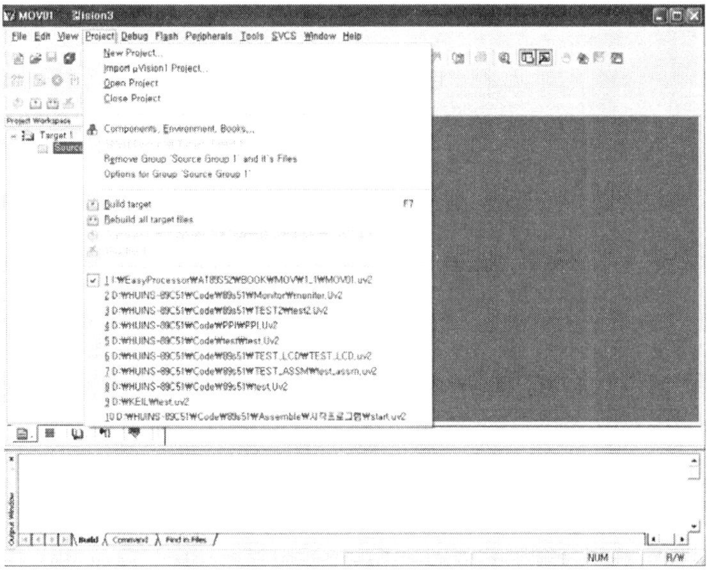

새 프로젝트를 선택하게 되면 아래와 같이 Select Device for Target 'Target1'이라는 창이 나타나는데 여기서 Easy Processor KIT에 사용되는 AT89S52를 선택해 주면 된다.

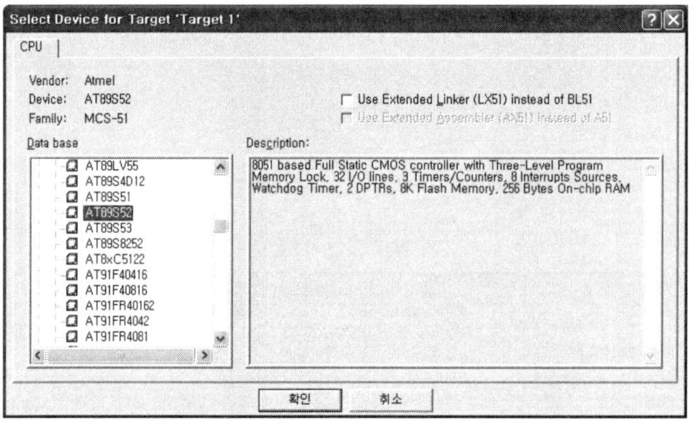

8051 Startup Code 사용여부를 묻는데 아니오를 선택해주면 된다.

New File을 선택하면 다음과 같은 코드를 입력할 창이 나오게 된다. 아래 파일에 코드를 작성하면 된다.

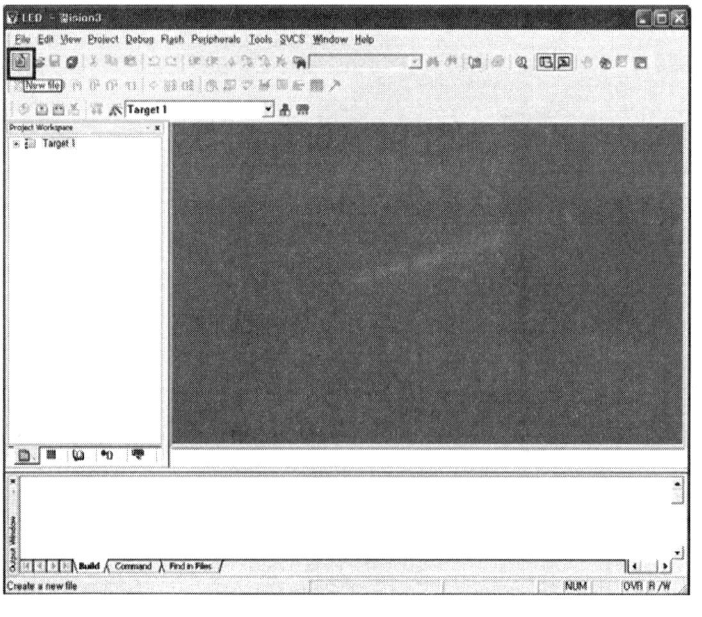

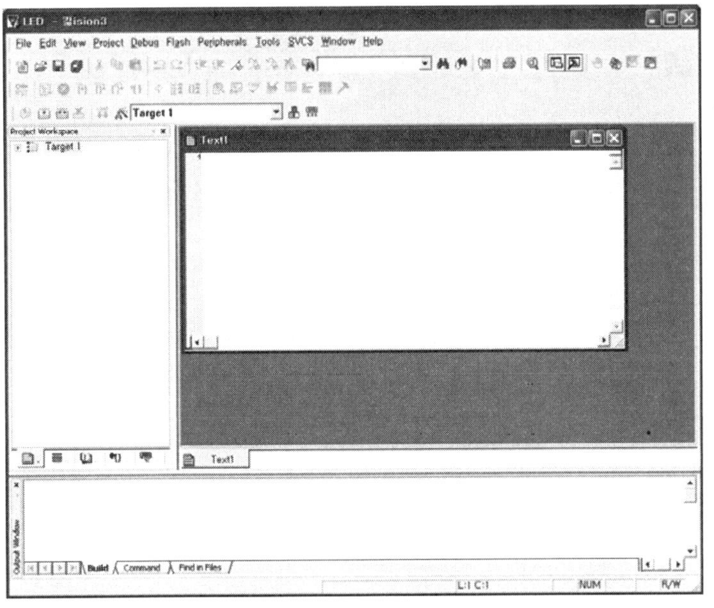

LED 제어 프로그램 코드를 아래와 같이 작성하여 LED.A51로 저장한다.

- LED ON 코드

```
        ORG   0000H
        JMP    START      ; 0030H번지로 점프
        ; 메인 프로그램 시작
        ORG    30H        ; 다음 명령어부터 어드레스를 0030H로 설정

START:          MOV   A,#00H      ; A에 16진수 00을 저장
        MOV   P1,A        ; PORT1에 A를 저장(16진수 00)하면 LED ON

        JMP    0006H      ; EASY PROCESSOR KIT-AT89S52로 리턴
        END                ; 프로그램 끝을 알려주는 어셈블러 지시어
```

- LED OFF 코드

```
        ORG   0000H
        JMP    START      ; 0030H번지로 점프
        ; 메인 프로그램 시작
        ORG    30H        ; 다음 명령어부터 어드레스를 0030H로 설정
```

```
START:          MOV   A,#1FH      ; A에 16진수 1FH을 저장
        MOV   P1,A        ; PORT1에 A를 저장(16진수 00)하면 LED OFF

        JMP    0006H      ; EASY PROCESSOR KIT-AT89S52로 리턴
        END               ; 프로그램 끝을 알려주는 어셈블러 지시어
```

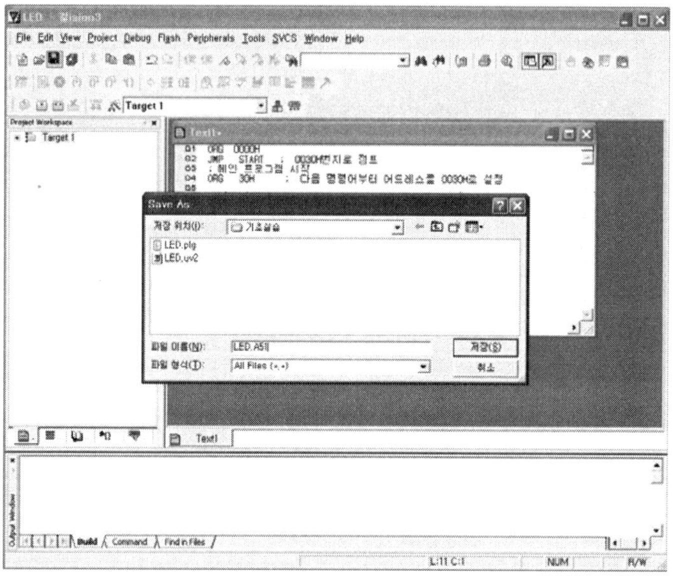

소스 코드를 저장한 후에는 Source Group1 에 다음과 같이 Add file을 해주면 된다.

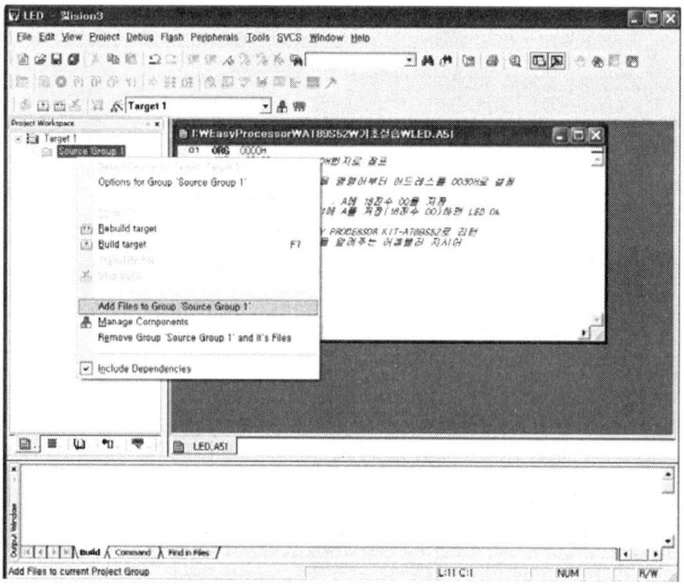

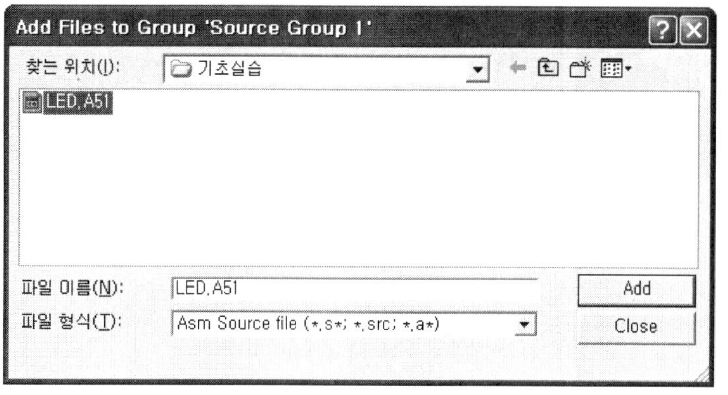

② **이미지 생성**

KEIL C51을 이용해 Compile하여 HEX 파일 생성한다. HEX 파일을 생성하기 위해서는 Target Option에 들어가면 다음과 같이 셋팅하고 컴파일해야 한다.

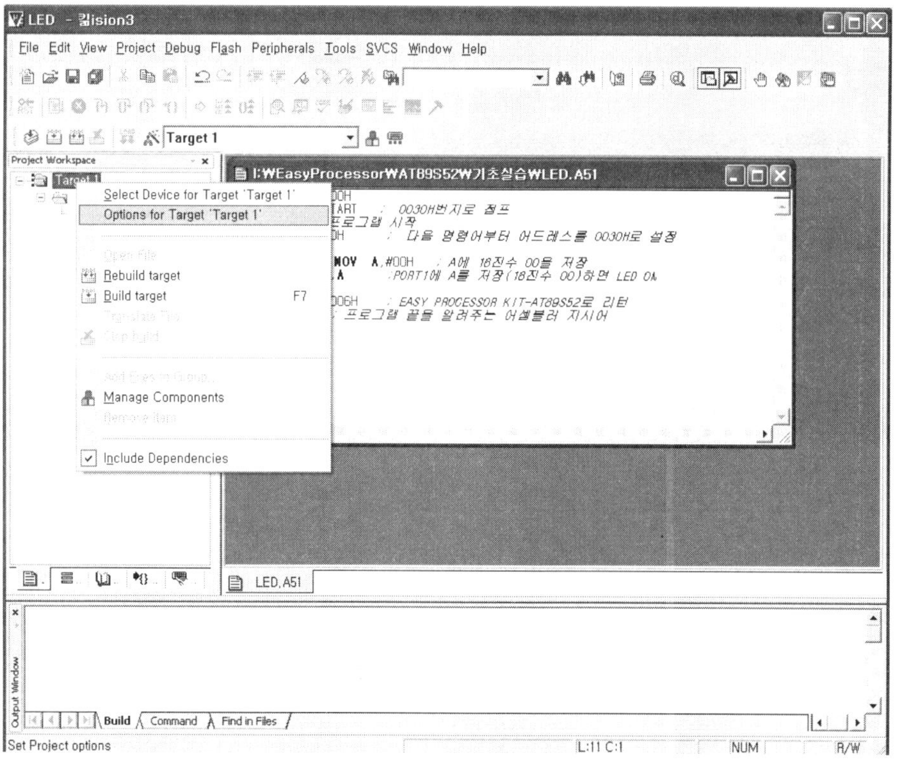

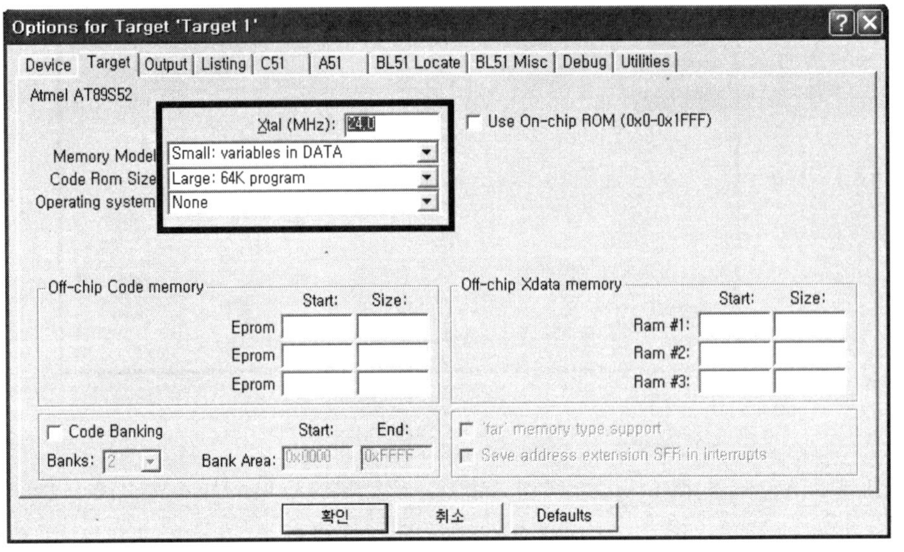

아래와 같이 Output List안에서 Create HEX_File을 다음과 같이 세팅해주면 HEX 파일이 프로젝트 폴더 안에 생성이 된다.

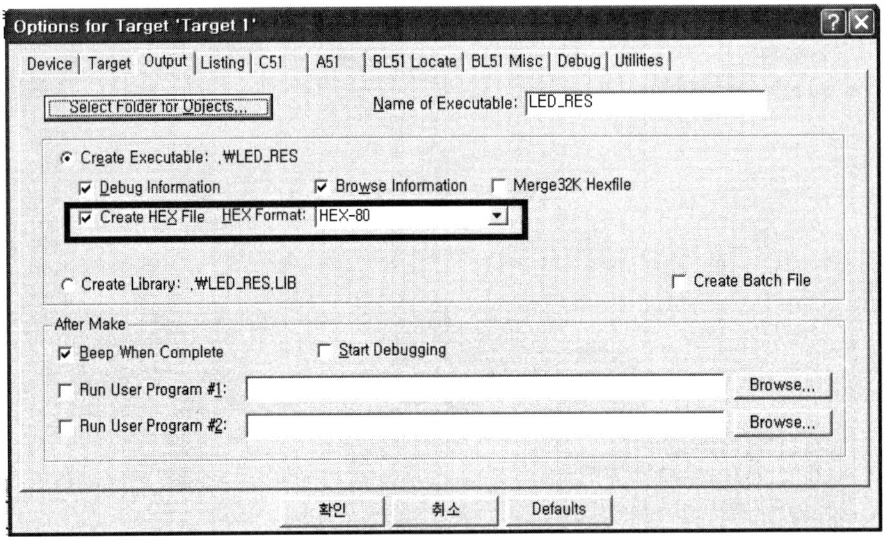

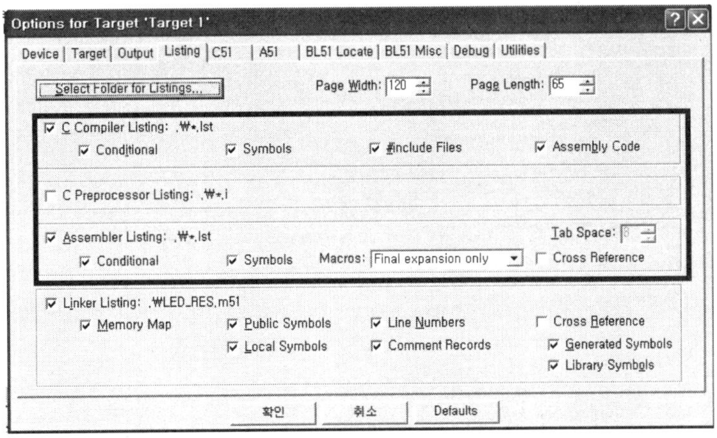

위 세팅은 항상 같으므로 다음 실험부터 설명은 생략하도록 한다.

③ **이미지 다운로드**

아래는 컴파일된 HEX파일을 다운로드 하는 방법을 설명해놓았다.

주의) 이미지 다운로드를 사용하기 위해서는 USB ISP다운로드 케이블을 타겟보드 (Easy Processor KIT)에 연결을 하고 POWER ON 된 상태에서 AVR STUDIO를 열고 다운로드 해야 한다. USB ISP 다운로드 케이블은 앞에서 설명된 드라이버가 설치된 상태가 아니면 드라이버를 설치한 뒤 실행한다.

1) 우선 ISP Port의 Serial Port의 번호를 확인해야 한다. 시스템에서 하드웨어 정보에서 장치관리자를 선택한다.

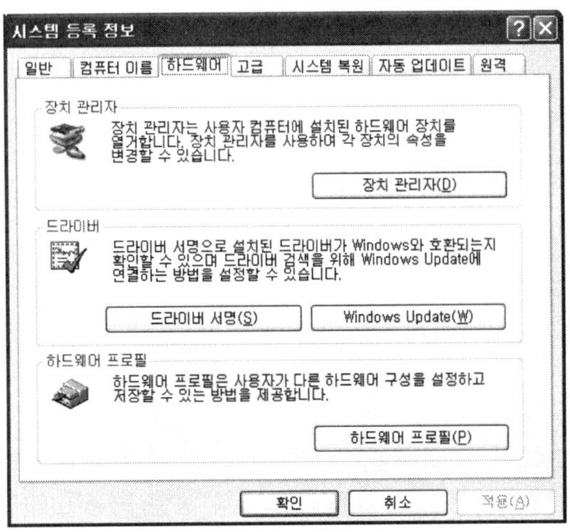

2) 포트(COM 및 LPT)를 확인하면 USB Serial Port(COM5)로 되어있다. COM포트 번호를 확인한다.

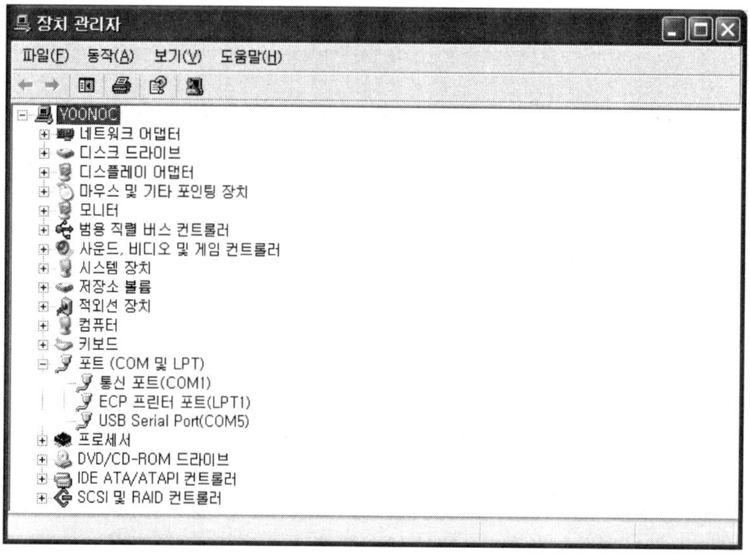

3) AVR Studio에서 Connect에서 STK500 or AVRISP에서 COM5를 체크하고 Connect 버튼을 누른다.

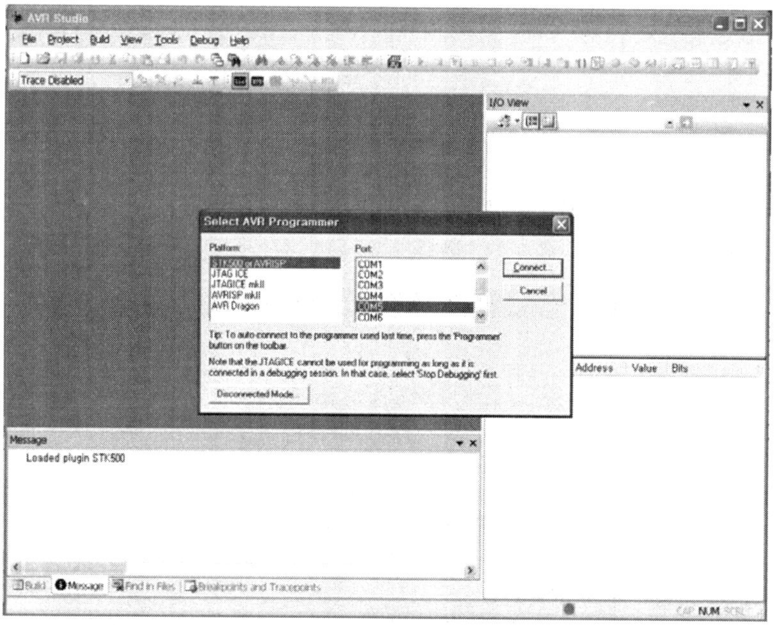

4) 주의해야 할 사항은 Easy Processor KIT에 연결을 해야만 아래 그림과 같이 연결이 되어 Firmware Ugrade 메시지가 나온다. 반드시 취소를 누른다.

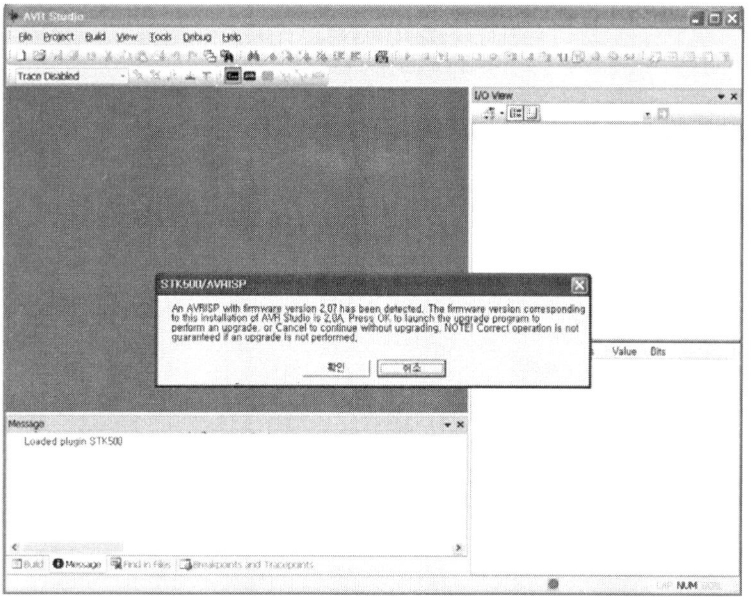

5) Device가 AT89S52로 설정되어 있는지 보고 Flash 항목에서 Open File을 하여 다운로드할 이미지를 찾아 넣는다.

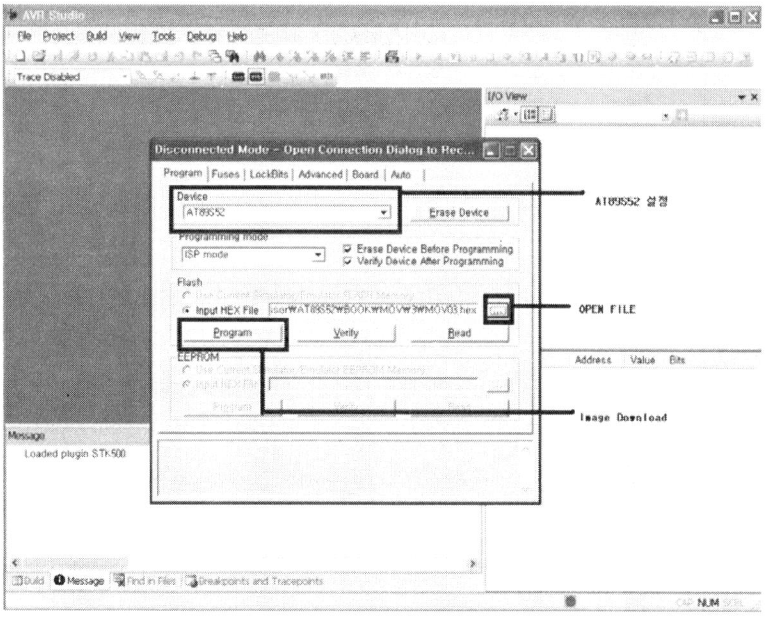

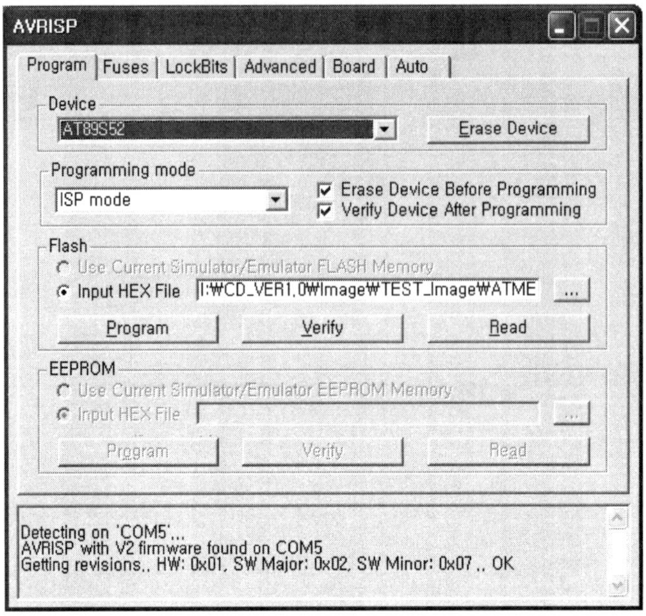

LockBits항목은 Mode 1로 해 놓으면 된다.

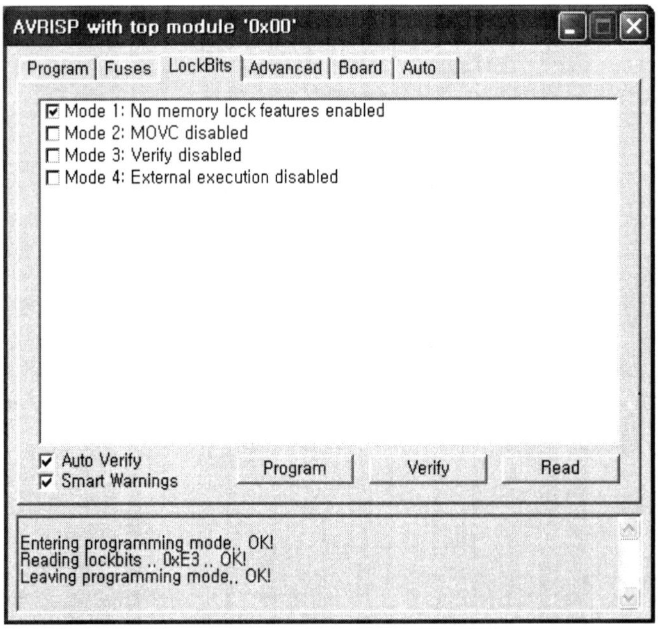

Program 항목으로 돌아와서 Program 버튼을 누르면 다운로드가 시작된다

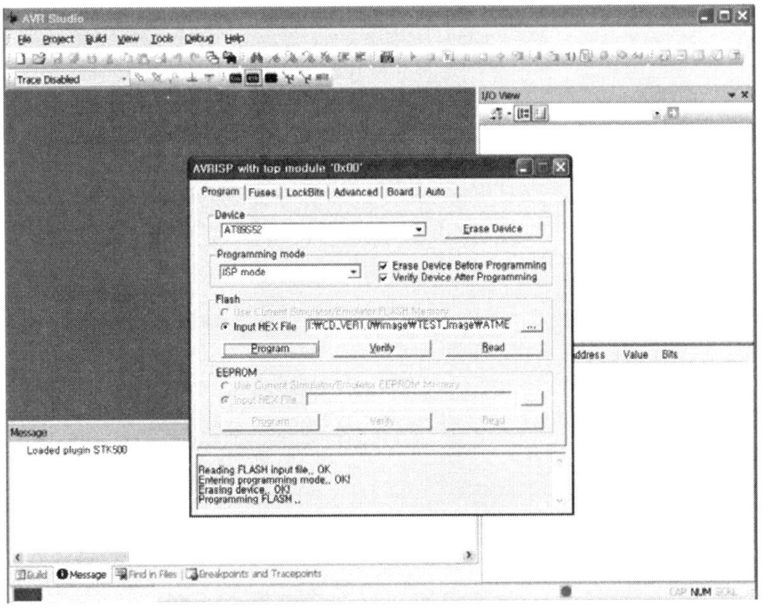

6) 아래와 같이 Leaving programming mode.. OK! 가 되면 이미지가 정상적으로 다운로드 된 것이다.

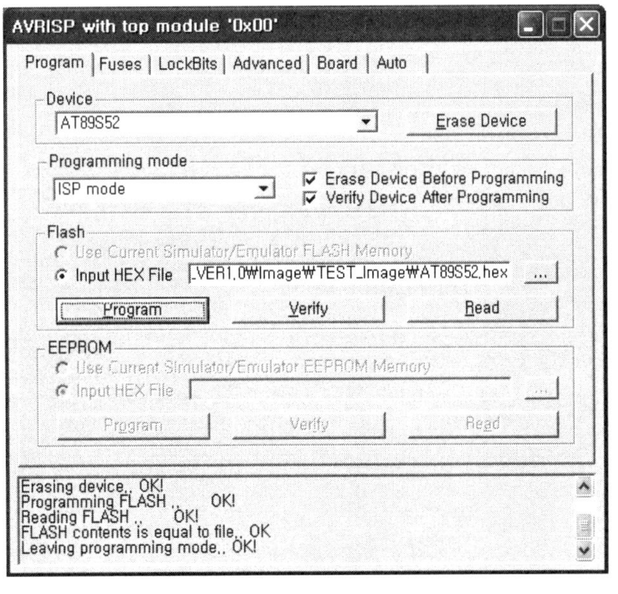

④ Easy Processor KIT의 LED 결과값을 확인해본다.
LED값이 Easy Processor KIT의 AT89S52 Processor 에서 동작이 되면 된다.

제8장 8051 어셈블리어를 이용한 실습과제

1. 분기 명령, 함수 호출 실습

다음의 코드를 작성해보고 그 결과값을 알아보도록 한다.

[실습과제8-1]

2진수를 ASCII 코드로 변환하는 프로그램을 작성해본다.

2진수 0은 ASCII 코드값 30H이다.
2진수 1은 ASCII 코드값 31H이다.

[실습예제8-1]

```
            ; 프로그램 시작 번지를 알려주는 어셈블러 지시어
            CSEG    AT   0H
            JMP     START           ; 0030H 번지로 점프
            ; 메인 프로그램 시작
            ORG     30H             ; 다음 문장부터 어드레스를 0030H 설정
START:MOV   SP,#40H         ; 스택을 지정
            ;
            MOV     R0,#20H         ; 변환된 ASCII 코드가 저장될 곳
            MOV     A,#01110100B ; ASCII 코드로 변환할 2진수
            ACALL   BTOA            ; 2진-ASCII 변환
            JMP     0006H           ;Easy Processor Kit 리턴
```

```
            ; 2진수를 ASCII 코드로 변환하는 서브 루틴
BTOA:       MOV     B,#8            ; B 레지스터에 루프 카운터 값 저장
            ; 2진수 ASCII 코드 값은 "0" 혹은 "1"이기 때문에 초기 값 저장
BTOA2:      MOV     @R0,#'0'
            RRC     A               ; A 레지스터를 캐리와 함께 오른쪽으로 로테이트
            JNC     BTOA1           ; 캐리가 없으면 2진수 0이므로 BTOA1으로 점프
            ; 캐리가 있으면 2진수 1이므로 R0가 지시하는 내용(30H)을 +1
            ; (31H가 된다).
            INC     @R0
BTOA1:      INC     R0              ; 저장할 포인터 +1 증가
            DJNZ    B,BTOA2
            ; B 레지스터가 제로가 될때까지 BTOA2로 상대 점프
            RET                     ; 메인 프로그램으로 리턴
            ;
            END                     ; 프로그램 끝을 알려주는 어셈블러 지시어
```

[실습과제8-2]

16진수를 ASCII 코드로 변환하는 프로그램을 작성해본다.

[실습예제8-2]

```
            ; 프로그램 시작 번지를 알려주는 어셈블러 지시어
            CSEG    AT  0H
            JMP     START           ; 0030H 번지로 점프
            ; 메인 프로그램 시작
            ORG     30H             ; 다음 문장부터 어드레스를 0030H 설정
START:MOV   SP,#40H       ; 스택을 지정
            ;
            MOV     R0,#20H         ; 변환된 ASCII 코드가 저장될 곳
            MOV     A,#4DH          ; ASCII 코드로 변환할 16진수
            ACALL   HTOA            ; 16진-ASCII 변환
            JMP     0006H           ; Easy Processor Kit 리턴
            ; 16진수를 ASCII 코드로 변환하는 서브 루틴
HTOA:       MOV     B,A             ; B 레지스터에 잠시 저장
            ; 상위 4비트를 ASCII 코드로 변환
            ANL     A,#0F0H         ; 하위 4비트 "0"으로 클리어
            SWAP    A               ; 상위 4비트와 하위 4비트 교환
            ; MOVC A,@A+PC 명령을 위해서 라벨 (ASCTBL-UCHAR)차이와
            ; SWAP A 에 의한 오프셋 값을 더한다.
            ; 결국, 이 값이 ASCTBL에서 몇번째 데이터인지를 가리키게 된다.
            ADD     A,#(ASCTBL-UCHAR)
            ; ASCII 값이 A 레지스터에 저장
            MOVC    A,@A+PC
UCHAR:      MOV     @R0,A           ; R0가 가리키는 곳에 저장
            INC     R0              ; R0+1
```

```
                ; 하위 4비트를 ASCII 코드로 변환
                MOV     A,B             ; ASCII 코드로 변환할 16진수 로드
                ANL     A,#0FH          ; 상위 4비트 클리어
                ; ASCTBL에서 오프셋을 구한다.
                ADD     A,#(ASCTBL-LCHAR)
                MOVC    A,@A+PC         ; A 레지스터에 ASCII코드 값 로드
LCHAR:          MOV     @R0,A           ; R0가 가리키는 곳에 저장
                RET                     ; 메인 프로그램으로 리턴
                ; ASCII 코드가 저장된 테이블
ASCTBL:         DB      '0123456789ABCDEF'
                ;
                END                     ; 프로그램 끝을 알려주는 어셈블러 지시어
```

2. I/O 포트 제어 실습

[실습과제8-3]

ADDRESS DECODING LED CS값은 4800H번지이다. 아래 실습과제를 해보도록 한다.

SW1번을 누르면 왼쪽으로 시프트, SW2번을 누르면 오른쪽으로 시프트 되는 코드를 작성하고 실행시켜본다.

SW1을 누르면 다음과 같이

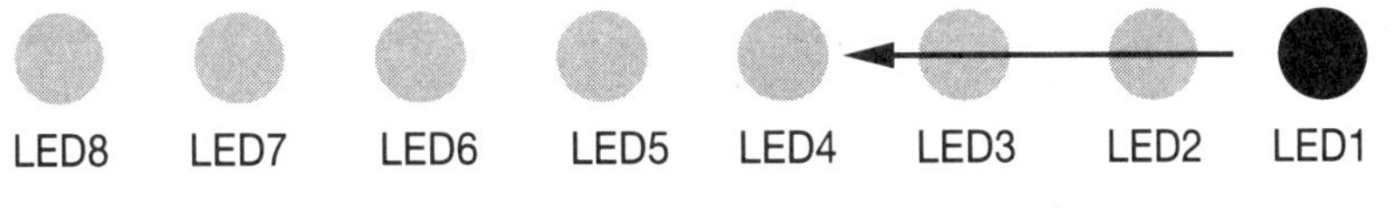

SW2를 누르면 다음과 같이

동작되도록 한다.

[실습예제8-3]

```
LED_CS          EQU     04800H

KEY_DATA        EQU     05400H
```

```
KEY_SCAN    EQU     05800H
            ORG     0000H
            JMP     START               ;  0030H번지로 점프
            ; 메인 프로그램 시작
            ORG     30H                 ;  다음 명령어부터 어드레스를 00

START:MOV   R6,#01H
            MOV     A,#0EH
            MOV     DPTR,#KEY_DATA
            MOVX    @DPTR,A
            MOV     DPTR,#KEY_SCAN ; SW값 읽기

            MOVX    A,@DPTR
            CJNE    A,#0FFH,KEY_DET  ; SW값이 ACTVE LOW

            MOV     P0,#01H             ; 이므로 SW가 눌리면 포트로

            NOP             ;부터 읽은 값이 FFH가 아니다. SW가 눌리지
            NOP             ; 않는다.
            JMP     START   ; SW확인 루틴

KEY_DET:    MOV     A,#0EH
            MOV     DPTR,#KEY_DATA
            MOVX    @DPTR,A
            MOV     DPTR,#KEY_SCAN
            MOVX    A,@DPTR
            CJNE    A,#0BH,KEY_DET1 ; 1번SW인가?
            JMP     DISPLAY1
              ;
KEY_DET1:   MOV     A,#0EH
            MOV     DPTR,#KEY_DATA
            MOVX    @DPTR,A
            MOV     DPTR,#KEY_SCAN
            MOVX    A,@DPTR
            CJNE    A,#0DH,KEY_DET3 ;2번SW인가?
            JMP     DISPLAY2

              ;
KEY_DET3:   JMP     KEY_DET
          ;
DISPLAY1:   MOV     A,R6
            RL      A
            MOV     DPTR,#LED_CS     ; FONT 포인트 초기화
            MOVX     @DPTR, A                ; 오프셋 + 포인트
            CALL    DELAY
            MOV     R6 ,A
```

```
                JMP     KEY_DET          ; key scan

DISPLAY2:       MOV     A,R6
                RR      A
                MOV     DPTR,#LED_CS     ; FONT 포인트 초기화
                MOVX     @DPTR, A                  ; 오프셋 + 포인트
                CALL    DELAY
                MOV     R6,A
                JMP     KEY_DET
DELAY:          MOV     R7,#0
DELAY1:         MOV     R6,#0
DELAY2:         NOP
                NOP
                NOP
                NOP
                NOP
                DJNZ    R6,DELAY2
                DJNZ    R7,DELAY1
                RET
                END
```

3. 7 SEGMENT 제어 실습

[실습과제8-4]

1부터 9999까지 증가하는 코드를 만들어 봅니다

[실습예제8-4]

```
FND_DATA        EQU     6C00H
FND_CS          EQU     7000H


                ; 8051 리셋 번지
                ORG     0000H
                SJMP    START          ; 메인 프로그램으로 점프
                ; 타이머 1 인터럽트 벡터 테이블
                ORG     000BH
                SJMP    TIMER0         ; 인터럽트 처리 루틴으로 점프
                ; 메인 프로그램
                ORG     0030H
START:          MOV     SP,#7FH        ; 스택을 지정

                MOV     PSW,#00H
```

```
                ; 타이머1 초기 설정
DELAYCOUNT0     EQU     7EH         ; software time delay counter 0
DELAYCOUNT1     EQU     7FH         ; software time delay counter 1

        MOV     R3,#00H
                MOV     R4,#00H
                MOV     R5,#00H
                MOV     R6,#00H
                MOV     R2,#00H
                MOV     R7,#00H
                MOV     TMOD,#01H     ; 타이머0, 모드1, 타이머 모드, 게이트 디스에이블
                ; 시정수 0000(65536)
                MOV     TH0,#0C3H
                MOV     TL0,#50H
                MOV     R6,#00H
                MOV     PCON,#00H
                ; 타이머1 인터럽트 초기 설정
                SETB    ET0           ; 타이머 1 인터럽트 인에이블
                SETB    TR0           ; 타이머 1 런
                SETB    EA            ; 인터럽트 인에이블


                SJMP    $           ; 인터럽트 대기
                ; 타이머0 인터럽트 처리 루틴


TIMER0:

                CALL    DISPLAY
                RETI

DISPLAY :       CALL    FND_COUNT1
                MOV     A,#88H
                MOV     DPTR,#FND_CS
                MOVX    @DPTR,A
                MOV     A,R3
                INC     R3
                MOV     DPTR,#FND_DB
                MOVC    A,@A+DPTR
                MOV     DPTR,#FND_DATA
                MOVX    @DPTR,A
                CALL    D10MS
                MOV     A,#44H
                MOV     DPTR,#FND_CS
                MOVX    @DPTR,A
                MOV     A,R4
                MOV     DPTR,#FND_DB
                MOVC    A,@A+DPTR
                MOV     DPTR,#FND_DATA
                MOVX    @DPTR,A
                CALL    D10MS
```

```
                MOV     A,#22H
                MOV     DPTR,#FND_CS
                MOVX    @DPTR,A
                MOV     A,R5
                MOV     DPTR,#FND_DB
                MOVC    A,@A+DPTR
                MOV     DPTR,#FND_DATA
                MOVX    @DPTR,A
                CALL    D10MS
                CALL    FND_COUNT4
                MOV     A,#011H
                MOV     DPTR,#FND_CS
                MOVX    @DPTR,A
                MOV     A,R6
                MOV     DPTR,#FND_DB
                MOVC    A,@A+DPTR
                MOV     DPTR,#FND_DATA
                MOVX    @DPTR,A
                CALL    D10MS
                RET


FND_COUNT1:     MOV     A,R3
                CJNE    A,#10,FND_COUNT2
                MOV     R3,#00H
                INC     R4


FND_COUNT2:     MOV     A,R4
                CJNE    A,#10,FND_COUNT3
                MOV     R4,#00H
                INC     R5


FND_COUNT3:     MOV     A,R5
                CJNE    A,#10,FND_COUNT4
                MOV     R5,#00H
                INC     R6

FND_COUNT4:     MOV     A,R6
                CJNE    A,#10,FND_COUNT5
                MOV     R3,#00H
                MOV     R4,#00H
                MOV     R5,#00H
                MOV     R6,#00H

FND_COUNT5:  RET

FND_DB:         DB  0C0H,0F9H,0A4H,0B0H,99H,92H,82H,0F8H,80H,90H

;================================================================
```

```
;         Time Delay(for 24MHz Clock)
;===================================================================
;---------------------------------------------
;         Time Delay
;---------------------------------------------

D5MS:               PUSH      DELAYCOUNT0
                    MOV       DELAYCOUNT0,#5
                    JMP       BASE1MS
D10MS: PUSH         DELAYCOUNT0
                    MOV       DELAYCOUNT0,#10
                    JMP       BASE1MS


;---------------------------------------------
;         Basic 10 us Delay (20 cycles)
;---------------------------------------------
BASE10US:           NOP                                  ; 1
                    NOP                                  ; 1
                    PUSH      DELAYCOUNT1                ; 2
                    POP       DELAYCOUNT1                ; 2
                    PUSH      DELAYCOUNT1                ; 2
                    POP       DELAYCOUNT1                ; 2
                    PUSH      DELAYCOUNT1                ; 2
                    POP       DELAYCOUNT1                ; 2
                    PUSH      DELAYCOUNT1                ; 2
                    POP       DELAYCOUNT1                ; 2
                    DJNZ      DELAYCOUNT0,BASE10US       ; 2
                    POP       DELAYCOUNT0
                    RET

;---------------------------------------------
;         Basic 1 ms Delay (2000 cycles)
;---------------------------------------------
BASE1MS:            PUSH      DELAYCOUNT1
BASE1MS1:           MOV       DELAYCOUNT1,#199   ; (2)
BASE1MS2:           PUSH      DELAYCOUNT1                ; 2
                    POP       DELAYCOUNT1                ; 2
                    PUSH      DELAYCOUNT1                ; 2
                    POP       DELAYCOUNT1                ; 2
                    DJNZ      DELAYCOUNT1,BASE1MS2       ; 2
                    NOP                                  ; (1)
                    NOP                                  ; (1)
                    PUSH      DELAYCOUNT1                ; (2)
                    POP       DELAYCOUNT1                ; (2)
                    DJNZ      DELAYCOUNT0,BASE1MS1       ; (2)
                    POP       DELAYCOUNT1
                    POP       DELAYCOUNT0
                    RET
                    END
```

4. 인터럽트 제어 실습

[실습과제8-5]

외부 인터럽트 Switch를 이용한 인터럽트 제어

다음1→2→3→4→1 ... 의 순서로 LED가 점등되도록 하고, 외부 인터럽트 시 LED가 모두 꺼지도록 한다.

1. 포트1의 LED D2만 점등
2. 포트1의 LED D3만 점등
3. 포트1의 LED D4만 점등
4. 포트1의 LED D5만 점등

주의) LED PORT에 0으로 셋팅되면 LED가 켜지고 1로 셋팅되면 꺼진다.

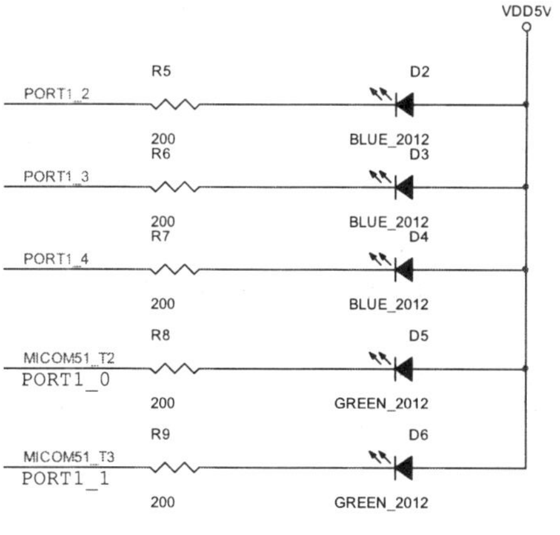

[실습과제8-5]

```
; 8051 리셋 번지
ORG     0000H
SJMP    START          ; 메인 프로그램으로 점프
ORG     0003H
JMP     INT_0
; 타이머 1 인터럽트 벡터 테이블
ORG     001BH
SJMP    TIMER1         ; 인터럽트 처리 루틴으로 점프
; 메인 프로그램
ORG     0030H
```

```
START:MOV      SP,#7FH        ; 스택을 지정

               ; 타이머1 초기 설정
               MOV     TMOD,#10H    ; 타이머1, 모드1, 타이머 모드, 게이트
디스에이블
               ; 시정수 0000(65536)
               MOV     TH1,#0
               MOV     TL1,#0
               ; LED ON 초기 값
               MOV     R6,#00H
               MOV     TCON,#00000001B
               ; 타이머1 인터럽트 초기 설정
               SETB    IT0           ; 외부 인터럽트 0 엣지 모드
               SETB    ET1           ; 타이머 1 인터럽트 인에이블
               SETB    TR1           ; 타이머 1 런
               SETB    EX0
               SETB    EA            ; 인터럽트 인에이블
               SJMP    $             ; 인터럽트 대기
               ; 타이머1 인터럽트 처리 루틴
TIMER1:        MOV     A,R6
               MOV     DPTR,#PORT_TBL ;포트 포인트 초기화
               MOVC    A,@A+DPTR    ; 오프셋 + 포인트
               INC     R6
               CJNE    R6 ,#04H,ON
               MOV     R6,#0
ON:            MOV     P1,A         ; LED 출력
               RETI                  ; 인터럽트 리턴
INT_0:         CLR     EA
               MOV     P1,#0FFH     ; 외부 인터럽트 시 LED OFF
               RETI


PORT_TBL:      DB      11111011B
               DB      11110111B
               DB      11101111B
               DB      11111110B

               END
```

제9장 AVR 특성 및 종류

1. AVR의 특징

그린카 구동장치제어 등을 제어하기 위하여 연산에 필요한 값들을 임시 저장할 수 있는 레지스터들과 레지스터에 저장된 값들을 통해 산순 및 논리 연산을 수행할 수 있는 ALU(Arithmetic Logic Unit)로 구성된 CPU Core를 단일 칩으로 만든 마이크로프로세서에 CPU를 구동할 프로그램 코드가 저장될 메모리와, 외부 데이터 입력, 출력장치 등 주변장치까지 포함된 제어용 프로세서를 사용한다. 이 제어용 프로세서로 마이크로제어기, DSP, PIC, ARM. AVR 등이 있으나 그 중 AVR이 저가에 우수한 성능을 가지므로, 비교적 간단한 제어장치에 많이 사용되고 있다.

AVR 마이크로컨트롤러는 미국의 ATMEL사에서 제공하는 CPU로서 RISC (Reduced Instruction Set Computer) 타입의 고속 8비트 마이크로컨트롤러이다. PIC보다 속도가 빠르고 8051보다 I/O 및 인터럽트 등 자원이 풍부하여 중소형 규모의 산업용 제어기에 적합하다. Alf(Bogen) Vergad(Wollan) RISC의 첫 자를 따서 AVR이라고 불리는 이 계열의 마이크로컨트롤러는 기본적으로 8비트 데이터 구조를 가지고, RISC 타입이므로 1명령 사이클이 내부 클럭의 1클럭에 의해 처리되는 방식을 가리킨다. AVR의 대표적인 특징은 다음과 같다.

- ISP(In System Programming) 기능

AVR 칩을 타겟 보드에 부착한 채로 Flash와 EEPROM에 여러 번의 프로그램을

써넣을 수 있다.

• RISC 구조를 가지고 있으며 대부분 단일 사이클 명령을 실행할 수 있음 같은 클럭으로 동작하는 PIC보다는 약 4배 정도 빠르고 8051보다는 10배 정도 빠르다.

•비휘발성 메모리

ATmega128의 경우 128 [KBytes]의 Flash 메모리를 내장하고 있어 프로그램을 기록한 후 전원을 제거하더라도 저장된 데이터가 사라지지 않으며, 재기록이 1,000번 이상이 된다. 또한 4 [KBytes]의 데이터용 EEPROM을 가지기 때문에 제품을 운용하던 중 필요한 데이터 값을 저장해 둘 수 있다. 그리고 4 [KBytes]의 SRAM을 가진다.

• C언어 처리가 강력

CPU 설계 단계에서 레지스터 / 메모리 / 명령어가 C언어에 적합하도록 설계되었다. C언어를 사용하면 개발기간이 단축되고 유지 및 보수가 간단하다.

• 다양한 주변장치와의 특성

ATmega128의 경우 별도의 프리스케일러가 있는 2개의 8비트 타이머/카운터와 2개의 16비트 타이머/카운터를 내장하고 있다. 6개의 PWM 채널을 가지고, 비교 캡쳐 모드를 가진다. 8-채널 10-비트 A/D 변환기, 아날로그 비교기, Watchdog 타이머, 직렬통신포트 등을 가진다.

따라서 이 장의 구성은 다음과 같다

제 2 절 : AVR 구조

제 3 절 : 메모리구조

제 4 절 : 주요 I/O 레지스터

제 5 절 : 리셋구조

제 6 절 : 인터럽트 (Interrupt)

2. AVR 구조

1) AVR 내부 구조

AVR은 클럭주파수, EEPROM과 Flash 및 SRAM 등 메모리 용량, I/O 핀의 개수, 타이머/카운터의 수, PWM 등등의 기능에 따라 Tiny AVR 시리즈, Mega AVR 시리즈, XMega AVR시리즈 등의 순서로 구분할 수 있다. 본 교재에서는 8-비트 AVR이면서 메모리용량 및 주변장치의 기능 등과 함께 현재 많이 사용되고 있는 Mega 시리즈 중 ATmega128에 대하여 설명한다.

ATmega128은 저전력 RISC 구조를 사용하고 있으며 133개의 강력한 명령어가 대부분 1클럭에 실행되고, 16[MHz] 에서 16 MIPS(Million Instruction Per Second)의 처리속도를 가지도록 최적화 된 프로세서이다. 또한 32개 × 8 [Bits]의 범용 작업 레지스터를 가지고 있으며 이 레지스터는 산술 연산 장치(ALU)에 직렬로 연결되어 있다. 이로 인하여 단일 클럭 사이클 이내 실행되는 한 개의 단일 명령어로써 두 개의 독립적인 레지스터를 처리할 수 있다는 것이다.

ATmega128의 내부구조가 [그림 9.1]에 나타내고 있고, AVR RISC 아키텍처가 [그림 9.2]에 나타내고 있다.

ATmega128의 주요 특징은 다음과 같다.

고성능 저전력 RISC 구조의 마이크로프로세서

- 32개 × 8 [Bit]의 범용 작업 레지스터를 가짐
- 16 [MHz]에서 16 [MIPS]까지 동작이 가능
- 133개의 강력한 명령어
- 1클럭에 1개의 명령어 처리가능
- 2 클럭 사이클의 곱하기 (Multiplier)

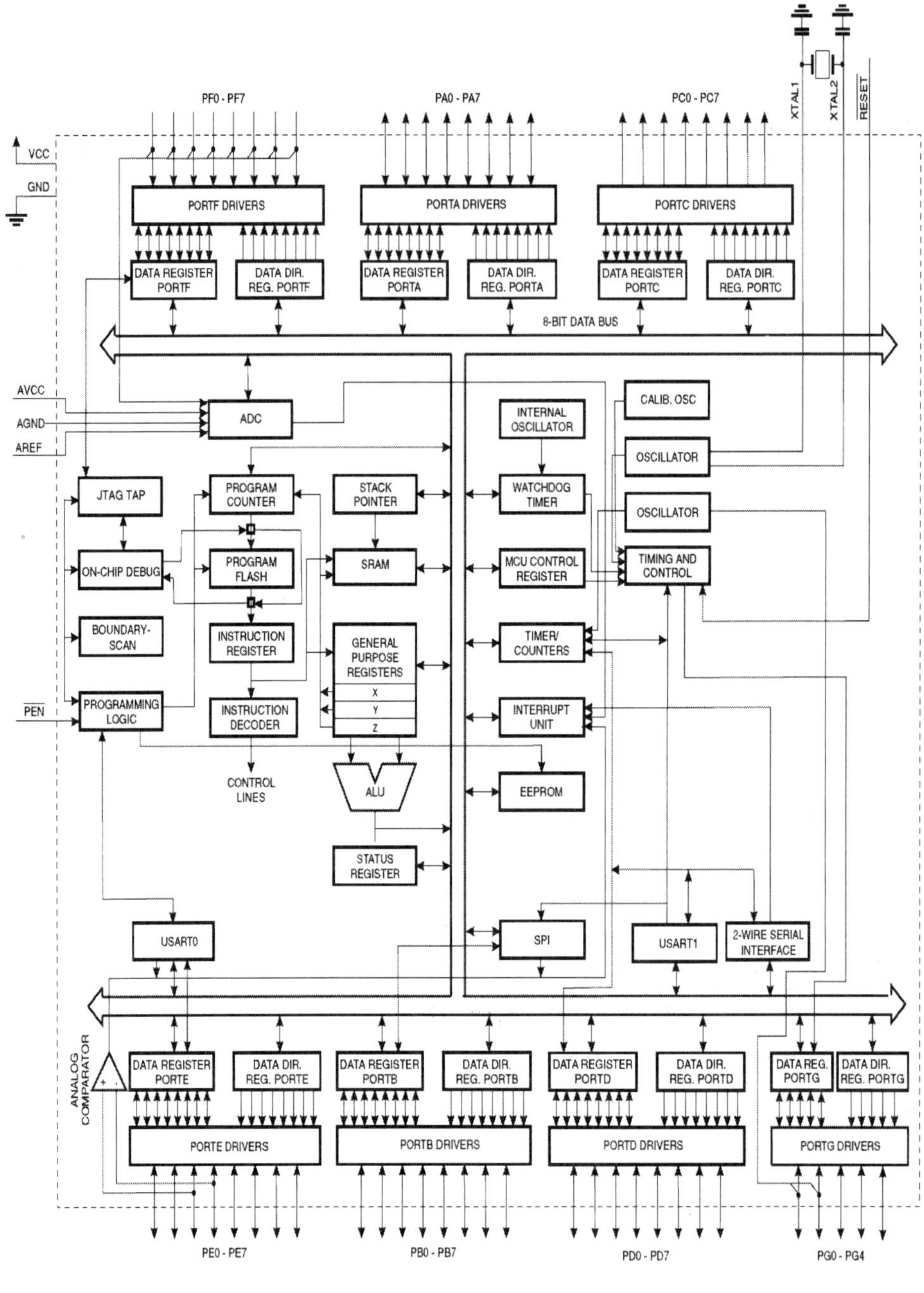

그림 9.1 | ATmega128 내부 블록도

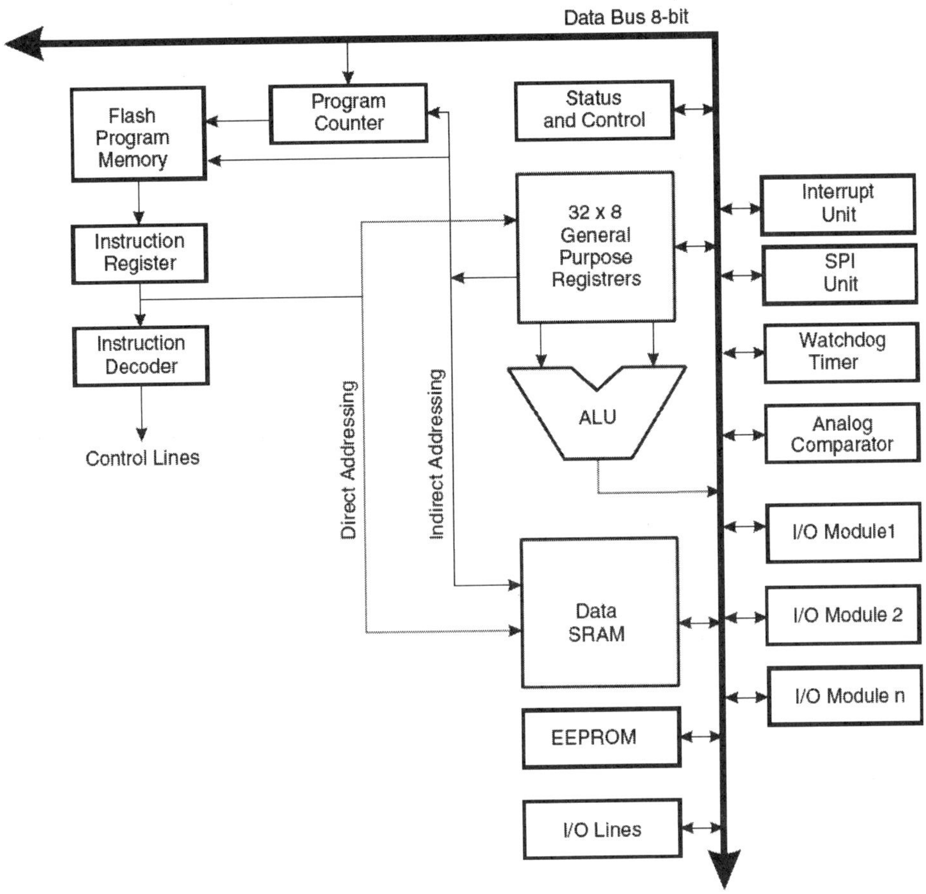

그림 9.2 | ATmega128의 RISC 구조

◎ 비휘발성 메모리와 SRAM

- 1,000번 정도 쓰기/지우기가 되는 128 [KByte]의 ISP(In System Program) 프로그램 플래시(FLASH) 메모리
- 4[KByte]의 ISP EEPROM와 4[KByte]의 내부 SRAM 메모리
- LOCK과 EEPROM 데이터 잠금 기능

◎ 주변특성 및 입출력 핀

- 8-채널 10-비트 A/D 변환기
- 별도의 프리스케일러와 비교 모드를 가진 8비트 타이머/카운터 2개
- 별도의 프리스케일러, 비교, 캡쳐, PWM 기능을 가진 16비트 타이머/카운터 2개

· 내부 아날로그 비교기
· 내부 오실레이터로 동작하는 와치독 타이머(Watchdog Timer)
· 프로그램 가능한 USART(직렬통신)
· Master/Slave SPI 직렬 인터페이스
· 53개의 I/O 핀
· 64-lead TQFP

◎ 풍부한 인터럽트 소스

◎ 마이크로컨트롤러의 특별기능

· Power-ON 리셋 회로
· 오실레이터, 카운터와는 분리된 실시간 클럭(Real-Time Clock : RTC)을 가짐
· Idle, Power Save, Power Down의 세 가지 슬립모드(Sleep Mode)를 가짐

◎ 공급 전압 및 클럭주파수 범위

· ATmega128L : 2.7 ~ 5.5 [V]. 0 ~ 8 [MHz]
· ATmega128 : 4.5 ~ 5.5 [V]. 0 ~ 16 [MHz]

2) 주요 핀의 기능

ATmega128 TQFP의 핀 배치는 [그림 9.4]과 같다. AVR의 핀수를 최소화시키기 위하여 각 포트별로 특수기능을 가지고 있으므로, 각 포트의 핀별 일반 입/출력 포트로 사용할 것인지 특수기능으로 사용할 것이지는 제어 레지스터의 해당 비트로 설정할 수 있다. 자세한 설정은 다음 절에서 언급하기로 한다.

각 포트의 특수기능은 다음과 같다.

· VCC : AVR이 동작하도록 공급하는 전원으로 두 가지 AVR 타입에 따라 전원의 범위가 다르다. (ATmega128L : 2.7 ~ 5.5 [V], ATmega128 : 4.5 ~ 5.5 [V])
· GND : 신호의 접지핀으로 사용된다.
· RESET : 리셋 입력으로 50 [ns]이상의 'Low Level' 입력이 지속되면 리셋이 발생한다. 만약 리셋을 버튼으로 사용하지 않을 경우 이 핀에 외부저항과 직류전원을 직렬로 연결하는 풀-업(pull-up)을 시켜야 한다.
· XTAL1, XTAL2 : AVR의 클럭을 발생시키기 위하여 수정발진기 또는 오실레이터를 사용한다. 수정발진자를 사용할 경우 [그림 9.3(a)]와 같이 XATL1

과 XTAL2 두핀을 사용하며, 오실레이터를 사용 시 [그림 9.3(b)]와 XTAL1핀만 사용한다.

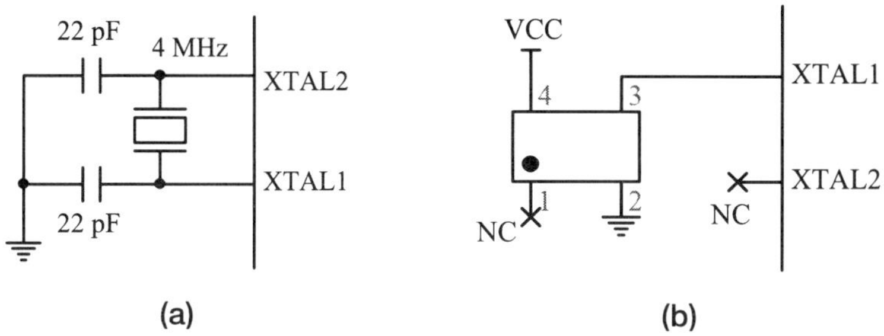

그림 9.3 클럭 입력 : (a) 수정발진자 접속, (b) 오실레이터 접속

· 포트 A(PA7 ~ PA0) : 8 [Bit] 입출력 양방향성 포트로서 내부 Pull-up을 동작시킬 수 있고, 20 [㎃]의 전류까지 싱크(sink)할 수 있으며, LED는 직접 켤 수 있다. 또한 외부 어드레스/데이터 (address/data) 부스 핀 및 ALE(address latch enable)의 기능으로 사용할 수 있으며 이 경우 포트는 입출력으로 설정된다.

· 포트 B(PB7 ~ PB0) : 8 [Bit] 입출력 양방향성 포트로서 내부 Pull-up을 동작시킬 수 있고, 20 [㎃]의 전류까지 싱크 할 수 있다. 또한 타이머/카운터의 외부 클럭의 입력, 아날로그 비교기의 입력, ISP 등의 기능을 함께 가지고 있다.

· 포트 C(PC7 ~ PC0) : 8 [Bit] 입출력 양방향성 포트로서 내부 Pull-up을 동작시킬 수 있고, 20 [㎃]의 전류까지 싱크 할 수 있다. 외부 어드레스(address) 부스 기능을 가지고 있으며 이 경우에는 포트는 출력으로 설정된다.

· 포트 D(PD7 ~ PD0) : 8 [Bit] 입출력 양방향성 포트로서 내부 Pull-up을 동작시킬 수 있고, 20 [㎃]의 전류까지 싱크 할 수 있다. 또한 타이머 등의 클럭 입력, USART 통신, 외부 인터럽트 입력 등의 특수 기능을 함께 가지고 있다.

· 포트 E(PE7 ~ PE0) : 8 [Bit] 입출력 양방향성 포트로서 내부 Pull-up을 동작시킬 수 있고, 20 [㎃]의 전류까지 싱크 할 수 있다. 또한 USART 통신, 외부 인터럽트 입력, 비교매치 출력, 입력 캡쳐 등의 기능과 함께 일부 외부 데이터 부스 기능도 있다.

· 포트 F(PF7 ~ PF0) : 8 [Bit] 입출력 양방향성 포트로서 내부 Pull-up을 동작시킬 수 있고, 20 [㎃]의 전류까지 싱크 할 수 있다. 또한 8채널 10비트 아날로그-디지털 변환기(Analog to Digital Converter : ADC) 입력 핀 및 JTAG단자로

사용할 수 있다.

· 포트 G(PG4 ~ PG0) : 5 [Bit] 입출력 양방향성 포트로서 내부 Pull-up을 동작시킬 수 있고, 20 [㎃]의 전류까지 싱크 할 수 있다. 또한 타이머0의 RTC 발진기 및 외부 메모리용 RD(Read), WR(Write) 등 제어신호도 출력시킬 수 있다.

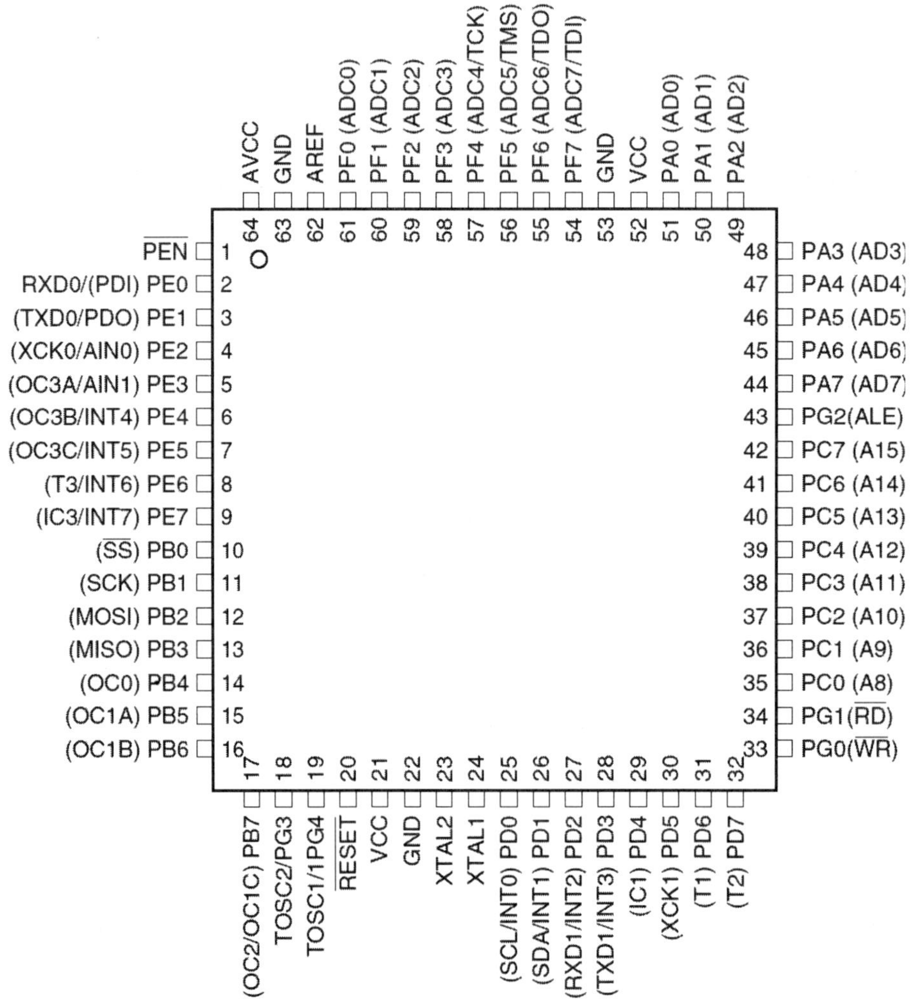

그림 9.4 | ATmega128의 핀 구조

3. 메모리 구조

AVR은 데이터와 프로그램이 분리된 메모리 버스로 구성되는 '하버드 아키텍쳐' 구조이다. 프로그램 메모리는 두 단계의 파이프라인으로 호출된다. 이는 한 인스트럭션에서 하나의 명령을 수행되는 동안에 다음 명령이 이미 메모리에 저장되어 있다가 다음 인스트럭션에 메모리에 저장된 명령을 수행하게 되고, 이와 동시에 그 다음 명령이 메모리에 저장되는 방식을 말한다.

프로그램 메모리 공간과 데이터 메모리 공간으로 구분되어 있는 메모리는 다음과 같은 영역을 가지고 있다.

- 프로그램 메모리 공간 : 0x0000 ~ 0x7FFF (64K Words)
- 범용 레지스터 공간 : 0x0000 ~ 0x001F (32 Byte)
- 입출력 레지스터 : 0x0020 ~ 0x005F (64 Byte)
- SRAM 영역 : 0x0000 ~ 0x0FFF (4 KByte)
- 데이터 EEPROM 영역 : 0x0000 ~ 0x0FFF (4 KByte)

그런데 ATmega128는 내부 메모리뿐만 아니라 외부 어드레스 및 데이터 버스핀를 사용하여 외부에 메모리를 더 확장할 수 있다. 그러나 이 교재에서는 내부 메모리의 구조만 설명하며, [그림 9.5]는 AVR내장되어 있는 내부 메모리 구조이다.

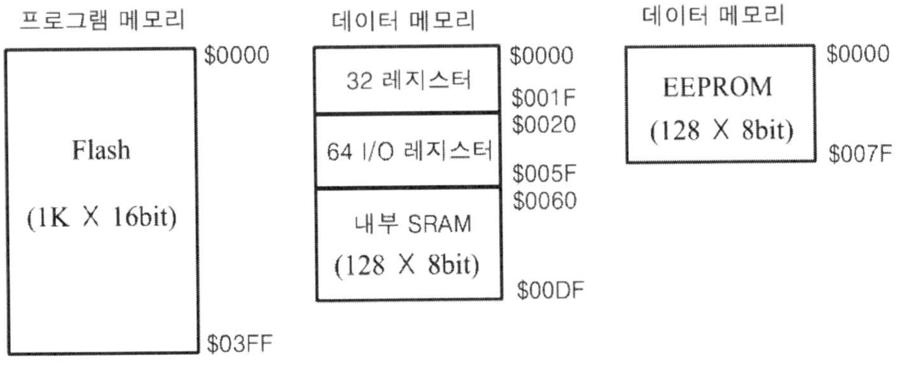

그림 9.5 | ATmega128의 내부 메모리 구조

1) 프로그램 메모리 (Flash 메모리)

프로그램 메모리는 플래시라고도 하며 AVR의 종류에 따라 크기가 다르다. 사용자가 만든 소스 프로그램(*.c)를 컴파일 하여 HEX(ROM)파일이 플래시에 저장시킨다. 실제 HEX(ROM)파일이라고 하지만 전기적으로 0과 1의 2진수가 저장되며, 사용자가 작성한 의도한 대로 동작하기 위한 시퀀스가 저장될 공간으로 생각하면 된다. ATmega128의 경우 128 [KByte] 용량의 플래시를 가진다. 하나의 명령을 수행하는데 1 [Word]가 필요하기 때문에 프로그램의 어드레스는 0x0000 ~ 0x7FFF(128 K)가 된다. 즉, 물리적으로 128 [KByte]이지만 2 [Byte]에 하나의 프로그램 명령어가 들어가기 때문에 전체 64 [KWord]를 가리키는 주소가 필요한 것이다.

2) EEPROM 메모리

일반적으로 ROM은 전원을 제거하더라도 이미 저장된 정보가 지워지지 않지만 쓸 수 없는 메모리이고, 이에 비해 RAM은 읽고 쓰기가 모두 가능한 메모리이지만 전원을 제거하면 저장된 정보는 모두 소멸되는 휘발성 메모리이다. EEPROM은 ROM의 특징인 비휘발성 메모리이지만, 전기적 신호에 의해 데이터를 기록하거나 지우는 것이 가능한 메모리이다. 플래시(Flash)도 비휘발성 메모리이지만 프로그램을 저장시켜두는 영역으로 사용되고, EEPROM은 데이터를 저장영역으로 사용된다.

ATmega128의 EEPROM은 최소 100,000회 쓰기/지우기를 할 수 있으나, SRAM과 같이 변수를 잡아서 사용하지 못한다. 만약 프로그램 내에서 동작에 필요한 값을 저장시킬 필요가 있을 때 일단 변수를 SRAM 영역의 한 공간을 사용하면서 한 번 정도 EEPROM에 저장하는 것이 메모리를 효율적으로 사용하는 것이 된다. 이 경우 전원 제거 후 다시 전원을 투입하더라도 EEPROM의 데이터는 그대로 있기 때문에 읽어서 SRAM 영역에 저장시키고 사용하면 된다.

3) SRAM 데이터 메모리

SRAM은 데이터 메모리로서 32개의 범용 레지스터(0x000 ~ 0x01F 번지 : 32 [Byte])와 64개의 I/O 레지스터(0x020 ~ 0x05F 번지 : 64 [Byte]), 내부 SRAM 영역(0x060 ~ 0x25F 번지 : 512 [Byte])으로 이루어져있다. 이 SRAM은 전원을 제거하면 저장된 값이 모두 소멸되는 특징을 가지고 있다.

[그림 9.6]에서 32개의 범용 레지스터는 R0 ~ R31까지의 32개의 내부 메모리로

프로세서가 프로그램을 실행하는 도중 연산한 결과나 데이터를 임시 저장해 두는 영역이다. 특히 [그림 9.7]과 같이 6개의 레지스터는 두 개씩 한 쌍을 이루어 3개의 16비트 데이터 처리를 위해 사용할 수 있으며, 데이터 위치 지정을 위해 16비트 주소(address)를 X 레지스터, Y 레지스터, Z 레지스터로 저장할 수 있다. ALU(Arithmetic Logic Unit : 연산장치)는 상수와 레지스터 간 또는 레지스터와 레지스터간의 대수 및 논리 함수를 지원한다. 한 개의 레지스터 명령은 ALU에서 처리되며 레지스터 명령을 추가하여 일반적인 메모리 어드레스 지정 모드도 역시 레지스터 파일로 사용될 수 있다.

[그림 9.5]에서 64개의 I/O 레지스터는 AVR의 주변장치를 구동하기 위해 필요한 제어 레지스터 등이 있으며 일반 메모리 처리와 같이 레지스터를 이용하여 호출할 수 있다.

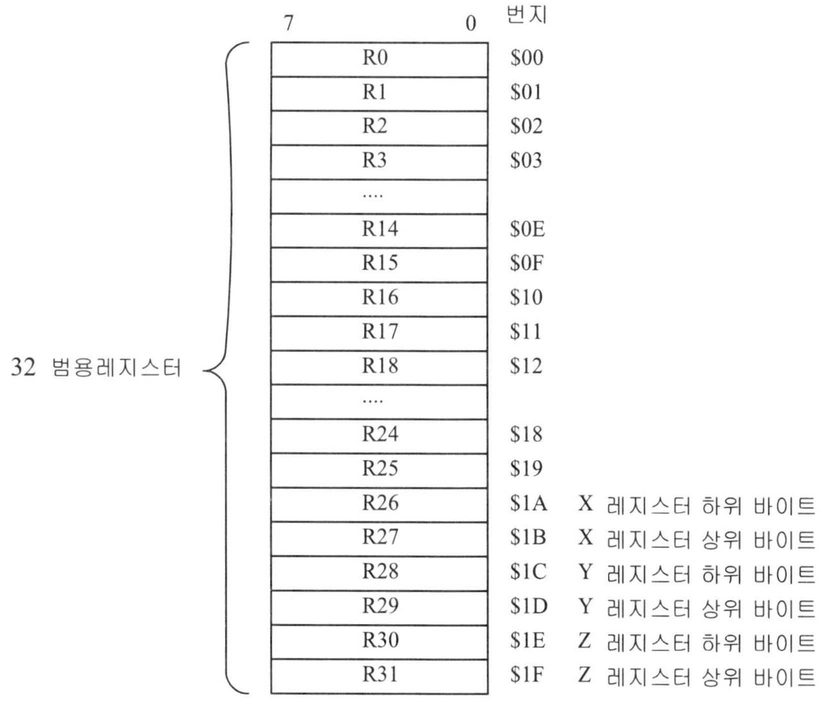

그림 9.6 | 32개의 범용 레지스터

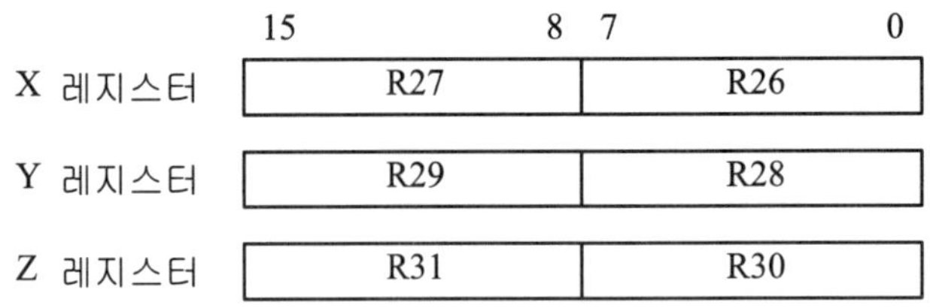

그림 9.7 | 가상 16비트 레지스터의 구조

4. 주요 I/O 레지스터

[표 9.1]에는 ATmega128 사용되는 I/O 레지스터 중에서 주요 레지스터 ($02 ~ $3F)를 소개하면 다음과 같다.

표 9.1 | ATmega128 I/O 영역

레지스터명	번지(Address)	기 능
SREG	$3F($5F)	상태 레지스터
SPH	$3E($5E)	SP(스택포인터 : STACK POINT) 상위 바이트
SPL	$3D($5D)	SP(스택포인터 : STACK POINT) 하위 바이트
GIMSK	$3B($5B)	범용 인터럽트 마스크 레지스터
GIFR	$3A($5A)	범용 인터럽트 플러그 레지스터
TIMSK	$39($59)	타이머/카운터 인터럽트 마스크 레지스터
TIFR	$38($58)	타이머/카운터 인터럽트 플러그 레지스터
MCUCR	$35($55)	MCU(Micro Controller Unit) 제어 레지스터
MCUSR	$34($54)	MCU(Micro Controller Unit) 상태 레지스터
TCCR0	$33($53)	타이머/카운터0 제어 레지스터
TCNT0	$32($52)	타이머/카운터0 레지스터
OCR0	$31($51)	타이머/카운터0 출력비교 레지스터
ASSR	$30($50)	
TCCR1A	$2F($4F)	타이머/카운터1 제어 레지스터 A

TCCR1B	$2E($4E)	타이머/카운터1 제어 레지스터 B
TCNT1H	$2D($4D)	타이머/카운터1 레지스터 상위 바이트
TCNT1L	$2C($4C)	타이머/카운터1 레지스터 하위 바이트
OCR1AH	$2B($4B)	타이머/카운터1 출력 비교 레지스터A 상위 바이트
OCR1AL	$2A($4A)	타이머/카운터1 출력 비교 레지스터A 하위 바이트
OCR1BH	$29($49)	타이머/카운터1 출력 비교 레지스터B 상위 바이트
OCR1BL	$28($48)	타이머/카운터1 출력 비교 레지스터B 하위 바이트
ICR1H	$27($47)	타이머/카운터1 입력 캡쳐 레지스터 상위 바이트
ICR1L	$26($46)	타이머/카운터1 입력 캡쳐 레지스터 하위 바이트
TCCR2	$25($45)	타이머/카운터2 제어 레지스터
TCNT2	$24($44)	타이머/카운터2 레지스터
OCR2	$23($43)	타이머/카운터2 출력 비교 레지스터
ASSR	$22($42)	비동기모드 상태 레지스터
WDTCR	$21($41)	와치독 타이머 제어 레지스터
SFIOR	$20($40)	특수함수 입출력 레지스터
EEARH	$1F($3F)	EEPROM 어드레스 레지스터 상위 바이트
EEARL	$1E($3E)	EEPROM 어드레스 레지스터 하위 바이트
EEDR	$1D($3D)	EEPROM 데이터 레지스터
EECR	$1C($3C)	EEPROM 제어 레지스터
PORTA	$1B($3B)	포트 A 데이터 레지스터
DDRA	$1A($3A)	포트 A 방향 레지스터
PINA	$19($39)	포트 A 입력 레지스터
PORTB	$18($38)	포트 B 데이터 레지스터

DDRB	$17($37)	포트 B 방향 레지스터
PINB	$16($36)	포트 B 입력 레지스터
PORTC	$15($35)	포트 C 데이터 레지스터
DDRC	$14($34)	포트 C 방향 레지스터
PINC	$13($33)	포트 C 입력 레지스터
PORTD	$12($32)	포트 D 데이터 레지스터
DDRD	$11($31)	포트 D 방향 레지스터
PIND	$10($30)	포트 D 입력 레지스터
SPDR	$0F($2F)	SPI I/O 데이터 레지스터
SPSR	$0E($2E)	SPI 상태 레지스터
SPCR	$0D($2D)	SPI 제어 레지스터
UDR	$0C($2C)	USART I/O 데이터 레지스터
USR	$0B($2B)	USART 상태 레지스터
UCR	$0A($2A)	USART 제어 레지스터
UBRR	$09($29)	USART 보레이트 레지스터
ACSR	$08($28)	아날로그 비교기 제어/상태 레지스터
ADMUX	$07($27)	ADC 채널 선택 멀티플렉서 레지스터
ADCSR	$06($26)	ADC 제어 및 상태 레지스터
ADCH	$05($25)	ADC 데이터 레지스터 상위 바이트
ADCL	$04($24)	ADC 데이터 레지스터 하위 바이트
PORTE	$03($23)	포트 E 데이터 레지스터
DDRE	$02($22)	포트 E 방향 레지스터

1) 상태제어레지스터(Status Register : SREG)

상태제어레지스터는 마이크로프로세서가 하나의 작업(연산, 제어 등)을 끝낸 후 그 결과를 나타내어 주는 레지스터로서 각종 명령어를 처리하기 위하여 이 레지스터의 비트들을 많이 이용한다. 그리고 마이크로프로세서를 학습하는 학생들에게 있어 필수적으로 알아두어야 할 레지스터이다.

비트	7	6	5	4	3	2	1	0	
	I	T	H	S	V	N	Z	C	**SREG**
읽기/쓰기	R/W	R/W	R/W	R/W	R/W	R/W	R/W	R/W	
초기값	0	0	0	0	0	0	0	0	

· **Bit 7 I Global Interrupt Enable**

전체 인터럽트 Enable 비트인 I 비트는 모든 인터럽트를 사용하기 위하여 반드시 '1'로 셋(SET) 되어야 하며, I 비트가 셋 된 상태에서 개별적인 인터럽트들에 대한 허용(Enable) 비트들을 지정하여야 각각의 인터럽트들을 사용할 수 있게 된다. 만약 I비트가 '0'으로 설정되어 있다면 모든 인터럽트는 독립적으로 허용(Enable) 하지 않게 된다.

· **Bit 6 T Bit Copy Storage**

비트 복사 명령과 BLD(Bit Load)와 BST(Bit Store)는 T 비트를 동작되는 비트의 원본 또는 복사할 위치로서 사용한다. 레지스터 파일 안에 어느 한 레지스터로부터 온 한 비트는 BST 명령에 의해 T 내부로 복사될 수 있고, T 속의 한 비트는 BLD 명령에 의해 레지스터 파일 안의 어느 한 레지스터 내 한 비트로 복사될 수 있다.

· **Bit 5 H Half Carry Flag**

하프 캐리(Half Carry) 플러그 비트인 H 비트는 어떤 산술 연산을 수행한 결과 하프 즉, 4번 비트가 3번 비트에 의해 발생한 캐리가 더해지게 되면 셋 된다.

· **Bit 4 S Sign Bit**

네거티브 비트 N과 오버플로 비트 V를 XOR(Exclusive-OR) 연산을 한 결과가 부호 비트 S에 기록된다. 즉, S = N ⊕ V이다.

- **Bit 3 V Two's Complement Overflow Flag**

2의 보수 오버플로 플러그 V는 두 개의 보수 산술 연산을 지원한다. 즉, 두 수의 뺄셈 연산을 수행할 때 직접 빼지 않고 2의 보수를 이용하여 덧셈 연산으로 대신할 수 있다.

- **Bit 2 N Negative Flag**

연산의 결과가 음(-)수가 나오게 되면 네거티브 플러그 N 이 셋 된다.

- **Bit 1 Z Zero Flag**

연산의 결과가 0이 되면 제로 플러그 Z 가 셋 된다.

- **Bit 0 C Carry Flag**

연산의 결과가 캐리 (carry)가 발생하면 캐리 플러그 C가 셋 된다.

2) 스택 포인터(Stack Pointer) - SP

스택(Stack)은 데이터나 주소를 임시로 저장하는 메모리 영역으로 데이터를 스택에 저장 시는 PUSH 명령어를 스택에 저장된 데이터를 읽을 경우에는 POP 명령어를 사용한다. 스택 포인터는 스택기능으로 사용되는 SRAM 영역 위치 즉 주소를 저장하는 것이다.

비트	15	14	13	13	11	10	9	8	
	-	-	-	-	-	-	SP9	SP8	**SPH**
	SP7	SP6	SP5	SP4	SP3	SP2	SP1	SP0	**SPL**
	7	6	5	4	3	2	1	0	
읽기/쓰기	R	R	R	R	R	R	R/W	R/W	
	R/W	R/W	R/W	R/W	R/W	R/W	R/W	R/W	
초기값	0	0	0	0	0	0	0	0	
	0	0	0	0	0	0	0	0	

PUSH/POP 명령으로 데이터를 저장하거나 읽을 경우, 스택 포인터의 값이 1씩

감소/증가하고, 서브루틴 함수 호출/서브루틴 RET 이나 인터럽트에 의해 어드레스가 스택에 저장/인터럽트 RETI 될 경우 2씩 감소/증가된다.

5. 리셋(Reset) 구조

AVR을 리셋시키면 AVR내의 제어 레지스터 등 모든 레지스터가 초기화되면서 AVR도 리셋 시 수행하는 프로그램을 수행한다. 이 AVR을 리셋시키기 위한 4가지 방법 중 전원 리셋, 외부 리셋, Brown-out 리셋, 와치독 리셋 등이 있으므로. 각 리셋 방법에 대하여 설명한다.

1) 전원 리셋(Power-On Reset : POR)

Vcc와 GND에 전원이 공급될 때 MCU에 리셋이 걸리게 되는 방법이다. 전원 리셋 (POR : Power Of Reset) 회로는 직류전원 Vcc가 안정한 영역에 도달할 때까지 소자가 작동하지 않게 한다.

[그림 9.8]에서 보여지는 것과 같이 내부 타이머는 와치독 타이머로 클럭되어지며 이 타이머는 Vcc가 Power-On Threshold Voltage - VPOT에 도달한 후 일정 시간 후까지 MPU(Microprocessor Unit)가 작동하는 것은 막는다. 사용자는 전형적인 오실레이터 시작시간(start-up time)에 대한 시작시간을 선택할 수 있다. 와치독 타이머(Watchdog Timer : WDT) 오실레이터 사이클의 개수가 [표 9.2]에 주어져 있다. 종합적인 리셋 구간은 전원 리셋시간(tPOR)과 지연시간(tTOUT)을 합한 시간이 된다. MPU 클럭으로 세라믹 공진기나 다른 빠른 발진기를 사용하는 경우 플래시의 퓨즈 비트는 더 빠른 스타트 업 시간으로 프로그램 할 수 있다.

표 9.2 | 와치독 오실레이터 주기 개수

FSTRT	Time-out at VCC = 5 [V]	와치독 타이머 사이클의 수
Programmed	1.1 [ms]	1 K
Unprogrammed	16.0 [ms]	16 K

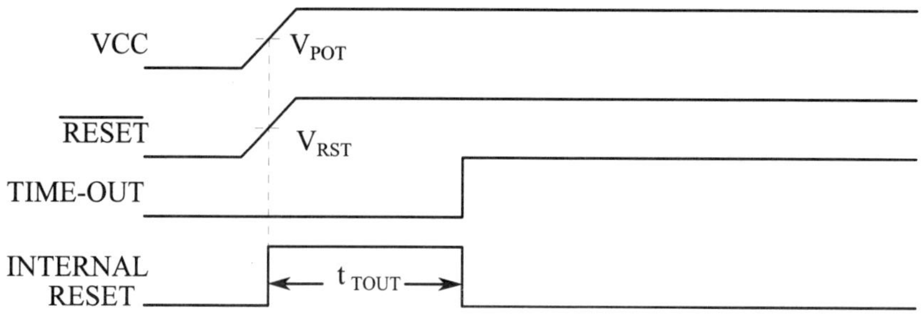

그림 9.8 | MCU 기동시, Vcc와 $\overline{\text{RESET}}$

2) 외부 리셋(External Reset)

리셋 핀에 전압이 High 레벨에서 Low 레벨로 천이 될 때 리셋이 걸리게 되며, Low 레벨의 신호가 XTAL 클럭의 2회 이상의 시간을 가져야 한다, [그림 9.9]는 외부 리셋의 타이밍을 보인 것이다.

리셋 핀은 칩 내부에 풀-업 되어 있기 때문에 외부 리셋이 필요 없는 경우는 연결하지 않아도 된다. 따라서 Vcc 단자와 연결한 것과 같은 효과를 나타낸다. 전원 공급 후 핀에 Low 레벨의 전원을 인가하고 이 상태를 지속함으로 Power-On Reset 기간을 연장할 수 있다.

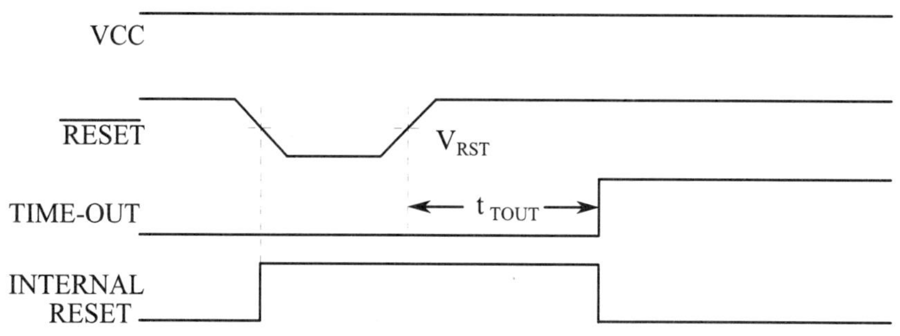

그림 9.9 | 외부 RESET

3) 브라운-아웃 리셋 (Brown-out Reset)

[그림 9.10]과 같이 전원전압 Vcc가 어느 전압 VBOT 이하로 떨어질 경우 낮은 전원전압으로 인하여 AVR의 정상적인 동작에 문제가 발생할 가능성이 있으므로 AVR을 리셋시킨다.

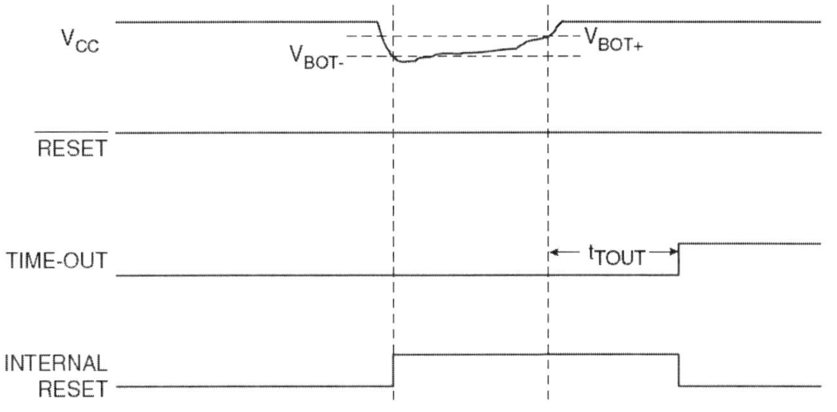

그림 9.10 | 브라운-아웃 RESET

4) 와치독 리셋(Watchdog Reset)

와치독 (Watch-dog)는 AVR이 설정시간동안 동작을 하지 않을 경우 AVR를 리셋 시킨다. [그림 9.11]은 와치독 리셋의 타이밍을 보인 것으로 와이독 타이머값이 완료되면 WDT 타임-아웃신호가 발생된 후 tTOUT 시간 후 AVR을 다시 동작시킨다.

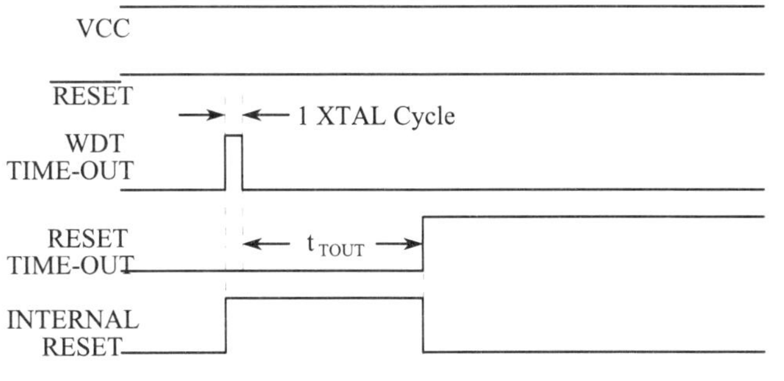

그림 9.11 | 와치독 RESET

이 시간을 측정하기위한 타이머를 와치독 타이머 (Watchdog Timer) 라고하며, 이 와치독 타이머는 시스템의 오실레이터와 분리된 클럭을 가진다. [그림 9.12]는 와치독 타이머의 구조를 보인 것으로 먼저 시스템의 오실레이터에서 출력된 클럭이 와치독 타이머 프리스케일러 (Prescaler)를 거쳐 주파수를 분주하여 와치독 타이머의 클럭이 된다. 이 프리스케일러에서 WDP2 ~WDP0의 3개 비트로 클럭 분주 값을 선택하며 하기 위하여 WDP2 ~WDP0의 3개 비트를 사용한다.

따라서 이 와치독 타이머 프리스케일러를 제어함으로써 와치독 리셋의 주기를 조정할 수 있으며 [표 9.3]는 전원 전압 Vcc가 +5V일 경우 프리스케일러에 대한 와치독타이머의 타임아웃 주기를 보인 것이다.

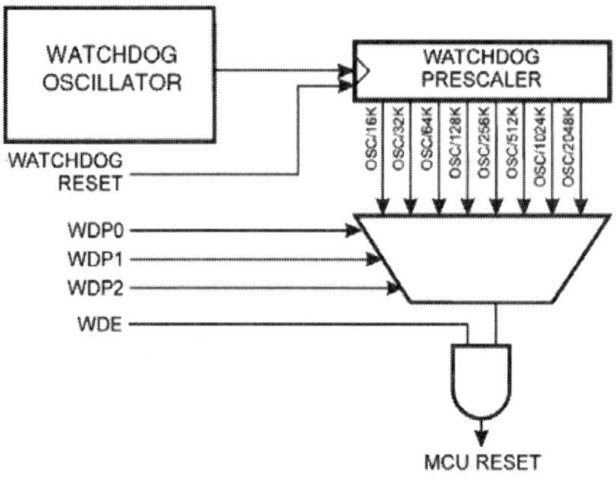

그림 9.12 | 와치독 타이머

표 9.3 | 와치독 타이머 프리스케일러 선택

WDP2	WDP1	WDP0	WDT의 개수 오실레이터 싸이클	Time-out Vcc = 5.0 [V]
0	0	0	16K Cycles	15 [ms]
0	0	1	32K Cycles	30 [ms]
0	1	0	64K Cycles	60 [ms]
0	1	1	128K Cycles	0.12 [s]
1	0	0	256K Cycles	0.24 [s]
1	0	1	512K Cycles	0.49 [s]
1	1	0	1024K Cycles	0.94 [s]
1	1	1	2048K Cycles	1.9 [s]

이 와치독 타이머의 동작을 설정하기 위한 레지스터 WDTCR (Watchdog Timer Control Register)는 다음과 같다.

비트	7	6	5	4	3	2	1	0	
	-	-	-	WDCE	WDE	WDP2	WDP1	WDP0	**WDTCR**
읽기/쓰기				R/W	R/W	R/W	R/W	R/W	
초기값				0	0	0	0	0	

· **Bit 7 ~ 5** **Res.** **Reserved Bits**

이 비트가 1이면 ATmega128에서 항상 0으로 읽혀진다.

· **Bit 4** **WDTOE** **Watchdog Change Enable**

WDE가 클리어 될 때 이 비트를 셋 시켜야 한다. 그렇지 않으면 와치독을 동작 불가 시킬 수 없다. 셋 되면 4개의 클럭 싸이클 후에 이 비트는 하드웨어적으로 클리어 된다.

· **Bit 3** **WDCE** **Watchdog Enable**

이 비트가 셋 되면 와차독 타이머가 동작된다. 만약 이 비트가 0이면 와치독 타이머의 클럭이 없어 동작을 하지 않는다.

· **Bit 2 ~ 0** **WDP2, WDP1, WDP0** **Watchdog Timer Prescaler 2, 1 & 0**

와치독 타이머의 클럭을 선택하는 비트들이다. [표 9.3]에 주어진 클럭을 선택하게 된다.

5) MCU 상태 레지스터(MCU Control Status Register : MCUCSR)

MCR이 리셋되었을 때 어떤 방법으로 리셋되었는지를 표시하는 상태레지스터이다.

비트	7	6	5	4	3	2	1	0	
	-	-	-	JTRF	WDRF	BORF	EXTRF	PORF	**MCUCSR**
읽기/쓰기	R	R	R	R/W	R/W	R/W	R/W	R/W	
초기값	0	0	0	0	0	0	0	0	

· **Bit 7~5** **RES** **Reserved Bits**

이 비트들은 비어 있으며 항상 0으로 읽혀진다.

· **Bit 4** **JTRF** **JTAG Reset Flag**

JTAG으로 Reset되면 이 비트는 '1'로 셋 된다.

· **Bit 3** **WDRF** **Watchdog Reset Flag**

와치독 타이머로 Reset되면 이 비트는 '1'로 셋 된다.

· **Bit 2** **BORF** **Brown-out Reset Flag**

Broun-out으로 Reset되면 이 비트는 '1'로 셋 된다.

· **Bit 1** **EXTRF** **External Reset Flag**

외부 Reset이 걸리고 나면 이 비트는 '1'로 셋 된다.

· **Bit 0** **PORF** **Power-On Reset Flag**

Power-On Reset이 걸리고 나면 이 비트는 '1'로 셋 된다.

6. 인터럽트 (Interrupt)

1) 인터럽트 동작

인터럽트는 주프로그램 실행 도중 갑작스럽게 수행할 상황이 발생 시 수행을 요구하는 동작을 인터럽트(Interrupt)라고 한다. 이 AVR은 외부 하드웨어에서 요구하는 인터럽트 즉 외부 인터럽트와 AVR에 내장된 주변장치가 요구하는 인터럽트로 나눌 수 있다. 이 인터럽트 기능에서 사용되는 레지스터 및 용어는 다음과 같다.

- 인터럽트 마스크 레지스터 (Interrupt Mask Register) : 각 인터럽트마다 해당 인터럽트를 허용(Enable) 또는 불허용 (Disable) 지정
- 인터럽트 플러그 레지스터 (Interrupt Flag Register) : 어떤 인터럽트 소스가 인터럽트를 요구하였는지를 표시하는 레지스터
- 인터럽트 서비스루틴 (Interrupt Service Routine : ISR) : 특정 인터럽트 발생 시 이 인터럽트가 수행할 프로그램
- 인터럽트 벡터 테이블 (Interrupt Vector Table) : 인터럽트발생 시 수행할 프로

그램 즉 ISR의 주소(address)가 저장된 표

이 AVR ATmega128은 32가지 종류의 인터럽트를 발생시킬 수 있는 소스를 제공한다. [표 9.4]는 리셋과 각 인터럽트 소스의 정의 및 벡터테이블을 보인 것이다. 각 인터럽트마다 2바이트의 메모리가 할당되었는데 이 2바이트의 메모리에 ISR의 하위 주소-상위 주소 순서로 저장된다.

표 9.4 | 리셋과 인터럽트 벡터 테이블

벡터순위	프로그램 어드레스	소 스	인터럽트 정의
1	$000	RESET	하드웨어 칩과 와치독 리셋
2	$002	INT0	외부 인터럽트 0
3	$004	INT1	외부 인터럽트 1
4	$006	INT2	외부 인터럽트 2
5	$008	INT3	외부 인터럽트 3
6	$00A	INT4	외부 인터럽트 4
7	$00C	INT5	외부 인터럽트 5
8	$00E	INT6	외부 인터럽트 6
9	$010	INT7	외부 인터럽트 7
10	$012	TIMER2 COMP	타이머/카운터2 비교 매치
11	$014	TIMER2 OVF	타이머/카운터2 오버플로
12	$016	TIMER1 CAPT	타이머/카운터1 캡쳐
13	$018	TIMER1 COMPA	타이머/카운터1A 비교 매치
14	$01A	TIMER1 COMPB	타이머/카운터1B 비교 매치
15	$01C	TIMER1 OVF	타이머/카운터1 오버플로
16	$01E	TIMER0 COMP	타이머/카운터0 비교 매치
17	$020	TIMER0 OVF	타이머/카운터0 오버플로
18	$022	SPI, STC	SPI 직렬 통신 완료
19	$024	USART0, RX	USART0, RX 완료
20	$026	USART0, UDRE	USART0 데이터 레지스터 공백
21	$028	USART0, TX	USART0, TX 완료
22	$02A	ADC	A/D 변환 완료

23	$02C	EE_RDY	EEPROM 준비
24	$02E	ANA_COMP	아날로그 비교기
25	$030	TIMER1 COMPC	타이머/카운터1C 비교 매치
26	$032	TIMER3 CAPT	타이머/카운터3 캡쳐
27	$034	TIMER3 COMPA	타이머/카운터3A 비교 매치
28	$036	TIMER3 COMPB	타이머/카운터3B 비교 매치
29	$038	TIMER3 COMPC	타이머/카운터3C 오버플로
30	$03A	TIMER3 OVF	타이머/카운터3 오버플로
31	$03C	USART1, RX	USART1, RX 완료
32	$03E	USART1, UDRE	USART1 데이터 레지스터 공백
33	$040	USART1, TX	USART1, TX 완료
34	$042	TWI	2-선 직렬통신
35	$044	SPM READY	프로그램 메모리저장 준비

모든 인터럽트는 개별적인 허용(Enable)비트가 할당되며, 인터럽트를 허용(Enable) 시키기 위해 상태 레지스터의 I 비트도 함께 셋 되어야 한다. [표 9.4]에서 항목의 순서는 인터럽트 처리 선행순서를 나타낸다. 높은 선행 순서를 가질수록 어드레스의 값은 작다. 리셋이 가장 높은 선행 순서를 가지며, 다음으로 INT0의 순으로 선행순서가 우선이다.

인터럽트가 발생되면 전역 인터럽트를 허용시키는 상태 레지스터의 I비트는 클리어(0)되고 다른 인터럽트는 발생할 수 없게 된다. 이 때 사용자는 프로그램을 통하여 다시 I비트를 셋 시킬 수 있다. 인터럽트 루틴을 종료하고 인터럽트 이전의 루틴으로 돌아오는 RETI 명령을 사용하여 I비트를 셋 시킬 수 있다. 이벤트에 의해 발생하는 인터럽트에 대해서, 인터럽트 플러그는 이벤트가 발생할 때 set '1'이 된다. 만일 인터럽트 플러그가 클리어 되거나, 인터럽트 조건이 유지된다면, 플러그는 다음 번 이벤트가 발생할 때 셋 된다.

프로그램 카운터가 인터럽트 처리 루틴을 수행하기 위해 실제 인터럽트 벡터를 지시하고 있을 때 하드웨어는 인터럽트를 생성하는 그에 해당되는 플러그를 클리어 한다.

다음의 소스 프로그램은 어셈블러로 작성된 리셋과 인터럽트 벡터 어드레스의 가장 전형적이고 일반적인 프로그램을 보여주고 있다. 만약 외부 인터럽트 2가 발생되었으면 [표 9.4]에서 수행할 프로그램 즉 ISR이 저장된 주소를 읽은 후 [표

9.5]와 같이 외부 인터럽트 2의 ISR로 점프하여 수행을 시작한다.

표 9.5 | 리셋과 인터럽트 처리를 위한 프로그램

Address	CODE	COMMENT
$000	jmp RESET	; 리셋 처리문으로 점프
$002	jmp EXT_INT0	; 외부인터럽트 0의 ISR로 점프
$004	jmp EXT_INT1	; 외부인터럽트 1의 ISR로 점프
$006	jmp EXT_INT2	; 외부인터럽트 2의 ISR로 점프
$008	jmp EXT_INT3	; 외부인터럽트 3의 ISR로 점프
$00A	jmp EXT_INT4	; 외부인터럽트 4의 ISR로 점프
$00C	jmp EXT_INT5	; 외부인터럽트 5의 ISR로 점프
$00E	jmp EXT_INT6	; 외부인터럽트 6의 ISR로 점프
$010	jmp EXT_INT7	; 외부인터럽트 7의 ISR로 점프
$012	jmp TIM2_COMP	; 타이머2 비교를 처리하기 위한 ISR로 점프
$014	jmp TIM2_OVF	; 타이머2 오버플로를 처리하기 위한 ISR로 점프
$016	jmp TIM1_CAPT	; 타이머1 캡쳐를 처리하기 위한 ISR로 점프
$018	jmp TIM1_COMPA	; 타이머1 비교A를 처리하기 위한 ISR로 점프
$01A	jmp TIM1_COMPB	; 타이머1 비교B를 처리하기 위한 ISR로 점프
$01C	jmp TIM1_OVF	; 타이머1 오버플로를 처리하기 위한 ISR로 점프
$044	jmp SPM_READY	; 프로그램 메모리저장 준비 ISR로 점프
$046	Main	; 주 프로그램

2) 외부인터럽트 (External Interrupt)

이 AVR은 INT0에서 INT7까지 8개의 외부 인터럽트를 제공한다. 따라서 외부에서 펄스를 외부 인터럽트 핀에 입력시켜 인터럽트를 발생시킬 수 있는데, 8개의 외부 인터럽트 발생시점을 각각 설정하기 위하여 2개의 제어 레지스터를 사용한다.

① 외부 인터럽트 제어 레지스터 A (External Interrupt Control Register A)

외부 인터럽트 3-0까지 (INT3 ~ INT0) 4개의 외부 인터럽트를 동작시키기 위하여 전압 레벨로 동작할 것인지, 에지로 동작할 것인지를 결정한다.

비트	7	6	5	4	3	2	1	0	
	ISC31	ISC30	ISC21	ISC20	ISC11	ISC10	ISC01	ISC00	**EICRA**
읽기/쓰기	R/W	R/W	R/W	R/W	R/W	R/W	R/W	R/W	
초기값	0	0	0	0	0	0	0	0	

· **Bit 7, 6 ISC31, ISC310 Interrupt Sense Control 1 Bit1 & Bit0**

외부 인터럽트 3 (External Interrupt 3)은 외부 INT3핀이 인터럽트를 동작시키기 위하여 전압 레벨로 동작할 것인지, 에지로 동작할 것인지 [표 9.6]에 따라 설정된다.

표 9.6 | 외부 인터럽트3 (INT3) 감지 제어

ISC31	ISC30	설 명
0	0	INT1 핀이 0 [V](논리 0)에서 인터럽트 요청 발생
0	1	사용하지 않음
1	0	INT1 핀의 신호가 하강 에지에서 인터럽트 요청 발생
1	1	INT1 핀의 신호가 상승 에지에서 인터럽트 요청 발생

나머지 외부 인터럽트 2-0은 외부 인터럽트 3과 동일하게 설정되므로, 일반적으로 n 번호 외부 인터럽트 발생위치를 설정하기 위하여 [표 9.7]과 같다. 여기서 외부인터럽트 번호 n은 0~3범위가 된다.

표 9.7 | 외부 인터럽트 n (INTn) 감지 제어

ISCn1	ISCn0	설 명
0	0	INTn 핀이 0 [V](논리 0)에서 인터럽트 요청 발생
0	1	사용하지 않음
1	0	INTn 핀의 신호가 하강 에지에서 인터럽트 요청 발생
1	1	INTn 핀의 신호가 상승 에지에서 인터럽트 요청 발생

[그림 9.13]는 INTn 외부 인터럽트를 발생시키기 위하여 INTn 핀에 펄스를 입력시킨 그림이다. 만약 ISCn1=1, ISCn0=1 일 경우에는 입력 펄스의 상승에지 점에서 인터럽트가 발생되며, ISCn1=1, ISCn0=0 일 경우에는 입력 펄스의 하강에지 점에서 인터럽트가 발생된다. 여기서 ISCn1=0, ISCn0=0 일 경우에는 입력펄스가 0V되는 지점에 인터럽트가 발생되는데 0V되는 영역이 넓이 퍼져있으므로 어느 지점에서 인터럽트가 발생시킬 것인지 불명확하고 또한 이 구간이 넓을 경우에는 동일한 인터럽트가 2번 이상 발생될 가능성도 있다.

결론적으로 상승 또는 하강 에지에서 외부 인터럽트를 발생시키는 것이 바람직하다.

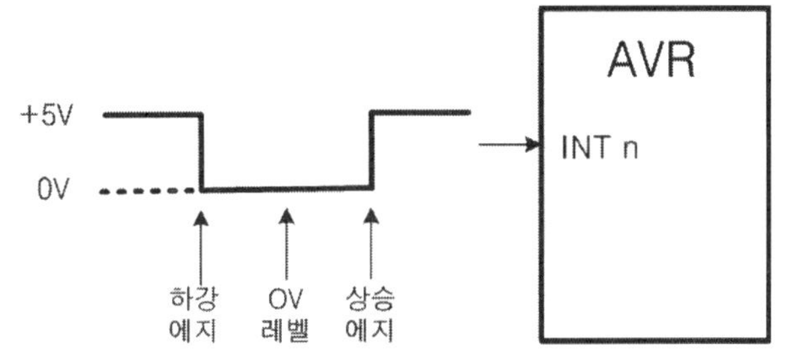

그림 9.13 | 외부 인터럽트 발생

② **외부 인터럽트 제어 레지스터** B (External Interrupt Control Register B)

비트	7	6	5	4	3	2	1	0	
	ISC71	ISC70	ISC61	ISC60	ISC51	ISC50	ISC41	ISC40	**EICR B**
읽기/쓰기	R/W	R/W	R/W	R/W	R/W	R/W	R/W	R/W	
초기값	0	0	0	0	0	0	0	0	

외부 인터럽트 7-4까지 (INT7~INT4) 4개의 외부 인터럽트를 동작시키기 위하여 전압 레벨로 동작할 것인지, 에지로 동작할 것인지를 결정한다. [표 9.7]에서 n을 4~7로 하면 앞의 외부 인터럽트와 동일한 방법으로 설정할 수 있다.

③ **외부 인터럽트 마스크 레지스터** (External Interrupt Mask Register : EIMSK)

비트	7	6	5	4	3	2	1	0	
	INT7	INT6	INT5	INT4	INT3	INT2	INT1	INT0	**EIMSK**
읽기/쓰기	R/W	R/W	R/W	R/W	R/W	R/W	R/W	R/W	
초기값	0	0	0	0	0	0	0	0	

· **Bit n** **INTn** **External Interrupt Request n Enable (n = 7 ~ 0)**

8개의 외부 인터럽트 INT7~INT0까지 각각 허용 (Enable) 또는 불허용 (Disable)을 설정한다. 상태 레지스터의 I 비트가 셋(set)되어 있고, INTn (n=7~0) 비트가 셋 될 때 외부 n 핀 인터럽트가 허용된다. 앞에서 외부 인터럽트 제어 레지스터 A와 B 즉 EICRA와 EICRB에서 설정한 외부 인터럽트의 INTn 핀의 상승 또는 하강 에지의 활성화 여부 또는 레벨 감지 여부에 따라 외부 인터럽트가 발생된다.

④ **외부 인터럽트 플러그 레지스터**(External Interrupt Flag Register : EIFSK)

비트	7	6	5	4	3	2	1	0	
	INT7	INT6	INT5	INT4	INT3	INT2	INT1	INT0	**EIFSK**
읽기/쓰기	R/W	R/W	R/W	R/W	R/W	R/W	R/W	R/W	
초기값	0	0	0	0	0	0	0	0	

· **Bit n** **INTn** **External Interrupt Flag n (n = 7 ~ 0)**

8개의 외부 인터럽트 INT7~INT0 중 어떤 외부 인터럽트가 인터럽트를 요구하였는지을 표시한다. INTn 인터럽트 비트가 '1'이면 그 n 외부인터럽트가 인터럽트를 요구한 것이다. 다음 MCU는 인터럽트 벡터주소로 점프하여 ISR를 수행한다. 리 ISR를 모두 마치게 되면 이 n 플러그 비트는 '0'으로 리셋(reset)된다.

제10장 입출력 포트 (Input/Output)

1. 서 론

입출력포트는 비트 단위의 출력신호 즉 LED을 온 또는 오프 상태 출력 또는 입력신호 즉 스위치의 온 또는 오프상태 입력 등에 사용되고 있다. ATmega128은 7 개의 입출력(I/O) 포트인 포트 A, 포트 B, 포트 C, 포트 D, 포트 E, 포트 F, 포트 G를 내장하고 있으며 이 포트들은 모두 입력 또는 출력이 가능한 양방향성 포트이다. 따라서 제어레지스터의 설정을 어떻게 하느냐에 따라 입력용과 출력용으로 설정할 수 있게 된다.

이 7개의 I/O 포트용으로 사용 시 공통으로 사용되는 다음과 같은 3개의 레지스터가 있다.

· DDRx : 데이터의 입출력 방향을 설정하는 레지스터(Data Direction Register)
· PORTx : 포트에 출력값을 기록하는 레지스터
· PINx : 포트의 입력을 받는 레지스터

※ 여기서 x는 포트 A, B, C, D, E, F, G의 중 하나이다.

이 장의 구성은 다음과 같다

제 2 절 : I/O 포트 레지스터
제 3 절 : 포트 출력 방법
제 4 절 : 포트 입력 방법
제 5 절 : AVR Studio로 I/O 포트 프로그램 실행방법

2. I/O 포트 레지스터

7개 입출력포트 A, B, C, D, E, F, G의 레지스터에 대하여 기술한다.

1) 포트 A

포트 A는 8비트 양방향성 입출력 포트로서 3개의 제어 레지스터 즉 PORTA, DDRA, PINA 레지스터가 차례로 데이터 메모리에 할당되어 있다.

① 포트 A 데이터 출력 레지스터(Port A Data Output Register : PORTA)

비트	7	6	5	4	3	2	1	0	
	PORTA7	PORTA6	PORTA5	PORTA4	PORTA3	PORTA2	PORTA1	PORTA0	**PORTA**
읽기/쓰기	R/W	R/W	R/W	R/W	R/W	R/W	R/W	R/W	
초기값	0	0	0	0	0	0	0	0	

PORTAn이 ‘1’이면 해당 핀에 +5 [V]가 출력되고 ‘0’이면 0 [V]가 출력된다. 여기서 n는 포트 A의 번호 7~0 이다. 예를 들어 PORTA에 0xA5를 기록하게 되면 포트 A에 10100101이 출력된다. 즉, 포트 A의 7번, 5번, 2번, 0번 핀에 +5V가 출력되고, 포트 A의 6번, 4번, 3번, 1번 핀에 0V가 출력된다.

② 포트 A 데이터 방향 레지스터(Port A Data Direction Register : DDRA)

비트	7	6	5	4	3	2	1	0	
	DDRA7	DDRA6	DDRA5	DDRA4	DDRA3	DDRA2	DDRA1	DDRA0	**DDRA**
읽기/쓰기	R/W	R/W	R/W	R/W	R/W	R/W	R/W	R/W	
초기값	0	0	0	0	0	0	0	0	

포트 A의 8핀에 대하여 입출력 방향을 설정하는 레지스터이다. 각각의 핀에 대한 입출력을 따로 설정할 수 있으며, 만약 ‘0’을 기록하면 입력핀으로, ‘1’을 기록하면 입력핀으로 사용할 수 있다. 만약 DDRA에 0xF0(= 11110000b)을 기록하게 되면 포트 A의 방향이 11110000 즉, 포트 A의 7, 6, 5, 4번은 출력핀으로 3, 2, 1, 0번 핀은 입력핀으로 사용된다.

③ **포트 A 데이터 입력 레지스터(Port A Data Input Register : PINA)**

비트	7	6	5	4	3	2	1	0	
	PINA7	PINA6	PINA5	PINA4	PINA3	PINA2	PINA1	PINA0	**PINA**
읽기/쓰기	R	R	R	R	R	R	R	R	
초기값	0	0	0	0	0	0	0	0	

PINA 레지스터는 읽기만 가능한 레지스터이다. 입력용으로 사용하기 때문에 값을 출력시키지는 못하고 현재 핀에 걸려있는 논리값을 입력받아 PINA 레지스터에 기록시켜둔다. 따라서 PINA의 데이터 값을 읽어서 임의의 변수에 저장시킨 후 사용하는 것이 바람직한 방법이다.

④ **포트 A의 특수 기능**

포트 A에는 [표 10.1]과 같이 외부 어드레스/데이터 (address/data) 부스 핀의 특수 기능으로 사용할 수 있으며 이 경우 포트는 입출력으로 설정된다. 특별히 레지스터를 설정하지 않을 경우에는 일반적인 입력/출력 포트 A로 사용된다는 점만 상기하도록 한다.

표 10.1 | 포트 A의 특수기능

포트 핀	특수기능
PA7	AD7 (외부 메모리 인터페이스 어드레스/데이터 비트 7)
PA6	AD6 (외부 메모리 인터페이스 어드레스/데이터 비트 6)
PA5	AD5 (외부 메모리 인터페이스 어드레스/데이터 비트 5)
PA4	AD4 (외부 메모리 인터페이스 어드레스/데이터 비트 4)
PA3	AD3 (외부 메모리 인터페이스 어드레스/데이터 비트 3)
PA2	AD2 (외부 메모리 인터페이스 어드레스/데이터 비트 2)
PA1	AD1 (외부 메모리 인터페이스 어드레스/데이터 비트 1)
PA0	AD0 (외부 메모리 인터페이스 어드레스/데이터 비트 0)

2) 포트 B

포트 B는 포트 A와 마찬가지로 8비트 양방향성 입출력 포트로서 사용하는 방법이 포트 A와 같다.

① 포트 B 데이터 출력 레지스터(Port B Data Output Register : PORTB)

비트	7	6	5	4	3	2	1	0	
	PORTB7	PORTB6	PORTB5	PORTB4	PORTB3	PORTB2	PORTB1	PORTB0	**PORTB**
읽기/쓰기	R/W	R/W	R/W	R/W	R/W	R/W	R/W	R/W	
초기값	0	0	0	0	0	0	0	0	

② 포트 B 데이터 방향 레지스터(Port B Data Direction Register : DDRB)

비트	7	6	5	4	3	2	1	0	
	DDRB7	DDRB6	DDRB5	DDRB4	DDRB3	DDRB2	DDRB1	DDRB0	**DDRB**
읽기/쓰기	R/W	R/W	R/W	R/W	R/W	R/W	R/W	R/W	
초기값	0	0	0	0	0	0	0	0	

③ 포트 B 데이터 입력 레지스터(Port B Data Input Register : PINB)

비트	7	6	5	4	3	2	1	0	
	PINB7	PINB6	PINB5	PINB4	PINB3	PINB2	PINB1	PINB0	**PINB**
읽기/쓰기	R	R	R	R	R	R	R	R	
초기값	0	0	0	0	0	0	0	0	

④ 포트 B의 특수 기능

포트 B의 특수 기능으로 [표 10.2]과 같이 타이머 2또는 1의 비교와 PWM출력 타이머/카운터의 외부 클럭의 입력, 아날로그 비교기의 입력, ISP 등의 특수 기능을 가지고 있다.

표 10.2 | 포트 B의 특수기능

포트 핀	특수기능
PB7	OC2/OC1C (타이머 2의 PWM출력 / 타이머 1의 비교 및 PWM C 출력)
PB6	OC1B (타이머 1의 비교 및 PWM B 출력)
PB5	OC1A (타이머 1의 비교 및 PWM A 출력)
PB4	OC0 (타이머 0의 비교 및 PWM 출력)
PB3	MISO (SPI Master 입력/ Slave 출력)
PB2	MOSI (SPI Master 출력/ Slave 입력_
PB1	SCK (SPI의 클럭)
PB0	$\overline{SS}$ (Slave 선택 입력)

3) 포트 C

포트 C는 포트 A와 마찬가지로 8비트 양방향성 입출력 포트로서 사용하는 방법이 포트 A와 같다.

① 포트 C 데이터 출력 레지스터(Port C Data Output Register : PORTC)

비트	7	6	5	4	3	2	1	0	
	PORTC7	PORTC6	PORTC5	PORTC4	PORTC3	PORTC2	PORTC1	PORTC0	**PORTC**
읽기/쓰기	R/W	R/W	R/W	R/W	R/W	R/W	R/W	R/W	
초기값	0	0	0	0	0	0	0	0	

② 포트 C 데이터 방향 레지스터(Port C Data Direction Register : DDRC)

비트	7	6	5	4	3	2	1	0	
	DDRC7	DDRC6	DDRC5	DDRC4	DDRC3	DDRC2	DDRC1	DDRC0	**DDRC**
읽기/쓰기	R/W	R/W	R/W	R/W	R/W	R/W	R/W	R/W	
초기값	0	0	0	0	0	0	0	0	

③ 포트 C 데이터 입력 레지스터(Port C Data Input Register : PINC)

비트	7	6	5	4	3	2	1	0	
	PINC7	PINC6	PINC5	PINC4	PINC3	PINC2	PINC1	PINC0	**PINC**
읽기/쓰기	R	R	R	R	R	R	R	R	
초기값	0	0	0	0	0	0	0	0	

④ 포트 C의 특수 기능

포트 C의 특수 기능으로 [표 10.3]과 같이 외부 어드레스(address) 부스 기능을 가지고 있으며 이 경우에는 포트는 출력으로 설정된다.

표 10.3 | 포트 C의 특수기능

포트 핀	특수기능
PC7	A15
PC6	A14
PC5	A13
PC4	A12
PC3	A11
PC2	A10
PC1	A9
PC0	A8

4) 포트 D

포트 D는 포트 A와 마찬가지로 8비트 양방향성 입출력 포트로서 사용하는 방법이 포트 A와 같다.

① 포트 D 데이터 출력 레지스터(Port D Data Output Register : PORTD)

비트	7	6	5	4	3	2	1	0	
	PORTD7	PORTD6	PORTD5	PORTD4	PORTD3	PORTD2	PORTD1	PORTD0	**PORTD**
읽기/쓰기	R/W	R/W	R/W	R/W	R/W	R/W	R/W	R/W	
초기값	0	0	0	0	0	0	0	0	

② 포트 D 데이터 방향 레지스터(Port D Data Direction Register : DDRD)

비트	7	6	5	4	3	2	1	0	
	DDRD7	DDRD6	DDRD5	DDRD4	DDRD3	DDRD2	DDRD1	DDRD0	**DDRD**
읽기/쓰기	R/W	R/W	R/W	R/W	R/W	R/W	R/W	R/W	
초기값	0	0	0	0	0	0	0	0	

③ 포트 D 데이터 입력 레지스터(Port D Data Input Register : PIND)

비트	7	6	5	4	3	2	1	0	
	PIND7	PIND6	PIND5	PIND4	PIND3	PIND2	PIND1	PIND0	**PIND**
읽기/쓰기	R	R	R	R	R	R	R	R	
초기값	0	0	0	0	0	0	0	0	

④ **포트 D의 특수 기능**

포트 D는 [표 10.4]와 같이 타이머 등의 클럭 입력, 챕쳐 입력, 외부 인터럽트 입력 등의 특수 기능을 함께 가지고 있다.

표 10.4 | 포트 D의 특수기능

포트 핀	특수기능
PD7	T2 (타이머/카운터 2의 클럭 입력)
PD6	T1 (타이머/카운터 1의 클럭 입력)
PD5	XCLK1 (USART 1의 외부 클럭 입/출력))
PD4	ICP1 (타이머/카운터 1의 챕쳐 입력)
PD3	INT3/TXD1 (외부 인터럽트 3 입력 / USART1 송신핀)
PD2	INT2/RXD1 (외부 인터럽트 2 입력 / USART1 수신핀)
PD1	INT1/SDA (외부 인터럽트 1 입력 / TW1 직렬 데이터)
PD0	INT0/SCL (외부 인터럽트 0 입력 / TW1 직렬 클럭)

5) 포트 E

포트 E는 포트 A와 마찬가지로 8비트 양방향성 입출력 포트로서 사용하는 방법이 포트 A와 같다.

① **포트 E 데이터 출력 레지스터**(Port E Data Output Register : PORTE)

비트	7	6	5	4	3	2	1	0	
	PORTE7	PORTE6	PORTE5	PORTE4	PORTE3	PORTE2	PORTE1	PORTE0	**PORTE**
읽기/쓰기	R/W	R/W	R/W	R/W	R/W	R/W	R/W	R/W	
초기값	0	0	0	0	0	0	0	0	

② **포트 E 데이터 방향 레지스터**(Port E Data Direction Register : DDRE)

비트	7	6	5	4	3	2	1	0	
	DDRE7	DDRE6	DDRE5	DDRE4	DDRE3	DDRE2	DDRE1	DDRE0	**DDRE**
읽기/쓰기	R/W	R/W	R/W	R/W	R/W	R/W	R/W	R/W	
초기값	0	0	0	0	0	0	0	0	

③ **포트 E 데이터 입력 레지스터(Port E Data Input Register : PINE)**

비트	7	6	5	4	3	2	1	0	
	PINE7	PINE6	PINE5	PINE4	PINE3	PINE2	PINE1	PINE0	**PINE**
읽기/쓰기	R	R	R	R	R	R	R	R	
초기값	0	0	0	0	0	0	0	0	

④ **포트 E의 특수 기능**

포트 E의 특수기능으로 [표 10.5]과 같이 USART 통신, 외부 인터럽트 입력, 비교매치 출력, 입력 캡쳐 등의 기능과 함께 일부 외부 데이터 버스 기능이 있다.

표 10.5 | 포트 E의 특수기능

포트 핀	특수기능
PE7	INT7/ICP3 (외부 인터럽트 7 입력 / 타이머 3 캡쳐입력)
PE6	INT6/T3 (외부 인터럽트 6 입력 / 타이머 3 클럭입력)
PE5	INT5/OC3C (외부 인터럽트 5 입력 / 타이머 3 PWM C 출력)
PE4	INT4/OC3B (외부 인터럽트 4 입력 / 타이머 3 PWM B 출력)
PE3	AIN1/OC3A (아날로그 비교기 -입력 / 타이머 3 PWM A 출력)
PE2	AIN0/XCLK0 (아날로그 비교기 +입력 / USART0 외부클럭 입/출력)
PE1	PDO/TXD0 (프로그래밍 데이터 출력 / USART0 송신 핀)
PE0	PDI/RXD0 (프로그래밍 데이터 입력 / USART0 수신 핀)

6) 포트 F

포트 F는 포트 A와 마찬가지로 8비트 양방향성 입출력 포트로서 사용하는 방법이 포트 A와 같다.

① **포트 F 데이터 출력 레지스터(Port F Data Output Register : PORTF)**

비트	7	6	5	4	3	2	1	0	
	PORTF7	PORTF6	PORTF5	PORTF4	PORTF3	PORTF2	PORTF1	PORTF0	**PORTF**
읽기/쓰기	R/W	R/W	R/W	R/W	R/W	R/W	R/W	R/W	
초기값	0	0	0	0	0	0	0	0	

② **포트 F 데이터 방향 레지스터(Port F Data Direction Register : DDRF)**

비트	7	6	5	4	3	2	1	0	
	DDRF7	DDRF6	DDRF5	DDRF4	DDRF3	DDRF2	DDRF1	DDRF0	**DDRF**
읽기/쓰기	R/W	R/W	R/W	R/W	R/W	R/W	R/W	R/W	
초기값	0	0	0	0	0	0	0	0	

③ **포트 F 데이터 입력 레지스터(Port F Data Input Register : PINF)**

비트	7	6	5	4	3	2	1	0	
	PINF7	PINF6	PINF5	PINF4	PINF3	PINF2	PINF1	PINF0	**PINF**
읽기/쓰기	R	R	R	R	R	R	R	R	
초기값	0	0	0	0	0	0	0	0	

④ **포트 F의 특수 기능**

포트 F의 특수기능으로 [표 10.6]와 같이 10비트 아날로그-디지털 변환기(Analog to Digital Converter : ADC) 입력 핀 및 JTAG단자로 사용할 수 있다.

표 10.6 | 포트 F의 특수기능

포트 핀	특수기능
PF7	ADC7/TDI (ADC 입력 채널 7 / JTAG 테스트 데이터 입력)
PF6	ADC6/TDO (ADC 입력 채널 6 / JTAG 테스트 데이터 출력)
PF5	ADC5/TMS (ADC 입력 채널 5 / JTAG 테스트 모드 선택)
PF4	ADC4/TCK (ADC 입력 채널 4 / JTAG 테스트 클럭)
PF3	ADC3 (ADC 입력 채널 3)
PF2	ADC2 (ADC 입력 채널 2)
PF1	ADC1 (ADC 입력 채널 1)
PF0	ADC0 (ADC 입력 채널 0)

7) 포트 G

포트 G는 포트 A와 마찬가지로 8비트 양방향성 입출력 포트로서 사용하는 방법이 포트 A와 같다.

① 포트 G 데이터 출력 레지스터(Port G Data Output Register : PORTG)

비트	7	6	5	4	3	2	1	0	
	–	–	–	PORTG4	PORTG3	PORTG2	PORTG1	PORTG0	**PORTG**
읽기/쓰기	R/W	R/W	R/W	R/W	R/W	R/W	R/W	R/W	
초기값	0	0	0	0	0	0	0	0	

② 포트 G 데이터 방향 레지스터(Port G Data Direction Register : DDRG)

비트	7	6	5	4	3	2	1	0	
	–	–	–	DDRG4	DDRG3	DDRG2	DDRG1	DDRG0	**DDRG**
읽기/쓰기	R/W	R/W	R/W	R/W	R/W	R/W	R/W	R/W	
초기값	0	0	0	0	0	0	0	0	

③ 포트 G 데이터 입력 레지스터(Port G Data Input Register : PING)

비트	7	6	5	4	3	2	1	0	
	–	–	–	PING4	PING3	PING2	PING1	PING0	**PING**
읽기/쓰기	R	R	R	R	R	R	R	R	
초기값	0	0	0	0	0	0	0	0	

④ 포트 G의 특수 기능

포트 G의 특수기능으로 [그림 10.7]과 같이 타이머0의 RTC 발진기 및 외부 메모리용 RD(Read), WR(Write) 등 제어신호도 출력시킬 수 있다.

표 10.7 | 포트 G의 특수기능

포트 핀	특수기능
PG4	TOSC1 (RTC 발진기 : 타이머/카운터 0)
PG3	TOSC2 (RTC 발진기 : 타이머/카운터 0)
PG2	ALE (외부 메모리용 어드레스 래치 가능)
PG1	$\overline{\text{RD}}$ (외부 메모리용 Read 신호)
PG0	$\overline{\text{WR}}$ (외부 메모리용 Write 신호)

3. 포트 출력 방법

1) LED 특징

LED는 I/O Port에서 출력을 확인하는데 있어서 가장 값싸고 쉽게 만들어 확인할 수 있는 반도체이다. 이미 많은 경로를 통하여 LED에 대하여 학습을 하였겠지만 여기서 간단히 구동에 필요한 설명을 하도록 한다. 발광 다이오드(LED)도 일반 정류 다이오드의 특성처럼 순방향 전압이 인가되면 회로가 도통되고 역방향 전압이 인가되면 회로는 차단되는 특징을 가진다. 순방향 전압인가 시 회로에 전류가 흐르게 되고, 역방향 전압인가 시 회로에 전류가 흐르지 않는다. 이 때 전류가 흐르게 되면 흐르는 전류에 비례하여 불의 밝기가 결정된다.

먼저 [그림 10.1]의 회로에 대하여 살펴보자.

① Push Button을 눌렀을 경우

- LED 앞단의 A점에는 +5[V]가 걸리게 된다.
- A점과 B점 사이의 전압, 즉 LED 양단 전압은 다이오드 순방향전압(Vd)인 0.7 [V]가 걸리게 된다.
- 회로에 흐르는 전류는 다음과 같다.

$$I = \frac{V_{dc} - V_d}{R} = \frac{5 - 0.7}{330} = 13.03[\mathrm{mA}] \qquad (10.1)$$

- LED는 13.03 [mA]에 비례하는 밝기로 불이 켜진다.

② Push Button을 누르지 않았을 경우

- LED 앞단의 A 점에는 0 [V]가 걸리게 된다.
- LED 양단전압은 0 [V]이고 회로에는 전류가 흐르지 않는다.
- LED는 소등된다.

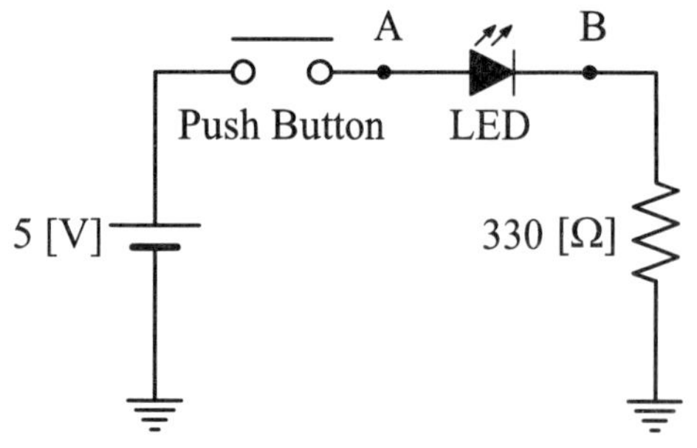

그림 10.1 | LED 점등회로 1

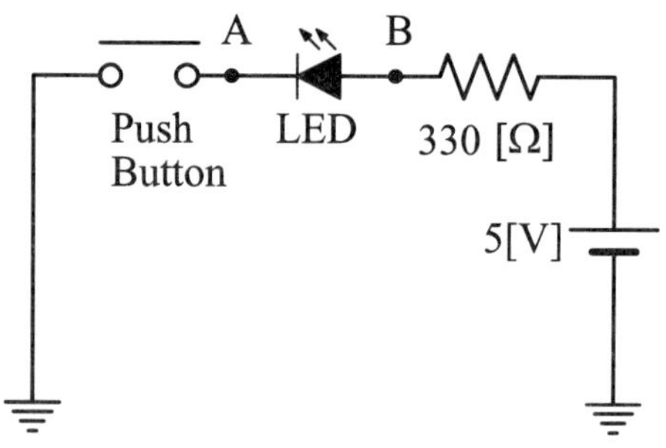

그림 10.2 | LED 점등회로 2

다음은 [그림 10.2]의 회로에 대하여 살펴보자.

① Push Button을 눌렀을 경우

- LED 앞단의 A점에는 0 [V]가 걸리게 된다.
- A점과 B점 사이의 전압, 즉 LED 양단 전압은 다이오드 순방향전압(Vd)인 0.7 [V]가 걸리게 된다.
- 회로에 흐르는 전류는 다음과 같다.

$$I = \frac{V_{dc} - V_d}{R} = \frac{5 - 0.7}{330} = 13.03\,[\mathrm{mA}] \qquad (10.2)$$

- LED는 13.03[mA]에 비례하는 밝기로 불이 켜진다.

② Push Button을 누르지 않았을 경우

- LED 앞단의 A점에는 5 [V]가 걸리게 된다.
- LED 양단전압은 0 [V]이고 회로에는 전류가 흐르지 않는다.
- LED는 소등된다.

이 두 경우에 대하여 LED는 흐르는 전류에 비례한 불의 밝기를 가지는 것은 같지만, LED를 점등시키기 위하여 A점에 가해야할 신호가 다르다. 즉, [그림 10.1]의 경우 점 A에 5 [V]를 가했을 때 LED가 점등이 되고, [그림 10.2]의 경우 점 A에 0 [V]를 가했을 때 LED가 점등이 된다.

[그림 10.3]의 회로에서 PB0에는 [그림 10.1]과 같은 회로로 연결이 되어 있고, PB7에는 [그림 10.2]와 같은 회로가 연결이 되어 있다. 따라서 PB0에 '1'이 출력이 되어야 LED가 점등되고, PB7에는 '0'이 출력되어야 LED가 점등이 된다.

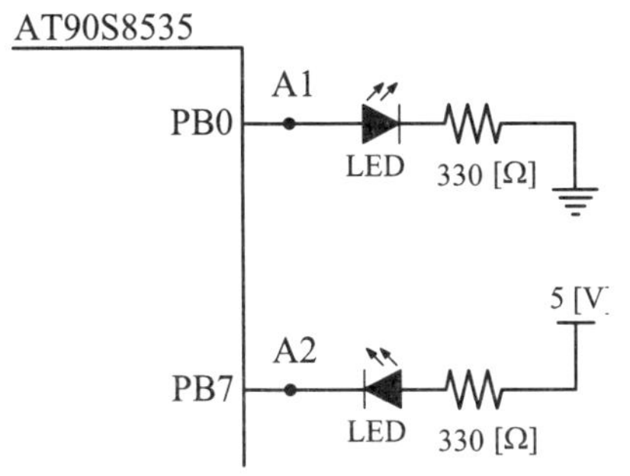

그림 10.3 | AVR의 I/O 포트를 통한 LED 점등회로

2) LED 구동 실험

① LED 출력실험 구성

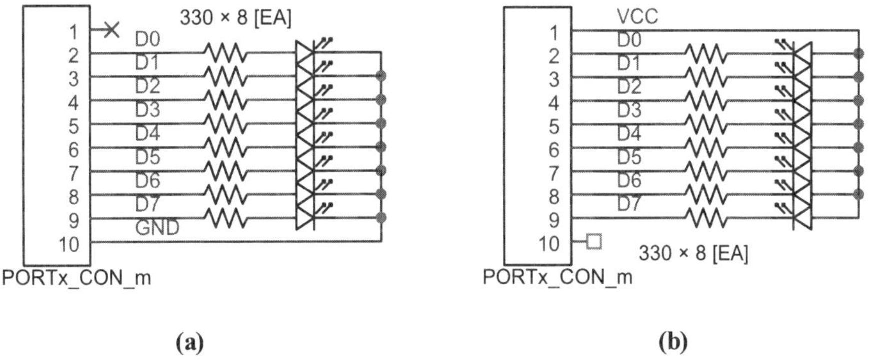

그림 10.4 I/O 포트에 연결시킬 LED 모듈 :
a) 공통 캐소드 LED, (b) 공통 애노드 LED

[그림 10.4]의 회로도는 8비트로 구성된 한 개의 포트에 8개의 LED를 연결한 것이다. [그림 10.4(a)]는 공통 캐소드 LED이고, [그림 10.4(b)]는 공통 애노드 LED 모듈로 저항과 다이오드가 직렬로 연결되어 있는 것이다.

② LED 출력실험의 프로그램 (1)

포트 A에 공통 애노드 LED 모듈을 연결하고, 포트 B에 공통 캐소드 LED 모듈을 연결한다. 먼저 LED 교차 점등과 LED 모듈 종류에 따른 동작확인을 위한 프로그램을 작성한다.

(1)**시간지연 프로그램**

CodeVision AVR에는 'delay.h'이라는 헤더파일이 있다. 이 헤더파일에는 시간지연을 주기 위한 함수가 2개 내장되어 있다.

```
delay_us(value) ;          // value [μs]동안 시간지연이 일어남
delay_ms(value) ;          // value [ms]동안 시간지연이 일어남
```

포트 B의 7번에서 0번까지 각각 1, 0, 1, 0, 1, 0, 1, 0을 출력하려면 PORTB = 0xAA;를 기록하면 된다. 이와 반대로 0, 1, 0, 1, 0, 1, 0, 1을 출력하려면 PORTB = 0x55;를 기록하면 된다. 만약 소스프로그램에 다음과 같이 프로그램을 했다고 하자.

```
DDRB = 0xFF;          // 포트 B를 전부 출력으로 설정
PORTB = 0xAA;     // 포트 B의 홀수핀 1, 짝수핀 0 출력
PORTB = 0x55;     // 포트 B의 홀수핀 0, 짝수핀 1 출력
```

만약 이러한 경우 컴파일을 하게 되면 두 개의 동작을 확인을 할 수 없게 된다. 왜냐하면 마이크로프로세서에서 프로그램을 한 줄 처리하는데 걸리는 시간이 CPU의 클럭시간과 같기 때문에(실제는 조금 차이가 있음) 두 번째 행을 수행하고 바로 이어 세 번째 행을 수행하는데 걸리는 시간이 1 [μs] 미만이기 때문에 실제 눈으로 확인하는 것은 불가능해진다. 따라서 이러한 경우에 눈으로 확인을 하기 위하여 시간지연 루틴을 넣어 주는 것이 좋다. 시간지연 루틴은 사용자가 임의로 계산하여 for문을 이용하여 해도 무방하지만 일일이 변수를 설정하고 해야 하는 번거로움은 없애기 위하여 #include <delay.h>를 선언하고 함수를 호출하여 쓰면 된다.

즉, #include <delay.h>를 프로그램의 첫 부분에 코딩한다.

(2)포트 A에는 공통 애노드 LED 모듈을 접속시키고, 포트 B에는 공통 캐소드 LED 모듈을 접속시킨다.

(3) 홀수핀에 '1', 짝수핀에 '0'을 출력시키고, 1초 후 홀수핀에 '0', 짝수핀에 '1'

이 출력되는 것을 무한 반복시킨다. 이 때 이 값을 포트 A와 포트 B에 동시에 출력 시킨다.

CodeVision AVR C Code

```
#include <ATmega128.h>
#include <delay.h>

void main( void )
{
    unsigned char LED;          // LED 변수를 부호없는 8비트 변수로 선언

    DDRA = 0xFF;                // 포트 A를 출력으로 설정
    DDRB = 0xFF;                // 포트 B를 출력으로 설정

    while(1)
    {
        LED = 0xAA;             // 0xAA = 10101010b
        PORTA = LED;
        PORTB = LED;
        delay_ms(1000);

        LED = 0x55;             // 0x55 = 01010101b
        PORTA = LED;
        PORTB = LED;
        delay_ms(1000);

    }   // end of while(1)
}   // end of main
```

② 포트의 특정핀 점등/소등

(1) 포트 A와 포트 B가 출력이 되도록 설정하고, 포트 A에는 공통 애노드 LED 모듈을 접속시키고, 포트 B에는 공통 캐소드 LED 모듈을 접속시킨다.

(2) 포트 A의 홀수 LED만 점등되도록 하고, 포트 B의 짝수 LED만 점등되도록 한다.

(3) 10초간 현재의 상태를 유지 시킨다.

(4) 현재의 상태에 포트 A는 0번 LED를 0.5초 간격으로 점등과 소등을 계속 반복하고, 포트 B는 7번 LED를 0.5초 간격으로 점등과 소등을 계속 반복하는 프로그램을 작성하여라.

CodeVision AVR C Code

```
#include <ATmega128.h>
#include <delay.h>

void main( void )
{
    unsigned char LED;          // LED 변수를 부호없는 8비트 변수로 선언

    DDRA = 0xFF;                // 포트 A를 출력으로 설정
    DDRB = 0xFF;                // 포트 B를 출력으로 설정

    LED = 0x55;                 // 0x55 = 01010101b
    PORTA = LED;                // 홀수 LED 점등, 짝수 LED 소등
    PORTB = LED;                // 홀수 LED 소등, 짝수 LED 점등
    delay_ms(10000);            // 10,000 [ms] = 10[sec]

    while(1)
    {
        PORTA.0 = 0;            // 포트 A의 0번 LED 점등
        PORTB.7 = 1;            // 포트 B의 7번 LED 점등
        delay_ms(500);          // 50 [ms] = 0.5 [sec]

        PORTA.0 = 1;            // 포트 A의 0번 LED 소등
        PORTB.7 = 0;            // 포트 B의 7번 LED 소등
        delay_ms(500);          // 50 [ms] = 0.5 [sec]

    }   // end of while(1)
}       // end of main
```

③ **시프트 (Shift) 연산자**

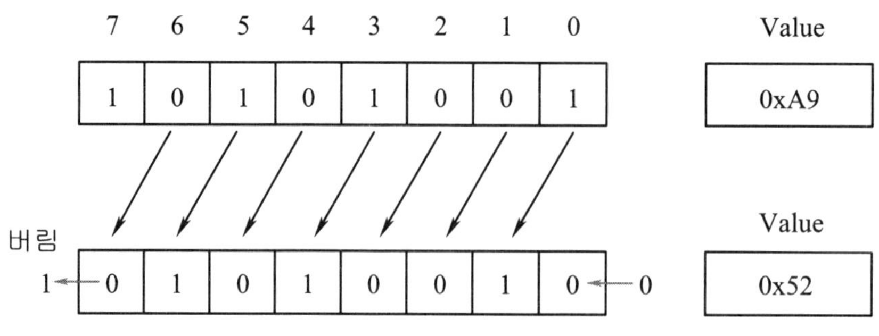

그림 10.5 | 왼쪽 1회 시프트

시프트 연산자는 왼쪽 시프트와 오른쪽 시프트가 있다. 왼쪽 시프트의 경우 8비트 레지스터 각 비트에 저장된 값이 최하위 비트에서부터 하나씩 값이 왼쪽으로 옮겨가게 된다. 여기서 최하위 비트(LSB)는 '0'이 저장되고, 최상위 비트(MSB)는 캐리로 버려지게 된다. 그림 [10.5]는 0xA9를 왼쪽으로 1번 시프트 시켰을 때, 레지스터의 동작을 보여주고 있다.

```
temp = 0xA9;              // temp 변수에 0xA9(10101001b)저장
temp = temp << 1;         // temp 변수의 값을 왼쪽으로 1비트 시프트
                          // 시켜서 다시 temp에 저장
```

```
temp = 0xA9 << 1;         // 0xA9 값을 왼쪽으로 1비트 시프트 시켜서
                          // temp에 저장
```

시프트 연산자 '<<' 뒤의 숫자는 시프트 시키는 횟수를 적는다. 만약 8비트 변수에서 하위 4비트의 값을 상위 4비트로 시프트 시키기 위해서는 다음과 같이 코딩한다. 이 경우 하위 4비트는 0으로 채워진다.

```
temp = temp << 4;         // temp에 저장된 값을 왼쪽 4회 시프트 시켜
                          // 그 결과를 다시 temp에 저장
```

왼쪽 시프트에서 1(=00000001b)을 시프트 하면 2(=00000010b)가 되고, 이를 다시 시프트 시키면 4(=00000100b)가 된다. 즉, 시프트를 1회 할 때 마다 2배가 커지는 특징을 가지고 있다. 예로 45를 1회 시프트 시키면 $45 \times 2 = 90$이 된다. 즉, 00101101b → 01011010b가 된다.

마찬가지로 오른쪽 시프트의 경우 ÷ 2의 효과를 가지게 된다. 이 시프트 연산자는 직접 값을 시프트 시키기도 하지만, 부동소수점 방식의 계산에서 많이 이용이 된다. 즉, AVR 마이크로프로세서는 정수만 저장이 되기 때문에 소수점이하의 계산이나 소수점 이하 부분만 따로 레지스터에 기록해야 할 경우 이러한 방법을 많이 사용한다.

예를 들어서, 원주를 나타내는 π는 3.1415926535이다. 그러나 AVR 마이크로프로세서는 소수점을 표현할 수 없기 때문에 $10 \times \pi$의 정확한 값을 계산할 수 없다. 이

러한 경우 다음과 같은 방법으로 근사값을 계산한다.

(1) 소수점이 작게 나올 때까지 2를 곱한다. 이 때 범위가 레지스터를 초과하지 않도록 한다. (계산기로 계산)

    3.1415926535 × 8 = 25.132741

(2) 소수점을 버리고 정수부분만 취한다.

    PI = 25;

(3) 10π를 계산한다.

    RESULT = 10 * PI; // 10π = 25 × 10 = 250

(4) 결과값이 ÷ 8이 되도록 오른쪽으로 3회 시프트 시킨다.

    RESULT = RESULT >> 3; // RESULT = 250 >> 3 = 31

따라서 10×π = 31.415926535이지만 소수점은 버린다고 보면 31이 되어 결과값과 근사하게 일치하게 된다. 물론 소수점 이하에 대한 오차가 발생하지만, 더욱 정밀하게 하려면 소수점 이하를 따로 관리해주는 변수를 설정하여 사용하면 된다.

두 개의 레지스터에서 각각의 하위 4비트를 하나로 추출하여 8비트로 만드는 방법이 다음과 같다.

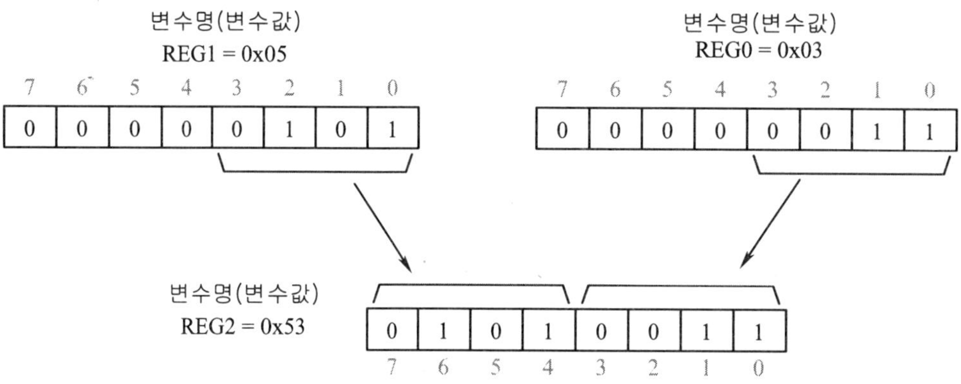

그림 10.6 | 두 레지스터의 하위 4비트씩 묶어 하나의 8비트를 만드는 경우

```
REG1 = 0x05 ;
REG0 = 0x03 ;
REG2 = REG0 | (REG1 << 4) ;
```

오른쪽 시프트는 왼쪽 시프트와 반대로 상위 비트가 하위 비트 쪽으로 하나씩 옮겨가고 최상위 비트(MSB)는 0으로 채워지며, 최하위 비트(LSB)는 버려지게 된다.

④ AND 연산 및 OR 연산

디지털 논리회로에서 배운 AND와 OR 연산은 마이크로프로세서에서는 특정 비트의 값을 '0' 또는 '1'로 만들 때 많이 사용된다. 다음의 특성을 보자.

- 어떤 값을 0과 AND 연산하면 결과는 그 값에 관계없이 0이 된다.
- 어떤 값을 1과 AND 연산하면 결과는 그 값과 같아진다.
- 어떤 값을 1과 OR 연산하면 결과는 그 값이 관계없이 1이 된다.
- 어떤 값을 0과 OR 연산하면 결과는 그 값과 같아진다.

만약 temp 라는 레지스터에 0xA9가 저장되어 있다고 하자. 이를 2진수로 나타내면 다음과 같다.

	7	6	5	4	3	2	1	0
0xA9	1	0	1	0	1	0	0	1

여기서 다른 비트는 그대로 두고 4번 비트만 '1'로 만들려 할 때, 다음의 방법을 이용하면 된다. 먼저,'1'로 만들고 싶은 비트만 '1'로 하고 나머지는 '0'으로 채우고, 이 값을 원본 레지스터인 temp와 OR 연산을 취하여, 그 결과를 다시 temp에 저장한다.

```
temp1 = 0x10;          // 0x01 = 00010000b
temp = temp | temp1;   // 0xA9와 0x10의 OR 연산
```

	7	6	5	4	3	2	1	0
temp	1	0	1	0	1	0	0	1
temp1	0	0	0	1	0	0	0	0

각 비트를 OR 연산

결과	1	0	1	1	1	0	0	1

이번엔 특정 비트를 0으로 만들어보자. 앞선 예제처럼 temp에 0xA9가 저장되어 있을 때 7번 비트만 0으로 만들고 나머지는 그대로 두려면 0x7F와 AND 연산을 취하면 된다.

```
temp = 0xA9;
temp1 = 0x7F;
temp = temp & temp1;            // 0xA9와 0x7F의 AND 연산
```

	7	6	5	4	3	2	1	0
temp	1	0	1	0	1	0	0	1
temp1	0	1	1	1	1	1	1	1

각 비트를 AND 연산

결과	0	0	1	0	1	0	0	1

⑤ 사용자 정의 함수

C언어는 함수로 구성이 되어 있다고 해도 과언이 아니다. 라이브러리에서 많은 함수를 직접적으로 제공을 해주기도 하지만, 사용자가 직접 함수를 만들어 사용할 수 있다. 이렇게 사용자가 함수를 직접 만들어 사용을 하면, 함수를 호출할 때 마다 그 기능이 수행된다는 것을 쉽게 이해할 수 있으므로 디버깅이나 다른 사람들이 쉽게 이해를 할 수 있게 된다.

함수는 다음과 같은 형식으로 사용되어져야 한다.

```
void function(void)          // 사용자 정의 함수 선언 및 정의
{
    …                        // 함수호출시 수행할 소스 코드
}

void main(void)
{
    …

    function();              // 함수 호출

    …
}
```

앞의 경우와 같이 사용자 정의 함수는 main( ) 함수 위에 선언이 되어져야 한다. 소스프로그램을 컴파일을 할 경우 위에서부터 차례로 컴파일을 하기 때문에 함수가 위에 없으면 main( ) 함수에서 function( )함수를 만나게 되면 에러가 발생한다. 따라서 반드시 main( ) 함수위에 선언이 되어야 한다. 만약 사용자 정의 함수가 아주 많은 경우 main( ) 함수는 가장 밑에 위치하게 되고, 사용자나 다른 사람들이 보았을 때 main( ) 함수의 위치를 찾지 못하여 관리가 어려운 경우 아래와 같이 함수의 형태만 미리 선언하고 실제 함수는 main( ) 함수의 밑으로 적는 경우도 있다.

```
void function(void);            // 사용자 정의 함수 선언

void main(void)
{
   ...

   function();                  // 함수 호출

   ...
}
void function(void)             // 사용자 정의 함수 선언 및 정의
{
   ...                          // 함수호출시 수행할 소스 코드
}
```

만약 실매개변수를 가지고 함수를 호출하는 경우에는 용법이 좀 다르다. main( ) 함수에서 사용자 함수 function을 호출할 때 3의 값을 가지고 호출하였다. 이 경우 사용자 정의 함수명 void function(unsigned char count)에서 unsigned char count에 전달이 되어 이 함수를 시작하기 전에 count라는 변수의 성질을 unsigned char로 정의하고 그 변수에 3을 가지고 함수를 수행하는 것이다. 따라서 사용자 정의 함수 내에서 이 실매개 변수에 의해 전달 받은 값이 따라 일을 해주면 된다.

```
void function(unsigned char count)        // 사용자 정의 함수 선언 및 정의
{
   ...                                    // 함수호출시 수행할 소스 코드
}
void main(void)
{
   ...

   function(3);                           // 함수 호출

   ...
}
```

⑥ 시프트연산자를 이용한 LED 점등 프로그램

포트 B에 공통 애노드 LED 모듈을 꽂고 다음과 같은 동작사항이 되도록 시프트 연산자를 사용하여 아래와 같은 프로그램을 작성한다.

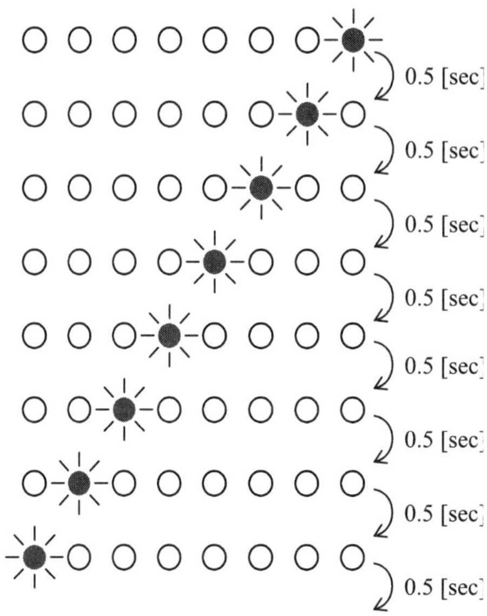

그림 10.7 | LED 왼쪽으로 1회씩 시프트 시키기

(1) 왼쪽 시프트를 계속해서 반복하도록 프로그램

CodeVision AVR C Code

```
#include <ATmega128.h>
#include <delay.h>

void main( void )
{
   unsigned char LED;          // LED 변수를 부호없는 8비트 변수로 선언
   DDRB = 0xFF;                // 포트 B를 출력으로 설정
   PORTB = 0xFF;               // 포트 B의 모든 LED소등
   LED = 1;
   while(1)
   {
     PORTB = ~LED;
     LED = LED << 1;           // LED 변수에 저장된 값을 왼쪽 1회 시프트
     if(LED == 0) LED = 1;     // 왼쪽 시프트가 모두 끝난 경우 LED = 1대입
     delay_ms(500);
   }    // end of while(1)
}       // end of main
```

(2) **오른쪽 시프트를 계속해서 반복하도록 프로그램**

CodeVision AVR C Code

```
#include <ATmega128.h>
#include <delay.h>
void main( void )
{
   unsigned char LED;          // LED 변수를 부호없는 8비트 변수로 선언
   DDRB = 0xFF;                // 포트 B를 출력으로 설정
   PORTB = 0xFF;               // 포트 B의 모든 LED소등
   LED = 128;                  // 128 = 10000000b = 0x80
   while(1)
   {
     PORTB = ~LED;
     LED = LED >> 1;           // LED 변수에 저장된 값을 오른쪽 1회 시프트
     if(!LED) LED = 128;       // if(!LED)는 if(LED == 0)과 같은 의미
     delay_ms(500);
   }   // end of while(1)
}      // end of main
```

(3) **0.5초 간격으로 차례로 0번, 1번, 2번, … ,7번 LED가 점등이 되도록 프로그램을 작성하여라. 7번 LED까지 모두 켜지면 LED를 모두 소등시키고 다시 반복하는 프로그램**

CodeVision AVR C Code

```
#include <90S8535.h>
#include <delay.h>

void main( void )
{
   unsigned char LED, SHT, k;

   DDRB = 0xFF;                // 포트 B를 출력으로 설정
   PORTB = 0xFF;               // 포트 B의 모든 LED소등

   while(1)
   {
     LED = 0;
     SHT = 1;

     for(k = 0 ; k < 8 ; k++)
     {
       LED = LED | SHT;
       PORTB = ~LED;
       SHT = SHT << 1;
       delay_ms(500);
```

```
        }
        PORTB = 0xFF;
        delay_ms(500);
    }   // end of while(1)
}       // end of main
```

3) Seven Segment Display 실험

① 7 **세그먼트의 구조와 종류**

7 세그먼트는 숫자를 표현하기 위한 7개의 LED와 점을 표현하기 위한 1개의 LED로서 구성이 되어 있는 것을 말한다. 이 7 세그먼트는 가격이 저렴하고 육안으로 판별이 쉬우며, 어두운 장소에서도 쉽게 관찰이 된다는 특징이 있다. [그림 10.8]에서 7 세그먼트의 외형과 LED의 배치를 나타내고 있다. 여기서 각각의 LED는 독립적으로 점등되며 점등된 LED를 조합하면 갖가지 형태의 점등패턴을 나타낼 수 있다. 그 중에서 우리는 10가지의 점등 패턴을 주로 사용하게 된다.

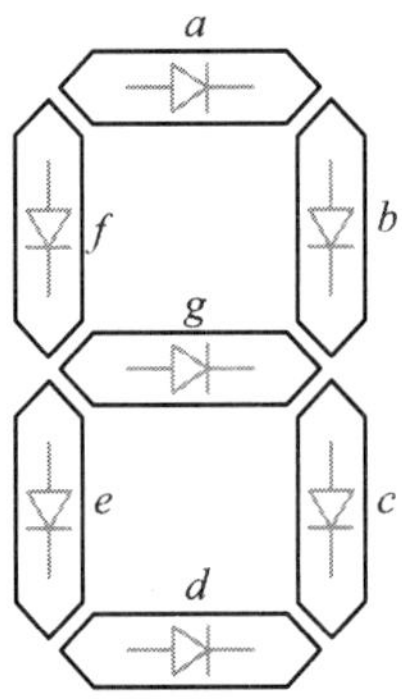

그림 10.8 | 7 세그먼트의 LED 구조와 배치

7 세그먼트는 크게 두 가지 형태가 있다. 공통 애노드(Common Anode)와 공통 캐소드(Common Cathode) 형이 있다. 이는 LED 배치에서 애노드를 공통으로 묶어서 사용하느냐, 캐소드를 공통으로 묶어서 사용하느냐에 따라 구분되고 이에 대한 등가회로를 나타내면 [그림 10.9]과 같이 나타낼 수 있다.

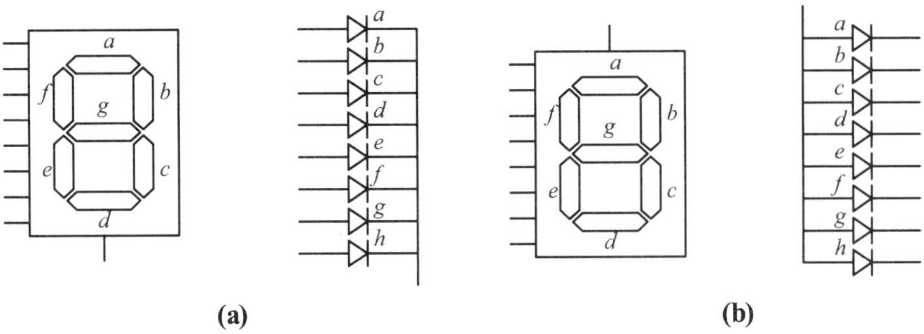

그림 10.9 7 세그먼트의 두 종류 : (a) 공통 캐소드 형 7 세그먼트, (b) 공통 애노드 형 7 세그먼트

먼저 공통 캐소드 타입의 경우 공통 신호로 GND를 가하고 점등신호로 '1'을 가한다. 정논리로 볼 때 점등은 '1', 소등은 '0'의 신호를 인가한다. 공통 애노드 타입의 경우 공통 신호로 Vcc를 가하고 점등 신호로 '0'을 가한다. 이는 포트 제어 실험에서 언급된 내용과 같다. 또한 세그먼트에서 사용되는 것도 LED 이기 때문에 전류를 제한시키기 위하여 직렬로 저항을 접속시켜서 사용하여야 한다.

공통 애노드 타입에서 숫자 5가 되도록 하려면 [그림 10.9(b)] 회로에서 a, f, g, c, d LED는 점등되고 나머지 b, e는 소등시키면 된다. 따라서 a, b, c, d, e, f, g에 각각 '0 1 0 0 1 0 0' 를 인가하면 숫자 5를 형성시킬 수 있다. 0~9까지의 숫자를 점등시키기 위한 점등신호를 두 가지 타입에 따라 정의하면 [표 10.8]와 같다.

ATmeg128의 경우 8비트 출력포트가 6개가 있으므로 세그먼트 1개를 점등시키기 위하여 7비트가 필요하므로, 6개의 세그먼트를 점등시킬 수 있다. 점(dot)을 제외하고 포트 A의 6번에서 0번까지 a~g까지 연결을 하였다면, 숫자 '0'을 점등시키기 위하여 공통 캐소드의 경우 0x04를 출력하면 되고 공통 애노드의 경우 0x7B를 출력하면 된다. 이러한 방법으로 9개의 숫자를 점등시킬 수 있다. 그런데 포트를 이용하여 직접적으로 7 세그먼트를 점등 할 경우에는 표현하고자 하는 숫자를 패턴으로 정의해두고 사용해야 한다는 단점이 있다.

표 10.8 | 7 세그먼트의 점등형태와 점등신호 패턴 진리표

BCD	세그먼트 점등 형태	공통 캐소드 형							공통 애노드 형						
		a	b	c	d	e	f	g	a	b	c	d	e	f	g

0	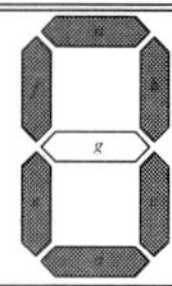	1	1	1	1	1	1	0	0	0	0	0	0	0	1
		0x7E							0x01						
1	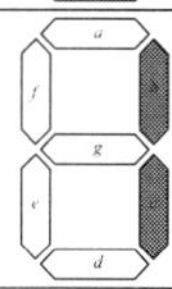	0	1	1	0	0	0	0	1	0	0	1	1	1	1
		0x30							0x4F						
2	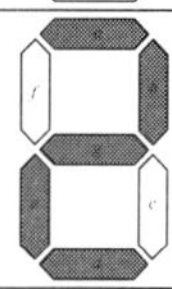	1	1	0	1	1	0	1	0	0	1	0	0	1	0
		0x6D							0x12						
3	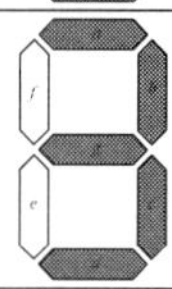	1	1	1	1	0	0	1	0	0	0	0	1	1	0
		0x79							0x06						
4	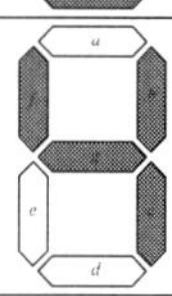	0	1	1	0	0	1	1	1	0	0	1	1	0	0
		0x33							0x6C						
5	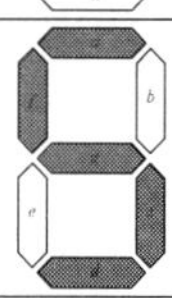	1	0	1	1	0	1	1	0	1	0	0	1	0	0
		0x5B							0x24						
6	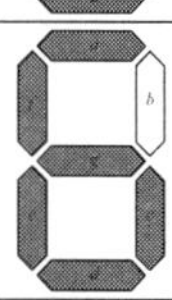	1	0	1	1	1	1	1	0	1	0	0	0	0	0
		0x5F							0x40						
7	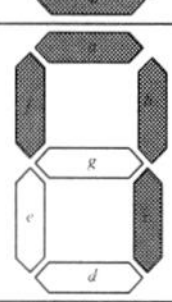	1	1	1	0	0	1	0	0	0	0	1	1	0	1
		0x72							0x0D						
8		1	1	1	1	1	1	1	0	0	0	0	0	0	0
		0x7F							0x00						
9	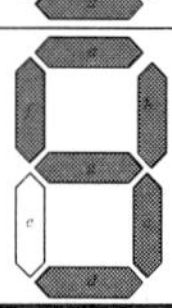	1	1	1	1	0	1	1	0	0	0	0	1	0	0
		0x7B							0x04						

② **BCD to 7 세그먼트 디코더**

BCD(Binary Coded Decimal)은 10진수를 4비트 2진수 코드로 표현하는 것을 의미한다. 일반적으로 변수(레지스터)에 저장된 값은 2진수로 되어 있기 때문에 이를 BCD 수로 변환을 시키면 하나의 포트에 2개의 BCD 수를 출력할 수 있다.

BCD - 7 세그먼트 디코더는 BCD 입력에 대하여 [표 10.8]과 같은 출력이 나오도록 해주는 디코더이다. 이 BCD - 7 세그먼트 디코더는 2가지 종류가 있는데 BCD 입력에 대하여 공통 캐소드형 7 세그먼트를 구동할 수 있는 신호를 출력하는 74xx48과 BCD 입력에 대하여 공통 애노드형 7 세그먼트를 구동할 수 있는 신호를 출력하는 74xx47의 두 가지 타입이 있다. 이 두 디코더는 같은 BCD 입력을 가하더라도 각각의 출력 비트가 '0'과 '1'이 반대로 된다는 특징이 있다.

74xx47의 경우 BCD 입력으로 '0 1 1 0'을 입력하면 '1 0 1 1 1 1 1'가 출력되므로 여기에 7 세그먼트가 연결되어 있다면 숫자 '6'이 점등이 된다. 따라서 6이라는 숫자를 점등하기 위하여 포트에서 '1 0 1 1 1 1 1'을 출력하지 않고, '0 1 1 0'을 출력하면 원하는 숫자 '6'을 얻을 수 있으므로 비트가 적게 들고, 숫자에 대하여 일일이 출력의 패턴을 만들어 내보내지 않고 직접 BCD를 출력하면 되므로 점등에 편리함이 많다.

이를 이용하여 7 세그먼트를 점등시키기 위한 회로가 [그림 10.10]에 소개되어 있다. 한편 74xx48의 경우는 공통 캐소드형 7 세그먼트를 점등하기 위한 디코더로 [그림 10.11]에 회로가 소개되고 있다.

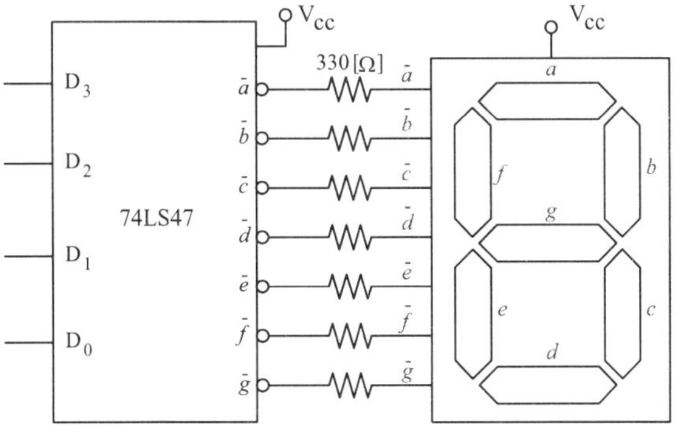

그림 10.10 | 공통 애노드형 7 세그먼트를 점등시키기 위한 디코더 접속도

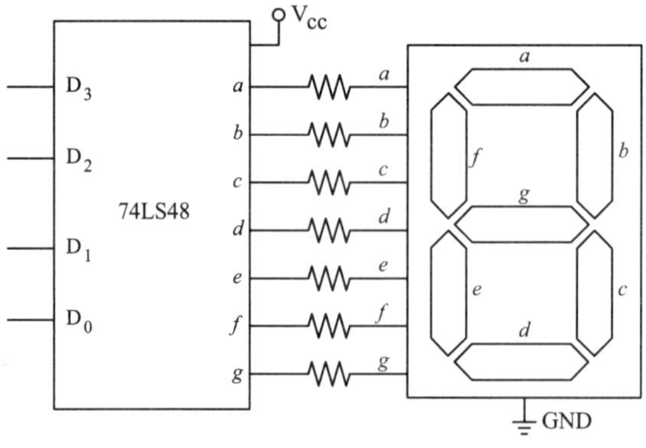

그림 10.11 | 공통 캐소드형 7 세그먼트를 점등시키기 위한 디코더 접속도

이 두 가지 모두 디코더의 입력으로 BCD 수를 입력한다는 것이다. 단지 7 세그먼트의 타입에 따라 디코더가 결정되는 것일 뿐 BCD 입력에 대하여 7 세그먼트의 점등은 동일하다.

만약 포트 B를 이용하여 7 세그먼트를 점등하고자 할 경우에, BCD 수가 4비트이므로 2 개의 BCD 수를 출력할 수 있어 [그림 10.12]와 같이 7 세그먼트 두 개를 점등시킬 수 있다. 원하는 숫자를 점등하기 위해서는 해당 포트 핀에 BCD 수를 출력하면 된다. BCD 수는 4비트이고 포트 B의 기본 출력 단위는 8비트이기 때문에 이러한 경우 특별한 기법이 필요하다.

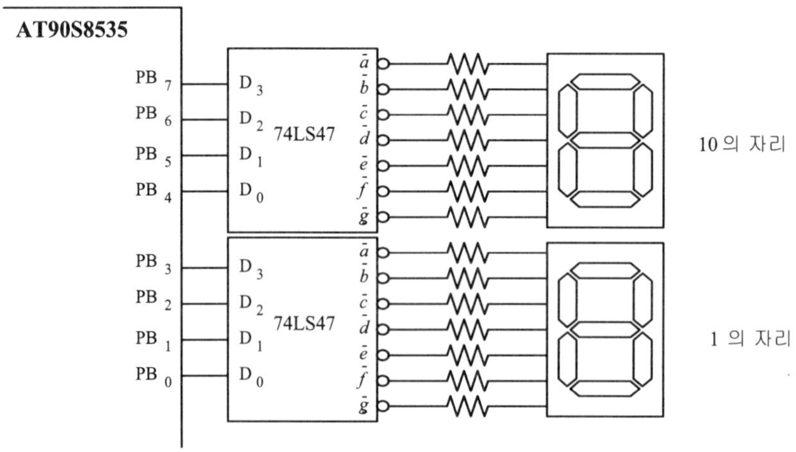

그림 10.12 | 2 개의 BCD 입력에 대한 두 자리 7 세그먼트 점등회로 및 외형

다음은 간단히 60초를 표현하기 위한 레지스터 사용법과 BCD 출력을 위한 포트 출력방법을 나타내고 있다.

(1) 먼저 1의 자리를 담당하는 레지스터와 10의 자리를 담당하는 레지스터를 준비하고 초기값으로 모두 '0'을 기록한다.
(2) 무한루프를 돌면서 1의 자리 레지스터의 값을 계속 '1'씩 증가시킨다.
(3) 만약 1의 자리값이 10보다 크거나 같아지면 1의 자리 레지스터는 '0'으로 만들고 10의 자리 레지스터를 '1' 증가시킨다.
(4) 10의 자리값 레지스터가 '6'보다 크거나 같지면, 이 레지스터를 '0'으로 만든다.
(5) 위의 판단문을 모두 마친 경우 1초간의 시간지연을 준다.
(6) 출력을 시키기 위하여 [그림 10.13]와 같이 10의 자리 레지스터를 왼쪽으로 4비트 시프트 시키고 1의 자리 레지스터와 각 비트 OR 연산을 행하여 포트 B로 출력한다. 이 때 10의 자리 레지스터를 왼쪽으로 4번 시프트 시킬 때 원본 레지스터를 시프트 시키면 반복문에서 증가시킬 때 데이터가 변화하게 되어 원하는 출력을 얻을 수 없게 된다.

여기서 60초를 표현하기 위한 알고리즘 즉, 60진법에 대한 프로그램이 소개가 되었다. 만약 100진법을 표현할 경우 10의 자리 레지스터가 10보다 크거나 같게 되면 '0'으로 만들어주면 된다.

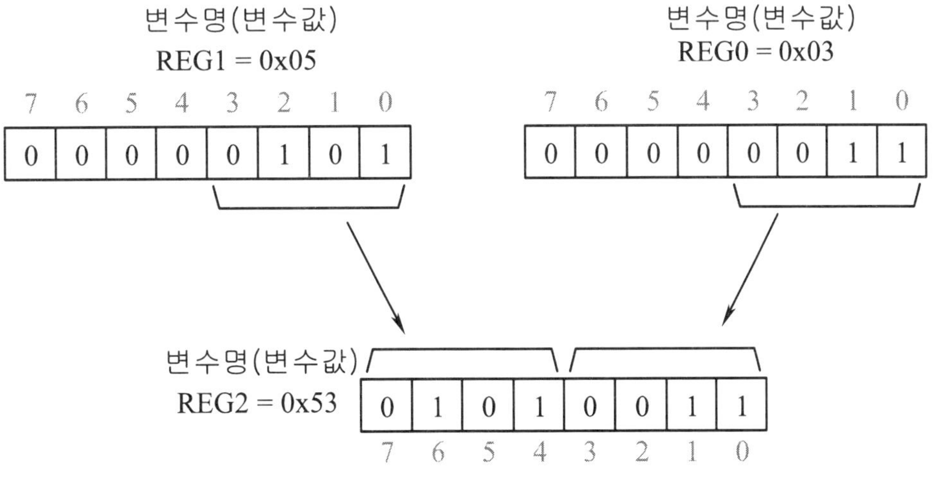

그림 10.13 | 두 개의 BCD값을 8비트로 만드는 방법

③ 세그먼트 구동 프로그램

(1) 포트 A에 7 세그먼트 직접 구동형 모듈을 접속시킨 후, delay 함수를 이용하여 약 1초의 시간 지연을 주고, 1초마다 '1'씩 증가하는 숫자가 점등하도록 하는 프로그램

CodeVision AVR C Code

```
#include <ATmega128.h>
#include <delay.h>
void main( void )
{
    unsigned char LED;              // LED 변수를 부호없는 8비트 변수로 선
언
    DDRA = 0xFF;                    // 포트 A를 출력으로 설정
    while(1)
    {
        LED++;
        if(LED >= 10)LED = 0;               // LED = 10 이면 0으로 치환
        switch(LED)
        {
            case 0 : PORTA = 0x81;
                     break;
            case 1 : PORTA = 0xCF;
                     break;
            case 2 : PORTA = 0x92;
                     break;
            case 3 : PORTA = 0x86;
                     break;
            case 4 : PORTA = 0xCC;
                     break;
            case 5 : PORTA = 0xA4;
                     break;
            case 6 : PORTA = 0xA0;
                     break;
            case 7 : PORTA = 0x8D;
                     break;
            case 8 : PORTA = 0x80;
                     break;
            case 9 : PORTA = 0x8C;
                     break;
            default : break;
```

```
        }
        delay_ms(1000);
    }   // end of while(1)
}       // end of main
```

(2) 포트 B에 BCD - 7 세그먼트 디코더(74LS47)에 의해 구동하는 7세그먼트 모듈을 접속시킨다. 1초 간격으로 '1'씩 증가하여, 60초를 표현하는 시계 프로그램

CodeVision AVR C Code

```
#include <ATmega128.h>
#include <delay.h>
void main( void )
{
    unsigned char SEC1, SEC0; // SEC1 10초 단위 변수, SEC0 1초 단위 변수
    DDRB = 0xFF;               // 포트 B를 출력으로 설정
    SEC1 = 0;
    SEC0 = 0;
    while(1)
    {
        SEC0++;
        if(SEC0 >= 10)   //  1자리가 10보다 크면 1자리 = 0, 10자리 1증가
        {
            SEC0 = 0;
            SEC1++;
            if(SEC1 >= 6)SEC1 = 0;        // 10자리가 6보다 크면 10자리 0
        }
        PORTB = (SEG1 << 4) | SEG0;
                         // 10의 자리 4비트 왼쪽 시프트 시키고
                         // 이를 1의 자리와 OR 연산취하여 포트 B로 출력
        delay_ms(1000);        // 1초 시간지연
    }   // end of while(1)
}       // end of main
```

4. 포트 입력 방법

1) 포트 입력

ATmega128의 경우 7개의 입출력 범용 포트를 가진다. 앞서 실험 10.3에서 출력을 설정하기 위하여 간단히 언급을 했었지만 다시 설명하면, 8비트로 구성된 6개의 포트는 개별적으로 입력과 출력을 따로 설정하여 사용할 수 있다. 이렇게 입력과 출력의 데이터 방향을 설정하는 레지스터가 DDRx 레지스터이다. 여기서 x는 A, B, C, D, E, F, G를 의미한다.

① **포트 방향 레지스터**(Data Direction Register : DDRx)

· 포트 D 데이터 방향 레지스터(Port D Data Direction Register : DDRD)

비트	7	6	5	4	3	2	1	0	
	DDRD7	DDRD6	DDRD5	DDRD4	DDRD3	DDRD2	DDRD1	DDRD0	**DDRD**
읽기/쓰기	R/W	R/W	R/W	R/W	R/W	R/W	R/W	R/W	
초기값	0	0	0	0	0	0	0	0	

포트 방향 레지스터는 포트를 입력으로 사용할지 출력으로 사용할 지를 결정하는 레지스터이다. 각 핀에 대하여 입력용으로 사용할 경우 '0'을, 출력용으로 사용할 경우 '1'을 기록하며, 초기값을 모두 0'으로 저장되어 있다.

만약 포트 D의 8비트를 모두 입력으로 사용할 경우 다음과 같이 설정하면 된다.

```
DDRD = 0x00 ;          // 포트 D의 8비트를 모두 입력으로 설정
```

② **포트 입력 레지스터**(Port Input Register : PINx)

· 포트 D 데이터 입력 레지스터(Port D Data Input Register : PIND)

비트	7	6	5	4	3	2	1	0	
	PIND7	PIND6	PIND5	PIND4	PIND3	PIND2	PIND1	PIND0	**PIND**
읽기/쓰기	R	R	R	R	R	R	R	R	
초기값	0	0	0	0	0	0	0	0	

포트가 입력용일 때, 포트 입력 레지스터에는 칩의 해당 핀에 걸린 전압의 값을 읽어 데이터가 기록된다. 예를 들어 포트 D의 7, 6, 5, 4번에 5 [V]가 걸려있고, 3, 2, 1, 0번에 0 [V]가 걸려 있다면 다음 명령에 의해 그 해당 값이 저장된다.

```
DDRD = 0x00 ;     // 포트 D의 8비트를 모두 입력으로 설정
BUT = PIND ;      // 포트 D의 8핀에 걸린 논리값을 BUT 레지스터에 저장
```

따라서 BUT라는 레지스터에는 0xF0이 저장이 된다. 포트 D에 데이터를 출력할 때, ALU나 SRAM 영역의 레지스터에 있는 값이 포트의 해당 핀으로 출력이 된다면, 입력은 반대의 경우로 생각하면 된다. 즉, 현재 포트의 해당 핀에 걸린 전압의 논리값 '1'과 '0'이 ALU나 SRAM 영역의 레지스터에 저장이 된다고 보면 된다. 여기서 참고할 일은 만약 ALU로 읽어 들이게 되면, 그 값은 다음 명령어가 수행될 때 소멸되므로 될 수 있으면 SRAM 영역에 변수를 설정하여 저장하는 것이 좋다.

2) 핀 입력

포트를 통하여 입력을 받을 경우 8비트 데이터를 한꺼번에 입력받기 때문에 해당 비트가 '1'인지 '0'인지를 판단하기 위하여 일부러 프로그램을 코딩해야 한다. 해당 핀의 상태만 받고 나머지 핀은 체크를 하지 않는 방법은 다음과 같다.

```
temp = PIND.2 ;// 포트 D의 2번 핀에 걸린 논리값을 temp 변수에 저장
if(temp == 0) 수행문1;      // temp가 0이면 수행문 1을 실행
else 수행문2;               // temp가 1이면 수행문 2를 실행
```

그런데 포트의 하나의 핀을 통하여 입력을 받으면 '0'혹은'1'이 입력이 되는데 이를 저장하기 위하여 8비트 변수를 사용한다면 운용에 있어서 불합리한 면이 있다. 핀을 통하여 입력을 받으면 그 해당 논리값에 따라서 어떠한 일을 수행하거나 수행하지 않음을 결정하는 경우가 많다. 따라서 이러한 경우 다음과 같이 프로그램을 코딩하는 것이 훨씬 합리적이다. 입력핀은 '0'또는 '1'이 걸릴 수 있도록 회로를 구성해 주어야 한다. 즉, 5 [V]와 0 [V]가 걸릴 수 있는 회로가 되어야 한다.

```
if(PIND.2 == 0) 수행문1;   // 포트 D의 2번 핀이 0이면 수행문 1을 실행
else 수행문2;             // 1이면 수행문 2를 실행
```

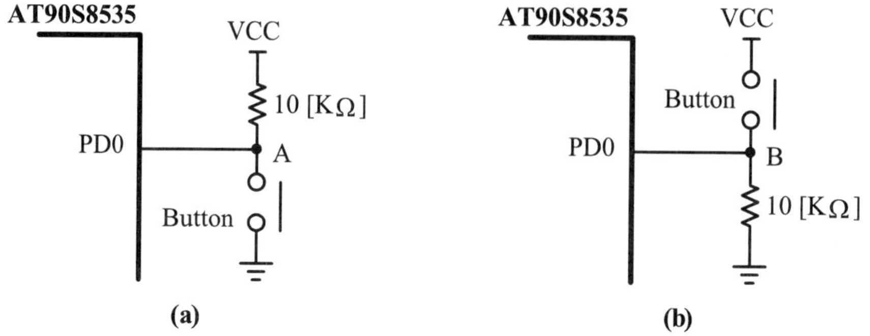

그림 10.14 | 버튼입력의 형태 : (a) 저항을 풀-업(pull-up)한 경우 , (b) 저항을 풀-다운(pull-down)한 경우

[그림 10.14]에는 버튼을 사용하여 입력핀에 논리 '0'과 '1'을 가할 수 있는 회로를 소개하고 있다. [그림 10.14(a)]는 저항을 풀-업(pull-up)시킨 경우이고, [그림 10.14(b)]는 저항을 풀-다운(pull-down)시킨 경우이다. AVR의 한 핀이 입력으로 설정이 될 경우 그 핀의 입력 임피던스는 대단히 크다. 두 회로에서 버튼을 누르지 않는다면 회로는 개방이 되어 전류가 흐르지 않으므로, 논리값을 쉽게 따져볼 수 있다.

먼저 [그림 10.15]와 같이 풀-업이 되어 있는 경우 버튼을 누르지 않은 상태에서는 전류가 흐르지 않기 때문에 점 A는 5[V]가 걸리므로 핀 입력은 논리 '1'이 되고, 버튼을 누른 경우 점A는 GND와 연결이 되어 논리 '0'이 된다.

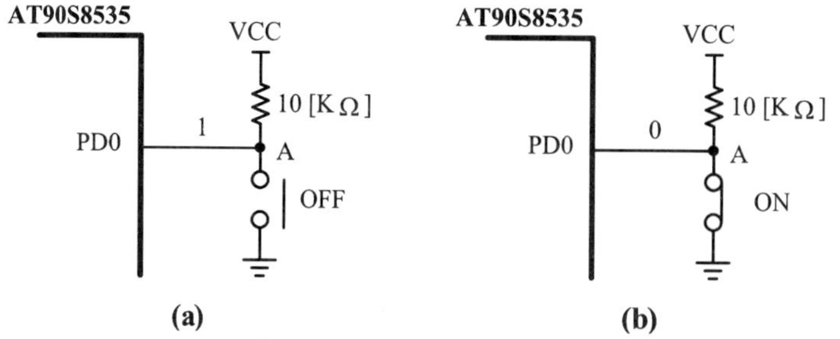

그림10.15 | 풀-업 버튼 회로에서 버튼의 상태에 따른 논리값 : (a) 버튼을 누르지 않은 상태, (b) 버튼을 누른 상태

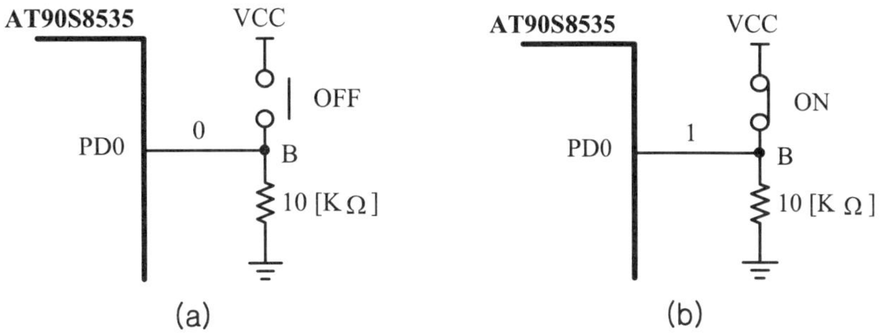

그림10.16 | 풀-다운 버튼 회로에서 버튼의 상태에 따른 논리값 :
(a) 버튼을 누르지 않은 상태, (b) 버튼을 누른 상태

한편 [그림 10.16]과 같이 저항이 풀-다운되어 있는 경우 버튼을 누르지 않은 상태에서는 전류가 흐르지 않으므로 점 B는 논리 '0'이 되고, 버튼을 누르면 점 B는 Vcc와 연결이 되어 논리 '1'이 된다. 포트의 출력이 '1'이라 하더라도 LED의 결선 상태에 따라서 LED가 점등되기도 하고, 소등되기도 하는 회로를 이미 살펴본 바가 있다. 마찬가지로 버튼을 눌렀다고 해서 모두 논리 '1'이 핀으로 입력되는 것이 아님을 여기서 상기할 필요가 있으며 실전 회로에서는 저항을 풀-업 시킨 회로가 많이 사용되고 있다.

3) 핀 입력 예제 프로그램

아래는 포트 D에 제작된 버튼 입력 모듈을 접속시키고, 포트 B에 공통 캐소드 LED 모듈을 접속시키고, 8개의 버튼 중에서 임의의 눌러진 버튼에 대응되는 LED의 출력을 갖도록 프로그램이다.

CodeVision AVR C Code

```
#include <ATmega128.h>

void main( void )
{
    unsigned char BUT;          // 버튼으로 입력 받을 변수 지정
    DDRB = 0xFF;                // 포트 B를 출력으로 설정
    DDRD = 0x00;                // 포트 D를 입력으로 설정
    while(1)
    {
        BUT = PIND;             // 포트 D에 걸린 논리값을 읽어서 BUT에 저장
        PORTB = ~BUT;           // 버튼이 눌러지면 논리 0, 눌러지지 않으면 논리 1
                                // LED는 논리 1 이면 점등, 논리 0 이면 소등

    }   // end of while(1)
}       // end of main
```

다음 시스템 구성이 다음과 같을 경우 프로그램을 소개한다,

- 포트 A에는 직접 구동형 공통 애노드형 7 세그먼트를 접속, 포트 B에는 공통 애노드형 7 세그먼트를 접속, 포트 D에는 풀-업 저항형 버튼 모듈을 접속시켜라.
- 버튼을 눌렀을 때, 눌러진 버튼에 대응되는 LED를 점등을 시키고, 7 세그먼트에는 눌러진 버튼의 번호가 출력

CodeVision AVR C Code

```
#include <ATmega128.h>
#define    NUMBER0    0x81
#define    NUMBER1    0xCF
#define    NUMBER2    0x92
#define    NUMBER3    0x86
#define    NUMBER4    0xCC
#define    NUMBER5    0xA4
#define    NUMBER6    0xA0
#define    NUMBER7    0x8D
#define    CHAR_F     0xB8
```

```
void main( void )
{
  unsigned char BUT;           // 버튼으로 입력 받을 변수 지정
  DDRA  = 0xFF;                // 포트 A를 출력으로 설정
  DDRB  = 0xFF;                // 포트 B를 출력으로 설정
  PORTA = 0xFF;                // 포트 A의 모든 세그먼트 소등
  PORTB = 0xFF;                // 포트 B의 모든 LED 소등
  DDRD  = 0x00;                // 포트 D를 입력으로 설정
  while(1)
  {
      BUT = PIND;              // 포트 D에 걸린 논리값을 읽어서 BUT에 저장
      PORTB = BUT;             // 버튼이 눌러지면 논리 0, 눌러지지 않으면 논리 1
                               // LED는 논리 0 이면 점등, 논리 1 이면 소등
      switch(~BUT)
      {
          case 0 : PORTA = NUMBER0;
                   break;
          case 1 : PORTA = NUMBER1;
                   break;
          case 2 : PORTA = NUMBER2;
                   break;
          case 3 : PORTA = NUMBER3;
                   break;
          case 4 : PORTA = NUMBER4;
                   break;
          case 5 : PORTA = NUMBER5;
                   break;
          case 6 : PORTA = NUMBER6;
                   break;
          case 7 : PORTA = NUMBER7;
                   break;
          default : PORTA = CHAR_F;
                   break;
      }
  }   // end of while(1)
}     // end of main
```

5. AVR Studio로 I/O 포트 프로그램 실행방법

Amtel사의 AVR Studio의 디버거(Debugger)를 사용하여 I/O 포트로 LED 제어를 통해서 디버그 기능의 사용법을 배워보도록 해보자. ATmega128의 I/O 포트를 제어하여 LED 온/오프 프로그램을 작성한다.

1) 프로그램에 사용되는 포트 및 레지스터

PORTE는 내부적으로 풀업된 8비트 양방향 병렬 포트이다. DDRE 레지스터를 이용하여 포트를 출력 또는 입력으로 설정하며, 출력 데이터는 PORTE 레지스터를 통하여 출력하고 입력 데이터는 PINE 레지스터를 이용하여 읽는다. 각 포트에는 3개의 I/O 레지스터 영역을 가지고 있는데, 입출력의 방향을 설정하는 DDRx 레지스터(Data Direction Register), 데이터 출력에 해당하는 PORTx 레지스터, 포트 입력 핀에 해당하는PINx (Port Input Register) 가 있다.

여기서 DDRx 레지스터 안의 DDxn 비트들은 1로 설정하면 출력 핀으로 설정되고, 0으로 설정하면 입력 핀으로 설정된다. PORTxn은 출력으로 설정된 포트에 데이터를 출력하는 레지스터이며, 실제 프로그램시에는 PORTxn를 1로 설정하면 해당 I/O 포트가 High 상태가 되고, 0으로 설정하면 해당 I/O 포트가 Low 상태가 된다.

다음은 Easy Processor Kit 에 장착된 AVR Core 보드의 LED 관련 회로도이며, PE 2,3핀에 각각 1개 LED 연결되었다. 이 LED를 턴온시키려면 해당 I/O 포트 핀을 Low 상태로 만들어야 하며, 턴 오프시키려면 해당 I/O 포트 핀를 High 상태로 만들어야 한다.

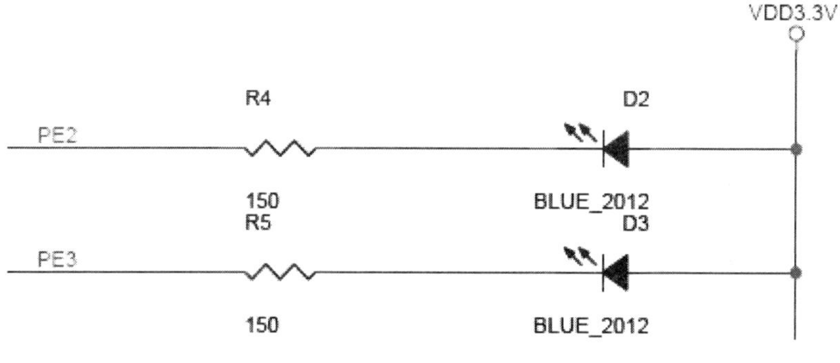

그림 10.17 | AVR Core 보드의 LED 회로

2) 실행방법 및 결과

① STEP 1 - AVR Studio **실행 및 새로운 프로젝트 생성**

AVR Studio를 실행 시켜, 위 그림과 같이 새로운 프로젝트를 생성 한다

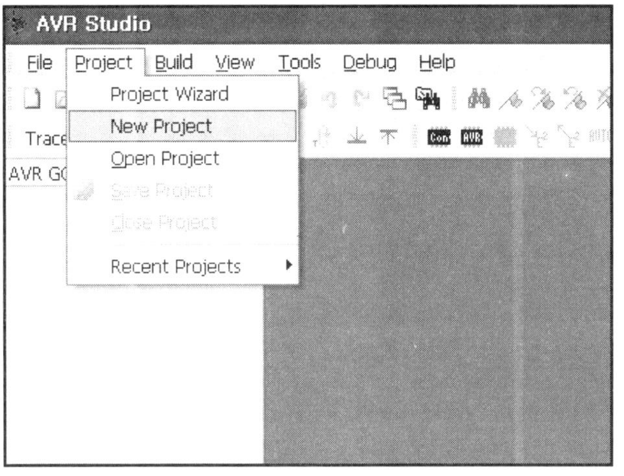

② STEP 2 - **프로젝트 이름 및 경로 설정**

AVR GCC선택, 프로젝트 이름 및 경로를 설정한 후 Next>> 를 클릭 한다.

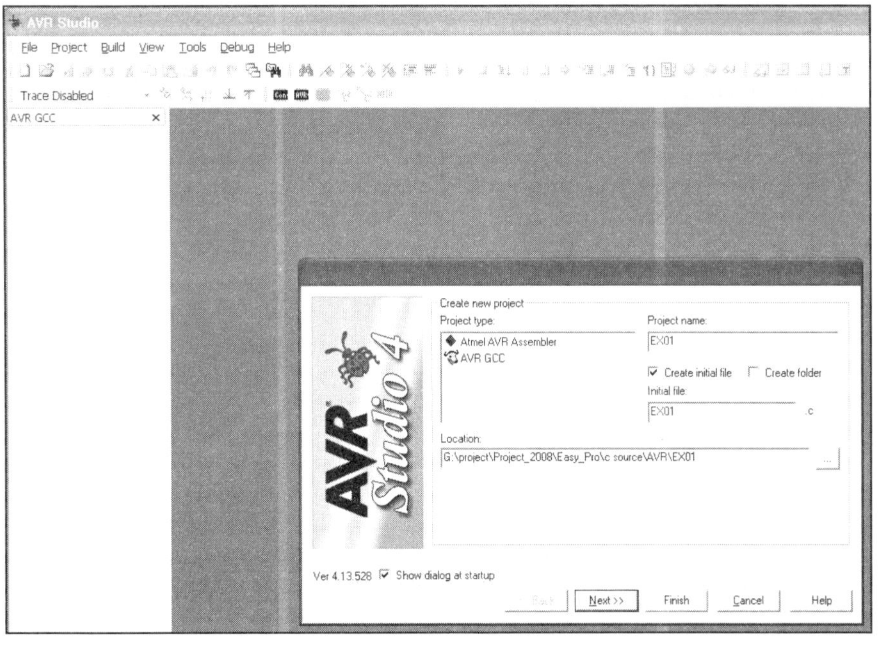

③ **STEP 3 - 디바이스 선택**

코딩 완료 후 디버깅을 위해 AVR Simulator 및 디바이스를 선택 후 Finish를 클릭 한다.

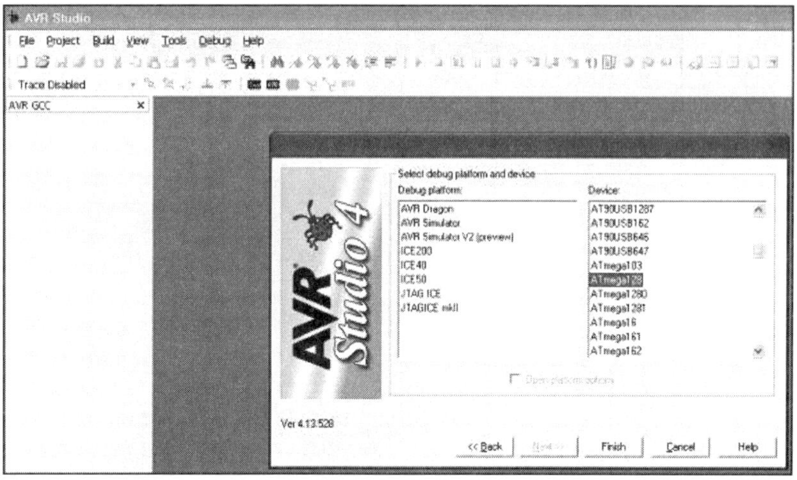

④ **STEP 4 - 소스 코드 작성**

새로운 프로젝트를 생성하면 기본적으로 프로젝트 이름과 동일한 소스코드 창이 생성된다. STEP1에서 EX01로 프로젝트를 생성하였기 때문에 EX01.c 파일이 생성되었다. 여기서 기본적인 소스코드를 입력 한다.

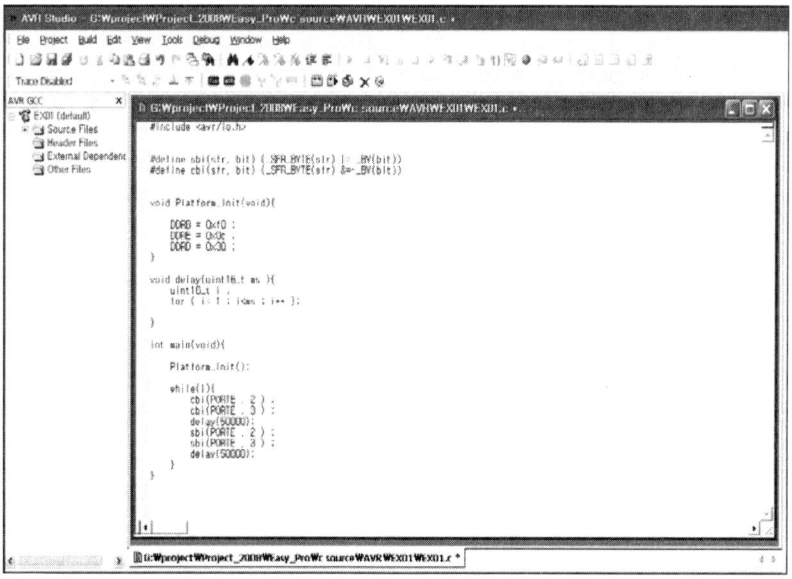

위 그림에서의 소스는 아래의 표를 이용하도록 하자.

```
#include <avr/io.h>

#define sbi(sfr, bit) (_SFR_BYTE(sfr) |= _BV(bit))
#define cbi(sfr, bit) (_SFR_BYTE(sfr) &=~_BV(bit))

void Platform_Init(void){

DDRB = 0xf0 ;
DDRE = 0x0c ;
    DDRD = 0x30 ;
}

void delay(uint16_t ms ){
        uint16_t i ;
        for ( i= 1 ; i<ms ; i++ );

}

int main(void){

Platform_Init();

while(1){
cbi(PORTE , 2 ) ;
            cbi(PORTE , 3 ) ;
            delay(50000);
            sbi(PORTE , 2 ) ;
            sbi(PORTE , 3 ) ;
            delay(50000);
}
}
```

I/O 포트의 개별적인 제어를 위해 sbi, cbi 의 매크로 함수를 만들었다. 이 매크로 함수를 이용하여 포트의 각 비트별 개별적인 제어가 가능하다.

메인 함수에서 I/O포트를 제어하기 위하여 LED와 연결된 I/O포트를 DDR 레지스터를 이용하여 출력으로 설정 하였다. LED가 온/오프 상태를 육안으로 확인하기 위하여 delay를 함수를 이용하여, 일정 시간지연 후 해당 I/O포트를 High / Low 상태로 변화 시킨다. 물론, 실전 코드작성 시 메인 함수 안에서 많은 delay 함수를 쓴다는 것은 매우 부적절한 코딩 방법이 될 수도 있다. 이번 장에서는 최소한의 코딩으로 동작을 확인하기 위하여 delay 함수를 사용하였다.

⑤ STEP 5 - **컴파일**

팝업 메뉴의 Build -> Build를 클릭하여 컴파일하거나 , 컴파일 단축키인 F7 사용하여 컴파일 한다.

⑥ STEP 6 - **펌웨어 다운로드**

컴파일로 생성된 *.hex 파일을 실제로 타켓보드에 다운로드하고 그 동작을 확인한다.

3) 디버깅 (Debugging)

소스 코드가 정상적으로 컴파일 되었다면 디버거를 이용하여 소프트웨어적인 시뮬레이션을 할 수 있다.

① STEP 1 - **디버거 설정**

디버거를 실행 전에 기본적인 설정을 한다.

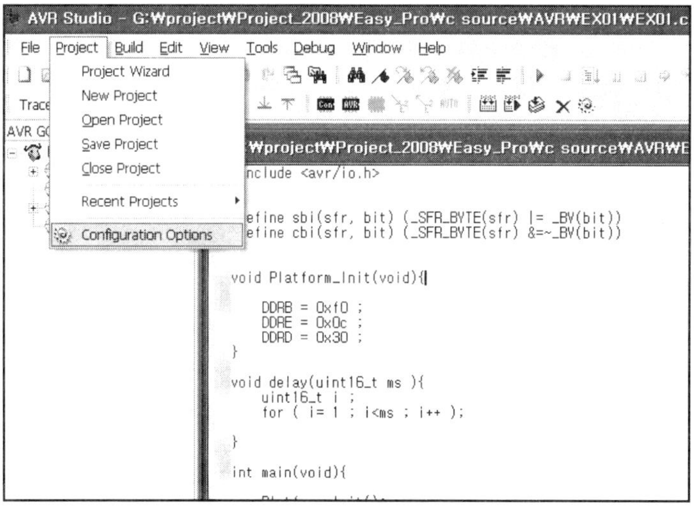

· Project -> Configuration Options를 클릭 한다.

위 그림처럼 크리스탈의 주파수를 설정 한다. 타켓 보드가 실제로 8MHz 크리스탈을 사용하므로 8M를 입력 후 확인 버튼을 클릭 한다.

· Debug -> AVR Simulator Options를 클릭하여 주파수를 8M로 설정하고 Enable external Memory를 체크해 준다.

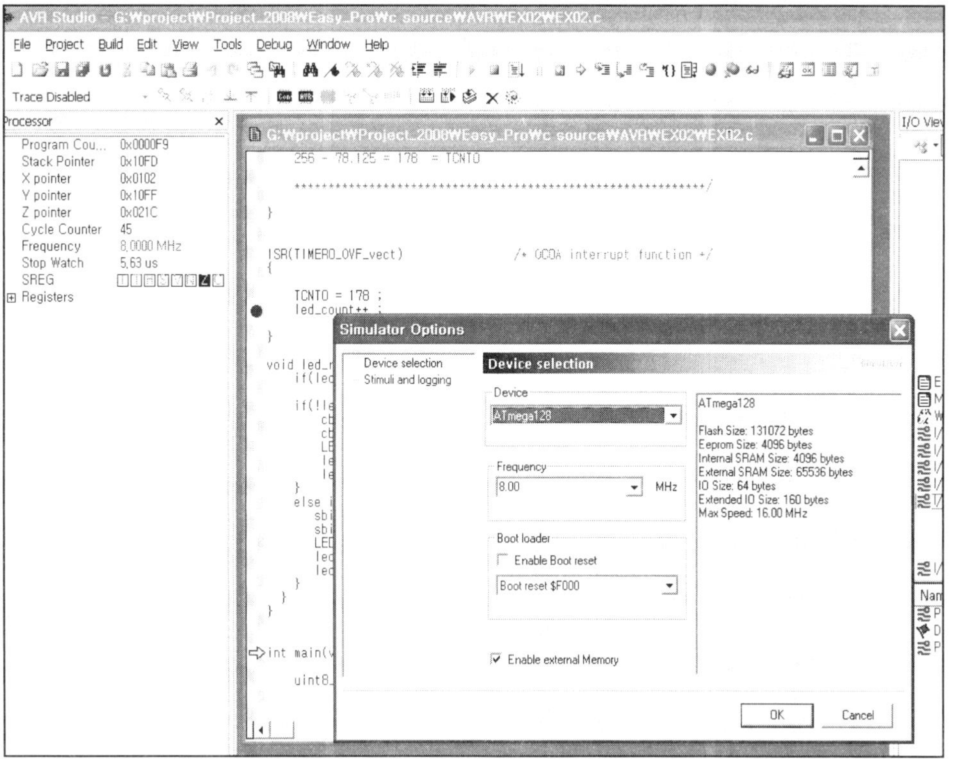

② **STEP 2 – 디버거 실행**

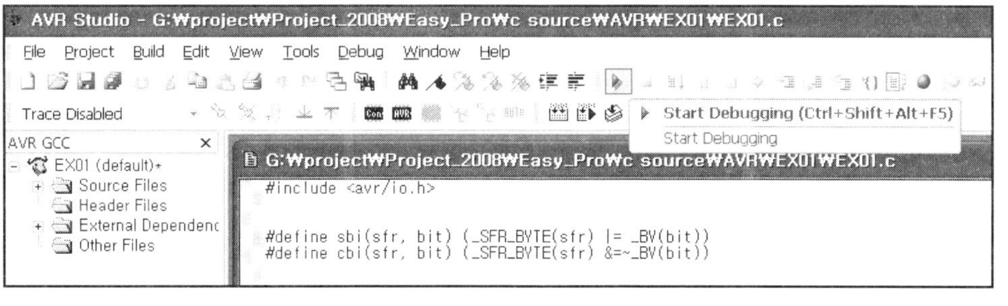

③ STEP 3 – 디버깅

디버거를 처음 실행 하면 소스 코드상에 노란색 화살표가 메인 함수를 가르키는 것을 볼 수 있다.

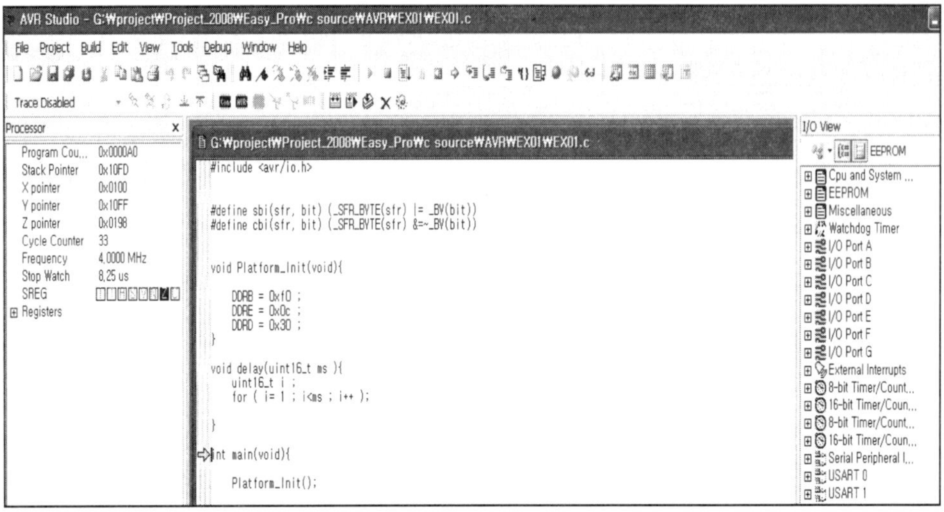

● **Step Into (F11) 실행**

Step Into 버튼을 클릭하여 스텝으로 프로그램을 실행 시켜 본다.

Step Into 버튼을 클릭할 때 마다 현재 실행하는 프로그램 루틴을 노란색 화살표가 지시 한다.

● **PORT 관련 레지스터 확인**

현재 디버깅 모드로 동작 시키는 소스 코드는 GPIO를 제어하는 프로그램 이므로 디버거를 이용하여 해당 GPIO 레지스터가 의도대로 설정되는지 확인할 수 있다.

디버거 모드에서 오른쪽 I/0 PortE 메뉴를 클릭하여 활성화 시킨다.

스텝으로 실행 시키면서 PORTE 레지스터가 변화되는지 확인할 수 있다.

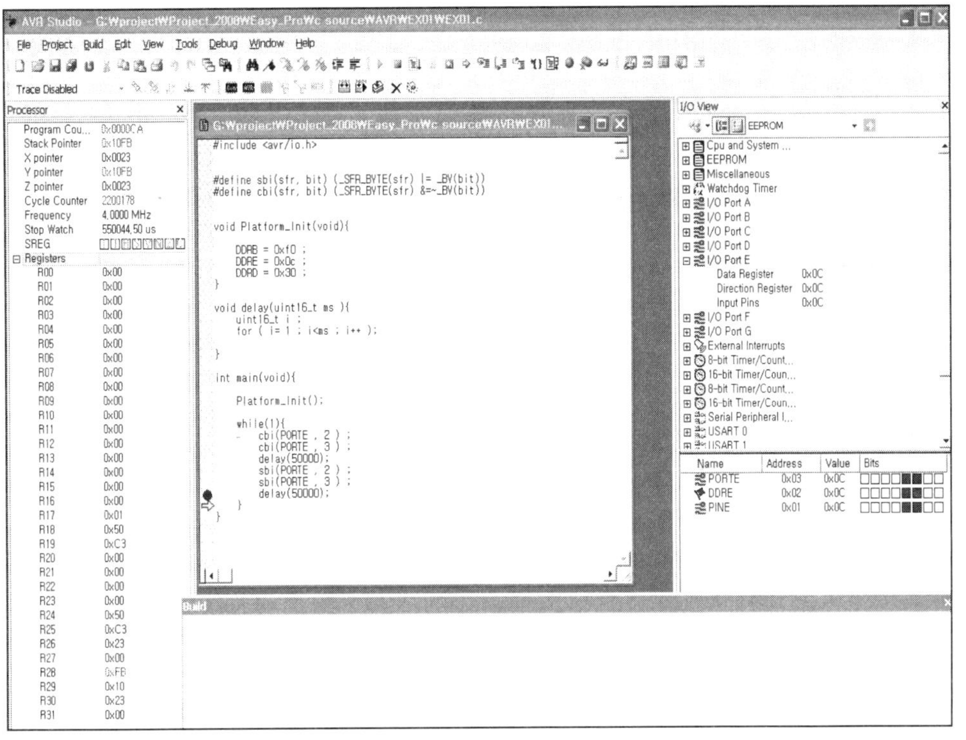

- **Toggle Breakpoint(F9)**

복잡하고 많은 루틴을 가지고 있는 프로그램을 싱글 스텝으로 실행시키려면 많은 시간이 소요 된다. 이번에는 디버깅하는 시점에 브레이크 포인트를 지정하여 그 순간 해당 레지스터를 확인하는 방법에 대하여 실행해 본다.

(1) 디버깅 하려는 시점에 커서를 두고 디버그 메뉴의 Toggle Breakpoint(F9) 버튼을 클릭 한다.

(2)해당 루틴에 브레이크 포인트가 만들어 진 것을 확인 한다.

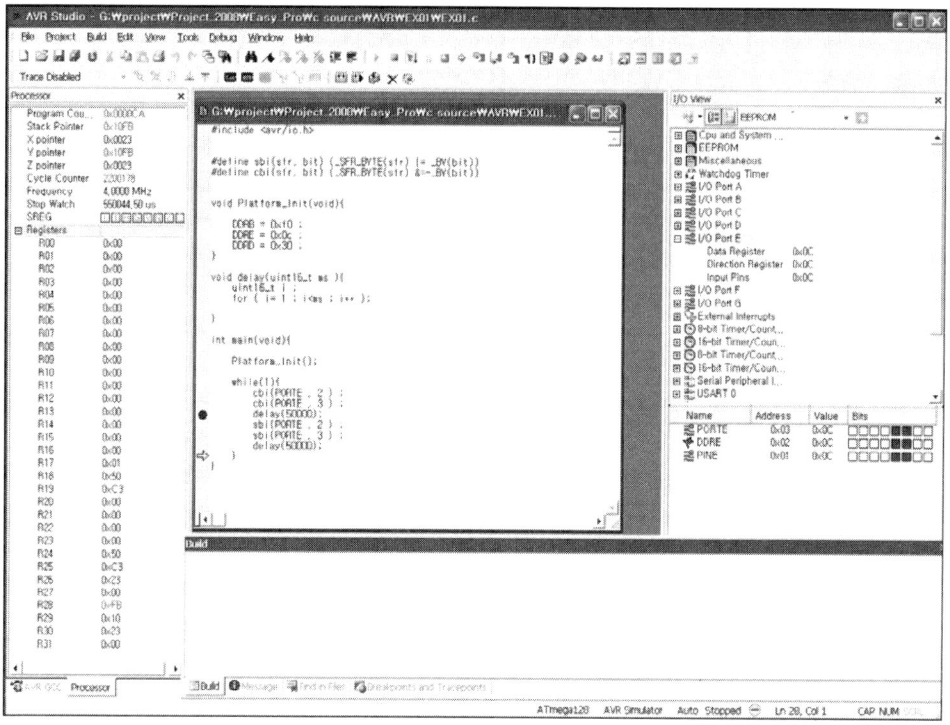

위 그림은 delay함수에 브레이크 포인트를 지정하였다.

(3) Run(F5)을 클릭하여 브레이크 포인트를 지정한 루틴까지 자동으로 실행하도록 한다.

(4) Run을 실행시키면 브레이크 포인트를 지정한 루틴까지 자동으로 실행된 후 멈춘다. 디버거가 멈춘 후 PORTE 레지스터를 확인하도록 한다.

제11장 카운터 / 타이머 (Counter / timer)

ATmega128은 8비트 타이머/카운터가 2개, 16비트 타이머/카운터가 2개를 가지고 있으며, 이 타이머/카운터로 시간측정, 펄스를 카운팅, 주파수 및 폭을 조정가능한 펄스발생 등의 기능을 가지고 있다.

1. 8비트 타이머/카운터0과 타이머/카운터2

8비트 타이머/카운터0 (타이머/카운터2)의 특징은 다음과 같다.

- 8비트 up/down 카운터
- 비교 매치 후 타이머 클리어
- 주파수 발생기
- 10비트 타이머 프리스케일링
- 인터럽트 발생 가능 - 타이머/카운터0 오버플로 와 비교매치 인터럽트

이 절에서는 타이머/카운터0와 타이머/카운터2의 특성 및 동작 관련 레지스터의 기능이 거의 유사하므로 타이머/카운터0를 기준으로 설명한다.

[그림 11.1]은 타이머/카운터0의 블록도이다. 이 카운터/타이머는, 카운터/타이머0의 클럭소스, 프리 스케일러, 타이머 0의 제어로직 등으로 구성된다.

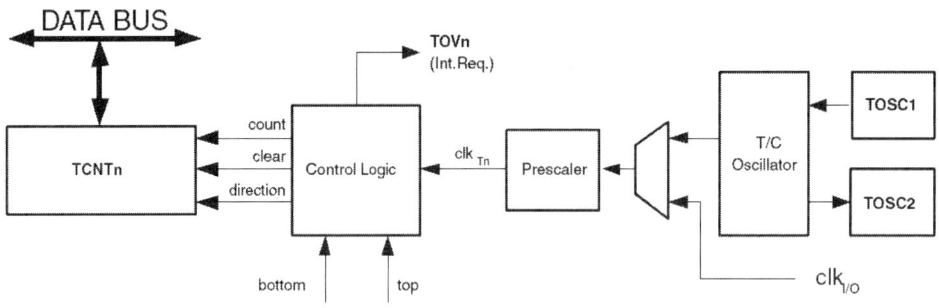

그림 11.1 | 타이머/카운터0의 블록도

1) 타이머/카운터0의 클럭 소스 및 프리 스케일러

먼저 타이머/카운터0의 클럭소스는 내부 클럭 또는 외부 클럭을 사용할 수 있다. 기본적으로 MCU의 클럭인 내부클럭을 사용하고, 비동기 동작 시 ASSR 레지스터의 AS0 비트를 '1'로 set하였을 경우 TOSC1과 TOSC2에 연결된 오실레이터를 이 타이머/카운터 클럭 소스로 사용한다.

타이머/카운터 클럭을 입력시키지 않거나 또는 주파수를 변화시키기 위하여 [그림 11.2]와 같이 10비트 프리 스케일러 (Prescaler)를 사용한다. 3개 비트 CS00, CS01, CS02에 따라 타이머/카운터0의 클럭을 입력시킨 않거나, MCS 클럭을 바로 사용 또는 MCS 클럭을 1/8분주 1/32분주 등을 하여 타이머/카운터0의 클럭 clkTn 주파수를 결정한다. 제어로직의 입출력신호에 대한 설명은 다음과 같다.

- direction : 타이머/카운터0 값 즉 TCNT0을 1개 증가 또는 감소
- clear : 타이머/카운터0 값 즉 TCNT0을 0으로 함
- clkT0 : 타이머/카운터0 에서 카운팅하는 펄스 즉 클럭
- top : TCNT0이 최대값 도달 표시
- bottom : TCNT0이 최소값(0) 도달 표시
- TOV0 : 타이머/카운터0가 오버플로 시 셋('1')되는 타이머/카운터 오버플로 flag

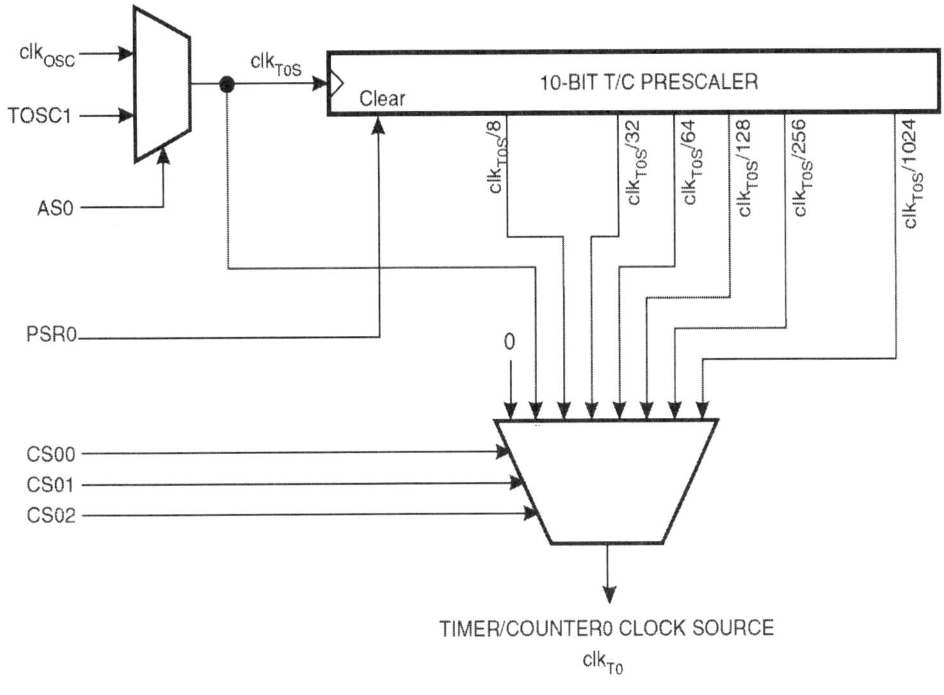

그림 11.2 | 타이머/카운터0의 프리 스케일러

2) 출력비교기

[그림 11.3]은 출력비교유닛의 블록도이다. 8비트 출력비교 레지스터 (OCR0)가 타이머/카운터0 즉 TCNT0값과 계속 비교하여, 타이머/카운터0 즉 TCNT0 값과 8비트 출력비교 레지스터 OCR0값과 매칭되었을 때 다음과 같은 일이 발생된다.

- 출력비교 인터럽트가 허용되었을 경우, 출력비교 플러그(flag) 비트 (OCF0)가 세트되면서 출력비교 인터럽트가 발생
- 파형발생기와 OC0의 단자를 통하여 출력비교신호펄스가 출력비교 신호는 타이머/카운터 제어 레지스터 CCR0의 해당비트에 따라 달라짐

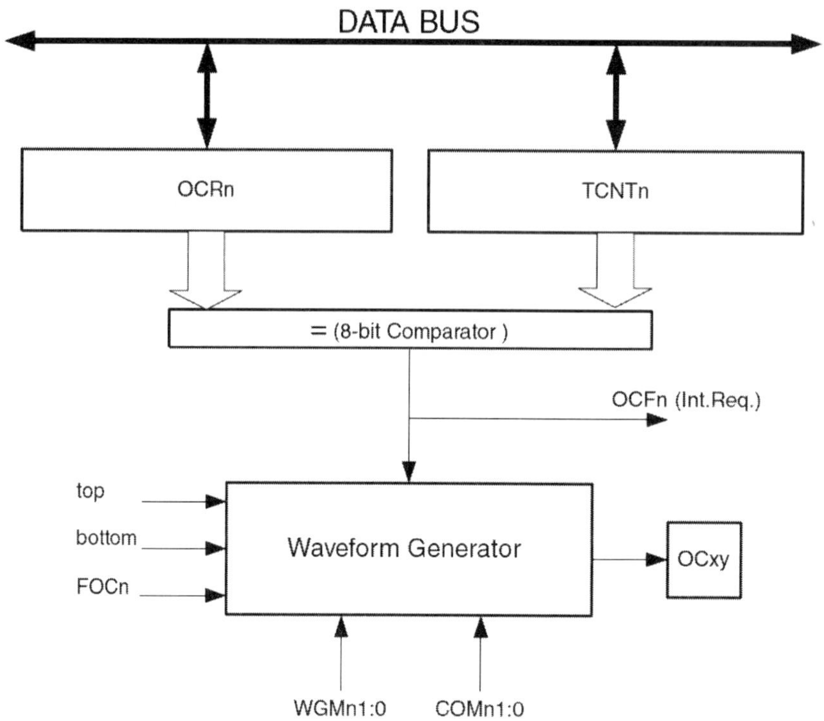

그림 11.3 | 출력비교기 블럭도

동작모드

타이머/카운터0의 동작과 출력비교 핀의 출력신호는 타이머/카운터0 제어 레지스터 파형발생기 모드 비트 (WGMO.2.1,0) 와 비교 출력 모드 비트 (COM0x.1, 0)에 따라 결정된다. 동작모드는 일반모드 (Normal mode), 비교매치시 타이머 클리어 모드 (CTC mode), 고속 PWM 모드 (Fast PWM mode), 위상 보정 PWM 모드 (Phase Correct PWM mode)로 나누어 지며 각 모드별 동작을 소개한다.

① **일반모드** (Normal mode)

일반모드는 (WGMO.2:0 = 000)일 경우이며 [그림 11.4]와 같이 타이머0은 상승카운터로 동작하여 최소값인 0x00(0)에서 카운팅을 시작하여 8비트 최대값인 0xFF (255)에 도달하면 오버플로가 발생된다. 이때 오버플로 인터럽트 플러그 OVF0가 셋('1')되고 타이머0은 다시 최소값인 0으로 된다.

이 일반모드에서는 출력신호가 발생되지 않으며 일반적으로 시간측정용으로 사용한다. 오버플로 인터럽트 발생주기는 다음 식과 같다.

$$T = \frac{N \cdot 256}{f_{clk\,I/O}} \qquad (11.1)$$

여기서 fclk I/O 는 MCU 클럭주파수, N은 프리 스케일러의 분주값 이다.

따라서 [그림 11.2]와 같이 프리 스케일러의 분주값 N을 (1, 8, 32, 64, 128, 256. 1024) 조정하여 시간을 변경할 수 있다.

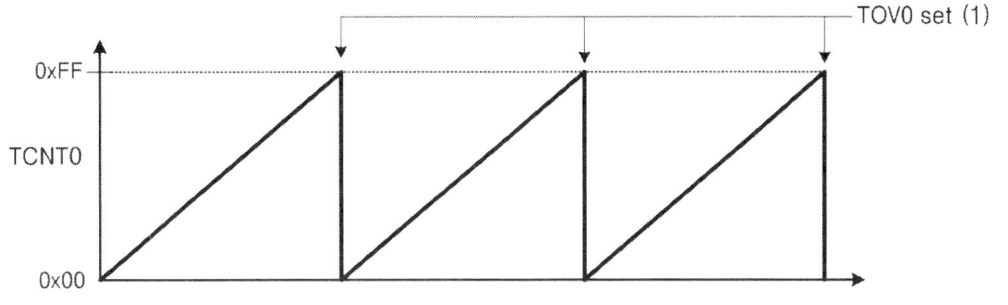

그림 11.4 | Normal mode 동작

타이머/카운터0의 클럭 소스를 선택하고, 필요한 경우 TCNT0에 초기값을 기록한다. TCNT0에 초기값을 기록하게 되면, TCNT0 레지스터가 255에서 256이 되는 순간 인터럽트가 발생하기 때문에 그 시기를 조절할 수 있다. TCNT0에 값을 기록하지 않으면 초기값은 0이 된다.

타이머/카운터의 클럭(TCLK0)이 주어졌을 때 타이머/카운터0 오버플로 인터럽트가 발생하는 시간은 다음의 방법으로 계산한다.

$$\text{인터럽트 주기} = \frac{1}{\text{TCLK0}} \times (255 - \text{TCNT0\_초기값} + 0x01)$$

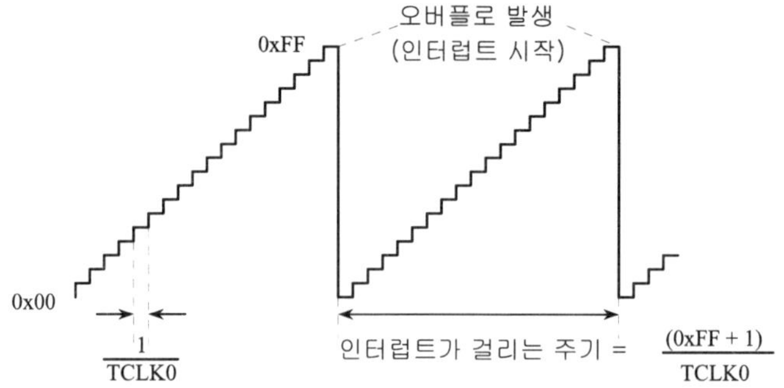

그림 11.5 | 타이머/카운터0의 오버플로 인터럽트 발생시간

만약 시스템의 클럭이 4 [MHz]에서 TCCR0 = 0x03, TCNT0 = 0x38(= 56d)이라면, 인터럽트가 걸리는 시간은 다음과 같이 계산할 수 있다.

$$\text{인터럽트 주기} = \frac{1}{TCLK0} \times (255 - \text{TCNT0\_초기값} + 0x01)$$

$$= \frac{64}{4 \times 10^6} \times (255 - 56 + 1) = 3.2[ms]$$

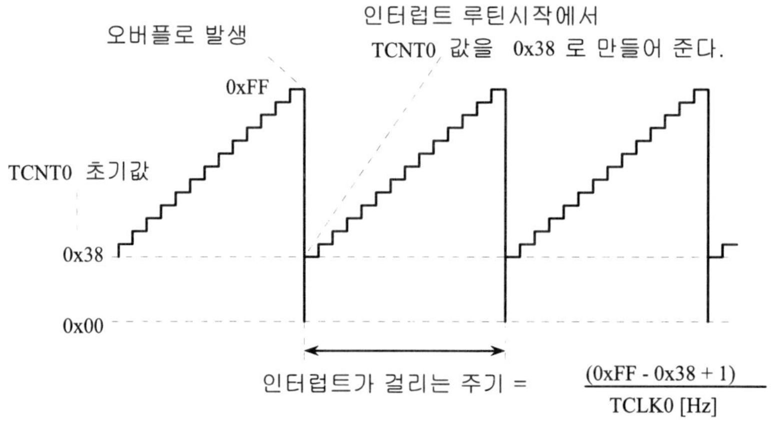

그림 11.6 | 인터럽트의 주기가 3.2 [ms]인 타이머/카운터0의 계수 모습

3.2 [ms]마다 일정하게 인터럽트를 발생시키기 위하여 서비스 루틴에 TCNT0을 0x38을 먼저 기록하여야 한다.

② **비교매치시 타이머 클리어 모드** (Clear Timer on Compare Match (CTC) Mode)

이 CTC 모드는 (WGMO.2:0 = 010)일 경우이며 OCR0 (출력비교 레지스터)를 사용한다. [그림 11.7]와 같이 타이머0 값 즉 TCNT0값이 증가되다가 OCR0값과 매치될 때 다음과 같은 것이 발생한다.

- TCNT0값이 0으로 클리어 됨
- 출력매치 인터럽트가 허용되었을 경우 출력매치 플러그 OCF0 가 '1'로 셋되어 출력매치 인터럽트가 발생
- OC0 핀으로 PWM 펄스가 출력되는데, 이 출력펄스의 형태는 COM01:0 비트에 따라 달라진다. 여기서 COM01:0 = 01일 경우에는 [그림 11.5]와 같이 토글모드 (Toggle mode)이다. 이 토글모드에서는 비교매치가 일어날 시 OC0A 핀 출력펄스의 상태가 반전된다, 즉 OC0 핀 출력펄스의 상태가'0'상태일 경우에는 '1' 상태가 되며, 출력펄스가 '1'상태일 경우에는 '0' 상태가 된다.

여기서 출력펄스의 주기 즉 주파수는 다음 식 (11.2)와 같이 프리 스케일러의 분주값 N (1, 8. 64, 128, 256 또는 1024) 및 특히 출력비교 레지스터 AOCR0A 값에 따라 변경이 된다.

$$f = \frac{f_{clk\,I/O}}{2 \bullet N \bullet (1 + OCR0)} \quad (11.2)$$

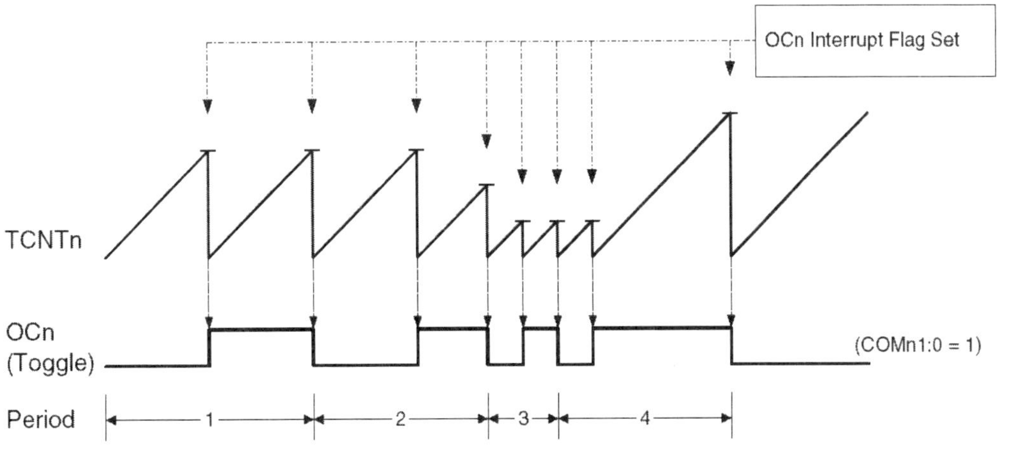

그림 11.7 | CTC 모드 동작

③ **고속 PWWM 모드 (Fast Pulse Width Modulation (PWM) Mode)**

이 고속 PWM 모드는 (WGMO.2:0 = 011 또는 111)일 경우이다. 타이머 값이 단일 기울기를 가지며 출력비교 레지스터값으로 출력핀의 펄스 폭을 변조할 수 있으므로 고속 PWM 모드라고 한다. 카운터는 최소값에서 최대값으로 상승하며, 최대값에 도달하면 다시 최소값으로 되돌아 간다. 여기서

WGMO.2:0 = 011일 경우에는 카운터의 최대값이 0xFF가 되며, WGMO.2:0 = 111일 경우에는 카운터의 최대값이 출력비교 레지스터값 즉 OCR0 값이 된다. 즉 WGMO.2 비트에 따라 카운터의 최대값이 다르다.

[그림 11.8]은 WGMO.2:0 = 011로 카운터의 최대값이 0xFF이므로 카운터 값이 최소값에서 최대값이 0xFF값까지 증가되고 다시 최소값으로 감소된다.

카운터 값 즉 TCNT0값이 증가되다가 OCR0값과 매치될 때 다음과 같은 것이 발생한다.

- COM01:0 = 10일 경우 OC0n 출력핀이 클리어('0' 상태) 됨
- COM01:0 = 11일 경우 OC0n 출력핀이 셋 ('1' 상태) 됨
- 출력매치 인터럽트가 허용되었을 경우 출력매치 플러그 OCF0가 '1'로 셋되어 출력매치 인터럽트가 발생

카운터 값이 최대값(0xFF)에 도달 시 다음과 같은 것이 발생한다.

- 오버플로 인터럽트가 허용되었을 경우 오버플로 플러그 TOV0가 '1'로 셋되어 오버플로 인터럽트가 발생
- 출력비교 레지스터 OCR0값이 업데이트

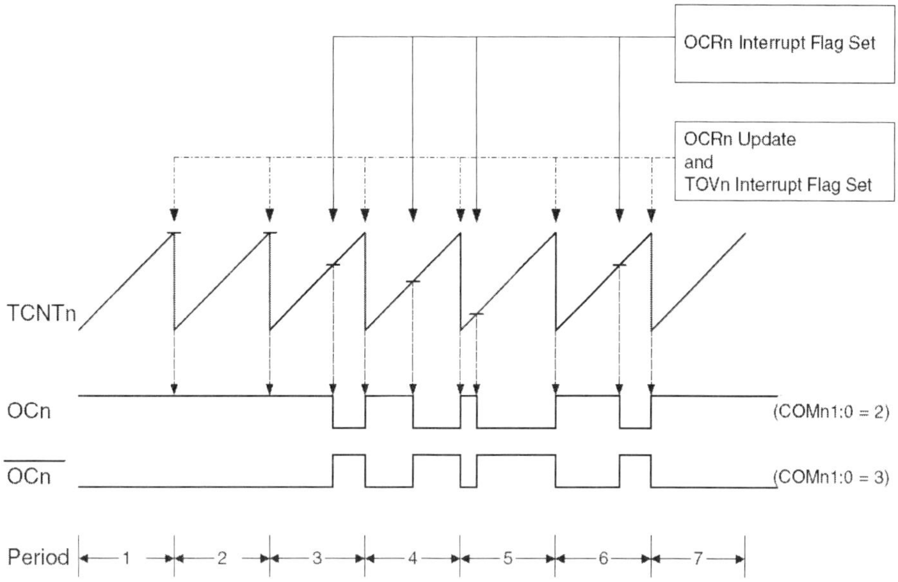

그림 11.8 | 고속 PWM 모드 동작

여기서 출력펄스의 주기 즉 주파수는 다음 식 (11.3)과 같이 프리 스케일러의 분주값 N의 함수이다. 출력비교 레지스터 OCR0 값은 출력핀 신호의 주파수에는 영향이 없고 펄스폭 변조에 사용된다.

$$f = \frac{f_{clk\,I/O}}{N \cdot 256} \tag{11.3}$$

④ **위상 보정 PWM 모드 (Phase Correct PWM mode)**

위상 보정 PWM 모드는 (WGMO.2:0 = 001 또는 101)일 경우이다. 타이머 값이 단일 기울기를 가지는 고속 PWM모드와 달리 이중 기울기를 가지며 출력비교 레지스터값으로 출력핀의 펄스 폭을 변조할 수 있으므로 위상 보정 PWM 모드라고 한다. [그림 11.9]와 같이 카운터는 최소값에서 업(up)-카운팅하여 상승하여서 최대값 (0xFF) 에 도달하면 단운(down)-카운팅 하면서 최소값으로 감소되므로, TCNT0는 업-다운(up-down) 카운터로 동작한다.

여기서 WGMO.2:0 = 001일 경우에는 카운터의 최대값이 0xFF가 되며, WGMO.2:0 = 101일 경우에는 카운터의 최대값이 출력비교 레지스터값 즉 OCR0A

값이 된다. 즉 WGMO.2 비트에 따라 카운터의 최대값이 다르다.

카운터 값 즉 TCNT0값이 상승하는 중 OCR0값과 매치될 때 다음과 같은 것이 발생한다.

- COM01:0 = 10일 경우 OC0 출력핀이 클리어('0' 상태) 됨
- COM01:0 = 11일 경우 OC0 출력핀이 셋 ('1' 상태) 됨
- 출력매치 인터럽트가 허용되었을 경우 출력매치 플러그 OCF0가 '1'로 셋되어 출력매치 인터럽트가 발생

카운터 값 즉 TCNT0값이 하강하는 중 OCR0값과 매치될 때 다음과 같은 것이 발생한다.

- COM01:0 = 10일 경우 OC0 출력핀이 셋('1' 상태) 됨
- COM01:0 = 11일 경우 OC0 출력핀이 클리어 ('0' 상태) 됨
- 출력매치 인터럽트가 허용되었을 경우 출력매치 플러그 OCF0가 '1'로 셋되어 출력매치 인터럽트가 발생

카운터 값이 최대값(0xFF)에 도달 시 다음과 같은 것이 발생한다.

- 출력비교 레지스터 OCR0값이 업데이트

카운터 값이 최소값(Bottom)에 도달 시 다음과 같은 것이 발생한다.

- 언더플로 인터럽트가 허용되었을 경우 TOV0가 '1'로 셋되어 언더플로 인터럽트가 발생

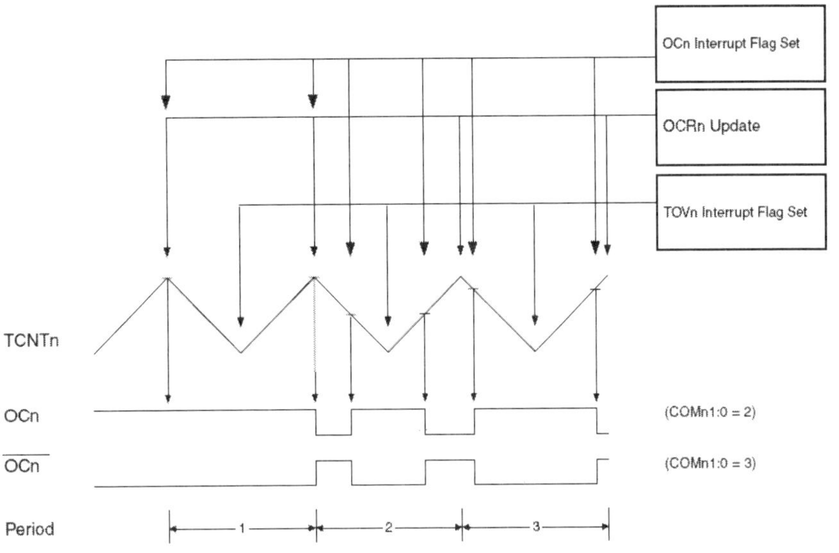

그림 11.9 | 위상보정 PWM 모드 동작

여기서 출력펄스의 주기 즉 주파수는 다음 식 (11.4)과 같이 프리 스케일러의 분주값 N의 함수이며 식 (11.3)과 비교하면 같은 클럭에서 출력펄스의 주파수가 거의 1/2정도 이다. 출력비교 레지스터 OCR0 값은 출력핀 신호의 주파수에는 영향이 없고 펄스폭 변조에 사용된다.

$$f = \frac{f_{clk\,I/O}}{N \cdot 510} \tag{11.4}$$

3) 타이머/카운터0의 레지스터

타이머/카운터0에 사용할 레지스터에 대하여 설명한다.

① **타이머/카운터0 제어 레지스터** (Timer/Counter0 Control Register : TCCR0)

비트	7	6	5	4	3	2	1	0	
	FOC0	WGM00	COM01	COM00	WGM01	CS02	CS01	CS00	**TCCR0**
R/W	R/W	R/W	R/W	R/W	R	R	R/W	R/W	
초기값	0	0	0	0	0	0	0	0	

· **Bit 7 FOCO Forced Output Compare**

이 비트가 1되면 PWM 펄스가 출력이 않됨, 이 비트가 0이면 PWM 펄스를 출력된다.

· **Bit 6,3 WGM01:0 Waveform Generator Mode**

이 2개 비트는 타이머/카운터0의 파형발생을 결정한 것이다.

표 11.1 | 타이머/카운터0의 파형발생 선택

WGMO1	WGMO0	동작모드
0	0	일반모드 (Normal mode)
0	1	위상보정 PWM 모드 (Phase Correct PWM mode)
1	0	비교매치시 타이머 클리어 모드 (CTC mode)
1	1	고속 PWM 모드 (Fast PWM mode)

· **Bit 5,4 COM01:0 Compare Output Mode**

이 2개 비트는 출력비교 핀 (OC0)의 동작을 결정한다, 그런데 파형발생기 모드에서 일반모드(Nornal mode) 또는 비교매치시 타이머 클리어 모드 (CTC mode)는 출력비교 핀 (OC0)에 PWM 펄스가 출력되지 않으므로 NON-PWM 모드라고 한다. 그리고 고속 PWM 모드 (Fast PWM mode) 또는 위상보정 PWM 모드 (Phase Correct PWM mode)는 출력비교 핀 (OC0)에 PWM 펄스가 출력되므로 PWM 모드라고 한다. 따라서 NON-PWM 모드와 고속 PWM 모드 (Fast PWM mode) 또는 위상보정 PWM 모드 (Phase Correct PWM mode)에 따라 출력비교 핀 (OC0)의 동작이 다르다.

[표 11.2]는 NON-PWM 모드에서 비교출력모드를 나타낸 것이다.

표 11.2 | NON-PWM모드에서 비교출력모드

COM01	COM00	OC0 출력핀의 신호
0	0	Normal mode : 출력핀 OC0가 연결 안됨 (출력없음)
0	1	업/다운-카운팅 중에 비교 매치되면 출력 토글
1	0	비교 매치 시 OC0 = 0
1	1	비교 매치 시 OC0 = 1

고속 PWM 모드에서 비교출력모드는 [표 11.3]과 같다.

표 11.3 | 고속 PWM모드에서 비교출력모드

COM01	COM00	OC0 출력핀의 신호
0	0	Normal mode : 출력핀 OC0가 연결 안됨 (출력없음)
0	1	Reserved
1	0	비교 매치 시 OC0 = 0 , TOP에서 OC0 = 1
1	1	비교 매치 시 OC0 = 1 , TOP에서 OC0 = 0

위상보정 PWM 모드에서 비교출력모드는 [표 11.4]과 같다.

표 11.4 | 위상보정 PWM 모드에서 비교출력모드

COM01	COM00	OC0 출력핀의 신호
0	0	Normal mode : 출력핀 OC0가 연결 안됨 (출력없음)
0	1	Reserved
1	0	업-카운팅에서 비교 매치 시 OC0 = 0 다운-카운팅에서 비교 매치 시 OC0 = 1
1	1	업-카운팅에서 비교 매치 시 OC0 = 1 다운-카운팅에서 비교 매치 시 OC0 = 0

· **Bit 2, 1, 0　　CS02, CS01, CS00　　CLK Select**

CS02, CS01, CS00에 따라 타이머/카운터0의 클럭(TCLK0)을 선택하게 된다.

표 11.5 | 타이머/카운터0의 클럭 선택표

CS02	CS01	CS00	설 명
0	0	0	사용안함
0	0	1	CLK
0	1	0	CLK/8
0	1	1	CLK/32
1	0	0	CLK/64
1	0	1	CLK/128
1	1	0	CLK/256
1	1	1	CLK/1024

② **타이머/카운터0 레지스터**(Timer/Counter0 : TCNT0)

비트	7	6	5	4	3	2	1	0	
	MSB							LSB	**TCNT0**
읽기/쓰기	R/W	R/W	R/W	R/W	R/W	R/W	R/W	R/W	
초기값	0	0	0	0	0	0	0	0	

타이머/카운터0 카운트 레지스터는 클럭을 업-또는 다운- 카운팅 하도록 되어 있다. 만약, 타이머/카운터0에 어떠한 값이 기록되고, 클럭소스가 존재하면, 타이머/카운터0은 쓰기 동작에 뒤이어 타이머 클럭 싸이클 안에 카운팅작업을 수행하게 된다.

③ **출력비교 레지스터**(Output Compare Register : OCR0)

비트	7	6	5	4	3	2	1	0	
	MSB							LSB	**OCR0**
읽기/쓰기	R/W	R/W	R/W	R/W	R/W	R/W	R/W	R/W	
초기값	0	0	0	0	0	0	0	0	

타이머/카운터0와 비교하기 위한 8비트 값을 저장한 레지스터이다. 미리 기록된 OCR0의 값을 기준으로 TCNT0의 값이 작은 상태에서 커지거나, 큰 상태에서 작게 되면 비교 매치가 일어나게 되어, 타이머/카운터0 제어 레지스터 TCCR0의 COM00, COM01비트를 설정한 상황에 따라 출력비교 핀인 OC0에 파형이 출력된다.

4) 타이머/카운터2의 레지스터

타이머/카운터2에서 사용하는 레지스터 각 비트기능은 타이머/카운터0에서 사용하는 레지스터의 각 비트기능과 동일하므로, 이 절에서는 타이머/카운터2에서 사용하는 레지스터만 설명한다.

① **타이머/카운터2 제어 레지스터** (Timer/Counter2 Control Register : TCCR2)

비트	7	6	5	4	3	2	1	0	
	FOC2	WGM20	COM21	COM20	WGM21	CS22	CS21	CS20	**TCCR2**
R/W	R/W	R/W	R/W	R/W	R	R	R/W	R/W	
초기값	0	0	0	0	0	0	0	0	

② **타이머/카운터2 레지스터**(Timer/Counter2 : TCNT2)

비트	7	6	5	4	3	2	1	0	
	MSB							LSB	**TCNT2**
읽기/쓰기	R/W	R/W	R/W	R/W	R/W	R/W	R/W	R/W	
초기값	0	0	0	0	0	0	0	0	

③ **출력비교 레지스터**(Output Compare Register : OCR2)

비트	7	6	5	4	3	2	1	0	
	MSB							LSB	**OCR2**
읽기/쓰기	R/W	R/W	R/W	R/W	R/W	R/W	R/W	R/W	
초기값	0	0	0	0	0	0	0	0	

2. 16비트 타이머/카운터 (타이머/카운터1 & 타이머/카운터3)

ATmega128은 2개의 16비트 타이머/카운터 (타이머/카운터1 & 타이머/카운터3)를 가지고 있으며 주요 특성은 다음과 같다.

- 16비트 UP/DOWN 카운터
- 프리스케일링 된 클럭 - (CLK, CLK/8, CLK/64, CLK/256, CLK/1024, 외부 T1)
- 3개 독립적인 비교 출력(Compare Output)기능이 있음
- 2개 입력 캡쳐 기능
- 3개의 16비트 PWM 출력기능 OC1A, OC1B, OC1C
- 10개의 인터럽트 발생 가능 - 타이머/카운터1 & 3 입력 캡쳐 인터럽트
  - 타이머/카운터1A & 3A 비교 매치 인터럽트
  - 타이머/카운터1B & 3B 비교 매치 인터럽트
  - 타이머/카운터1C & 3C 비교 매치 인터럽트
  - 타이머/카운터1 & 3 오버플로 인터럽트

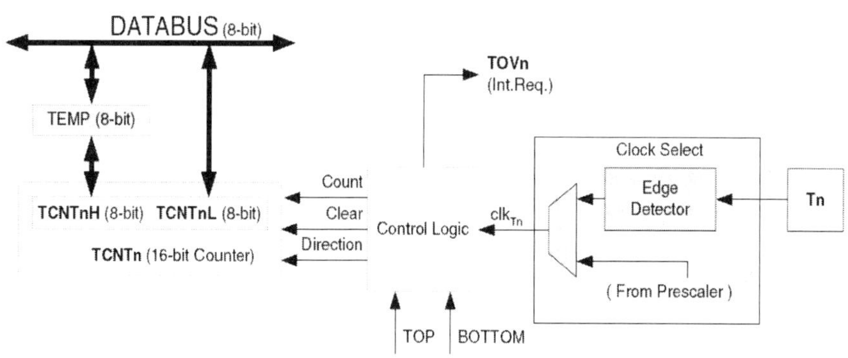

그림 11.10 | 카운터/타이머1 & 3의 블럭도

1) 타이머/카운터의 클럭 소스 및 프리 스케일러

먼저 타이머/카운터1의 클럭소스는 MCU의 클럭인 내부 클럭 또는 외부 클럭을 사용할 수 있으며 클럭 선택비트 (CSn2:0)에 의한 선택된다. 타이머/카운터 클럭을 입력시키지 않거나 또는 주파수를 변화시키기 위하여 타이머/카운터0과 같이 10-비트 프리 스케일러 (Prescaler)를 사용한다. 3개 비트 CS00, CS01, CS02에 따라 타이머/카운터0의 클럭을 입력시킨 않거나, MCS 클럭을 바로 사용 또는 MCS 클럭을 1/8, 1/64, 1/256 또는 1/1024 분주하여 하여 타이머/카운터1의 클럭 clkTn 주파수를 결정한다.

2) 출력비교기

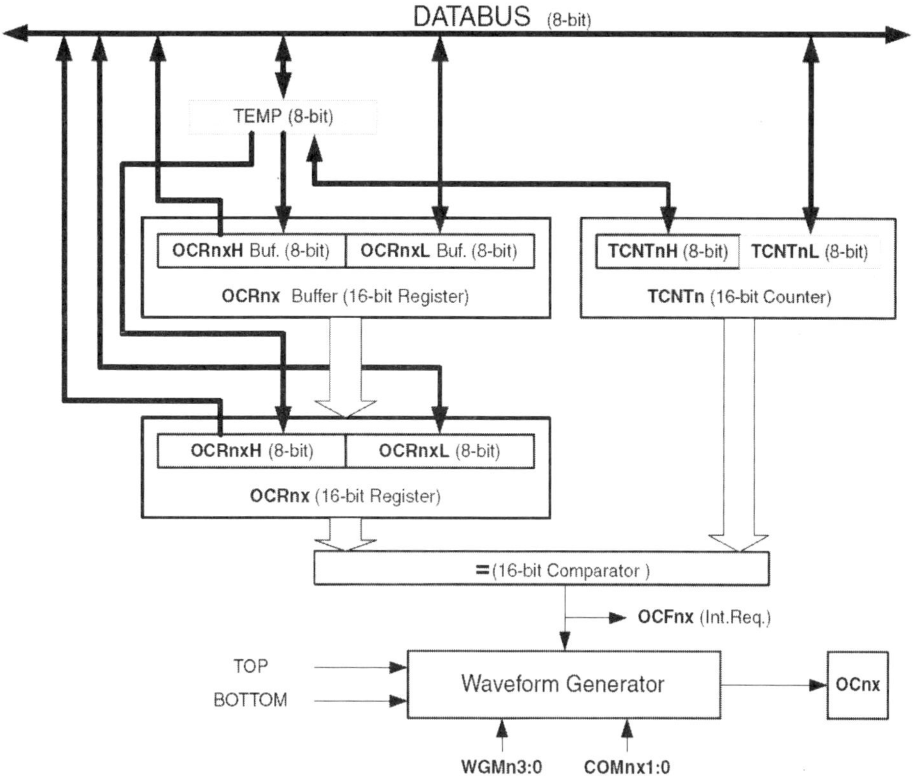

그림 11.11 | 출력비교기 블럭도

[그림 11.11]은 출력비교유닛의 블록도이다. 3개의 16-비트 출력비교 레지스터 (OCR1A, OCR1B, OCR1C)가 16-비트 타이머/카운터1 즉 TCNT1값과 계속 비교하여, TCNT1 값과 16-비트 출력비교 레지스터와 매칭되었을 때 다음과 같은 일이 발생된다.

- 출력비교 인터럽트가 허용되었을 경우, 출력비교 플러그 비트 (OCF1A, OCF1B 또는 OCF1C)가 세트되면서 출력비교 인터럽트가 발생
- 파형발생기와 3개의 출력비교 핀 비 (OC1A, OC1B 또는 OC1C)의 단자를 통하여 출력비교신호펄스가 출력

출력비교 신호는 타이머/카운터 제어 레지스터 TCCR1의 해당비트에 따라 달라짐

동작모드

타이머/카운터0의 동작과 출력비교 핀의 출력신호는 타이머/카운터1 제어 레지스터 파형발생기 모드 비트 (WGM1.3,2.1,0) 와 비교 출력 모드 비트 (COM0x.1,0)에 따라 결정된다. 동작모드는 일반모드 (Normal mode), 비교매치시 타이머 클리어 모드 (CTC mode), 고속 PWM 모드 (Fast PWM mode), 위상 보정 PWM 모드 (Phase Correct PWM mode), 위상 주파수 보정 PWM 모드 (Phase Frequency Correct PWM mode) 로 나누어 지며 각 모드별 동작을 소개한다.

① **일반모드 (Normal mode)**

일반모드는 (WGM1.3:0 = 0000)일 경우이며 [그림 11.12]와이며 [카운터1는 업카운터 (Up count운터 로 동작하여 최소값인 0x0000(0)에서 카운팅을 시작하여 16-비트 최대값인 0xFFFF (65535)에 도달하면 오버플로가 발생된다. 이때 오버플로 인터럽트 플러그 OVF1가 셋('1')되고 타이머1은 다시 최소값인 0으로 된다.

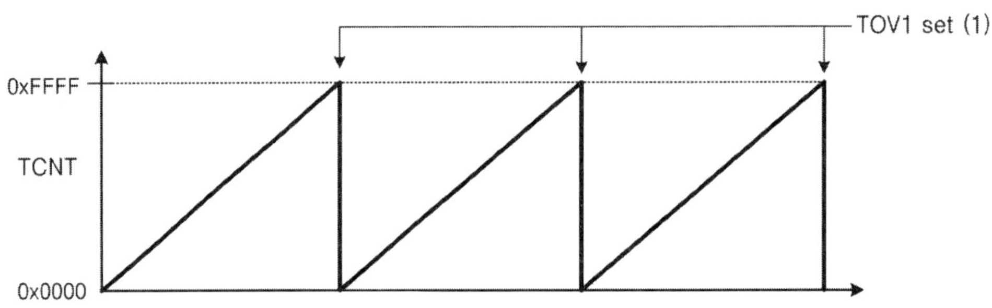

그림 11.12 | Normal mode 동작

이 일반모드에서는 출력신호가 발생되지 않으며 일반적으로 시간측정용으로 사용한다. 오버플로 인터럽트 발생주기는 다음 식과 같다.

$$T = \frac{N \cdot 65536}{f_{clk\,I/O}} \tag{11.5}$$

여기서 fclk I/O 는 MCU 클럭주파수, N은 프리 스케일러의 분주값 이다.

따라서 [그림 11.12]와 같이 프리 스케일러의 분주값 N을 (1, 8, 64, 256. 1024) 조정하여 시간을 변경할 수 있다. 타이머/카운터1의 클럭 소스를 선택하고, 필요한 경우 TCNT1에 초기값을 기록한다. TCNT1에 초기값을 기록하게 되면, TCNT1 레지스터가 65535에서 65536이 되는 순간 인터럽트가 발생하기 때문에 그 시기를 조절할 수 있다.

TCNT1에 값을 기록하지 않으면 초기값은 0이 된다. 타이머/카운터의 클럭(TCLK1)이 주어졌을 때 타이머/카운터1 오버플로 인터럽트가 발생하는 시간은 다음의 방법으로 계산한다.

$$\text{인터럽트 주기} = \frac{1}{TCLK1} \times (65535 - \text{TCNT0\_초기값} + 0x01)$$

따라서 초기값이 없는 경우 인터럽트가 걸리는 주기는 최대가 된다.

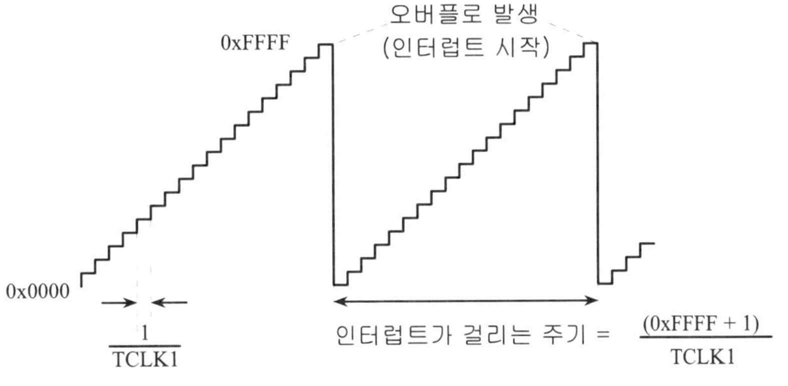

그림 11.13 | 16비트 타이머/카운터1의 오버플로 인터럽트 발생시간

초기값이 있는 경우

다음은 TCNT1에 초기값으로 인터럽트시간을 조정할 수 있다. 시스템의 클럭 CLK = 4 [MHz], TCCR1B = 0x03, TCNT1 = 0x0BDC (TCNT1H = 0x0B, TCNT1L = 0xDC)를 기록하였다면 인터럽트가 걸리는 시간은 다음과 같이 계산할 수 있다.

$$\text{인터럽트 주기} = \frac{1}{TCLK1} \times (65536 - \text{TCNT1\_초기값})$$

$$= \frac{64}{4\times 10^{6}} \times (65536 - 3036) = 1\ [sec]$$

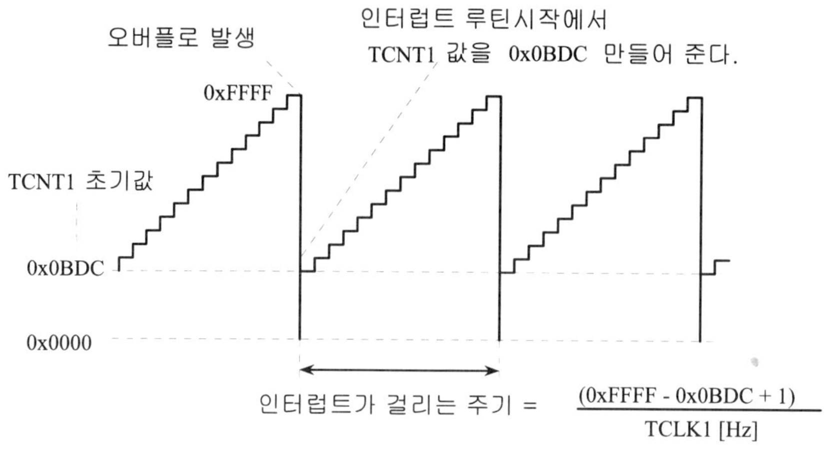

그림 11.14 | 인터럽트의 주기가 1.0 [s]인 타이머/카운터1의 계수 모습

② **비교매치시 타이머 클리어 모드** (Clear Timer on Compare Match (CTC) Mode)

이 CTC 모드는 WGM1.3:0 = 0100 또는 WGM1.3:0 = 1100일 경우이며 3개의 출력비교 레지스터 (OCR0A, OCR0B 또는 OCR0C)를 사용한다.

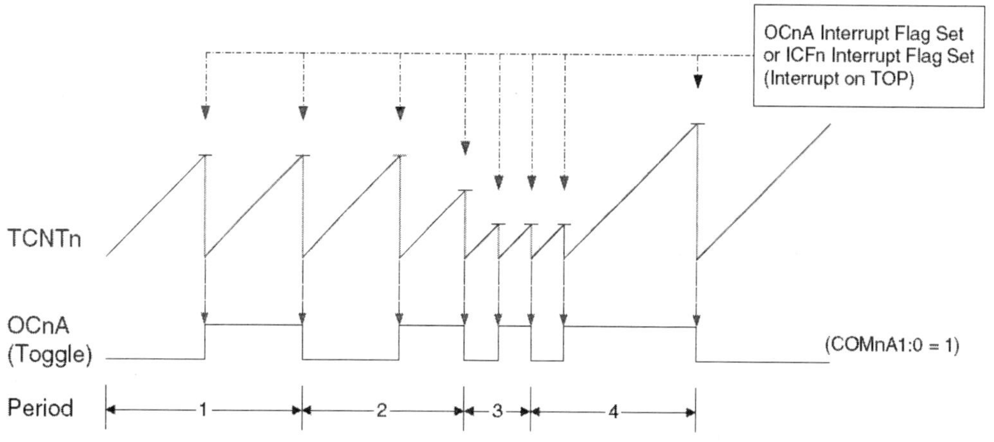

그림 11.15 | CTC 모드 동작

[그림 11.15]와 같이 타이머1 값 즉 TCNT1값이 증가되다가 OCR1A값과 매치될 때 다음과 같은 것이 발생한다.

- TCNT1값이 0으로 클리어 됨
- 출력매치 인터럽트가 허용되었을 경우 출력매치 플러그 OCF1A 가 '1'로 셋되

어 출력매치 인터럽트가 발생

- OC1A 핀으로 PWM 펄스가 출력되는데, 이 출력펄스의 형태는 COM1A 1:0 비트에 따라 달라진다. 여기서 COM1A 1:0 = 01일 경우에는 [그림 11.15]와 같이 토글모드 (Toggle mode)이다. 이 토글모드에서는 비교매치가 일어날 시 OC1A 핀 출력펄스의 상태가 반전된다, 즉 OC1A 핀 출력펄스의 상태가 '0'상태일 경우에는 '1' 상태가 되며, 출력펄스가 '1'상태일 경우에는 '0' 상태가 된다.

여기서 출력펄스의 주기 즉 주파수는 다음 식 (11.6)과 같이 프리 스케일러의 분주값 N (1, 8, 64, 256 또는 1024) 및 특히 출력비교 레지스터 OCR1A 값에 따라 변경이 된

$$f = \frac{f_{clk\,I/O}}{2 \cdot N \cdot (1 + OCR1A)} \qquad (11.6)$$

③ **고속 PWWM 모드 (Fast Pulse Width Modulation (PWM) Mode)**

이 고속 PWM 모드는 (WGM1A.3:0 = 0101, 0110, 0111, 1110 또는 1111)일 경우이다. 타이머 값이 단일 기울기를 가지며 출력비교 레지스터값으로 출력핀의 펄스폭을 변조할 수 있으므로 고속 PWM 모드라고 한다. [그림 11.16]과 같이 카운터는 최소값에서 최대값으로 상승하며, 최대값에 도달하면 다시 최소값으로 되돌아간다. 여기서 카운터1의 최대값(TOP)은 다음과 같이 선택된다.

- WGMO.3:0 = 0101일 경우 : PWM 분해능이 8-비트이고 카운터 최대값 = 0xFF
- WGMO.3:0 = 0110일 경우 : PWM 분해능이 9-비트이고 카운터 최대값 = 0x1FF
- WGMO.3:0 = 0111일 경우 : PWM 분해능이 10-비트이고 카운터 최대값 = 0x3FF
- WGMO.3:0 = 1110일 경우 : PWM 분해능이 16-비트이고 카운터 최대값 = ICR1
- WGMO.3:0 = 1111일 경우 : PWM 분해능이 16-비트이고 카운터 최대값 = OCR1A

카운터 값 즉 TCNT1값이 증가되다가 OCR1A값과 매치될 때 다음과 같은 것이 발생한다.

- COM01:0 = 10일 경우 OC1A 출력핀이 클리어(0 상태) 됨

· COM01:0 = 11일 경우 OC1A 출력핀이 셋 (1 상태) 됨
· 출력매치 인터럽트가 허용되었을 경우 출력매치 플러그 OCF1A이 '1'로 셋되어 출력매치 인터럽트가 발생

카운터 값이 최대값에 도달 시 다음과 같은 것이 발생한다.
· 오버플로 인터럽트가 허용되었을 경우 오버플로 플러그 TOV1가 '1'로 셋되어 오버플로 인터럽트가 발생
· 출력비교 레지스터 OCR1A값이 업데이트

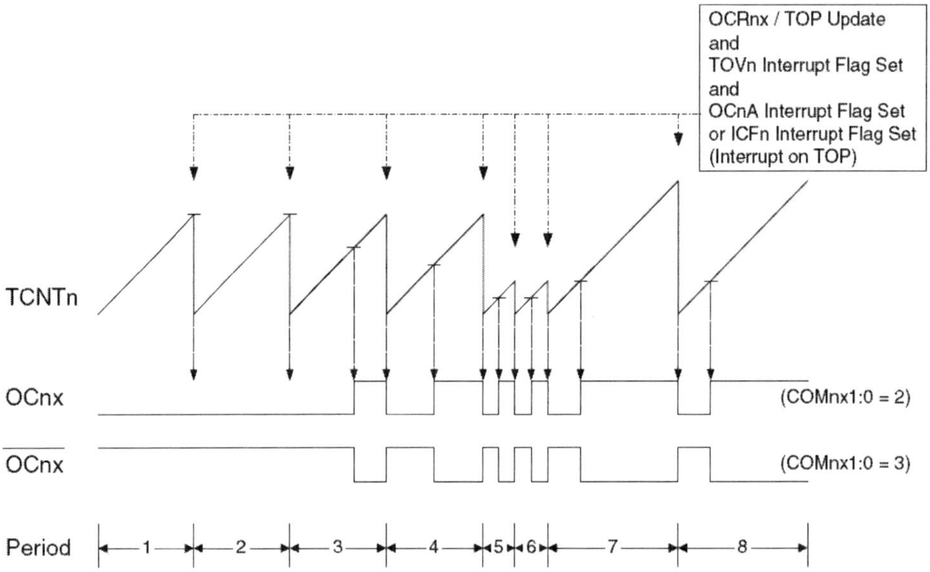

그림 11.16 | 고속 PWM 모드 동작

여기서 출력펄스의 주기 즉 주파수는 다음 식 (11.7)과 같이 카운터1의 최대값(TOP) 및 프리 스케일러의 분주값 N의 함수이다. 출력비교 레지스터 OCR1A 값은 출력핀 신호의 주파수에는 영향이 없고 펄스폭 변조에 사용된다.

$$f = \frac{f_{clkI/O}}{N \cdot (1+TOP)} \tag{11.7}$$

④ **위상 보정 PWM 모드 (Phase Correct PWM mode)**

위상 보정 PWM 모드는 (WGM1.3:0 = 0001, 0010, 0011, 1010 또는 1011)일 경우

이다. 타이머 값이 단일 기울기를 가지는 고속 PWM모드와 달리 이중 기울기를 가지며 출력비교 레지스터값으로 출력핀의 펄스 폭을 변조할 수 있으므로 위상 보정 PWM 모드라고 한다. [그림 11.17]와 같이 카운터는 최소값에서 업-카운팅하여 상승하여서 최대값 (TOP) 에 도달하면 다운-카운팅 하면서 최소값으로 감소되므로, TCNT1는 업-다운 카운터로 동작한다. 이중 기울기 PWM모드는 단일 기울기 PWM모드보다 최대 동작주파수가 낮지만 PWM펄스가 대칭이 되므로 전동기제어에 많이 사용되고 있다. 여기서 카운터1의 최대값(TOP)은 다음과 같이 선택된다.

- WGMO.3:0 = 0001일 경우 : PWM 분해능이 8-비트이고 카운터 최대값 = 0xFF
- WGMO.3:0 = 0010일 경우 : PWM 분해능이 9-비트이고 카운터 최대값 = 0x1FF
- WGMO.3:0 = 0011일 경우 : PWM 분해능이 10-비트이고 카운터 최대값 = 0x3FF
- WGMO.3:0 = 1010일 경우 : PWM 분해능이 16-비트이고 카운터 최대값 = ICR1
- WGMO.3:0 = 1011일 경우 : PWM 분해능이 16-비트이고 카운터 최대값 = OCR1x

(x = A, B 또는 C)

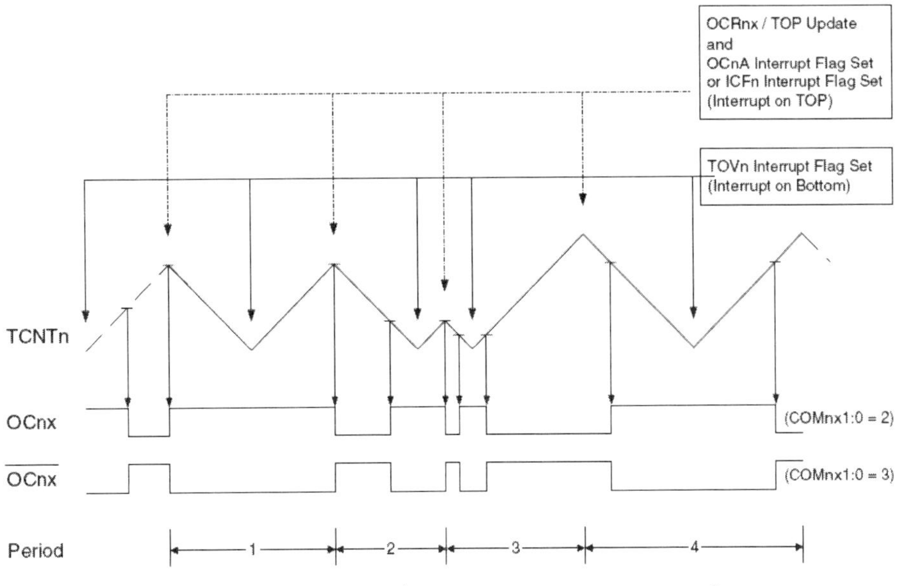

그림 11.17 | 위상보정 PWM 모드 동작

위와 같이 WGM1,O:3 비트에 따라 카운터의 최대값이 다르며 최대값은 최대 0xFFFF까지 조정할 수 있다. 일반적으로 ICR1 으로 카운터 최대값을 선택하고 OCR1x는 펄스폭 변조에 사용한다.

카운터 값 즉 TCNT1값이 상승하는 중 OCR1x값과 매치될 때 다음과 같은 것이 발생한다.

- COM1x, 1:0 = 10일 경우 OC1x 출력핀이 클리어('0' 상태) 됨
- COM1x, 1:0 = 11일 경우 OC1x 출력핀이 셋 ('1' 상태) 됨
- 출력매치 인터럽트가 허용되었을 경우 출력매치 플러그 OCF1x가 '1'로 셋되어 출력매치 인터럽트가 발생

카운터 값 즉 TCNT1값이 하강하는 중 OCR1x값과 매치될 때 다음과 같은 것이 발생한다.

- COM1x:1:0 = 10일 경우 OC1x 출력핀이 셋('1' 상태) 됨
- COM1x:1:0 = 11일 경우 OC1x 출력핀이 클리어 ('0' 상태) 됨
- 출력매치 인터럽트가 허용되었을 경우 출력매치 플러그 OCF1x가 '1'로 셋되어 출력매치 인터럽트가 발생

카운터 값이 최대값(TOP)에 도달 시 다음과 같은 것이 발생한다.

- 출력비교 레지스터 OCR1x과 TOP 값이 업데이트

카운터 값이 최소값(Bottom)에 도달 시 다음과 같은 것이 발생한다.

- 언더플로 인터럽트가 허용되었을 경우 TOV1가 '1'로 셋되어 언더플로 인터럽트가 발생

여기서 출력펄스의 주기 즉 주파수는 다음 식 (11.8)과 같이 프리 스케일러의 분주값 N의 함수이며 식 (11.7)과 비교하면 같은 클럭에서 출력펄스의 주파수가 거의 1/2정도 이다. 출력비교 레지스터 OCR1x 값은 출력핀 신호의 주파수에는 영향이 없고 펄스폭 변조에 사용된다.

$$f = \frac{f_{clk\,I/O}}{2 \cdot TOP \cdot N} \tag{11.8}$$

⑤ **위상 주파수 보정 PWM 모드 (Phase Frequency Correct PWM mode)**

위상 및 주파수 보정 PWM 모드는 (WGM1.3:0 = 1000 또는 1001)일 경우이다. 이 모두는 주파수 및 위상의 정밀도를 높일 수 있다. 이 모드 역시 이중 기울기를 가지며 출력비교 레지스터값으로 출력핀의 펄스 폭을 변조할 수 있다. [그림 11.18]과 같이 카운터는 최소값에서 업-카운팅하여 상승하여서 최대값 (TOP) 에 도달하면 다운-카운팅 하면서 최소값으로 감소되므로, TCNT1는 업-다운 카운터로 동작한다. 이중 기울기 PWM모드는 단일 기울기 PWM모드보다 최대 동작주파수가 낮지만 PWM펄스가 대칭이 되므로 전동기제어에 많이 사용되고 있다.

위상보정 PWM 모드와 차이점은 출력비교 레지스터 OCR1x을 업데이터하는 시점이다. 위상보정 PWM 모드는 [그림 11.17]과 같이 TCNT1 값이 TOP일 때 OCR1x의 값이 업데이터하는데 위상주파수 보정 PWM 모드는 TCNT1 값이 Bottom일 때 업데이터한다.

또한 WGM1.3:0 = 1000일 경우에는 카운터의 TOP값이 ICR1이 되며, WGM1.3:0 = 1001일 경우에는 카운터의 TOP값이 출력비교 레지스터값 즉 OCR1x (x = A, B 또는 C) 값이 된다. 일반적으로 ICR1 으로 카운터 최대값을 선택하고 OCR1x는 펄스폭 변조에 사용한다.

카운터 값 즉 TCNT1값이 상승하는 중 OCR1x값과 매치될 때 다음과 같은 것이 발생한다.

- COM1x, 1:0 = 10일 경우 OC1x 출력핀이 클리어(‘0’상태) 됨
- COM1x, 1:0 = 11일 경우 OC1x 출력핀이 셋 (‘1’상태) 됨
- 출력매치 인터럽트가 허용되었을 경우 출력매치 플러그 OCF1x가 1’로 셋되어 출력매치 인터럽트가 발생

카운터 값 즉 TCNT1값이 하강하는 중 OCR1x값과 매치될 때 다음과 같은 것이 발생한다.

- COM1x:1:0 = 10일 경우 OC1x 출력핀이 셋(‘1’상태) 됨
- COM1x:1:0 = 11일 경우 OC1x 출력핀이 클리어 (‘0’상태) 됨
- 출력매치 인터럽트가 허용되었을 경우 출력매치 플러그 OCF1x가 ‘1’로 셋되어 출력매치 인터럽트가 발생

카운터 값이 최대값(TOP)에 도달 시 다음과 같은 것이 발생한다.

· OC1A 인터럽트 플러그 또는 ICF1 인터럽트 플러그가 ‘1’로 셋

카운터 값이 최소값(Bottom)에 도달 시 다음과 같은 것이 발생한다.

· 언더플로 인터럽트가 허용되었을 경우 TOV1가 ‘1’로 셋되어 언더플로 인터럽트가 발생
· 출력비교 레지스터 OCR1x과 TOP 값이 업데이트

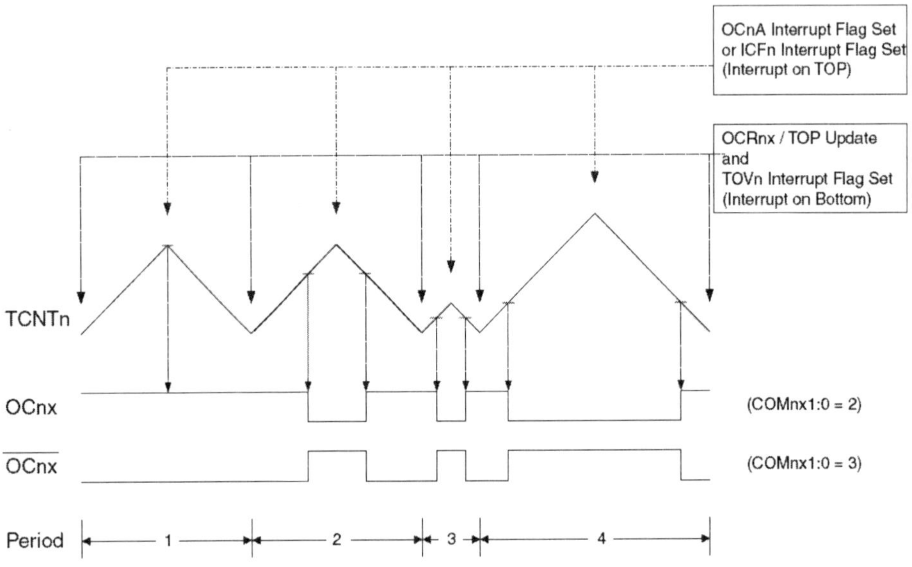

그림 11.18 | 위상 주파수 보정 PWM 모드 동작

여기서 위상 주파수 보정 PWM모드에서 출력펄스의 주파수 식은 위상 보정 PWM모드에서 출력펄스의 주파수 식 (11.8)과 같다.

3) 입력 캡쳐 (Input Capture)

입력 캡쳐 기능은 [그림 11.19]와 같이 입력 캡쳐 핀 ICP에 설정된 클럭(상승 에지 혹은 하강 에지)이 입력 또는 아날로그 비교기에서 입력(타이머/카운터1만 사용, 타이머/카운터3는 사용 못함) 되면, 현재 카운팅 중인 타이머/카운터1 레지스터 TCNT1(TCNT1H, TCNT1L)의 값을 입력 캡쳐 레지스터 ICR1(ICR1H, ICR1L)에 전송하고 인터럽트를 요청한다. 이 때 타이머/카운터1은 프리러닝 동작 즉 카운팅 동작을 계속하고 있다.

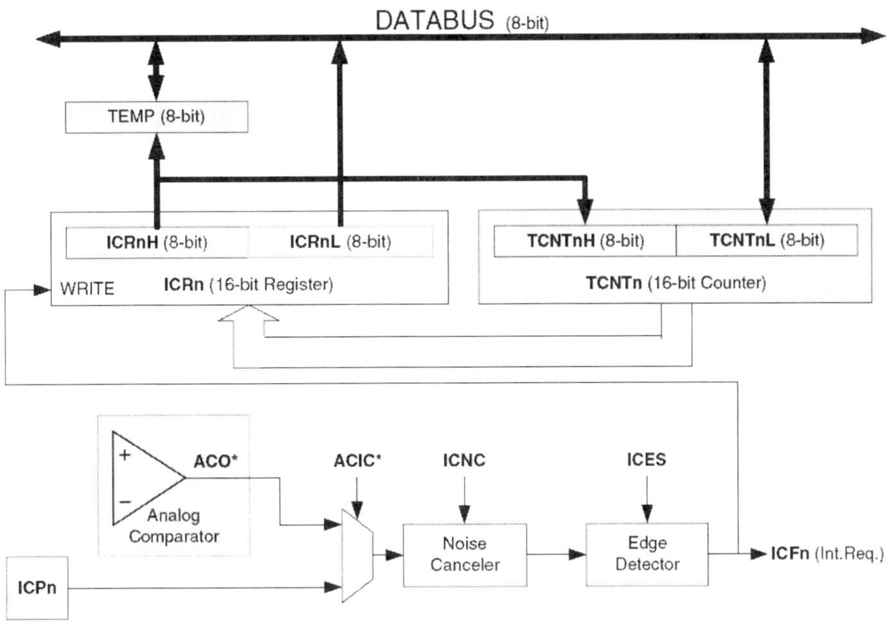

그림 11.19 | 입력캡쳐 유닛 블록도

다음으로 입력 캡쳐 핀의 입력 신호를 상승 에지와 하강 에지 중에서 선택하여 인터럽트를 발생하기 위하여 TCCR1B (TCCR3B) 에서 6번 비트 ICES (Input Capture Edge Select) 를 0/1(하강/상승) 중 선택한다.

만약 입력 캡쳐 핀으로 입력되는 신호가 노이즈를 포함할 경우에 노이즈에 영향을 줄이기 위하여 TCCR1B (TCCR3B) 의 7번 비트 ICNC (Input Capture Noise Canceller) 를 이용하면 된다. 즉, ICNC1 (ICNC3)가 ‘0’인 경우 입력 펄스의 형태에 관계없이 첫 번째 하강/상승 에지에서 인터럽트가 요청되고, ICNC1 (ICNC3)이 ‘1’인 경우 첫 번째 에지가 발생하는 순간 4개의 CLK동안의 다른 에지는 무시하게 된다. [그림 11.20(a)]와 같이 외부회로에 버튼이 접속시키고 인터럽트를 요청하기 위하여 버튼을 누를 경우 ICP 핀으로 입력되는 펄스는 [그림 11.20(b)]와 같은 바운스(bounce) 현상에 의해 노이즈와 함께 입력된다. ICNC1 (ICN3)가 ‘1’인 경우 여러 개의 에지가 실제 발생하지만 4개의 CLK 동안 나머지는 무시하고 첫 번째 에지로 동작시키기 위하여 선택한다.

비트	7	6	5	4	3	2	1	0	
	ICNC1	**ICES1**	-	WGM13	WGM12	CS12	CS11	CS10	**TCCR1B**
설정값	**1/0**	**1/0**	0	0	0	0	0	0	

비트	7	6	5	4	3	2	1	0	
	ICNC3	**ICES3**	-	WGM33	WGM32	CS32	CS31	CS30	**TCCR3B**
설정값	**1/0**	**1/0**	0	0	0	0	0	0	

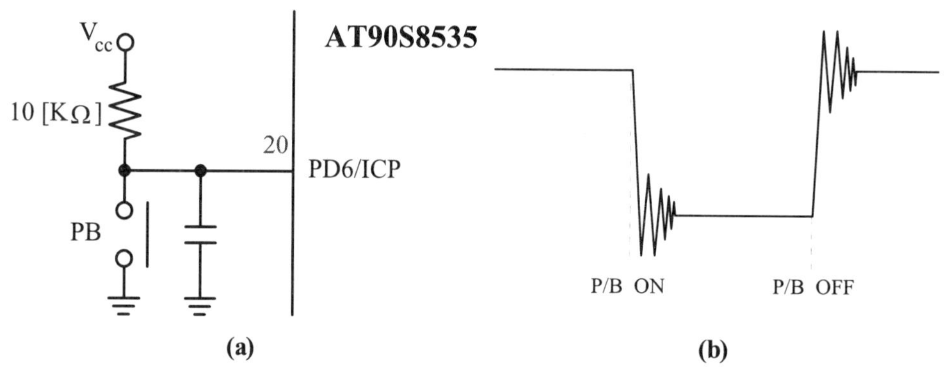

그림 11.20 | 외부 버튼 회로도와 입력되는 신호의 형태 :
(a) ICP 신호입력회로, (b) 노이즈있는 펄스가 입력되는 형태

이 입력캡처 인터럽트를 사용하기 위해서는 타이머/카운터1인 경우에는 TIMSK의 5번 비트 (TICIE1)를 1'로 MASK 시켜야 하며, 타이머/카운터3인 경우에는 ETIMSK의 5번 비트 (TICIE3)를 '1'로 MASK 시켜야 한다.

비트	7	6	5	4	3	2	1	0	
	OCIE2	TOIE2	**TICIE1**	OCIE1A	OCIE1B	TOIE1	OC1E0	TOIE0	**TIMSK**
설정값	0	0	**1**	0	0	0	0	0	= 0x20

비트	7	6	5	4	3	2	1	0	
	-	-	**TICIE3**	OCIE3A	OCIE3B	TOIE3	OCIE3C	OCIE1C	**ETIMSK**
설정값	0	0	**1**	0	0	0	0	0	= 0x20

4) 타이머/카운터1 & 타이머/카운터3 레지스터

16-비트 타이머/카운터1과 타이머/카운터3에 관련 레지스터에 대하여 설명한다.

① 타이머/카운터1 제어 레지스터 A (T/C1 Control Register A : TCCR1A) & 타이머/카운터3 제어 레지스터 A (T/C3 Control Register A : TCCR3A)

비트	7	6	5	4	3	2	1	0	
	COM1A1	COM1A0	COM1B1	COM1B0	COM1A1	COM1A0	WGM11	WGM10	**TCCR1A**
읽기/쓰기	R/W	R/W	R/W	R/W	R	R	R/W	R/W	
초기값	0	0	0	0	0	0	0	0	

비트	7	6	5	4	3	2	1	0	
	COM3A1	COM3A0	COM3B1	COM3B0	COM3A1	COM3A0	WGM31	WGM30	**TCCR3A**
읽기/쓰기	R/W	R/W	R/W	R/W	R	R	R/W	R/W	
초기값	0	0	0	0	0	0	0	0	

- Bit **7, 6** **COMnA1, COMnA0** **Compare Output Mode for Channel A**
- Bit **5, 4** **COMnB1, COMnB0** **Compare Output Mode for Channel B**
- Bit **3, 2** **COMnC1, COMnC0** **Compare Output Mode for Channel C**

여기서 n = 1 또는 3이다.

COMnA1/COMnB1/COMnC1, COMnA0/COMnB0/COMnC0 등 두 비트들은 타이머/카운터1 (또는 타이머/카운터3)의 비교매치에 따른 어떠한 출력핀 실행을 결정하는 비트이다. 출력은 OCnA/OCnB/OCnC 핀을 통하여 이루어진다. 그런데 이 핀에서 출력되는 펄스형태는 WGMn3:0비트의 파형발생기 모드에 따라 결정된다. 이 모드는 비교매치 시 타이머 클리어 모드 (CTC mode) 즉 NON-PWM 모드, 고속 PWM 모드 (Fast PWM mode), 위상 보정 PWM 모드 (Phase Correct PWM mode), 위상 주파수 보정 PWM 모드 (Phase Frequency Correct PWM mode) 로 나누어진다. 각 동작모드별 비교출력모드에 대한 출력 핀의 동작을 다음 표에서 보인다.

[표 11.6]에서는 NON-PWM모드에서 비교출력모드에 대한 출력 핀의 동작을 보인 것이다.

표 11.6 | NON-PWM모드에서 비교출력모드

COMnA1 COMnB1 COMnC1	COMnA0 COMnB0 COMnC0	OCnA/OCnB/OCnC 출력핀의 신호
0	0	Normal mode : 출력핀 OCnA/OCnB/OCnC가 출력없음
0	1	비교 매치되면 OCnA/OCnB/OCnC 토글
1	0	비교 매치 시 OCnA/OCnB/OCnC = 0
1	1	비교 매치 시 OCnA/OCnB/OCnC = 1

[표 11.7]에서는 고속 PWM 모드 (Fast PWM Mode)에서 비교출력모드에 대한 출력 핀의 동작을 보인 것이다.

표 11.7 | 고속 PWM모드에서 비교출력모드

COMnA1 COMnB1 COMnC1	COMnA0 COMnB0 COMnC0	OCnA/OCnB/OCnC 출력핀의 신호
0	0	Normal mode : 출력핀 OCnA/OCnB/OCnC가 출력없음
0	1	WGMn,3:0 = 0000 : OCnA/OCnB/OCnC가 출력없음 WGMn,3:0 = 0001 : OCnA은 비교매치 시 토글, OCnB/OCnC핀은 출력없음
1	0	비교 매치 시 OCnA/OCnB/OCnC = 0 TOP에서 OCnA/OCnB/OCnC = 1
1	1	비교 매치 시 OCnA/OCnB/OCnC = 1 TOP에서 OCnA/OCnB/OCnC = 0

위상보정 PWM 모드 (Phase Correct PWM Mode)와 위상 주파수 보정 PWM 모드 (Phase Frequency Correct PWM Mode)에서 비교출력모드는 [표 11.8]과 같다.

표 11.8 | 위상보정 PWM 모드와 위상 주파수 보정 PWM모드에서 비교출력모드

COMnA1 COMnB1 COMnC1	COMnA0 COMnB0 COMnC0	OCnA/OCnB/OCnC 출력핀의 신호
0	0	Normal mode : 출력핀 OCnA/OCnB/OCnC가 출력없음
0	1	WGMn,3:0 = 0000 : OCnA/OCnB/OCnC가 출력없음 WGMn,3:0 = 0001 : OCnA은 비교매치 시 토글, OCnB/OCnC핀은 출력없음
1	0	업-카운팅 중에 비교 매치 시 OCnA/OCnB/OCnC = 0 다운-카운팅 중에 비교 매치 시 OCnA/OCnB/OCnC = 1
1	1	업-카운팅 중에 비교 매치 시 OCnA/OCnB/OCnC = 1 다운-카운팅 중에 비교 매치 시 OCnA/OCnB/OCnC = 0

② **타이머/카운터1 제어 레지스터 B** (Timer/Counter1 Control Register : TCCR1B) & **타이머/카운터3 제어 레지스터 B** (Timer/Counter3 Control Register : TCCR3B)

비트	7	6	5	4	3	2	1	0	
	ICNC1	ICES1	–	WGM13	WGM12	CS12	CS11	CS10	TCCR1B
읽기/쓰기	R/W	R/W	R	R	R/W	R/W	R/W	R/W	
초기값	0	0	0	0	0	0	0	0	

비트	7	6	5	4	3	2	1	0	
	ICNC3	ICES3	–	WGM33	WGM32	CS32	CS31	CS30	TCCR3B
읽기/쓰기	R/W	R/W	R	R	R/W	R/W	R/W	R/W	
초기값	0	0	0	0	0	0	0	0	

[표 11.9]는 TCCR1A의 1,2비트와 TCCR1B의 3, 4 비트로 구성된 WGMn3:0비트에 대한 파형발생기 모드와 타이머/카운터1의 TOP을 표시한 것이다. 앞에서 언급한바와 같이 파형발생기 모드는 일반모드 (Normal mode), 타이머 클리어 모드 (CTC mode), 고속 PWM 모드 (Fast PWM mode), 위상 보정 PWM 모드 (Phase Correct PWM mode), 위상 주파수 보정 PWM 모드 (Phase Frequency Correct PWM mode)등으로 구성되며 타이머/카운터1의 TOP값은 8-비트, 9-비트, 10-비트, 16-비트 또는 레지스터 값 즉 OCR1A, ICR1 등으로 결정된다.

표 11.9 | 파형발생기모드 비트 설명

Mode	WGM13	WGM12 (CTC1)	WGM11 (PWM11)	WGM10 (PWM10)	타이머/카운터 동작모드	TOP
0	0	0	0	0	일반모드	0xFFFF
1	0	0	0	1	위상보정 PWM모드 (8-bit)	0x00FF
2	0	0	1	0	위상보정모드 PWM모드(9-bit)	0x01FF
3	0	0	1	1	위상보정모드 PWM모드(10-bit)	0x03FF
4	0	1	0	0	타이머 클리어 모드 (CTC)	OCR1A
5	0	1	0	1	고속 PWM 모드 (8-bit)	0x00FF
6	0	1	1	0	고속 PWM 모드 (9-bit)	0x01FF
7	0	1	1	1	고속 PWM 모드 (10-bit)	0x03FF
8	1	0	0	0	위상 주파수 보정 모드	ICR1
9	1	0	0	1	위상 주파수 보정 모드	OCR1A
10	1	0	1	0	위상보정 PWM 모드	ICR1
11	1	0	1	1	위상보정 PWM 모드	OCR1A
12	1	1	0	0	타이머 클리어 모드 (CTC)	ICR1
13	1	1	0	1	(Reserved)	
14	1	1	1	0	고속 PWM 모드	ICR1
15	1	1	1	1	고속 PWM 모드	OCR1A

- **Bit 7 ICNC1 Input Capture1 Noise Canceller**

ICNC1은 입력 캡쳐 노이즈 제거를 선택하는 비트이다. 이 비트가 '0'일 때 노이즈 제거 기능 사용하지 않고 첫 번째 상승/하강 에지에서 캡쳐 동작하고, '1'일 때 CLK가 4회 이상 동안 샘플링 조건이 인식되면 캡쳐 동작을 한다.

- **Bit 6 ICES1 Input Capture1 Edge Select**

ICES1은 입력 캡쳐 에지를 선택하는 비트이다. 이 비트가 '0'이면 CPU의 ICP 핀 입력되는 클럭 신호의 하강 에지에서 계수하고,'1'이면 CPU의 ICP 핀 입력되는 클럭 신호의 상승 에지에서 계수한다. 인터럽트가 발생되면 타이머/카운터1 레지스터(TCNT1H, TCNT1L)에 있는 값이 타이머/카운터1 입력 캡쳐 레지스터(ICR1H, ICR1L)로 전송된다.

• **Bit 5　　Res　　Reserved Bits**

이 비트는 항상 0으로 읽혀진다.

• **Bit 4　　CTC1　　Clear Timer/Counter1 on Compare Match**

CTC1은 비교 매치상의 타이머/카운터1의 값(TCNT1H, TCNT1L)을 클리어 시키는 비트이고 PWM 모드에서는 영향이 없다. 이 비트가 '0'이면 타이머/카운터1은 카운트를 계속하고 비교 매치에 영향을 받지 않고, '1'이면 타이머/카운터1은 비교 매치 후에 클럭 싸이클 안에 0x0000으로 클리어 된다.

• **Bit 3,2,1　　CS12, CS11, CS10　　CLK Select**

CS12, CS11, CS10에 따라 타이머/카운터1의 클럭(TCLK1)을 선택하게 된다.

표 11.10 | 타이머/카운터1의 클럭 선택

CS12	CS11	CS10	설 명
0	0	0	사용안함
0	0	1	CLK
0	1	0	CLK/8
0	1	1	CLK/64
1	0	0	CLK/256
1	0	1	CLK/1024
1	1	0	외부클럭 T1의 하강 에지
1	1	1	외부클럭 T1의 상승 에지

여기서 타이머/카운터3 제어 레지스터 B (Timer/Counter3 Control Register : TCCR3B)의 각 비트의 설명은 타이머/카운터1에서 타이머/카운터3으로 바꾸면 타

이머/카운터1 제어 레지스터 B (TCCR3B)에서 동일하다.

③ **타이머/카운터1 카운팅 레지스터** (Timer/Counter1 : TCNT1H, TCNT1L)
& 타이머/카운터3 카운팅 레지스터 (Timer/Counter3 : TCNT3H, TCNT3L)

비트	15	14	13	12	11	10	9	8	
	MSB								**TCNT1H**
								LSB	**TCNT1L**
비트	7	6	5	4	3	2	1	0	
읽기/쓰기	R/W	R/W	R/W	R/W	R/W	R/W	R/W	R/W	
초기값	0	0	0	0	0	0	0	0	

비트	15	14	13	12	11	10	9	8	
	MSB								**TCNT3H**
								LSB	**TCNT3L**
비트	7	6	5	4	3	2	1	0	
읽기/쓰기	R/W	R/W	R/W	R/W	R/W	R/W	R/W	R/W	
초기값	0	0	0	0	0	0	0	0	

타이머/카운터1은 16비트 레지스터이므로 상위 8비트 레지스터(TCNT1H)와 하위 8비트 레지스터(TCNT1L)로 구성된다. 16비트 타이머/카운터이기 때문에 8비트 타이머/카운터보다 훨씬 많은 값을 계수할 수 있다. 기록 동작에서 상위 8비트 레지스터(TCNT1H)를 써넣을 때 데이터가 임시 레지스터에 잠시 저장되었다가 하위 8비트 레지스터(TCNT1L)를 쓸 때 함께 타이머/카운터에 기록된다. 따라서 16비트 값을 쓰기 위해서는 상위 8비트를 먼저 기록하고 난 후에 하위 8비트를 기록한다.

읽기 동작에서 하위 8비트 레지스터(TCNT1L)를 읽을 때, 상위 8비트 레지스터의 값(TCNT1H)은 임시 레지스터에 저장되었다가 하위 값을 읽은 후에 상위 값을 읽게 된다. 즉, 하위 8비트를 먼저 읽고 상위 8비트를 나중에 읽어야 한다.

타이머/카운터3도 역시 16비트 레지스터이므로 상위 8비트 레지스터(TCNT3H)와 하위 8비트 레지스터(TCNT3L)로 구성되고 동작은 타이머/카운터1과 동일하다.

④ **타이머/카운터1 & 3의 출력 비교 레지스터**

타이머/카운터1과 타이머/카운터3에 각각 3개의 16비트 출력비교 레지스터가 있다.

타이머/카운터1 출력 비교 레지스터 1A
(Timer/Counter1 Output Compare Register 1A : OCR1A)

타이머/카운터1의 카운팅 레지스터 TCNT1 (TCNT1H, TCNT1L)과 타이머/카운터1 출력 비교 레지스터 OCR1A(OCR1AH, OCR1AL)의 두 값이 일치될 때 매치가 발생된다. TCNT1은 클럭이 들어올 때마다 값을 카운터하고, OCR1A는 기준값으로 생각해도 무방하다. 즉, 미리 기록된 OCR1A의 값을 기준으로 TCNT1의 값이 비교 매치가 일어나게 되어, 타이머/카운터1 제어 레지스터 TCCR1A와 TCCR1B의 비트에 따라 OC1A)에 파형이 출력된다. 16비트의 크기이기 때문에 상위 8비트 레지스터(OCR1AH)를 먼저 기록하고 난 후 하위 8비트 레지스터(OCR1AL)를 기록하여야 16비트가 기록된다.

비트	15	14	13	12	11	10	9	8	
	MSB								**OCR1AH**
								LSB	**OCR1AL**
비트	7	6	5	4	3	2	1	0	
읽기/쓰기	R/W	R/W	R/W	R/W	R/W	R/W	R/W	R/W	
초기값	0	0	0	0	0	0	0	0	

타이머/카운터1 출력 비교 레지스터 1B
(Timer/Counter1 Output Compare Register 1B : OCR1B)

비트	15	14	13	12	11	10	9	8	
	MSB								**OCR1BH**
								LSB	**OCR1BL**
비트	7	6	5	4	3	2	1	0	

타이머/카운터1 출력 비교 레지스터 1C
(Timer/Counter1 Output Compare Register 1C : OCR1C)

비트	15	14	13	12	11	10	9	8	
	MSB								**OCR1CH**
								LSB	**OCR1CL**
비트	7	6	5	4	3	2	1	0	

타이머/카운터3 출력 비교 레지스터 3A

(Timer/Counter3 Output Compare Register 3A : OCR3A)

비트	15	14	13	12	11	10	9	8	
	MSB								**OCR3AH**
								LSB	**OCR3AL**
비트	7	6	5	4	3	2	1	0	

타이머/카운터1 출력 비교 레지스터 3B

(Timer/Counter1 Output Compare Register 3B : OCR3B)

비트	15	14	13	12	11	10	9	8	
	MSB								**OCR3BH**
								LSB	**OCR3BL**
비트	7	6	5	4	3	2	1	0	

타이머/카운터3 출력 비교 레지스터 3C

(Timer/Counter3 Output Compare Register 3C : OCR3C)

비트	15	14	13	12	11	10	9	8	
	MSB								**OCR3CH**
								LSB	**OCR3CL**
비트	7	6	5	4	3	2	1	0	

⑤ 타이머/카운터1 & 타이머/카운터3 입력 캡처 레지스터

(Timer/Counter1 & Timer/Counter3 Input Capture Register : ICR1, ICR3)

비트	15	14	13	12	11	10	9	8	
\$27(\$47)	MSB								**ICR1H**
\$26(\$46)								LSB	**ICR1L**
비트	7	6	5	4	3	2	1	0	
읽기/쓰기	R/W	R/W	R/W	R/W	R/W	R/W	R/W	R/W	
초기값	0	0	0	0	0	0	0	0	

비트	15	14	13	12	11	10	9	8	
$27($47)	MSB								ICR3H
$26($46)								LSB	ICR3L
비트	7	6	5	4	3	2	1	0	

이 레지스터는 입력 캡쳐 핀(Input Capture Pin :ICP 핀)에서 신호(TCCR1B의 ICES1 비트에 따라 0은 하강 에지, 1은 상승 에지로 정의)가 검출되면, 16비트 타이머/카운터1 레지스터 TCNT1H, TCNT1L의 현재 값이 입력 캡쳐 레지스터(ICR1H, ICR1L)값에 전송된다. 이 때, 그 입력 캡쳐 플러그(ICF1)비트는 '1'로 셋 되어 입력 캡쳐 인터럽트를 요청한다.

타이머/카운터3의 입력 캡쳐 레지스터도 동일한 동작을 한다.

⑥ 타이머/카운터 인터럽트 레지스터(T/C Interrupt Mask Register : TIMSK)

비트	7	6	5	4	3	2	1	0	
	OCIE2	TOIE2	TICIE1	OCIE1A	OCIE1B	TOIE1	OCIE0	TOIE0	TIMSK
읽기/쓰기	R/W	R/W	R/W	R/W	R/W	R/W	R/W	R/W	
초기값	0	0	0	0	0	0	0	0	

• Bit 7 OCIE2 Timer/Counter2 Output Compare Match Interrupt Enable

상태 레지스터 SREG의 I 비트와 OCIE2 비트가 셋 되면, 타이머/카운터2 비교매치 인터럽트는 허용(Enable)된다. 타이머/카운터2의 비교 매치가 발생하면 타이머/카운터 인터럽트 플러그 레지스터(TIFR)에서 OCF2비트가 셋 된다.

• Bit 6 TOIE2 Timer/Counter2 Overflow Interrupt Enable

상태 레지스터 SREG의 I 비트와 TOIE2 비트가 셋 되면, 타이머/카운터2 오버플로 인터럽트는 허용된다. 타이머/카운터2의 인터럽트가 발생하면, 타이머/카운터 인터럽트 플러그 레지스터(TIFR)에서 TOV2비트가 셋 된다.

• Bit 5 TICIE1 Timer/Counter1 Input Capture Interrupt Enable

상태 레지스터 SREG의 I 비트와 TICIE1 비트가 셋 되면, 타이머/카운터1 입력 캡쳐 이벤트 인터럽트는 허용된다. ICP1에 캡쳐 트리거 입력 이벤트가 발생되면, 타이머/카운터 인터럽트 플러그 레지스터(TIFR)에서 ICF1비트가 셋(set) 된다.

- **Bit 4 OCIE1A Timer/Counter1A Output Compare Match Interrupt Enable**

상태 레지스터 SREG의 I 비트와 OCIE1A 비트가 셋 되면, 타이머/카운터1A 비교 매치 인터럽트는 허용된다. 타이머/카운터1과 출력비교 레지스터 OCR1A와 비교 매치가 발생하면 의 비교 매치가 발생하면 타이머/카운터 인터럽트 플러그 레지스터(TIFR)에서 OCF1A비트가 셋 된다.

- **Bit 3 OCIE1B Timer/Counter1B Output Compare Match Interrupt Enable**

상태 레지스터 SREG의 I 비트와 OCIE1B 비트가 셋 되면, 타이머/카운터1B 비교매치 인터럽트는 허용된다. 타이머/카운터1B과 출력비교 레지스터 OCR1B와 비교 매치가 발생하면의 비교 매치가 발생하면 타이머/카운터 인터럽트 플러그 레지스터(TIFR)에서 OCF1B비트가 셋 된다.

- **Bit 2 TOIE2 Timer/Counter2 Overflow Interrupt Enable**

상태 레지스터 SREG의 I 비트와 TOIE1 비트가 셋 되면, 타이머/카운터1 오버플로 인터럽트는 허용된다. 타이머/카운터1의 인터럽트가 발생하면, 타이머/카운터 인터럽트 플러그 레지스터(TIFR)에서 TOV1비트가 셋 된다.

- **Bit 1 OCIE0 Timer/Counter0 Output Compare Match Interrupt Enable**

상태 레지스터 SREG의 I 비트와 OCIE0 비트가 셋 되면, 타이머/카운터0 비교매치 인터럽트는 허용된다. 타이머/카운터0의 비교 매치가 발생하면 타이머/카운터 인터럽트 플러그 레지스터(TIFR)에서 OCF0비트가 셋 된다.

- **Bit 0 TOIE2 Timer/Counter0 Overflow Interrupt Enable**

상태 레지스터 SREG의 I 비트와 TOIE0 비트가 셋 되면, 타이머/카운터0 오버플로 인터럽트는 허용(Enable)된다. 타이머/카운터0의 인터럽트가 발생하면, 타이머/카운터 인터럽트 플러그 레지스터(TIFR)에서 TOV0비트가 셋 된다.

⑦ 확장 타이머/카운터 인터럽트 레지스터
(Extended T/C Interrupt Mask Register : ETIMSK)

비트	7	6	5	4	3	2	1	0	
	-	-	TICIE3	OCIE3A	OCIE3B	TOIE3	OCIE3C	OCIE1C	ETIMSK
읽기/쓰기	R/W	R/W	R/W	R/W	R/W	R/W	R/W	R/W	
초기값	0	0	0	0	0	0	0	0	

- **Bit 7 - Reserved**

- **Bit 6 - Reserved**

- **Bit 5 TICIE3 Timer/Counter3 Input Capture Interrupt Enable**

상태 레지스터 SREG의 I 비트와 TICIE3 비트가 셋 되면, 타이머/카운터3 입력 캡쳐 이벤트 인터럽트는 허용된다. ICP3에 캡쳐 트리거 입력 이벤트가 발생되면, 타이머/카운터 인터럽트 플러그 레지스터(TIFR)에서 ICF3비트가 셋(set) 된다.

- **Bit 4 OCIE3A Timer/Counter3A Output Compare Match Interrupt Enable**

상태 레지스터 SREG의 I 비트와 OCIE3A 비트가 셋 되면, 타이머/카운터3A 비교매치 인터럽트는 허용된다. 타이머/카운터3과 출력비교 레지스터 OCR3A와 비교매치가 발생하면 타이머/카운터 인터럽트 플러그 레지스터(TIFR)에서 OCF3A비트가 셋 된다.

- **Bit 3 OCIE3B Timer/Counter3B Output Compare Match Interrupt Enable**

상태 레지스터 SREG의 I 비트와 OCIE3B 비트가 셋 되면, 타이머/카운터1A 비교매치 인터럽트는 허용된다. 타이머/카운터3와 출력비교 레지스터 OCR3B와 비교매치가 발생하면 타이머/카운터 인터럽트 플러그 레지스터(TIFR)에서 OCF3B비트가 셋 된다.

• **Bit 2** **TOIE3** **Timer/Counter3 Overflow Interrupt Enable**

상태 레지스터 SREG의 I 비트와 TOIE3 비트가 셋 되면, 타이머/카운터3 오버플로 인터럽트는 허용(Enable)된다. 타이머/카운터3의 오버플로 인터럽트가 발생하면, 타이머/카운터 인터럽트 플러그 레지스터(TIFR)에서 TOV3비트가 셋 된다.

• **Bit 1** **OCIE3C** **Timer/Counter3C Output Compare Match Interrupt Enable**

상태 레지스터 SREG의 I 비트와 OCIE3C 비트가 셋 되면, 타이머/카운터3C 비교매치 인터럽트는 허용된다. 타이머/카운터3과 출력비교 레지스터 OCR3C와의 비교 매치가 발생하면 타이머/카운터 인터럽트 플러그 레지스터(TIFR)에서 OCF3C비트가 셋 된다.

• **Bit 0** **OCIE1C** **Timer/Counter1C Output Compare Match Interrupt Enable**

상태 레지스터 SREG의 I 비트와 OCIE1C 비트가 셋 되면, 타이머/카운터1C 비교매치 인터럽트는 허용된다. 타이머/카운터3과 출력비교 레지스터 OCR1C와의 비교 매치가 발생하면 타이머/카운터 인터럽트 플러그 레지스터(TIFR)에서 OCF1C 비트가 셋 된다.

⑧ **타이머/카운터 인터럽트 플러그 레지스터**(T/C Interrupt Flag Register : TIFR) & **확장 타이머/카운터 인터럽트 플러그 레지스터**(Extended T/C Interrupt Flag Register : TIFR)

타이머/카운터 관련 인터럽트 중 허용된 인터럽트가 발생되었을 때 이 플러그 레지스터에서 해당 인터럽트 비트가 셋된다.

비트	7	6	5	4	3	2	1	0	
	OCF2	TOV2	ICF1	OCF1A	OCF1B	TOV1	OCF0	TOV0	**TIFR**
읽기/쓰기	R/W	R/W	R/W	R/W	R/W	R/W	R/W	R/W	
초기값	0	0	0	0	0	0	0	0	

비트	7	6	5	4	3	2	1	0	
	-	-	ICF3	OCF3A	OCF3B	TOV3	OCF3C	OCF1C	**ETIFR**
읽기/쓰기	R	R	R/W	R/W	R/W	R/W	R/W	R/W	
초기값	0	0	0	0	0	0	0	0	

⑨ 타이머/카운터1 오버플로 인터럽트(예)

오버플로 인터럽트란 타이머/카운터가 계수하여 카운터 레지스터의 값이 오버플로가 일어나면 인터럽트 요청신호가 발생되어 미리 정해진 루틴을 수행하는 것을 말한다. 타이머/카운터1 오버플로 인터럽트(T/C 1 Overflow Interrupt)는 TCNT1 레지스터가 16비트이기 때문에 65535에서 65536으로 계수될 때 오버플로 인터럽트가 발생한다.

타이머/카운터1 오버플로 인터럽트를 사용하기 위해서 먼저 TIMSK의 2번 비트(TOIE1)를 '1'로 셋 시켜야 한다.

비트	7	6	5	4	3	2	1	0	
	OCIE2	TOIE2	TICIE1	OCIE1A	OCIE1B	TOIE1	OCIE0	TOIE0	**TIMSK**
설정값	0	0	0	0	0	1	0	0	= 0x04

타이머/카운터1의 클럭은 TCCR1B의 CS12, CS11, CS10비트를 통하여 설정한다. 그리고 필요한 경우 TCNT1(TCNT1H, TCNT1L)에 초기값을 기록한다. TCNT0에 초기값을 기록하게 되면, 카운터 레지스터가 오버플로가 일어나는 순간 인터럽트가 발생하기 때문에 그 시기를 조절할 수 있다. TCNT1에 값을 기록하지 않으면 초기값은 0이 된다.

타이머/카운터의 클럭(TCLK1)이 주어졌을 때 타이머/카운터1 오버플로 인터럽트가 발생하는 시간은 다음의 방법으로 계산한다.

$$\text{인터럽트 주기} = \frac{1}{\text{TCLK1}} \times (\text{0xFFFF - TCNT1\_초기값 + 0x01})$$

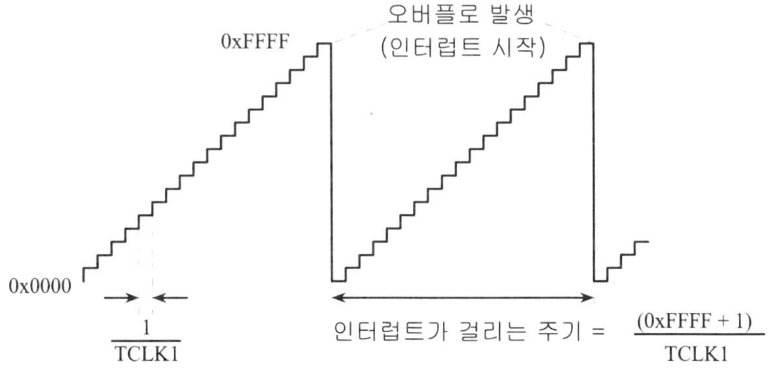

그림 11.21 | 16비트 타이머/카운터1의 오버플로 인터럽트 발생시간

만약 시스템의 클럭 4 [MHz], TCCR1B = 0x03, TCNT1 = 0x0BDC (TCNT1H = 0x0B, TCNT1L = 0xDC)를 기록하였다면 인터럽트가 걸리는 시간은 다음과 같이 계산할 수 있다.

$$\text{인터럽트 주기} = \frac{64}{4\times10^6} \times (0xFFFF - 0x0BDC + 0x01)$$

$$= \frac{64}{4\times10^6} \times (65535 - 3036 + 1) = 1 \text{ [sec]}$$

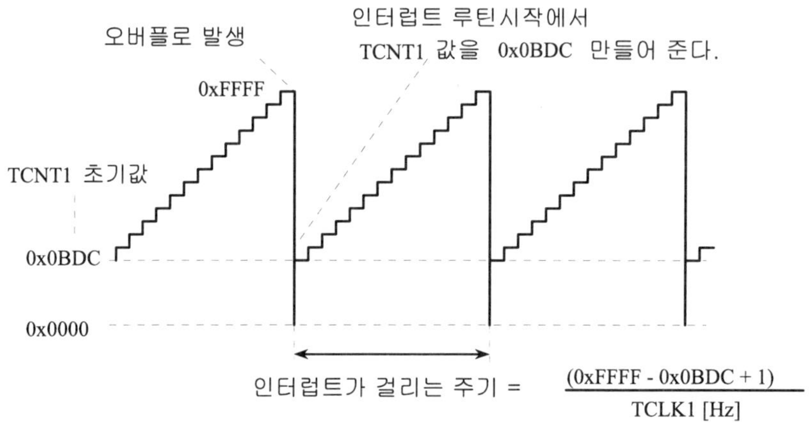

그림 11.22 | 인터럽트의 주기가 1.0 [s]인 타이머/카운터1의 계수 모습

제12장 기타 주변장치

1. A/D 컨버터

1) ADC의 특성 및 동작

ATmega128에서 아날로그전압 값을 디지털 값으로 변환시키는 아날로그-디지털 변환기 (Analog-Digital Converter : ADC)의 특징은 다음과 같다 .

- 10-비트 분해능
- 0.5 LSB 정수적 비선형화
- ± 2 LSB 절대적 정밀도
- 65 ~ 260 [μs] 변환시간
- 최대 해상도에서 15 KSPS(103 Sampling per Second) 이상의 능력을 가짐
- 8개의 선택 가능한 아날로그 입력 채널을 가짐
- 7개의 차동 채널을 가짐
- 10배와 200배 증폭 가능한 2개의 차동 채널을 가짐
- 입력 범위의 최소값과 최대값을 조정할 수 있는 기능을 가짐
- ADC 입력전압범위 : 0V-Vcc
- 단일변환모드(Single Conversion Mode)와 연속동작모드(Free Running Mode)를 가짐
- ADC 변환 완료 인터럽트를 가짐
- 슬립모드 노이즈 제어기

이 ADC는 8채널의 아날로그 멀티플럭서 (Multiplexer)와 연결되어 있고, 포트 F의 각 핀에 입력시키면 된다. ADC는 변환하는 동안 입력 전압을 유지하기 위한 샘플-홀더 증폭기(Sample & Hold Amplifier)를 내장하고 있다. ADC에 대한 블록도가 [그림 12.1]에 소개되고 있다. ADC는 별도로 두 개의 전원을 공급하는 핀인 AVCC와 AGND를 가진다. AGND는 ATmega128의 구동 전원의 GND와 연결이 되어야 하고, AVCC는 VCC보다 ± 0.3 [V] 범위에 있으면 된다. 나중에 노이즈 제거를 위한 전원 결선도가 소개되어 있으니 참고하기 바란다. 외부에서 공급되는 기준전압은 AREF 핀으로 입력하면 된다. 이 전압의 범위는 2 [V] ~ AVCC [V]이다.

ADC는 아날로그 입력전압을 10비트 디지털 값으로 변환시켜 준다. 이 디지털 값의 최소는 AGND이 되고, 최대값은 AREF에 걸린 전압에 대응되는 전압이 걸렸을 경우이다. \한편 아날로그 입력 채널은 ADMUX 비트를 주소 선택선으로 하는 8채널 멀티플렉서에 의해 선택이 되어 진다. 8개의 ADC 입력핀 ADC7 ~ ADC0는 ADC에 입력되기 위하여 하나만 선택되다.

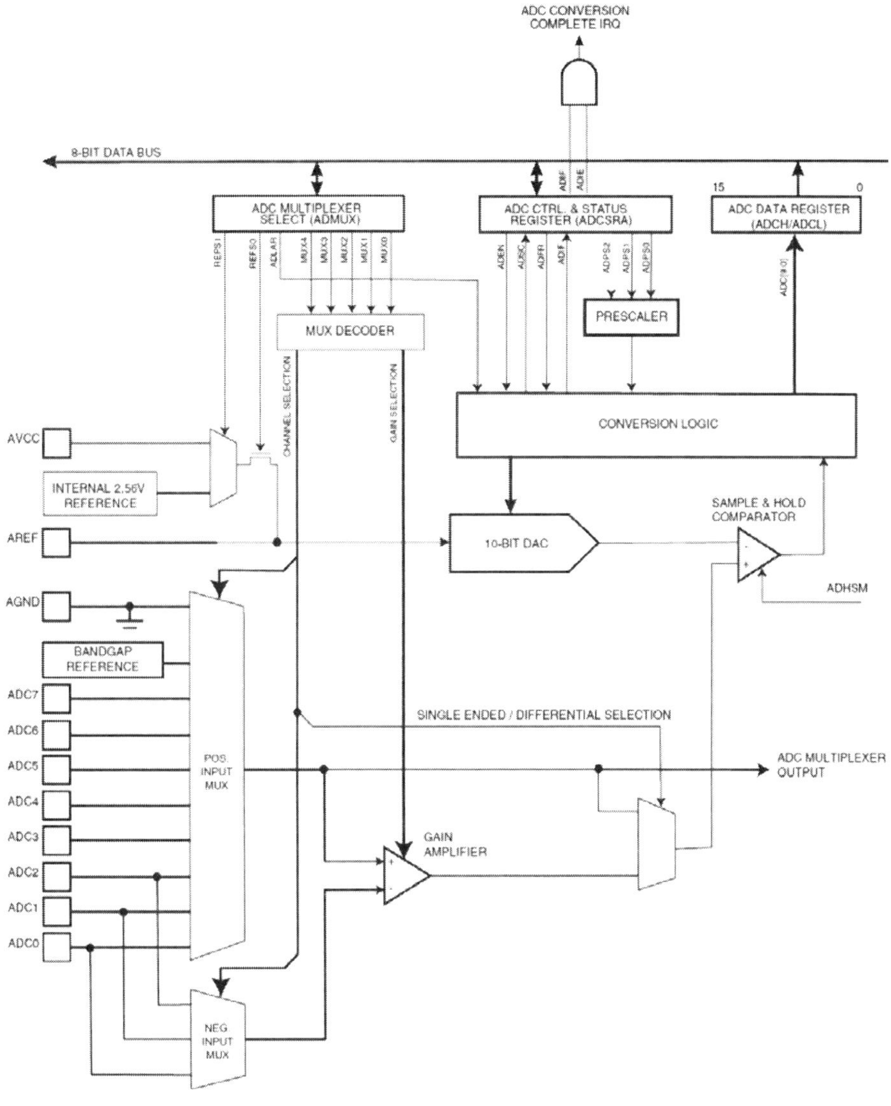

그림 12.1 | 아날로그-디지털 변환기 블록도

ADC는 단일변환(Single Conversion)과 연속동작(Free Running)의 두 개 동작모드를 가진다. 단일변환모드(Single Conversion Mode)의 경우, 각각의 변환은 사용자에 의해 시작이 된다. 연속동작모드(Free Running Mode)의 경우 끊임없이 샘플링하고 ADC 데이터 레지스터에 그 값을 계속 업데이트 한다.

ADC 제어 및 상태 레지스터(ADCSR)의 ADFR비트는 이 두 가지 모드를 선택하는 역할을 한다. ADC 상태레지스터(ADCSR)의 ADEN 비트를 '1'로 하면 ADC가 동작하게 된다. ADEN 비트가 '1'로 셋 될 때까지 입력 채널 선택이 일어나지 않는다. ADEN 비트가 클리어 될 때 ADC는 전력의 소모가 없으므로, 전력보호 슬립모드들(Power-saving sleep modes)로 들어가기 전에 ADC의 스위치를 OFF 시켜야 한다.

ADC 변환 시작(ADSC)비트를 회로적으로 '1'로 만들어 주면 변환을 시작하게 된다. 이 비트는 변환을 하는 동안 High를 유지해야 하고, 변환이 완료가 되면 하드웨어 적으로 '0'이 된다. 만약 변환을 하는 동안에 다른 데이터 채널이 선택이 되었다면 ADC는 채널 변환을 수행하기 전에 현재의 변환을 마쳐버린다.

ADC는 10비트 ADC 데이터 레지스터 ADCH, ADCL을 가진다. 데이터를 읽을 때 ADCL을 먼저 읽고 ADCH를 나중에 읽으면 된다. ADCL을 읽을 때, ADC 데이터 레지스터로의 접근은 막히게 된다. 즉, ADCL을 먼저 읽고 ADCH를 읽기 전에 ADC 변환이 완료가 되면 변환된 결과나 이들 레지스터의 값 둘 다 잃어버리게 된다. 따라서 ADCH를 읽고 난 후에 ADCH와 ADCL 레지스터를 접근하기 위한 ADC가 유효하게 된다. ADC는 ADC 변환완료가 될 때 트리거 되는 인터럽트를 가진다. ADCH와 ADCL을 읽어 들이는 사이에 ADC를 접근하게 되면, 인터럽트가 일어나더라도 그 결과는 잃어버리게 된다.

2) 프리스케일러 및 변환시간

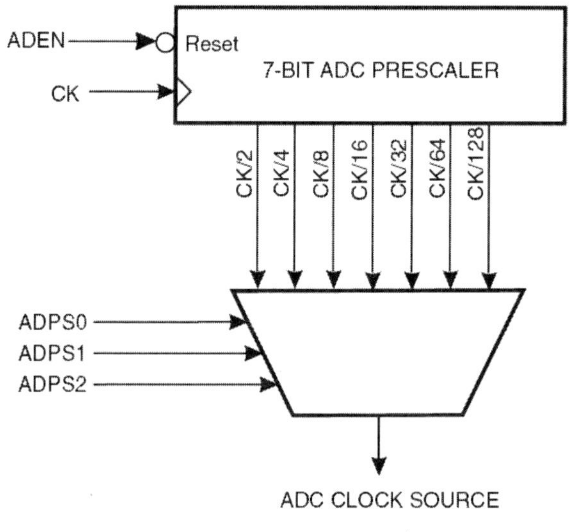

그림 12.2 | ADC 프리스케일러

계속 연속된 접근회로는 최대 해상도를 얻기 위하여 50 [KHz] ~ 200 [KHz] 범위의 클럭 주파수를 요구한다. 만약 10비트 이하의 해상도가 요구될 때, 높은 샘플링 비율을 얻기 위하여 ADC의 클럭 주파수가 200 [KHz] 이상이 되어도 된다. ADC 모듈은 분주된 시스템 클럭으로부터 ADC 클럭 주파수를 받아들이기 위한 프리스케일러를 가진다. [그림 12.1]는 ADC의 프리스케일러의 블록도이며, ADC 상태 레지스터(ADCSR)의 ADPS2~ADPS0의 3비트는 100 [KHz] 이상의 CPU 주파수로부터 ADC 입력 클럭 주파수를 2,4,8,16,32,64,128분주로 선택할 수 있다. ADC 상태 레지스터(ADCSR)의 ADEN 비트를 셋 함으로 ADC를 스위칭 하는 순간 프리스케일러는 동작하게 된다. 프리스케일러는 ADEN 비트가 High를 유지하는 동안 계속해서 동작하게 되고 ADEN이 Low가 되면 프리스케일러는 리셋이 된다.

ADCSR 레지스터의 ADSC 비트를 세팅에 의하여 처음 변환을 시작하는 시점은 ADC 클럭 싸이클의 상승 에지에서 변환을 시작하게 된다. 일반적으로 변환하는데 13개의 ADC 클럭 싸이클이 걸리게 된다. 안정적 동작을 위해, ADC는 오프셋 오차를 최소화하고 초기화 시키는데 그 이상의 클럭 싸이클이 필요할 수 있다. 확장변환은 [그림 12.3]과 같이 25개의 ADC 클럭 싸이클이 필요로 하고, ADCSR 레지스터의 ADEN 비트가 셋 되어 ADC가 스위칭 된 후에 첫 번째 변환이 일어난다.

실제 샘플-홀더는 정상 변환의 시작 이후 1.5 ADC 클럭 싸이클을 잡게 되고, 확장변환의 시작 이후 13.5 ADC 클럭 싸이클을 잡게 된다. 변환이 완료가 되면, 그 결과는 ADC 데이터 레지스터에 기록이 되고 ADIF 비트는 셋 된다.

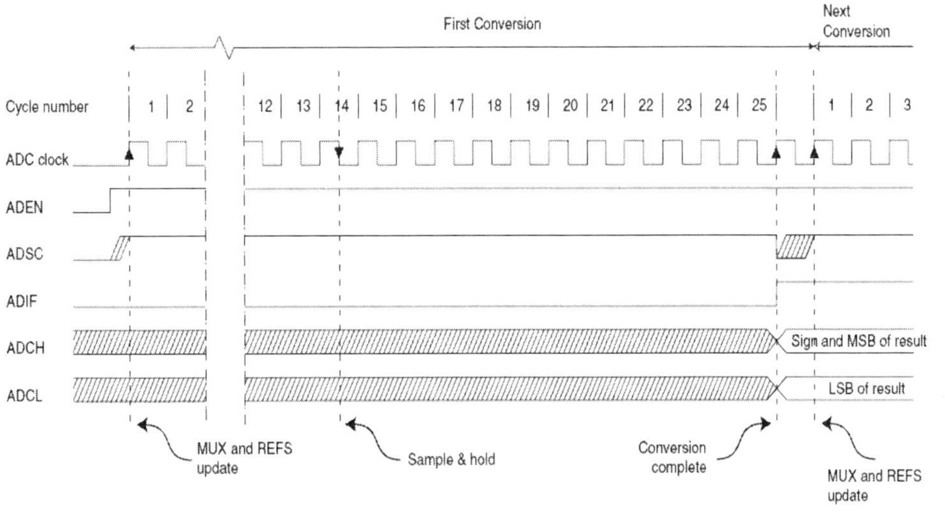

그림 12.3 |ADC 타이밍도, 확장 변환(단일변환모드)

[그림 12.4]에서의 단일변환모드에서 ADSC는 동시에 클리어 된다. 소프트웨어에서 ADSC를 다시 셋 시켜야 하고, 새로운 변환은 처음의 ADC 클럭의 상승에지에서 시작된다.

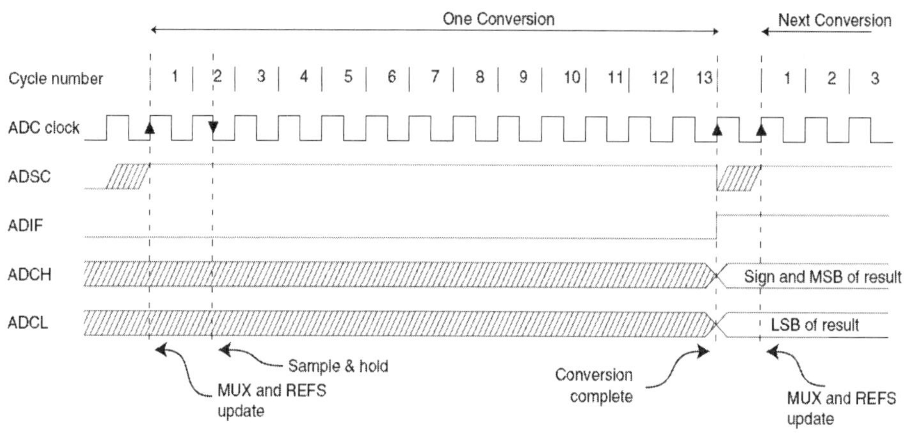

그림 12.5 | ADC 타이밍도, 단일변환모드(Single Conversion Mode)

[그림 12.6]에서 보는 바와 같이 연속동작모드(Free Running Mode)에서 새로운 변환은 ADSC가 High를 유지하고, 이전 변환이 완료가 되면 즉시 시작할 수 있다. 연속동작모드와 200 [KHz]의 ADC 클럭 주파수로 사용이 되면, 최대 해상도에 대한 가장 짧은 변환시간 65μs, 15 KSPS를 얻을 수 있다.

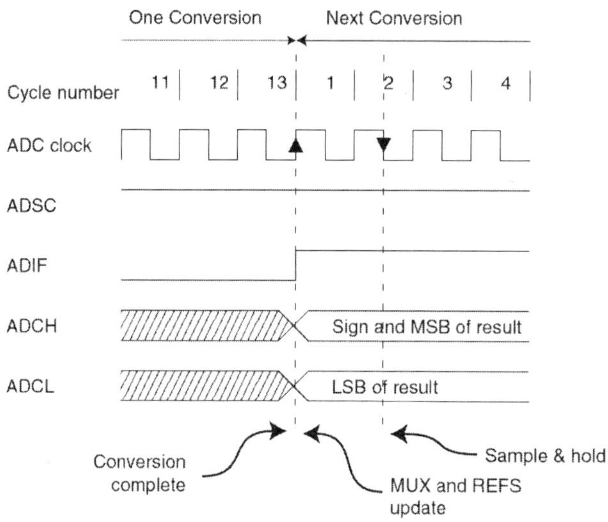

그림 12.6 | ADC 타이밍도, 연속동작변환모드(Free Running Conversion Mode)

[표 12.1]에는 확장 변환시, 일반 변환시에서 단일 입력전압일 경우와 차동입력 전압일 경우 변환시간(싸이클 수) 을 요약한 것이다. 아날로그 값을 변환이 종료될 때까지 그 값을 유지시키기 샘플-홀더기간과 아날로그 값을 디지털 값으로 변환시키는 변환기간으로 나뉘어 진다. 확장변환이 정상변환보다 샘플-홀더 시간(싸이클 수)와 변환시간(싸이클 수) 더 크며, 일반변환방법에서 단일전압시와 차동전압시 즉 입력전압의 형태에 따라는 거의 동일함을 알 수 있다. 실제 변환시간은 CPU 클럭과 프리스캐일러에 의해 결정되는 ADC 클럭 주파수 즉 주기에 이 싸이클 수를 곱하면 계산할 수 있다.

표 12.1 | ADC 변환 시간

조건	샘플-홀더 (변환시작부터 싸이클 수)	변환시간 (싸이클 수)
확장변환 (Extended Conversion)	14.5	25
일반변환, 단일 전압시 (Normal Conversion, Single-Ended)	1.5	13
일반변환, 차동 전압시 (Normal Conversion, Differential)	1.5/2,5	13/14

3) 노이즈 및 오차 (Offset)

AVR회로 내부 또는 외부의 디지털회로에 의해 발생되는 EMI에 의해 ADC의 아날로그 입력전압에 노이즈가 발생할 수 있다. ADC 아날로그 입력전압의 노이즈를 감소시키기 위한 방법은 다음과 같다.

- 아날로그 입력신호의 선의 길이를 가능한 짧게 함
- 아날로그 전원 AVcc핀은 [그림 12.7]과 같이 디지털회로 전원 Vcc와 LC필터를 거쳐 연결
- CPU로부터 유기되는 노이즈를 감소시키기 위하여 ADC 노이즈 제거기 사용
- 만약 ADC핀이 디지털 출력으로 사용 시 디지털 변환시간 중에는 디지털 출력용으로 전환불가.

이 10비트 단일 ADC에서는 입력전압이 접지(0V)에서 기준전압 (VREF)의 범위를 210 단계로 변환시켜야 하는데 실제 ADC 디지털 값의 범위는 0서 210-1 가 된다. 이 문제 때문에 3개의 ADC오차가 발생된다. [그림 12.8]. [그림 12.9]와 [그

림 12.10]은 각각 ADC의 3가지 오차 즉 옵셋(Offset)오차, 증폭율(Gain) 오차, 비선형문제를 보인 것이다.

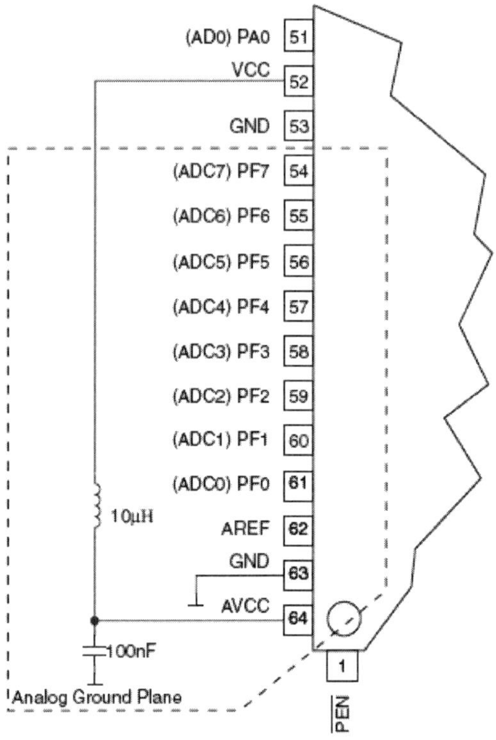

그림 12.7 | ADC 전원 연결방법

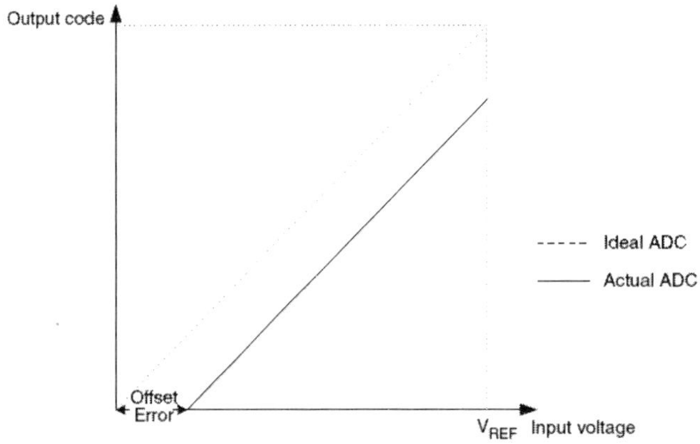

그림 12.8 | ADC 옵셋 오차

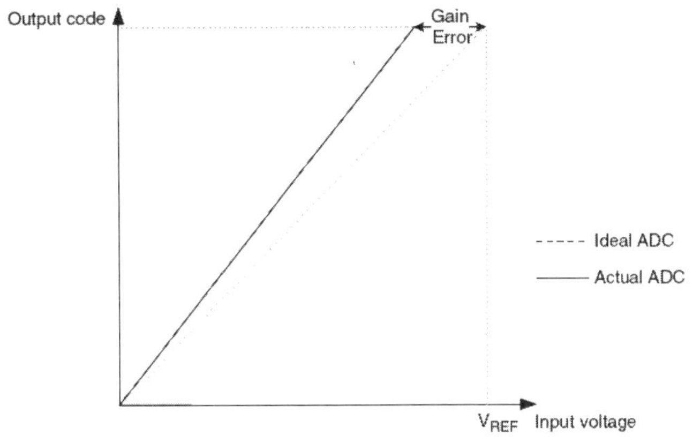

그림 12.9 | ADC 증폭율 오차

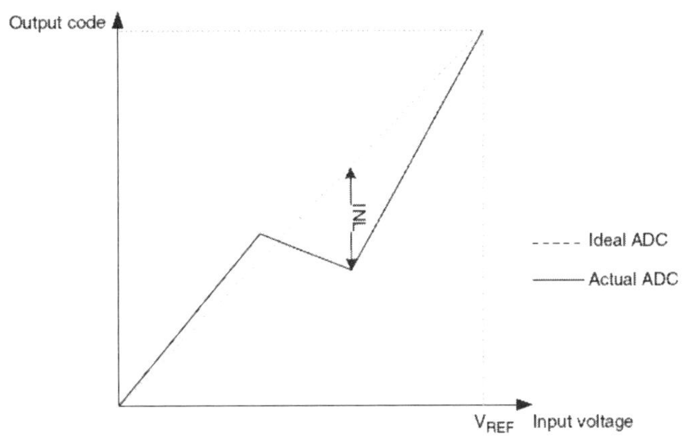

그림 12.10 | ADC 비선형

4) ADC 관련 레지스터

① ADC 멀티플렉서 선택 레지스터(ADC Multiplexer Select Register : ADMUX)

비트	7	6	5	4	3	2	1	0	
	REFS1	REFS0	ADLAR	MUX4	MUX3	MUX2	MUX1	MUX0	**ADMUX**
읽기/쓰기	R/W	R/W	R/W	R/W	R/W	R/W	R/W	R/W	
초기값	0	0	0	0	0	0	0	0	

· **Bit 7,6 REFS1:0 Reference Selection Bits**

이 비트들은 ADC의 기준전압 VREF를 내부전원 또는 외부전원 등으로 선택한다.

표 12.2 | ADC의 기준전압 선택

REFS1	REFS0	ADC 기준전압
0	0	외부AREF 전압 사용, 내부 Vref는 사용 음
0	1	AREF핀에 외부 커패시터 있는 AV_{CC} 사용
1	0	Reserved
1	1	내부 2.56V 기준전압 사용

· **Bit 5 ADLAR ADC Left Adjust Result**

이 비트는 ADC 변환결과를 저장하는 16비트 ADC data 레지스터에 10비트 디지털값을 저장하는 방법을 결정한다. 즉 ADLAR비트가 셋('1')될 경우에는 [그림 12.11(a)]처럼 왼쪽으로 정렬시키며, ADLAR비트가 클리어('0') 될 경우에는 [그림 12.11(b)]와 같이 왼쪽으로 정렬시킨다.

비트	15	14	13	12	11	10	9	8	
	ADC9	ADC8	ADC7	ADC6	ADC5	ADC4	ADC3	ADC2	**ADCH**
	ADC1	ADC0	-	-	-	-	-	-	**ADCL**
비트	7	6	5	4	3	2	1	0	

(a)

비트	15	14	13	12	11	10	9	8	
	-	-	-	-	-	-	ADC9	ADC8	**ADCH**
	ADC7	ADC6	ADC5	ADC4	ADC3	ADC2	ADC1	ADC0	**ADCL**
비트	7	6	5	4	3	2	1	0	

(b)

그림 12.11 | ADC 데이터 레지스터에 데이터 저장 방법:
(a) 왼쪽정렬 (b) 오른쪽 정렬

◆ Bit **4 ~ 0 MUX 4.3.2.1.0 Analog Channel Select Bits 4,3,2,1,0**

이 ADC는 8개의 단일 입력 채널, 7개의 차동 입력채널 및 2개의 10배와 200배

증폭 가능한 차동 입력채널을 가진다. 따라서 이 MAX 4-0비트 즉 5개 비트는 각 아날로그 입력 중 하나를 멀티플렉서에서 선택하여 ADC에 입력하는 역할을 한다. 먼저 [표 12.3]은 8개의 단일입력 중 하나를 멀티플렉서에서 선택하여 ADC에 입력하는 것을 보인다. 즉 MUX4과 MUX3비트가 모두 0일 경우 MUX2,1,0의 3개 비트로 ADC 입력을 선택한다,

표 12.3 | ADC 입력 채널 선택 (단일 입력 시)

MUX4	MUX3	MUX2	MUX1	MUX0	ADC 입력
0	0	0	0	0	ADC0
0	0	0	0	1	ADC1
0	0	0	1	0	ADC2
0	0	0	1	1	ADC3
0	0	1	0	0	ADC4
0	0	1	0	1	ADC5
0	0	1	1	0	ADC6
0	0	1	1	1	ADC7

먼저 [표 12.4]은 7개의 차동 입력채널 및 2개의 10배와 200배 증폭 가능한 차동 입력채널 중 을 중 하나를 멀티플렉서에서 선택하여 ADC에 입력하는 것을 보인다. 여기서 차동신호는 양의 차동입력에 대한 음의 차동입력 차의 값이므로 [표 12.5]에서는 양의 차동입력단자와 음의 차동입력단자와 함께 전압 증폭율을 표시한다.

표 12.5 | ADC 입력 채널 선택 (차동 입력 시)

MUX4	MUX3	MUX2	MUX1	MUX0	양의 차동입력	음의 차동입력	증폭율
0	1	0	0	0	ADC0	ADC0	10X
0	1	0	0	1	ADC1	ADC0	10X
0	1	0	1	0	ADC0	ADC0	200X
0	1	0	1	1	ADC1	ADC0	200X
0	1	1	0	0	ADC2	ADC2	10X
0	1	1	0	1	ADC3	ADC2	10X
0	1	1	1	0	ADC2	ADC2	200X

0	1	1	1	1	ADC3	ADC2	200X
1	0	0	0	0	ADC0	ADC1	1X
1	0	0	0	1	ADC1	ADC1	1X
1	0	0	1	0	ADC2	ADC1	1X
1	0	0	1	1	ADC3	ADC1	1X
1	0	1	0	0	ADC4	ADC1	1X
1	0	1	0	1	ADC5	ADC1	1X
1	0	1	1	0	ADC6	ADC1	1X
1	0	1	1	1	ADC7	ADC1	1X
1	1	0	0	0	ADC0	ADC2	1X
1	1	0	0	1	ADC1	ADC2	1X
1	1	0	1	0	ADC2	ADC2	1X
1	1	0	1	1	ADC3	ADC2	1X
1	1	1	0	0	ADC4	ADC2	1X
1	1	1	0	1	ADC5	ADC2	1X

② **ADC 제어 및 상태 레지스터**(ADC Control & Status Register : ADCSR)

비트	7	6	5	4	3	2	1	0	
	ADEN	ADSC	ADFR	ADIF	ADIE	ADPS2	ADPS1	ADPS0	**ADCSR**
읽기/쓰기	R/W	R/W	R/W	R/W	R/W	R/W	R/W	R/W	
초기값	0	0	0	0	0	0	0	0	

· Bit 7 ADEN ADC Enable

이 비트에 '1'을 기록할 때 ADC는 동작하게 된다. 이 비트를 '0'으로 클리어 시키면, ADC의 동작을 멈추게 된다. 변환을 하는 도중에 ADC의 동작을 멈추게 되면 이 변환 데이터는 손상 받는다.

· Bit 6 ADSC ADC Start Conversion

단일변환모드에서 각 변환을 시작하기 위하여 이 비트에 '1'을 기록해야 한다. 연속동작모드에서 처음 변환을 시작할 때 이 비트에 '1'을 기록해야 한다. ADC가 동작된 후 ADSC에 처음 '1'이 기록되거나 ADC가 동작되는 그 순간에 ADSC에 '1'이 기록이 되면 확장변환은 초기화된 변환을 선행하게 된다. ADSC는 변환이 되는 동안 '1'로 읽혀진다. 변환이 끝났을 때 이 비트는 '0'이 된다. 확장변환이 실제변환보다 선행될 때, ADSC는 실제변환이 끝날 때까지 High를 유지한다. 이 비트에 '0'을 기록하면 아무런 영향이 없다.

· Bit 5 ADFR ADC Free Running Select

이 비트에 '1'을 기록할 때 ADC 동작은 연속동작모드(Free Running Mode)가 된다. 이 모드에서 ADC는 연속적으로 데이터 레지스터를 샘플하고 업데이트 한다. 이 비트를 '0'으로 하면 연속동작모드가 손상된다.

· Bit 4 ADIF ADC Interrupt Flag

ADC 변환이 완료가 되면 이 비트는 '1'이 되고 데이터 레지스터들은 업데이트 된다. ADC 변환 완료 인터럽트는 ADIE비트와 상태 레지스터의 I 비트가 1이 되었을 때 수행된다. ADIE 비트는 해당 인터럽트 벡터를 수행하게 되면 하드웨어적으로 클리어 되기도 하고, 논리적으로 '1'을 기록함으로써 이 플러그는 클리어 된다. ADCSR 레지스터를 읽기를 쓰기로 변경하게 되면 인터럽트 팬딩 (Pending)은 쓸모없게 된다는 것을 주의해야 한다.

· Bit 3 ADIE ADC Interrupt Enable

이 비트가 '1'이고 상태 레지스터의 I 비트가 '1'일 때 ADC 변환 완료 인터럽트는 활성화 된다.

· Bit 2 ~ 0 ADPS2, ADPS1, ADPS0 ADC Prescaler Select Bits 2, 1, 0

이 비트들은 XTAL 주파수와 ADC 입력 클럭의 분주비를 결정하게 된다.

표 12.6 | ADC 프리스케일러 선택

ADPS2	ADPS1	ADPS0	ADC 클럭 입력 주파수
0	0	0	CLK/2
0	0	1	CLK/2
0	1	0	CLK/4
0	1	1	CLK/8
1	0	0	CLK/16
1	0	1	CLK/32
1	1	0	CLK/64
1	1	1	CLK/128

③ ADC 데이터 레지스터(ADC Data Register : ADCH, ADCL)

ADC 변환결과를 저장하는 16비트 ADC 데이터 레지스터에 10비트 디지털값을 저장한다. 그런데 이 데이터를 저장하는 방법이 ADMUX 레지스터 5번째 비트인 ADLAR에 의해 결정된다. ADLAR비트가 셋 ('1')될 경우에는 10비트 데이터(ADC9 - ADC0)를 왼쪽으로 정렬시키며, ADLAR비트가 클리어('0') 될 경우에는 10비트 데이터를 왼쪽으로 정렬시킨다.

· ADLAR = 1일 경우

비트	15	14	13	12	11	10	9	8	
	ADC9	ADC8	ADC7	ADC6	ADC5	ADc4	ADC3	ADC2	**ADCH**
	ADC1	ADC0	-	-	-	-	-	-	**ADCL**
비트	7	6	5	4	3	2	1	0	
읽기/쓰기	R/W R/W	R/W R/W	R/W R	R/W R	R/W R	R/W R	R/W R	R/W R	
초기값	0 0	0 0	0 0	0 0	0 0	0 0	0 0	0 0	

· ADLAR = 0일 경우

비트	15	14	13	12	11	10	9	8	
	-	-	-	-	-	-	ADC9	ADC8	**ADCH**
	ADC7	ADC6	ADC5	ADC4	ADC3	ADC2	ADC1	ADC0	**ADCL**
비트	7	6	5	4	3	2	1	0	
읽기/쓰기	R	R	R	R	R	R	R/W	R/W	
	R/W	R/W	R/W	R/W	R/W	R/W	R/W	R/W	
초기값	0	0	0	0	0	0	0	0	
	0	0	0	0	0	0	0	0	

5) ADC 변환 예

ADC 변환이 완료가 되면 그 결과 값이 이 두 개의 레지스터에 기록되게 된다. ADCL 레지스터를 읽고 나서, ADCH 레지스터를 읽을 때까지 ADC 데이터 레지스터는 업데이트 되지 않는다. 당연히 두 레지스터는 읽혀져야 하고, ADCL 레지스터가 ADCH 레지스터보다 먼저 읽혀져야 한다.

ADLAR = 0일 경우 ADC9 ~ ADC0은 변환의 결과를 나타내고 있다. 0x0000은 아날로그 입력전압이 AGND일 때이고, 0x03FF는 아날로그 기준전압 AREF에 대하여 1비트 낮음을 의미한다. 이를 [그림 12.11]에 나타내고 있다.

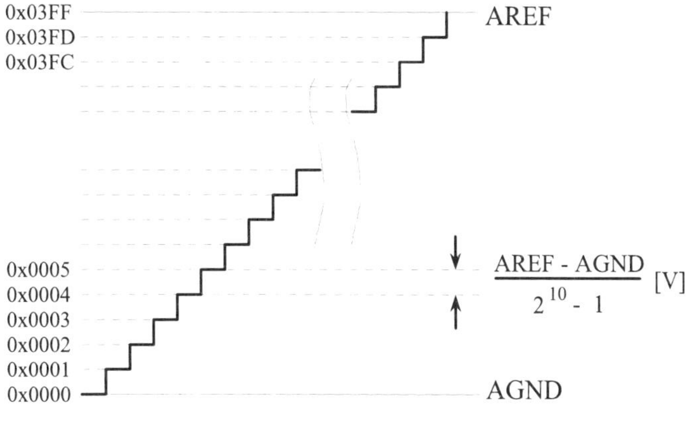

그림 12.11 아날로그 입력전압과 ADC 레지스터와의 관계(분해능)

아날로그 기준전압 AREF = 5 [V]일 때, [그림 12.11]에서 아날로그 입력전압이 5/(1024 - 1) [V]씩 증가한다면 ADC 레지스터의 값은 1씩 증가한다. 예를 들어 아날로그 입력전압 ADC_input = 2.7 [V]일 때, ADC 레지스터의 값은 다음 방법과 같이 구하면 된다.

$$ADC = (int)\left(\frac{ADC_{input}}{AREF} \times (2^{10} - 1) + 0.5\right) = (int)\left(\frac{2.7}{5} \times 1023 + 0.5\right)$$

$$= (int)\ (552.92)\ =\ 552\ =\ 0x0228 \qquad (12.1)$$

기준전압 AREF에 대한 입력전압 ADC_input의 비율을 210-1로 구한 다음 반올림을 하면 된다. 여기서 0.5를 더한 이유는 구한 값을 0.5 더하고 소수점을 버리기 위해서이다. 따라서 ADCH = 0x02가 저장되고, ADCL = 0x28이 저장이 된다.

2. 동기식 직렬통신

1) SPI 특성 및 동작

직렬 주변 인터페이스(Serial Peripheral Interface : SPI)는 ATmega128과 주변의 디바이스나 다른 AVR 디바이스 사이의 동기화된 고속의 데이터를 전송할 수 있도록 해준다. 이 동기식 직렬통신은 클럭에 동기를 맞추어 데이터를 전송하므로 전송시간이 많이 빠르다는 장점이 있으나 클럭과 동기를 맞추어 데이터를 송수신하여야하므로 복잡하다는 단점이 있다. ATmeage128의 SPI의 내부 블록도 [그림 12.12]와 같다.

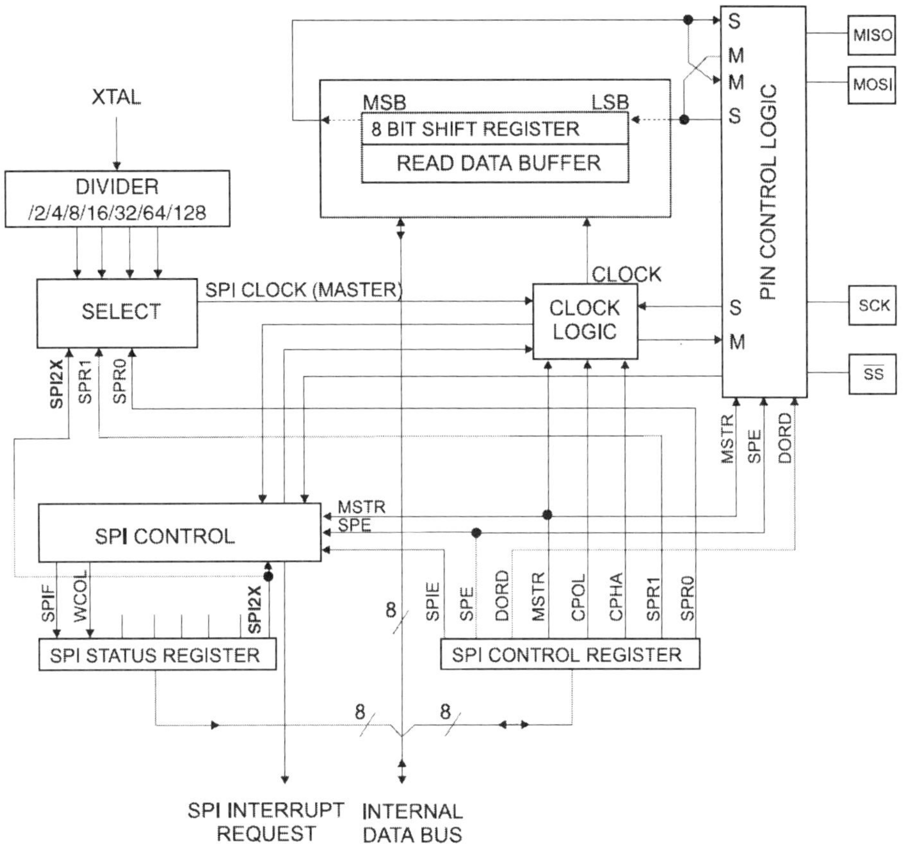

그림 12.12 | SPI 블록도

이 SPI의 주요 특성은 다음과 같다.

- 전이중, 3가닥 동기데이터 전송
- Master 혹은 Slave 동작
- 최하위 비트(LSB)나 최상위 비트(MSB)를 먼저 전송할 수 있는 기능
- 7개의 프로그램어블한 비트 비율(Bit Rates)
- 전송완료 인터럽트 플러그
- 쓰기 충돌 플러그 보호
- 아이들 모드로부터 깨어나는 기능

두 시스템사이에 SPI로 데이터 통신을 하기 위하여는 클럭을 발생시키는 마스터(Master)와 클럭을 받아서 데이터와 동기를 맞추는 전송 및 수신을 하는 슬레이브

(Slave)로 나누어야 한다. 마스터와 슬레이브 SPI를 가지는 CPU들 사이의 내부 결선도를 [그림 12.13]에서 보여주고 있다. SCK핀은 마스터 모드(Master Mode)에서 출력 클럭이 되고, 슬레이브 모드(Slave Mode)에서 입력 클럭이 된다. SPI 클럭 발생기가 동작하여 마스터 CPU의 SPI 데이터 레지스터에 기록될 때, 기록된 데이터는 MOSI (Master Out Slave In) 핀으로 시프트 되면서 값이 출력되어지고, 슬레이브 CPU의 MOSI핀으로 입력된다. 1 바이트가 시프트 된 후, SPI 클럭 발생기가 정지하고, 전송 끝을 알리는 플러그(SPIF)가 셋 된다. 만약 SPCR 레지스터의 SPI 인터럽트 가능 비트(SPIE)가 셋 되면, 인터럽트가 요청된다.

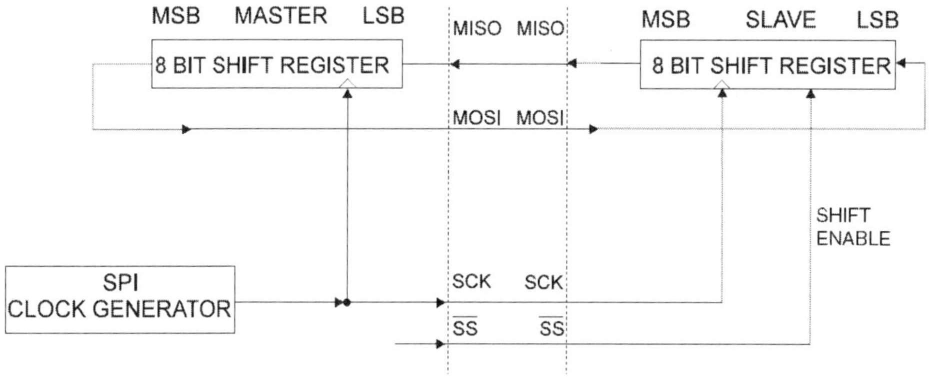

그림 12.13 | SPI Master-Slave 내부 결선

독립적인 슬레이브 SPI 디바이스로 선택하기 위해서 슬레이브 선택입력인 SS핀은 '0'으로 되어야 한다. 마스터와 슬레이브의 두 개의 시프트 레지스터들은 1개의 떨어진 16비트 환형 시프트 레지스터로 여겨져도 된다. 즉, 16비트 환형 시프트 레지스터의 기능을 하면서 실제 물리적으로 떨어져 있다고 보아도 된다. [그림 12.13]에서 이러한 형태를 보여주고 있다.

데이터가 마스터에서 슬레이브로 시프트 될 때, 데이터는 일제히 반대방향으로 시프트 된다. 하나의 시프트 싸이클 동안, 마스터와 슬레이브의 데이터는 서로 교체가 된다.

시스템은 송신 쪽에 단일 버퍼로 되어 있고, 수신 쪽으로 2중 버퍼로 구성되어 있다. 즉, 전송되어진 바이트들이 전체 시프트 싸이클이 끝나기 전에 SPI 데이터 레지스터에 기록되는 것을 방지하기 위해서이다. 데이터를 받을 때, 받은 바이트는 다음 바이트가 완전히 시프트 되어 입력되기 전에 SPI 데이터 레지스터로부터 읽혀져야 한다. 그렇지 않으면 첫 번째의 데이터는 사라지게 된다.

SPI가 사용될 때, MOSI, MISO, SCK 및 SS 핀의 데이터 방향이 [표 12.7]과 같이 재정의 되어있다.

표 12.7 | SPI 핀

핀	마스터 SPI 방향	슬레이브 SPI 방향
MOSI	사용자 정의	입력
MISO	입력	사용자 정의
SCK	사용자 정의	입력
$\overline{SS}$	사용자 정의	입력

SPI가 마스터로 구성되었을 때, 사용자는 SS 핀의 방향을 설정해야 한다. 만약 SS 가 출력으로 설정이 되면, 이 핀은 일반적인 출력핀으로 되고, SPI 시스템과는 아무런 관련이 없게 된다. SS 핀이 입력으로 설정되었다면, 확실한 마스터 SPI 동작 위해서 High로 유지해야 한다. SPI가 입력으로 정의된 SS 핀을 가진 마스터로 구성될 때, 주변의 회로에 의해 SS 핀에 low가 가해진다면, 현재의 SPI 시스템은 슬레이브가 되고 다른 SPI는 마스터로 동작이 되는 것으로 인식하게 되며, 데이터를 전송을 할 수 있게 된다.

버스의 충돌을 막기 위하여 SPI 시스템은 다음의 동작을 따라야 한다.

- SPCR 레지스터의 MSTR 비트는 클리어 되고, SPI 시스템은 슬레이브가 된다. SPI가 슬레이브로 되면, MOSI와 SCK 핀들은 입력이 된다.
- SPSR 레지스터의 SPIF 플러그가 셋 되고, SPI 인터럽트가 허용되고, 상태 레지스터의 I비트가 셋 되었을 때, 인터럽트 루틴이 수행된다.

인터럽트로 구동된 SPI 전송이 마스트 모드로 사용되고 SS 가 Low로 구동될 가능성이 있을 때, 인터럽트는 항상 MSTR 비트가 항상 셋 되었는지를 체크한다. MSTR 비트가 슬레이브 선택에 의해 클리어 될 때, 사용자에 의해 SPI 마스터 모드로 재사용 하게 셋 되어야 한다. SPI가 슬레이브로 구성되었을 때, SS 핀은 항상 입력이 된다. SS 가 Low를 유지하고 있을 때, SPI는 동작하게 되고 MISO는 사용자에 의해 출력으로 설정되며, 모든 다른 핀들은 입력이 된다. SS 가 High가 인가되면 모든 핀들은 입력이 되고 SPI는 활동하지 않는다. 즉, 데이터를 받지 못하게 된다. 여기서 SS

핀이 High를 받게 되면, SPI 로직은 리셋된다. 만약, SS 핀이 전송하는 동안 High를 받는 다면 SPI는 즉시 보내는 것을 중단하고 받게 되며, 이 주고 받는 데이터는 잃게 됨을 알아야 한다.

[그림 12.14]과 [그림 12.15]에는 제어비트 CPHA의 설정에 따른 4개 파형의 관계와 직렬 데이터에 관한 양쪽 끝의 특성이 SCK 클럭 위상에 맞추어 나타나 있다.

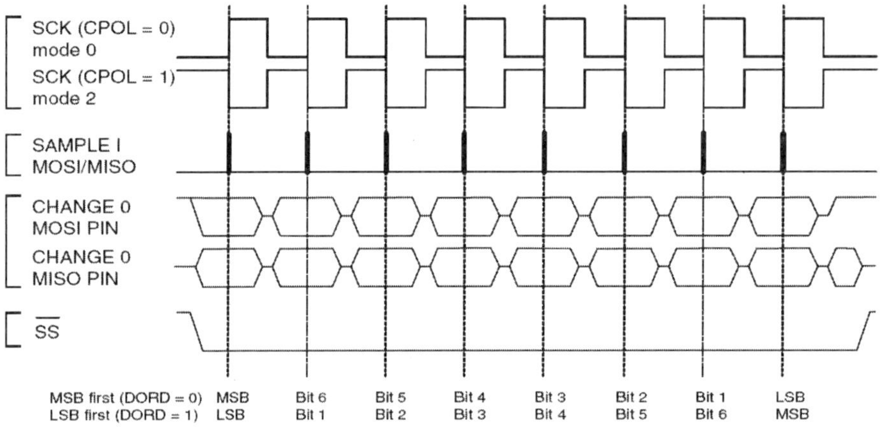

그림 12.14 | CPHA = 0에서 SPI 전송 포맷

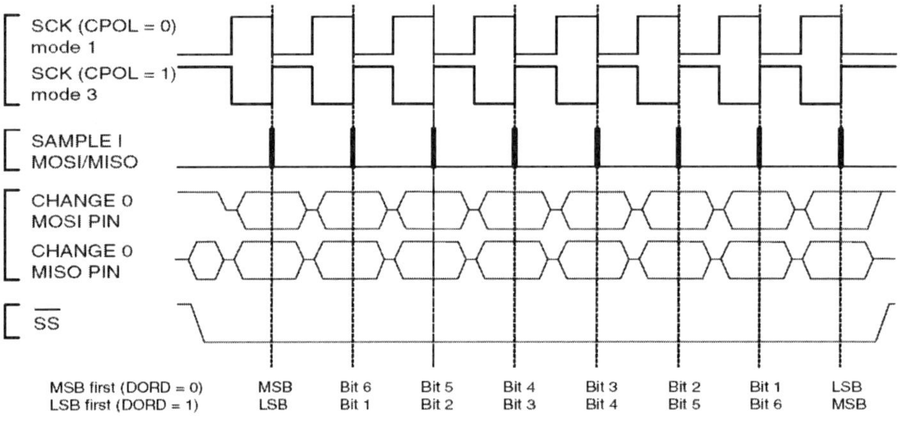

그림 12.15 | CPHA = 1에서 SPI 전송 포맷

2) SPI 레지스터

SPI관련 레지스터 즉 제어 레지스터, 상태 레지스터, 데이터 레지스터 등의 각

비트에 대한 특성을 설명한다.

① **SPI 제어 레지스터**(SPI Control Register : SPCR)

비트	7	6	5	4	3	2	1	0	
	SPIE	SPE	DORD	MSTR	CPOL	CPHA	SPR1	SPR0	**SPCR**
읽기/쓰기	R/W	R/W	R/W	R/W	R/W	R/W	R/W	R/W	
초기값	0	0	0	0	0	0	0	0	

· Bit 7 SPIE SPI Interrupt Enable

만약 SPSR 레지스터의 SPIF 비트가 셋 되고, 전체 인터럽트가 가능하다면, SPIE 비트는 SPI 인터럽트를 실행 할 수 있도록 해준다.

· Bit 6 SPE SPI Enable

SPE 비트가 '1'이면, SPI 기능을 가지게 된다. 이 비트는 다른 SPI 동작들을 가능하게 하기 위해서 셋 되어야 한다.

· Bit 5 DORD Data Order

DORD 비트가 '1'이면 워드 데이터의 LSB가 먼저 전송이 되고, DORD 비트가 '0'이면 워드 데이터의 MSB가 먼저 전송이 된다.

· Bit 4 MSTR Master/Slave Select

이 비트가 '1'이면 마스터 SPI 모드로 동작하고, '0'이면 슬레이브 SPI 모드로 동작한다. 만약 SS가 MSTR이 셋 되어 있는 동안 Low로 입력이 되었다면, MSTR는 클리어 되고 SPSR 레지스터의 SPIF는 셋 된다. 사용자는 SPI 마스터 모드로 다시 사용하려면 MSTR를 셋 시켜야 한다.

· Bit 3 CPOL Clock Polarity

아이들 상태에서 이 비트가 '1'이면 SCK는 High가 되고, '0'이면 SCK는 Low가 된다.

· **Bit 2** **CPHA** **Clock Phase**

각 비트 데이터 전송시 SCK 클럭 위상 즉 상승면 또는 하강면에서 동기를 맞추는지를 선택하는 비트로 [그림 12.14]과 [그림 12.15]에 이 비트의 설정에 따른 특성이 설명되어 있다.

· **Bit 1, 0** **SPR1, SPR0** **SPI Clock Rate Select1 and 0**

이 두 비트와 ADC 상태레지스터의 0비트인 SPI2X와 함께 미 AVR이 마스터일 때 디바이스의 SCK의 분주비를 결정하는 것이다. SPR1과 SPR0은 이 AVR이 슬레이브일 때 아무런 영향이 없다. 오실레이터 클럭 CLK와 SCK의 관계를 [표 12.8]에서 나타내고 있다.

표 12.8 | SCK와 오실레이터 주파수와의 관계

SPI2X	SPR1	SPR0	SCK 주파수
0	0	0	CLK/4
0	0	1	CLK/16
0	1	0	CLK/64
0	1	1	CLK/128
1	0	0	CLK/2
1	0	1	CLK/8
1	1	0	CLK/32
1	1	1	CLK/64

② **SPI 상태 레지스터**(SPI Status Register : SPSR)

비트	7	6	5	4	3	2	1	0	
	SPIF	WCOL	-	-	-	-	-	SPI2X	**SPSR**
읽기/쓰기	R	R	R	R	R	R	R	R	
초기값	0	0	0	0	0	0	0	0	

· **Bit 7** **SPIF** **SPI Interrupt Flag**

직렬 전송이 완료가 되면 SPIF 비트는 '1'이 되고, SPCR 레지스터의 SPIE 비트가 '1'이고 전체 인터럽트가 가능하다면 SPI 인터럽트가 발생된다. 만약 SS가 입력, Low로 구동, SPI가 마스터 모드이라면, SPIF 플러그는 또한 셋 된다. SPIF 플러그는 해당 인터럽트 벡터가 수행될 때 하드웨어적으로 클리어 된다. 다른 방법으로 SPIF가 셋의 상태에서 SPI 상태 레지스터(SPSR)를 처음 읽음으로 SPIF는 클리어 될 수 있고, 그렇게 되면 SPI 데이터 레지스터(SPDR)를 접근할 수 있다.

· **Bit 6** **WCOL** **Write Collision Flag**

만약 SPI 데이터 레지스터(SPDE)가 데이터 전송하는 도중에 기록된다면 WCOL 비트는 셋 된다. SPI 상태 레지스터(SPSR)를 처음 읽음으로 WCOL 비트는 클리어 될 수 있고, 그렇게 되면 SPI 데이터 레지스터(SPDR)을 접근할 수 있다. 즉, SPI 상태 레지스터(SPSR)를 읽게 되면 SPIF와 WCOL은'0'으로 클리어 된다.

· **Bit 5 ~ 1** **Res.** **Reserved Bits**

이 비트들은 ATmega128에서 항상 '0'으로 읽혀진다.

· **Bit 0** **SPI2X** **Double SPI Speed**

ADC 제어 레지스터에서 SPR1,0와 함께 SCK의 분주비를 결정한다.

③ SPI **데이터 레지스터**(SPI Data Register : SPDR)

비트	7	6	5	4	3	2	1	0	
	MSB							LSB	**SPDR**
읽기/쓰기	R/W	R/W	R/W	R/W	R/W	R/W	R/W	R/W	
초기값	×	×	×	×	×	×	×	×	

SPI 데이터 레지스터는 레지스터 파일과 SPI 시프트 레지스터 사이에 데이터를 전송하는데 이 레지스터를 읽거나 쓸 수 있다. 레지스터에 데이터를 기록하면 데이터 전송이 일어난다. 레지스터를 읽으면 시프트 레지스터 수신 버퍼로부터 읽어오게 된다.

3. 비동기식 직렬통신

여러 통신 방식들 가운데 가장 일반적으로 많이 사용하고 있는 직렬통신에 대하여 알아본다. 직렬통신이란 접지선(GND)을 기준으로 하여 두 가닥의 선을 통하여 데이터를 전송하는 방식으로 개념도가 [그림 12.16]에 나타내고 있다.

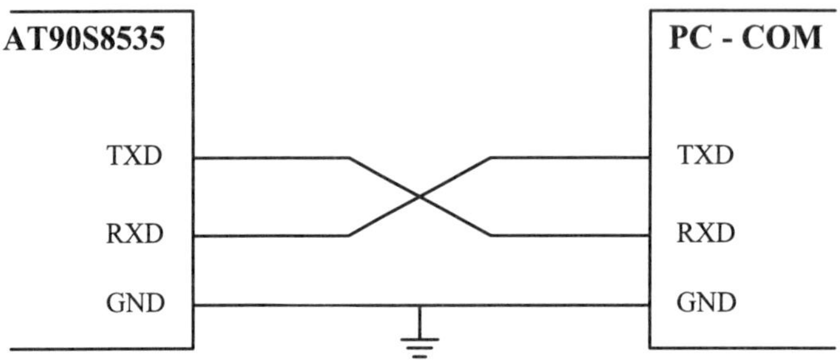

그림 12.16 | 직렬통신의 개념도

이 그림에서 두 CPU 간의 통신에서 공통점은 신호를 송신하는 송신단(RXD)와 신호를 수신하는 수신단(TXD)가 존재하며, 한 쪽의 송신단은 다른 쪽의 수신단과 결선되어 있다는 점이다. 이는 한 쪽이 데이터를 전송한다면 한 쪽은 데이터를 받는 관계이기 때문이다.

1) 비동기식 직렬통신 특징

ATmega128의 두 개의 직렬포트(RXD, TXD)는 내부에서 송신과 수신을 담당하는 별도의 레지스터를 포함하고 있으며, 이 레지스터는 범용 동기 송수신 방식 (full duplex Universal Synchronous and Asynchronous Receiver & Transmitter : USART)특징을 가지고 있다.

- Full Duplex 동작 (독립적 직렬수신 및 직렬송신이 가능)
- 동기식 또는 비동기식 동작
- 마스터 또는 슬레이브 동기식 동작
- 낮은 XTAL 주파수에 비해 높은 보레이트(Baudrate) 를 발생
- 5,6,7,8비트 또는 9비트 데이터 및 1 또는 2 stop 비트
- 오버런 검출(Over-run detection)기능
- 프레이밍 에러 검출(Framing Error detection)기능

· 오류 시작 비트 검출(False Start Bit detection)기능
· 3개의 인터럽트(RX 완료, TX 데이터 레지스터 공백, TX 완료)를 가진다.
· 멀티-프로세서 통신모드.
· 이중 속도 비동기통신보드 가능

[그림 12.17]은 USART구조를 보인 것이다. 이 USART의 구조에서 크게 점선박스로 표시된 3개 부분 즉 클럭발생기 (Clock Generator), 전송기 (Transmitter)부분, 수신기 (Receiver) 등으로 나눌 수 있다.

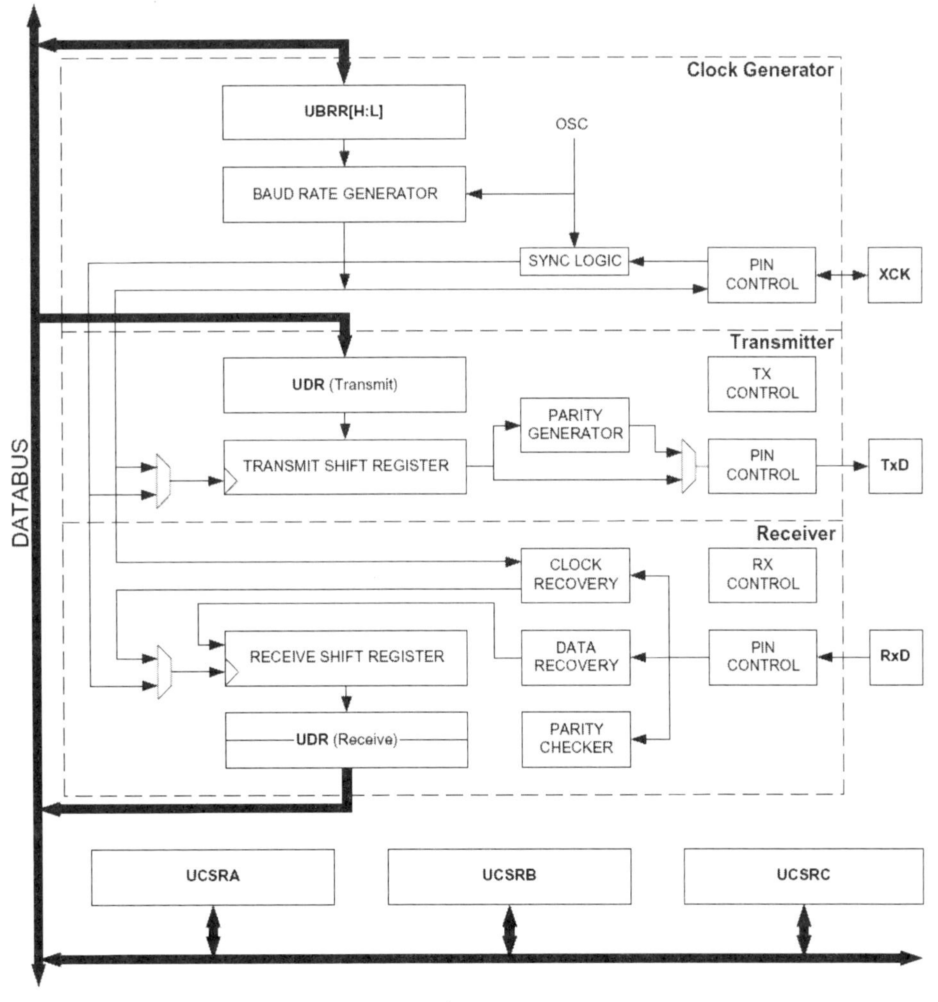

그림 12.17 | USART 구조

클럭발생기는 동기식 슬레이브 모드에서 사용되는 외부 클럭입력에 대한 동기화 로직과 보레이트 (Baudrate) 발생기로 구성된다. XCK (Transfer clock) 핀은 오작 동기 전달모드에만 사용된다. 전송기는 단일 전송 버퍼 (Write buffer), 직렬 시프트레지스터 (Shift register), 패러티 (Parity) 발생기, 다른 직렬 프레임형식을 다루는 로직으로 구성된다. 수신기는 패러티 체커 (Parity checker), 제어로직, 직렬 시프트레지스터, 이중 수신 버퍼(UDR)로 구성된다. 또한 프레임 에러, 데이터 오버런 (overrun) 에러, 패러티 에러 등을 검출한다.

클럭발생기 (Clock generator)

클럭발생기 로직은 전송기 및 수신기용 기본 클럭을 발생시킨다. 그리고 USART에는 4가지 클럭 동작모드 즉 정상 비동기, 2배수 속도 비동기, 마스터 동기 및 슬레이버 동기모드 등이 있다. USART 제어 및 상태 레지스터 C (USART Control and Status Register C, UCSRC)의 UMSEL 비트에 의해 비동기식 동작 및 동기식 동작을 선택할 수 있으며, 2배수 속도 (비동기식 통신만 적용) UCSRA 레지스터의 U2X비트에 의해 제어된다. 동기식모드 사용 시 (UMSEL = 1) 클럭소스가 내부 (마스터 모드) 또는 외부 (슬레이브 모드) 인지를 XCK 핀 (DDR_CLK) 대한 데이터 방향 레지스터 (Data Direction Register)가 결정한다. 이 XCK핀은 오직 동기식모드에서만 사용된다.

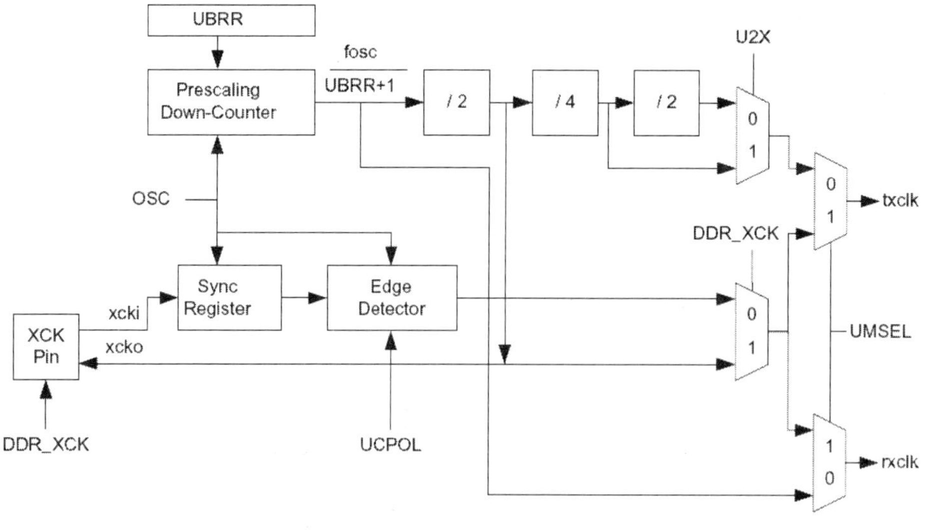

그림 12.18 | 클럭발생기 구조

- txclk : 전송기 클럭 (내부)
- rxclk : 수신기 기본클럭 (내부)
- xcki : XCK 핀으로부터 입력 (동기식 모드에만 사용)
- xcko : XCK 핀에 대란 클럭출력(내부신호), 동기식 마스터동작 시 사용)
- fosc : XTAL 핀 주파수 (시스템 클럭)

① 보레이트 발생기(Baud Rate Generator)

내부 클럭발생기는 비동기식이나 동기 마스터모드에서 사용한다. [그림 12.18]에서 보는바와 같이 USART 보레이트 레지스터 (USART Baud Rate Register: UBRR)과 다운카운터는 프로그램어블 프리스케일러 또는 보레이트 발생기의 기능으로 작용한다. [표 12.9]는 내부에서 발생되는 클럭소스를 사용하여 각 동작모드별 보레이트 (초당 비트 수)와 UBRR값을 계산하는 식을 포함한다.

표 12.9 | 각 동작모드별 UBRR를 계산하는 식

동작모드	보레이트 계산 식	UBRR값 계산 식
비동기 정상보드 (U2X=0)	$BAUD = \frac{f_{osc}}{16(UBRR+1)}$	$UBRR = \frac{f_{osc}}{16BAUD} - 1$
비동기식 2배수 속도 모드 (U2X=1)	$BAUD = \frac{f_{osc}}{8(UBRR+1)}$	$UBRR = \frac{f_{osc}}{8BAUD} - 1$
동기 마스터 모드	$BAUD = \frac{f_{osc}}{2(UBRR+1)}$	$UBRR = \frac{f_{osc}}{2BAUD} - 1$

여기서

- BAUD : Baud rate (초당 비트수, bps)
- fosc : 시스템 오실레이터 클럭 주파수
- UBRR : USART Baud Rate Register : 상위 8비트 레지스터 UBRRH와 하위 8비트 레지스터 UBRRL로 구성 (0 - 4095)

② 동작 모드

2배수 속도동작 (U2X)는 UCSRA레지스터의 U2X비트를 셋 ('1')시키면 전송속도가 2배로 증가된다.

외부 클럭은 [그림 12.18]과 같이 동기 슬레이브 모드 동작에서 사용한다. XCK

핀으로 외부클럭 입력은 준안정상태를 최소화시키기 위하여 동기레지스터에 의해 샘플된다. 따라서 최대 외부 XCLK 클럭주파수는 다음 식과 같이 시스템 클럭주파수의 1/4로 제한된다.

$$f_{xclk} < \frac{f_{osc}}{4} \qquad (12.2)$$

③ **동기클럭 동작**

동기식 모드 (UMSEL = 1)로 동작될 때 XCLK핀은 슬레이브에서는 클럭입력으로 마스터모드에서는 클럭출력으로 사용된다. 클럭 에지 (Clock edge)와 데이터 샘플링 또는 데이터 바뀜은 서로 연관되어 있다. 즉 데이터 입력 (RXD)에서는 입력 데이터 샘플링은 데이터 출력 (TXD)이 바뀌는 클럭의 에지와 반대의 클럭 에지에서 이루어진다. UCRSC레지스터의 UCPOL비트가 어떤 XCLK 클럭에지에서 데이터 샘플링할 것인지 데이터를 변경할 것이지를 선택한다.

[그림 12.19]는 동기식모드에서의 타이밍을 보인 것이다. UCPOL비트가 셋 즉'1'일 경우에는 XCLK의 하강에지 (Falling edge) 에서 데이터가 변경되며 상승에지 (Rising edge)에서는 데이터 샘플링이 된다. UCPOL비트가 '0'일 경우에는 반대로 XCLK의 상승에지에서 데이터가 변경되며 하강에지에서는 데이터 샘플링이 된다.

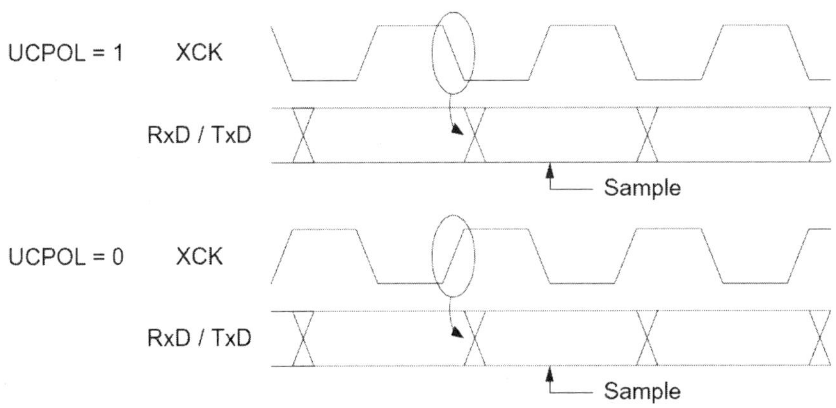

그림 12.19 | 동기 모드에서 XCLK 타이밍

프레임 형식 (Frame Format)

직렬 프레임은 기본적으로 동기화 비트 (시작 비트 (Start bit)와 스톱 비트 (Stop bit))와 데이터 비트로 구성된다. 그리고 에러를 검출하기 위한 패러티 비트(Parity bit)는 선택적으로 사용할 수 있다. 따라서 USART는 다음과 같은 프레임 형식으로 30가지 조합할 수 있다.

- 1 시작 비트
- 5. 6. 7. 8 또는 9 데이터 비
- 패러티 비트 없음, 짝수 패러티 (Even parity) 또는 홀수 패러티 (Odd parity)
- 1 또는 2 스톱비트

[그림 12.20]과 이 프레임은 시작비트, LSB (Least significant data bit)부터 시작하여 MSB (Most significant data bit)로 끝나는 데이터 비트, 페러티 비트, 스톱비트 등의 순서로 전송한다.

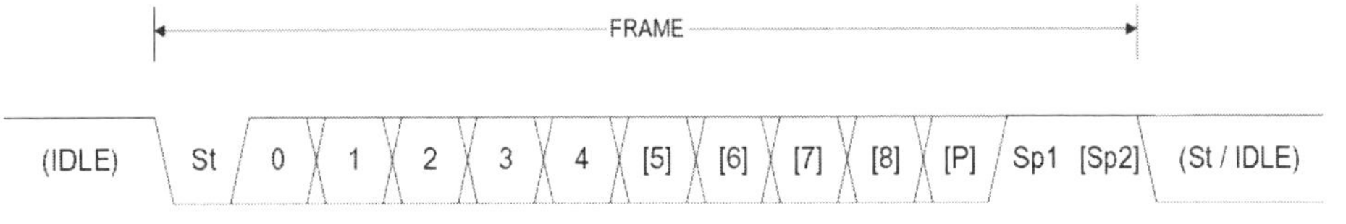

- St : 시작 비트 (항상 '0'상태)
- (n) : 데이터 비트 (0에서 8)
- P : 패러티 비트(홀수 또는 짝수)
- Sp : 스톱비트 (항상 '1'상태)
- IDLE : 전송선에 데이터가 없는 상태 (항상'1' 상태)

그림 12.20 | 프레임 형식

이 프레임형식은 USART의 UCSRB 및 UCSRC 레지스터의 UCSZ2:0. UPM1:0와 USBS 비트에 의해 결정된다. 즉 USART의 문자 크기 (Character SiZe : USSZ)의 2번에서 0번 비트는 문자 비트 수를 결정하고, USART의 패러티 모드 (Parity Mode: UPM)의 1번과 0번 비트는 패러티 비트를 허용할 것인지, 홀수 또는 짝수 패러티를 결정한다. USART의 스톱 비트 선택 (USART Stop Bit Select : USBS) 비트는 1 또는 2개의 스톱비트를 선택한다. 프레임에러 (Frame Error :FE)는 첫 번째 스톱비트가 '0'이면 발생한다.

수신기 및 송신기 동작

① USART 초기화

전송 또는 수신전에 다음과 같이 먼저 전송속도 즉 보레이트, 동작모드 및 프레임 형식을 모두 셋팅시키는 USART 초기화 프로그램을 수행하여야 한다.

```
void USART_Init( unsigned int baud )
{
  /* Set baud rate */
  UBRRH = (unsigned char)(baud>>8);
  UBRRL = (unsigned char)baud;
  /* Enable receiver and transmitter */
  UCSRB = (1<<RXEN)|(1<<TXEN);
  /* Set frame format: 8data, 2stop bit */
  UCSRC = (1<<USBS)|(3<<UCSZ0);
}
```

② USART 송신기 동작

송신기 및 수신부의 주요 레지스터로는 UDR(USART Data Register), USART 제어 상태 레지스터 A (UCSRA)와 USART 제어 상태 레지스터 B (UCSRB)가 있다. 먼저 USART 송신부는 먼저 UCSRB 레지스터의 송신허용 (Transmit Enable : TXEN) 비트를 셋시키면 데이터 송신이 가능하며, 따라서 TxD 핀이 일반 I/O 포트 핀이 아니라 송신기의 직렬 출력 핀으로 동작한다. 만약 동기동작 모드 시에서 XCK핀이 일반 I/O포트 핀이 아니라 전송클럭 출력핀의 역할을 한다.

데이터를 송신하기 위하여 먼저 UCSRA 레지스터의 USART Data Register Empty (UDRE) 비트를 확인하여 송신 데이터 버퍼(UDR) 가 비워있는지를 확인한다. 이 UDR이 비워 있으면 송신할 데이터를 이 버퍼로 입력시킨다. 송신 쉬프트 레지스터가 비워있으면 UDR에 저장된 데이터가 쉬프트 레지스터에 전송된 후 데이터 프레임을 구성하고 보레이트 전송속도로 한 비트 씩 전송한다. 다음은 데이터 송신 시 프로그램 이다.

```
void USART_Transmit( unsigned char data )
{
  /* Wait for empty transmit buffer */
  while ( !( UCSRA & (1<<UDRE)) )
        ;
  /* Put data into buffer, sends the data */
  UDR = data;
}
```

만약 9비트 사용할 경우 (UCSZ=7), 전송할 문자를 전송 데이터 버퍼 UDR 저장 전에 9번째 비트를 UCSRB 레지스터의 TXB8비트로 저장하여야 한다. 아래 프로그램은 9-비트 사용할 경우 데이터 송신 프로그램이며 위의 프로그램에서 9번째 비트를 저장하는 부분이 더 첨가되었다.

이 USART 송신기의 상태를 표시하는 것이 두 개의 플러그 즉 USART Data Register Empty (UDRE)와 송신완료 (Transmit Complete : TXC) 가 있는데, 이 두 개 플러그가 인터럽트를 발생시킬 수 있다. UCSRB 레지스터에서 Data Register empty interrupt enable(UDRIE) 비트를 셋 시키면 데이터 버퍼 UDR이 비웠으면 인터럽트가 발생된다. 그리고 전송이 완료되었으면 송신완료 (Transmit Complete : TXC) 비트가 셋 되어진다. 만약 UCSRB 레지스터에서 Transmit Complete interrupt enable(TXCIE) 비트를 셋 시키면 데이터 전송이 완료되면 이 인터럽트가 발생된다.

```
void USART_Transmit( unsigned int data )
{
   /* Wait for empty transmit buffer */
   while ( !( UCSRA & (1<<UDRE))) )
           ;
   /* Copy 9th bit to TXB8 */
   UCSRB &= ~(1<<TXB8);
   if ( data & 0x0100 )
      UCSRB |= (1<<TXB8);
   /* Put data into buffer, sends the data */
   UDR = data;
}
```

③ USART 수신기 동작

USART 수신부는 먼저 UCSRB 레지스터의 수신허용 (Receiver Enable : RXEN) 비트를 셋시키면 데이터 송신이 가능하며, 따라서 RxD 핀이 일반 I/O 포트 핀이 아니라 수신기의 직렬 입력 핀으로 동작한다. 만약 동기동작 모드 시에서 XCK핀이 일반 I/O포트 핀이 아니라 XCK 클럭은 전달용 클럭으로 사용된다.

시작 비트가 입력되면 baud rate 또는 XCK 클럭에 따라 각 비트를 샘플하고 스톱비트가 입력되면 전 데이터를 수신받았다고 인식한다. 따라서 수신 쉬프트레지스터에 저장된 수신 데이터를 수신 데이터 버퍼로 이동시킨다. 수신 데이터 버퍼로 데이터가 모두 이동완료 되면 UCSRA 레지스터의 USART Receive Complete

(RXC) 비트가 셋된다.

따라서 수신 데이터를 읽기 위하여 먼저 UCSRA 레지스터의 USART Receive Complete (RXC) 비트를 확인하여 수신 데이터가 버퍼로 이동 완료되었으며 버퍼 내용을 원하는 변수값에 저장한다.

다음 프로그램을 RXC 플러그를 사용하여 데이터를 수신받는 간단한 프로그램이다.

```
unsigned char USART_Receive( void )
{
   /* Wait for data to be received */
   while ( !(UCSRA & (1<<RXC)) )
           ;
   /* Get and return received data from buffer */
   return UDR;
}
```

만약 9비트 사용할 경우 (UCSZ=7), UDR로부터 데이터를 읽기 전에 UCSRB 레지스터의 TXB8비트로부터 9번째 비트를 읽어야 한다.

또한 USART 수신기는 3가지 에러 플러그 즉 프래임 에러 (Frame Error: FE), 데이터 오버런 에러 (Data Over-Run Error: DOR), 프레티 에러 (Parity Error: PE)가 있다. 이 3개의 에러는 UCSRA 레지스터의 비트로 체크할 수 있으며, 3가지 전송 에러 중 1개라도 에러가 발생되면 전송받은 데이터는 무시한다.

다음 프로그램은 9비트를 사용할 경우, 3가지 전송에러 체크하면서 RXC 플러그를 이용하여 데이터를 수신받는 프로그램이다.

```
unsigned int USART_Receive( void )
{
    unsigned char status, resh, resl;
    /* Wait for data to be received */
    while ( !(UCSRA & (1<<RXC)) )
            ;
    /* Get status and 9th bit, then data */
    /* from buffer */
    status = UCSRA;
    resh = UCSRB;
    resl = UDR;
    /* If error, return -1 */
    if ( status & (1<<FE)|(1<<DOR)|(1<<UPE) )
        return -1;
    /* Filter the 9th bit, then return */
    resh = (resh >> 1) & 0x01;
    return ((resh << 8) | resl);
}
```

이 USART 수신기는 수신 상태를 표시용으로 한 개의 플러그 즉 USART Receive Complete (RXC) 가 있는데, 이 플러그가 인터럽트를 발생시킬 수 있다. UCSRB 레지스터에서 Receive Complete Interrupt Enable(RCXIE) 비트를 셋 시키면 데이터 수신이 완료되어 데이터 버퍼에 저장되어 있으면 아 인터럽트가 발생된다.

일반적으로 데이터를 언제 전송받을 지를 예측 못하므로 RCX 플러그 비트를 체크하는 것보다 이 수신완료 인터럽트가 발생 시 수신 데이터를 읽는 방법이 효과적이다.

2) USART의 레지스터

USART에서 사용하는 레지스터의 각 비트별 기능을 설명한다.

① **직렬통신 데이터 레지스터**(USART I/O Data Register : UDR)

비트	7	6	5	4	3	2	1	0	
	RXB [7:0]								**UDR (Read)**
	TXB [7:0]								**UDR (Write)**
읽기/쓰기	R/W	R/W	R/W	R/W	R/W	R/W	R/W	R/W	
초기값	0	0	0	0	0	0	0	0	

UDR 레지스터는 송신/수신 데이터 레지스터로 동일한 I/O 번지를 송신/수신 레지스터가 공유하는 구조를 가진다.

- 데이터를 전송 경우 : 전송할 데이터를 UDR에 기록(write)
- 데이터를 수신 경우 : 전송된 데이터를 UDR에서 읽어(read) 다른 레지스터에 저장

② USART **제어 상태 레지스터** A (USART Control Status Register A: UCSRA)

비트	7	6	5	4	3	2	1	0	
$0B($2B)	RXC	TXC	UDRE	FE	DOR	UPE	U2X	MPCM	**UCSRA**
읽기/쓰기	R	R/W	R	R	R	R	R/W	R/W	
초기값	0	0	1	0	0	0	0	0	

USART의 통신 제어 및 상태를 나타내는 레지스터이다.

· Bit 7 RXC Receive Complete

이 비트는 데이터가 수신되어 수신 시프트 레지스터에서 UDR 레지스터로 옮겨질 때 셋 된다. 만약 수신 인터럽트(RXCIE)가 Enable되어 있는 경우 수신 인터럽트가 발생하게 된다. UDR 레지스터를 읽으면 이 플러그는 자동으로 클리어 된다.

· Bit 6 TXC Transmit Complete

이 비트는 데이터가 송신 시프트 레지스터의 전체 내용이 시프트 되고 스톱 비트까지 모두 비어 있으며, UDR 레지스터에 데이터가 없을 경우 셋 된다. TXIE 비트가 1로 셋 되면, 송신 인터럽트가 요청되고, 이 인터럽트를 처리할 때 TXC는

회로적으로 클리어 되거나 TXC에 1을 쓸 때 이 비트는 클리어 된다.

· **Bit 5** **UDRE** **USART Data Register Empty**

새로운 데이터를 받은 준비가 되어 있음을 나타내는데, 송신 시프트 레지스터로 UDR의 내용이 로드될 때'1'로 셋 된다. UDRIE 비트가'1'로 셋 되어 있으면 인터럽트가 발생 가능하게 된다.

· **Bit 4** **FE** **Framing Error**

Framing 에러 상황이 일어난 경우 셋 된다. 예로 스톱 비트가 0으로 들어온 경우 FE가 셋 되고 스톱 비트가 '1'로 들어온 경우 FE 비트는 클리어 된다.

· **Bit 3** **DOR** **Data over-run**

데이터 over-run이 발생한 경우 셋 된다. UDR의 내용을 아직 읽지 않은 상태에서 새로운 다음 데이터가 들어와 이전 데이터를 잃어버린 경우이다.

· **Bit 2** **UPE** **Parity Error**

패러티 허용비트 (UPM1 = 1)일 경우 전송받은 데이터의 '1'되는 비트를 카운팅하여 '1'의 수가 미리 정한 짝수 및 홀수와 맞지 않을 경우에 이 비트가 셋('1')된다.

· **Bit 1** **U2X** **Data over-run**

비동기 동작에서 이 비트가 '1'일 경우에는 전송속도가 2배로 증가되며, '0'일 경우에는 정상속도로 전송한다. 동기모드 동작에서는 이 비트는 전송속도에 영향을 주지 않는다.

· **Bit 0** **MPCM** **Multi-Processor Communication Mode**

이 비트를 셋 '1'로 하면 멀티-프로세서 전송모드로 동작한다.

③ USART **제어 상태 레지스터** B (USART Control Status Register B : UCSRB)

비트	7	6	5	4	3	2	1	0	
	RXCIE	TXCIE	UDRIE	RXEN	TXEN	UCSZ2	RXB8	TXB8	**UCSRB**
읽기/쓰기	R/W	R/W	R/W	R/W	R/W	R/W	R	R/W	
초기값	0	0	0	0	0	0	0	0	

USART의 통신 제어 및 상태를 나타내는 레지스터이다.

· **Bit 7** **RXCIE** **Receive Complete Interrupt Enable**

수신 완료 인터럽트 허용비트로서 이 비트가 '1'로 셋 되고, 상태 레지스터(SREG)의 전체 인터럽트 허용비트(I 비트)가 '1'로 셋 되었을 때, 데이터가 외부에서 수신되면 수신 완료 인터럽트를 요청하게 된다.

· **Bit 6** **TXCIE** **Transmit Complete Interrupt Enable**

송신 완료 인터럽트 허용비트로서 이 비트가 '1'로 셋 되고, 상태 레지스터(SREG)의 전체 인터럽트 허용비트(I 비트)가 '1'로 셋 되었을 때, 데이터가 외부로 송신되면 송신 완료 인터럽트를 요청하게 된다.

· **Bit 5** **UDRIE** **USART Data Register Empty Interrupt Enable**

데이터 레지스터 공백 인터럽트 허용비트로서 이 비트가 '1'로 셋 되고, 상태 레지스터(SREG)의 전체 인터럽트 허용비트(I 비트)가 '1'로 셋 되었을 때, 직렬 데이터 레지스터가 공백일 경우에 인터럽트 루틴이 수행된다. 즉, 직렬 데이터 레지스터 공백 인터럽트를 요청하게 된다.

· **Bit 4** **RXEN** **Receiver Enable**

이 비트를 '1'로 할 경우 직렬 통신 수신기의 동작이 허용된다. 수신기가 허용되지 않을 경우(disable) TXC, OR, FE 상태 레지스터들은 셋 되고, 만약 이들 플러그들이 1로 셋 되면 RXEN을 턴-오프(turn-off) 하더라도 그것들을 클리어 시킬 수 없다.

· **Bit 3** **TXEN** **Transmitter Enable**

이 비트를 '1'로 할 경우 직렬 통신 송신기가 허용된다. 데이터 전송 중에 송신기가 허용되지 않을 경우, 송신기는 시프트 레지스터와 덧붙여서 UDR 안에 뒤이어 오는 어떠한 데이터도 전송되기 전에 송신기의 동작이 허용되지 않게 되도록 한다.

· **Bit 2** **UCSZ2** **Character Size**

이 비트는UCSZ2는 UCSRC레지스터의 UCSZ1:0와 조합하여 3개 비트로 수신기 및 송신기에서 사용하는 데이터의 비트 수 (문자 크기)를 결정한다.

· **Bit 1** **RXB8** **Receive Data Bit 8**

이 비트는 9번째 비트인 CHR9가 셋 될 때, RXB8은 수신되는 데이터의 9번째 비트가 된다.

· **Bit 0** **TXB8** **Transmitter Data Bit 8**

이 비트는 9번째 비트인 CHR9가 셋 될 때, TXB8은 송신되는 데이터 9번째 비트가 된다.

④ USART **제어 상태 레지스터** C (USART Control Status Register C : UCSRC)

비트	7	6	5	4	3	2	1	0	
	-	UMSEL	UPM1	UPM0	USBS	UCSZ1	UCSZ0	UCPOL	**UCSRC**
읽기/쓰기	R/W	R/W	R/W	R/W	R/W	R/W	R/W	R/W	
초기값	0	0	0	0	0	1	1	0	

USART의 통신 제어 및 상태를 나타내는 레지스터이다.

· **Bit 7** **-** **Reserved bit**

· **Bit 6** **UMSEL** **USART Mode Select**

이 비트는 비동기모드 동작과 동기모드 동작을 선택한다. 즉 '1'인 경우에는 비동기모드 동작으로, '0'일 경우에는 동기모드 동작을 선택한다.

· **Bit 5,4** **UPM1:0** **Parity Mode**

이 두 비트는 [표 12.10]과 같이 패러티 형태 즉 패러티 기능 불허용, 짝수 패러티, 홀수 패러티 등을 선택한다. 만약 패터티를 허용할 경우 전송 시 각 프레임에 패러티비트를 전송하고 수신기에서는 입력되는 데이터의 '1'의 수를 카운팅하여 이 비트에 설정된 것과 다를 경우에는 UCSRA레지스터의 UPE 비트를 셋하여 패러티 에러를 발생시킨다.

표 12.10 | UPM 비트 셋팅

UPM1	UPM0	패러티 모드
0	0	패러티 불허용
0	1	(Reserved)
1	0	패러티 허용, 짝수 패러티
1	1	패러티 허용, 홀수 패러티

· **Bit 3** **USBS** **Stop Bit Select**

이 비트는 스톱비트의 수를 결정한다. 즉 '0'일 경우 1개의 스톱비트, '1'일 경우에는 2개의 스톱비트를 사용한다.

· **Bit 2,1** **UCSZ1.0** **Character Size**

이 비트들은 UCSRB 레지스터의 2번 비트 UCSZ2와 조합하여 3개 비트로 다음 [표 12.11]과 수신기 및 송신기에서 사용하는 데이터의 비트 수 (문자 크기)를 결정한다.

표 12.11 | UCSZ비트에 대한 데이터 비트수

UCSZ2	UCSZ1	UCSZ0	문자 크기
0	0	0	5-비트
0	0	1	6-비트
0	1	0	7-비트
0	1	1	8-비트
1	0	0	(Reserved)
1	0	1	(Reserved)
1	1	0	(Reserved)
1	1	1	(Reserved)

· **Bit 0　UCPOL　Clock Polarity**

이 비트는 동기모드 동작에서만 사용한다. [그림 12.19] 동기모드에서의 타이밍에서와 같이 이 비트가 셋 즉'1'일 경우에는 XCLK의 하강에지 (Falling edge) 에서 데이터가 변경되며 상승에지 (Rising edge)에서는 데이터 샘플링이 된다. 다음 [표 12.12]는 이 비트에 대한 동작을 보인다.

표 12.12 | UCPOL 비트에 대한 데이터 통신 타이밍

UCPOL	전송데이터 변화 (TxD 핀 출력)	수신데이터 샘플링 (RxD핀 입력)
0	XCK 하강에지	XCK 상승에지
1	XCK 상승에지	XCK 하강에지

⑤ **직렬통신 보레이트 레지스터** (USART Baud Rate Register : UBRR)

직렬통신에 중요한 요소 중의 하나가 통신 속도를 결정하는 것이다. 이 통신 속도를 결정하기 위하여 직렬통신 보레이트 레지스터 (UBRR)에 값을 기록함으로써 결정된다. 이 UBRR 레지스터는 하위 8비트 레지스터 UBRRL의 8비트와 상위 8비트 레지스터 UBRRH에서 4비트 등 12비트를 사용한다. 보레이트(Baud rate) 즉 전송속도 (bps)가 결정되면 시스템 클럭 주파수과 함께 [표 12.9]에서 보인 식을 이용하여 UBRR의 값을 계산할 수 있다.

비트	15	14	13	12	11	10	9	8	
	-	-	-	-	UBRR[11:8]				**UBRRH**
	UBRR[7:0]								**UBRRL**
비트	7	6	5	4	3	2	1	0	
읽기/쓰기	R R/W	R R/W	R R/W	R R/W	R/W R/W	R/W R/W	R/W R/W	R/W R/W	
초기값	0 0	0 0	0 0	0 0	0 0	0 0	0 0	0 0	

실제 보레이트 값과 목표로 한 보레이트 값과의 오차는 다음 식과 같이 표현되며 이 오차가 0.5% 이내가 되도록 UBRR값 및 표준 크리스털 주파수인 CLK의 주파수로 결정한다.

$$Error[\%] = (\frac{BaudRate(실제)}{BaudRate(목표)} - 1) \tag{12.3}$$

4. 아날로그 비교기(Analog Comparator)

아날로그 비교기(Analog Comparator)는 ATmega128의 AIN0핀의 (+) 입력단과 AIN1 핀의 (-) 입력단의 아날로그 신호값을 비교하는 기능이다.

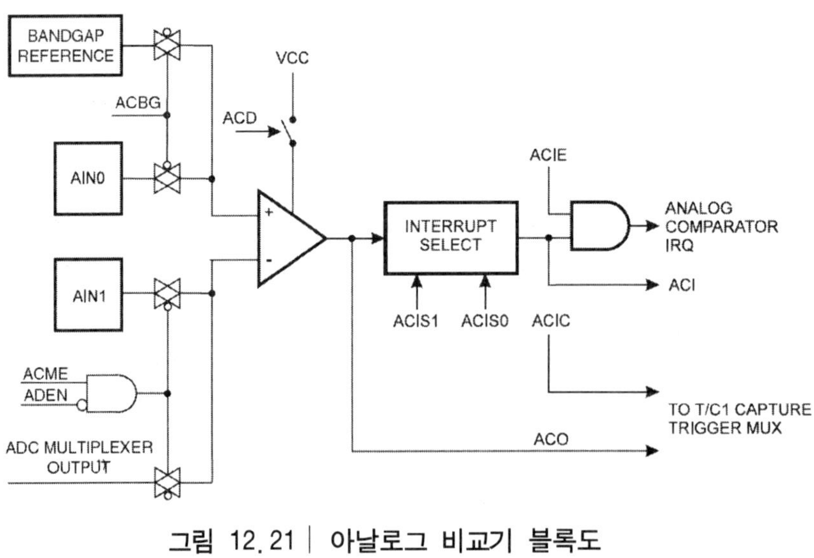

그림 12.21 | 아날로그 비교기 블록도

① **아날로그 비교기 제어 및 상태 레지스터**

(Analog Comparator Control & Status Register : ACSR)

비트	7	6	5	4	3	2	1	0	
	ACD	ACBG	ACO	ACI	ACIE	ACIC	ACIS1	ACIS0	**ACSR**
읽기/쓰기	R/W	R/W	R	R/W	R/W	R/W	R/W	R/W	
초기값	0	0	×	0	0	0	0	0	

· **Bit 7** **ACD** **Analog Comparator Disable**

아날로그 비교기로서 사용여부를 결정하는 비트이다. '0'은 이 기능을 사용하지 않고, '1'은 이 기능을 사용하게 된다.

· **Bit 6** **ACBG** **Analog Comparator Bandage Select**

이 비트가 '1'되면 고정된 밴드갭 기준전압이 아날로그 비교기 (+)입력으로 교체된다. 이 비트가 '0'으로 클리어되면 AIN0가 아날로그 비교기 (+)입력으로 된다.

· **Bit 5** **ACO** **Analog Comparator Output**

비교기의 출력값을 표시한다. AIN1 (+) 입력단 전압이 AIN0 (-) 입력단 전압보다 크거나 같을 때 이 비트는 '0'되고, AIN1 (+) 입력단 전압이 AIN0 (-) 입력단 전압보다 작을 때 이 비트는 '1'이 된다.

· **Bit 4** **ACI** **Analog Comparator Interrupt Flag**

ACIS1과 ACIS0로 설정된 인터럽트 트리거 상태를 나타낸다. 대응 인터럽트가 실행될 때 회로적으로 클리어 되거나 이 비트에 '1'을 쓸 때 '0'으로 클리어 되고 '1'은 조건이 발생했음을 나타낸다.

· **Bit 3** **ACIE** **Analog Comparator Interrupt Enable**

아날로그 비교기 인터럽트를 사용 여부를 결정하는 비트로 '1'일 때 인터럽트로 사용할 수 있다.

· **Bit 2** **ACIC** **Analog Comparator Input Capture Enable**

이 비트가 '1'이면 아날로그 비교기로 타이머/카운터1의 입력 캡쳐 동작 트리거가 가능하고, '0'이면 트리거 동작이 없다.

· **Bit 1, 0** **ACIS1, ACIS0** **Anlog Comparator Interrupt Mode Select**

이 두 비트는 아날로그 비교기를 인터럽트로 사용할 때 인터럽트 모드를 선택하는 비트로 사용되면 [표 12.13]에 나타내져 있다.

표 12.13 | 아날로그 비교기 인터럽트모드 선택

ACIS1	ACIS0	인터럽트 모드
0	0	출력 토글에서 인터럽트 발생
0	1	사용하지 않음
1	0	하강 에지에서 인터럽트 발생
1	1	상승 에지에서 인터럽트 발생